L. BUSSARD

CULTURE POTAGÈRE

ET

CULTURE MARAÎCHÈRE

SCORIES DE DÉPHOSPHORATION
Exiger toujours
LA MARQUE " ÉTOILE "
pour avoir une Marchandise garantie pure et sans mélange
MARQUE DÉPOSÉE
SCORIES-THOMAS
Marque % Etoile
Garanties et pures
FUMURE D'AUTOMNE ET DE PRINTEMPS
des Céréales, Plantes sarclées, Prairies,
Vignes, Plantes fourragères et potagères
Les Scories doivent être préférées au superphosphate par suite de leur efficacité plus durable et de leur teneur élevée en chaux et en magnésie, elles doivent être employées à dose égale, c'est donc l'engrais phosphaté le plus économique. Il ne saurait être question de les remplacer par les Phosphates naturels de beaucoup moins efficaces et moins avantageux.
SOCIÉTÉS RÉUNIES DES PHOSPHATES THOMAS
5, Rue de Vienne, PARIS
Service spécial de Renseignements agricoles
ACIÉRIES à VILLERUPT MICHEVILLE, POMPEY, HOMÉCOURT et NEUVES-MAISONS

ENCYCLOPÉDIE AGRICOLE

Publiée sous la direction de G. WERY

Léon Bussard

CULTURE POTAGÈRE

ET

CULTURE MARAICHÈRE

ENCYCLOPÉDIE AGRICOLE

Publiée par une réunion d'Ingénieurs agronomes

SOUS LA DIRECTION DE

G. WERY

Ingénieur agronome
Sous-Directeur de l'Institut National Agronomique

Introduction par le Dr P. REGNARD

Directeur de l'Institut National Agronomique
Membre de la Société Nationale d'Agriculture de France.

25 volumes in-16 de chacun 400 à 500 pages, illustrés de nombreuses figures.

Chaque volume : broché, **5 fr.** ; cartonné, **6 fr.**

ENCYCLOPÉDIE AGRICOLE

Publiée par une réunion d'Ingénieurs agronomes

SOUS LA DIRECTION DE G. WERY

CULTURE POTAGÈRE

ET

CULTURE MARAICHÈRE

PAR

Léon BUSSARD

INGÉNIEUR AGRONOME
CHEF DES TRAVAUX DE LA STATION D'ESSAIS DE SEMENCES
DE L'INSTITUT NATIONAL AGRONOMIQUE
PROFESSEUR A L'ÉCOLE NATIONALE D'HORTICULTURE

*Introduction par le D*r *P. REGNARD*
DIRECTEUR DE L'INSTITUT NATIONAL AGRONOMIQUE
MEMBRE DE LA SOCIÉTÉ N^{le} D'AGRICULTURE DE FRANCE

Avec 172 figures intercalées dans le texte

PARIS

LIBRAIRIE J.-B. BAILLIÈRE ET FILS

19, rue Hautefeuille, près du boulevard Saint-Germain

1904

Tous droits réservés

ENCYCLOPÉDIE AGRICOLE

INTRODUCTION

Si les choses se passaient en toute justice, ce n'est pas moi qui devrais signer cette préface.

L'honneur en reviendrait bien plus naturellement à l'un de mes deux éminents prédécesseurs.

A Eugène TISSERAND, que nous devons considérer comme le véritable créateur en France de l'enseignement supérieur de l'Agriculture : n'est-ce pas lui qui, pendant de longues années, a pesé de toute sa valeur scientifique sur nos gouvernements, et obtenu qu'il fût créé à Paris un Institut agronomique comparable à ceux dont nos voisins se montraient fiers depuis déjà longtemps ?

Eugène RISLER, lui aussi, aurait dû plutôt que moi présenter au public agricole ses anciens élèves devenus des maîtres. Près de douze cents Ingénieurs Agronomes, répandus sur le territoire français, ont été façonnés par lui : il est aujourd'hui notre vénéré doyen, et je me souviens toujours avec une douce reconnaissance du jour où j'ai débuté sous ses ordres et de celui,

proche encore, où il m'a désigné pour être son succes-
seur.

Mais, puisque les éditeurs de cette collection ont
voulu que ce fût le directeur en exercice de l'Institut
agronomique qui présentât aux lecteurs la nouvelle
Encyclopédie, je vais tâcher de dire brièvement dans
quel esprit elle a été conçue.

Des Ingénieurs Agronomes, presque tous professeurs
d'agriculture, tous anciens élèves de l'Institut national
agronomique, se sont donné la mission de résumer,
dans une série de volumes, les connaissances pratiques
absolument nécessaires aujourd'hui pour la culture
rationnelle du sol. Ils ont choisi pour distribuer, régler
et diriger la besogne de chacun, Georges WÉRY, que
j'ai le plaisir et la chance d'avoir pour collaborateur
et pour ami.

L'idée directrice de l'œuvre commune a été celle-ci :
extraire de notre enseignement supérieur la partie
immédiatement utilisable par l'exploitant du domaine
rural et faire connaître du même coup à celui-ci les
données scientifiques définitivement acquises sur lesquelles la pratique actuelle est basée.

Ce ne sont donc pas de simples Manuels, des Formu-
laires irraisonnés que nous offrons aux cultivateurs;
ce sont de brefs Traités, dans lesquels les résultats
incontestables sont mis en évidence, à côté des bases
scientifiques qui ont permis de les assurer.

Je voudrais qu'on puisse dire qu'ils représentent le
véritable esprit de notre Institut, avec cette restriction
qu'ils ne doivent ni ne peuvent contenir les discus-
sions, les erreurs de route, les rectifications qui ont
fini par établir la vérité telle qu'elle est, toutes choses
que l'on développe longuement dans notre enseigne-

ment, puisque nous ne devons pas seulement faire des praticiens, mais former aussi des intelligences élevées, capables de faire avancer la science au laboratoire et sur le domaine.

Je conseille donc la lecture de ces petits volumes à nos anciens élèves, qui y retrouveront la trace de leur première éducation agricole.

Je la conseille aussi à leurs jeunes camarades actuels, qui trouveront là, condensées en un court espace, bien des notions qui pourront leur servir dans leurs études.

J'imagine que les élèves de nos Écoles nationales d'Agriculture pourront y trouver quelque profit, et que ceux des Écoles pratiques devront aussi les consulter utilement.

Enfin, c'est au grand public agricole, aux cultivateurs que je les offre avec confiance. Ils nous diront, après les avoir parcourus, si, comme on l'a quelquefois prétendu, l'enseignement supérieur agronomique est exclusif de tout esprit pratique. Cette critique, usée, disparaîtra définitivement, je l'espère. Elle n'a d'ailleurs jamais été accueillie par nos rivaux d'Allemagne et d'Angleterre, qui ont si magnifiquement développé chez eux l'enseignement supérieur de l'Agriculture.

Successivement, nous mettons sous les yeux du lecteur des volumes qui traitent du sol et des façons qu'il doit subir, de sa nature chimique, de la manière de la corriger ou de la compléter, des plantes comestibles ou industrielles qu'on peut lui faire produire, des animaux qu'il peut nourrir, de ceux qui lui nuisent.

Nous étudions les manipulations et les transformations que subissent, par notre industrie, les produits de la terre : la vinification, la distillerie, la panification, la fabrication des sucres, des beurres, des fromages.

Nous terminons en nous occupant des lois sociales qui régissent la possession et l'exploitation de la propriété rurale.

Nous avons le ferme espoir que les agriculteurs feront un bon accueil à l'œuvre que nous leur offrons.

Dʳ PAUL REGNARD,

Membre de la Société nationale
d'Agriculture de France,
Directeur de l'Institut national
agronomique.

PRÉFACE

Par la valeur des produits qu'elle fournit, la culture potagère, envisagée dans son ensemble, tient dans la production végétale française une place égale à la vigne, et ne le cède en importance qu'aux céréales et aux prairies. Cependant, cantonnée dans la banlieue des villes et dans quelques régions ou localités privilégiées, où elle se développe au grand profit des cultivateurs, elle est, partout ailleurs, à peu près complètement ignorée de ceux-ci. Dans les considérations générales qui servent d'entrée en matière au présent ouvrage, nous faisons valoir les avantages qu'offrirait sa diffusion dans nos campagnes. Trop peu d'efforts ont été tentés dans cette voie, où nous voudrions voir s'engager nos professeurs d'agriculture, convaincu que nous sommes des heureux résultats qu'aurait une semblable initiative. Qu'ils songent aux légumes champêtres quand on leur demande quelles plantes avantageuses substituer à ces cultures ingrates auxquelles l'agriculteur s'obstine, parce qu'il n'en connaît pas de meilleures adaptées aux conditions de son exploitation ; qu'ils y songent aussi pour le supplément de ressource alimentaire que ces légumes procureraient au paysan. Puisse cet ouvrage les aider à en vulgariser la production bien entendue, puisse-t-il y préparer aussi les élèves de nos écoles d'agriculture et d'horticulture.

Ce traité s'adresse également au jardinier et à l'amateur. Le maraîcher même, passé maître en l'art de produire vite et avec profit des légumes de choix, y trouvera, croyons-nous, d'utiles enseignements, en ce qui concerne notamment la fertilisation du sol et l'amélioration des plantes cultivées. Sur ce dernier point, une incursion rapide dans le domaine de la biologie végétale lui serait certainement profitable et nous ne pouvons mieux faire que de le renvoyer à la *Botanique agricole* de MM. Schribaux et Nanot, publiée dans une collection voisine de celle dont ce volume fait partie.

L'agriculture a largement bénéficié des travaux de M. Schribaux dans le domaine de la production et de la sélection des semences; l'horticulture s'en inspirerait avec un égal avantage.

La diversité des produits et des procédés de la culture potagère en rend l'étude un peu compliquée. En groupant les principes généraux qui s'y rapportent, nous avons tenté de la simplifier ; nous avons voulu permettre aussi une comparaison plus facile avec les procédés de l'agriculture. Cette dernière, aux prises avec les difficultés économiques, s'est engagée plus avant dans la voie scientifique; le jardinage d'utilité gagnerait à l'y suivre; en revanche, il lui fournirait de précieux exemples quant au travail du sol et aux soins d'entretien à donner aux plantes.

Le plan de cet ouvrage était tout indiqué; il suit en quelque sorte l'ordre naturel. L'étude des *facteurs de la production potagère* y précède celle des *plantes* sur lesquelles s'exerce leur action. C'est d'abord le *sol*, dont le cultivateur améliore les propriétés physiques et chimiques par les *façons culturales*, les *amendements* et les *engrais*; ce sont ensuite les *agents atmosphériques*, moins soumis à sa volonté, mais qu'il combat ou seconde cependant, au jardin, dans une mesure beaucoup plus large qu'aux champs, où son rôle, à cet égard, est souvent à peu près purement passif; c'est enfin la *plante* elle-même avec sa vie propre et ses exigences qu'il faut satisfaire.

Ces données générales établies, nous pénétrons dans la description des caractères, de la culture, des maladies des différentes espèces potagères, groupées suivant l'ordre botanique dans chacune des grandes catégories établies d'après les produits qu'elles fournissent.

Nous signalons aussi les insectes et les parasites animaux nuisibles aux plantes potagères, mais nous ne pouvions, en restant dans le cadre de cet ouvrage, qu'indiquer sommairement quelques-uns des moyens de destruction d'ennemis qui trop souvent paralysent les efforts du cultivateur. L'étude des insectes et des parasites contre lesquels il faut lutter a été faite, avec tous les développements qu'elle comporte, par M. Guénaux dans un autre volume de l'*Encyclopédie agricole*.

L'étendue des matières à traiter nous faisait une obligation d'être concis dans la forme et réservé dans l'énoncé des procédés variés applicables à la culture de certains légumes ; ceux de ces procédés d'un emploi trop restreint ou d'une valeur douteuse ont été bannis de cet ouvrage.

Malgré notre souci d'élaguer les superfluités, nous n'avons pas cru devoir renoncer à une énumération très succincte des meilleures variétés appartenant à chaque espèce étudiée ; il importe de les signaler au choix judicieux du cultivateur, qui perdrait son temps et sa peine à s'adresser aux variétés médiocres ou mauvaises, malheureusement trop répandues dans les jardins et dans les champs.

L'illustration de cet ouvrage nous a été facilitée par MM. Vilmorin pour les légumes en général, Denaiffe pour les pois potagers, Chouanard et Pilter pour les instruments de culture. Les remercier ici de leur obligeance est pour nous un agréable devoir.

Août 1903.

LÉON BUSSARD.

CULTURE POTAGÈRE

ET

MARAICHÈRE

PREMIÈRE PARTIE

CONSIDÉRATIONS GÉNÉRALES

I. — GRANDE ET PETITE CULTURE POTAGÈRE

Prise dans son acception la plus étendue, l'expression de *culture potagère* désigne, d'une façon générale, la production des légumes sous toutes ses formes; elle est synonyme de *culture légumière*.

Ainsi comprise, elle embrasse :

1° La *grande culture potagère* ou culture potagère *champêtre*, du domaine de l'agriculture proprement dite ;

2° La culture des légumes au jardin ou *jardinage potager* ;

3° La culture *maraîchère*.

Ces deux dernières appartiennent à l'horticulture; elles constituent la partie la plus importante du *jardinage d'utilité*.

Avant d'examiner chacune de ces branches, en définissant le légume nous établirons le caractère distinctif des plantes auxquelles elles s'adressent et nous délimiterons ainsi la matière du présent ouvrage.

Légume. — Sous ce nom de *légume* — qu'il ne faut pas confondre avec celui qui, dans la terminologie botanique, s'applique au fruit ou gousse des légumineuses, — on désigne tout végétal *herbacé*, annuel, bisannuel ou vivace, dont l'une des parties sert à l'alimentation de l'homme *sous sa forme naturelle*, c'est-à-dire sans avoir été l'objet d'une transformation industrielle. Cette définition exclut aussi bien les arbustes à fruits, végétaux ligneux, que les céréales, dont le grain est soumis à la mouture.

Dans la plante potagère, la partie que l'on consomme est tantôt la racine ou la tige souterraine (bulbe, rhizome, tubercule), tantôt les organes foliacés (tige aérienne, feuilles, bourgeons, inflorescences), tantôt le fruit ou la graine. En nous basant sur la nature du produit utilisé nous établirons plus loin une première classification des légumes, que nous grouperons ensuite par familles botaniques. Nous pourrons alors constater que les légumes usuels cultivés en France appartiennent à environ soixante-dix espèces botaniques différentes. Le nombre de celles-ci s'élève notablement lorsqu'on y joint les légumes rares, — exotiques pour la plupart, — qui trouvent place dans les jardins des amateurs.

Des races multiples, des variétés innombrables, d'importance fort inégale, sont issues de ces espèces. Les plus intéressantes pour nos régions trouveront place dans cet ouvrage. Nous les suivrons successivement aux champs, au potager et au marais, c'est-à-dire dans les trois catégories de cultures précédemment indiquées. Celles-ci se différencient par des caractères sur lesquels il est utile d'insister.

Culture potagère champêtre. — Elle poursuit l'obtention des légumes de vente courante n'exigeant pas des soins trop fréquents ou trop compliqués, incompatibles avec une production s'exerçant sur des surfaces étendues. Elle alimente aussi la ferme des gros légumes que consomme son personnel. Ses procédés, dans ce qu'ils ont d'essentiel, sont ceux de l'agriculture. Le travail du sol s'y fait à l'aide des mêmes instruments : charrues, herses, rouleaux, etc., actionnés par les animaux de trait ; on y a le moins possible recours aux opérations exécutées à bras d'homme et, pour beaucoup des espèces légumières qu'on y traite, ces opérations ne sont ni plus nombreuses ni plus minutieuses que dans la culture des plantes agricoles sarclées : betteraves, carottes ou pommes de terre.

Si, en principe, les terres que l'on y consacre doivent être fertiles, — les meilleures de l'exploitation, — du moins ne présentent-elles que très exceptionnellement une richesse comparable à celle des bons sols de jardin, et quelquefois même sont elles de qualité relativement médiocre.

Dans la culture potagère champêtre, des irrigations parfois, mais pas d'arrosages tels qu'on les comprend en horticulture ; pas non plus d'emploi de la chaleur artificielle. Elle convient donc aux seules plantes rustiques sous le climat considéré, c'est-à-dire à celles qui supportent sans en souffrir les conditions naturelles de température et d'humidité ; elle ne vise pas la production des primeurs, mais seulement celle des légumes de saison.

La plupart des végétaux soumis à la grande culture potagère entrent dans un assolement déterminé et alternent avec des fourrages, des céréales, des plantes industrielles ; d'où la nécessité de les choisir en conséquence.

Il faut enfin que les légumes qu'ils fournissent trouvent des débouchés assurés. Cette question est de première importance pour des produits obtenus par grandes quantités à la fois. Elle est d'autant plus facile à résoudre qu'ils supportent mieux le transport et la conservation prolongée.

Les plantes potagères qui satisfont aux conditions que nous venons d'énoncer sont plus nombreuses qu'on ne le croit généralement. En plaine et sur les plateaux, on s'adressera de préférence aux légumes les plus rustiques, les moins exigeants sous le rapport de l'humidité : pomme de terre, asperge, oignons, choux verts et chou de Bruxelles, épinard, oseille, pissenlit, pois, haricot, concombre, fraisiers. On réservera aux terres fraîches ou arrosables des vallées les navets, carottes, betteraves, salsifis et scorsonères, le céleri-rave, le poireau, les choux pommés, les chicorées, le cardon, l'artichaut, les courges.

Les légumes cultivés aux champs fournissent un produit brut très supérieur à celui de la plupart des plantes agricoles. En France, la dernière statistique agricole décennale établit que la valeur moyenne de la récolte d'un hectare atteint plus de 1200 francs pour l'asperge et l'artichaut, 947 francs pour les choux, 664 francs pour les carottes, 455 francs pour la pomme de terre, 399 francs pour les navets, panais et turneps et 380 francs seulement pour le blé. Le produit net, c'est-à-dire le bénéfice réalisé, suit une progression à peu près de même sens, mais il est sujet à varier dans de telles limites, sous l'influence des circonstances particulières à chaque exploitation, qu'on ne saurait à cet égard fixer aucune donnée précise. Il convient de faire remarquer qu'au voisinage des agglomérations urbaines il est toujours beaucoup plus élevé que ne le comportent les chiffres précédents.

La culture potagère champêtre, particulièrement rémunératrice dans certaines régions, dans certaines situations privilégiées sous le rapport du climat et des conditions économiques, n'est donc pas partout également avantageuse. Elle se trouve, d'ailleurs, limitée dans son développement par les besoins de la consommation. Il existe cependant bien peu d'exploitations agricoles dans lesquelles on ne puisse entreprendre accessoirement avec profit la production de quelque légume aux champs, et nous verrons plus loin qu'en France, une large extension de cette production donnerait les meilleurs résultats. Ce sont, dans chaque cas, les circonstances particulières qui doivent décider du choix des espèces à cultiver.

La fabrication industrielle des conserves alimentaires, notablement accrue depuis quelques années, a ouvert de nouveaux débouchés à certains produits de la grande culture potagère : pois, haricots, tomates, asperges, etc.

Jardinage potager. — Le jardinage potager a pour but la production des légumes nécessaires à l'alimentation tantôt d'une famille, tantôt du personnel d'un établissement public ou privé : ferme, pension, pénitencier, hospice, etc.

La disposition et la conduite du jardin potager varieront suivant qu'il s'agit de l'un ou l'autre cas, suivant aussi que le cultivateur s'efforce ou non de produire des excédents de récolte en vue de la vente.

Le potager du particulier, annexe de la maison d'habitation, est entretenu soit par un jardinier soit par le détenteur du jardin lui-même. Le jardinage, procure à l'ouvrier, à l'employé, au rentier modeste un agréable passe-temps, un exercice salutaire ; le profit accessoire qu'en retirent ces cultivateurs improvisés, sous la forme de fruits, de fleurs, de légumes frais, est plus appréciable peut-être par sa nature même que par la valeur argent qu'il représente, bien que celle-ci puisse n'être pas négligeable dans un budget restreint. Sur le coin de terre où ils exercent leur habileté dans l'art de la production végétale, ils s'efforcent de mener simultanément à bien des cultures variées et, dans la limite où ils les croient susceptibles de réussir, ils n'observent guère dans le choix de celles-ci d'autre loi que leur fantaisie.

Le caprice du propriétaire est également la règle du jardinier de maison bourgeoise, mais les ressources dont ce dernier dispose et la connaissance qu'il possède de la culture lui permettent d'opérer dans des conditions meilleures. L'obligation de réunir sur une même surface arbres fruitiers, légumes et fleurs est pour lui bien moins fréquente et, lorsqu'elle se présente, il sait mieux mettre chaque plante à la place qui lui convient pour éviter qu'elles se nuisent mutuellement.

Un outillage plus complet, des engrais plus abondants, le temps qu'il peut consacrer au potager lui donnent la faculté d'obtenir des produits plus nombreux et plus recherchés, des primeurs, des légumes délicats que l'amateur de jardinage réussit rarement. Mais, bien plus que celui-ci, qui ne relève que de lui-même, il doit éviter les insuccès, dont le renouvellement compromettrait sa situation auprès du maître qui l'emploie.

Dans les jardins des établissements à personnel nombreux : pensions, maisons d'assistance, casernes mêmes, — puisque l'heureuse idée de faire contribuer les soldats à l'amélioration de l'ordinaire par leurs propres travaux a reçu un commencement d'exécution, — la culture potagère revêt un caractère plus prononcé d'utilité immédiate et le choix des légumes cultivés porte généralement sur ceux de consommation courante.

Au potager, non seulement il n'est pas indispensable que les cultures se succèdent sans interruption sur toute la surface du jardin, mais on considère comme utile de réserver toujours une parcelle disponible, pour qu'à un moment donné on puisse y tenter une production non prévue jusqu'alors.

Tous les sols sains conviennent à la culture potagère, ou plutôt il existe pour chaque nature de sol des plantes potagères susceptibles d'y réussir. La rareté même des engrais n'est pas nécessairement un obstacle à son établissement, bien qu'elle constitue une cause d'infériorité grave. Nulle condition de situation dans telle ou telle région, à proximité d'une ville, d'une gare ou d'un port ne lui est imposée. Elle est, en définitive, possible à peu près partout et, si les circonstances lui promettent une réussite plus ou moins brillante, cette réussite est du moins certaine pour le cultivateur qui la poursuit judicieusement.

A la ferme, on néglige trop souvent le jardin potager. Bien entretenu, il fournit un appoint notable à la nourriture du personnel, permet de la varier agréablement, de la rendre plus attrayante et plus alibile en substituant des produits tendres et savoureux à ces légumes coriaces et grossiers trop connus des paysans. C'est surtout ici qu'il faut répudier le jardin trop étendu; petit, mais très soigné, sans luxe cependant, il ne demandera que quelques charretées de fumier, dérobées aux autres cultures qui n'en souffriront guère, et des heures de travail peu nombreuses, prélevées sur les travaux les moins pressants.

Rien ne sera plus aisé d'ailleurs que d'en réduire la surface en en proscrivant les gros légumes, qui seront produits aux champs, sinon achetés au dehors. En enrichissant ainsi presque sans frais la table du cultivateur, le jardinage potager apportera dans sa modeste existence un bien-être appréciable.

Culture maraîchère. — Cette culture a pour objectif l'approvisionnement en légumes frais des marchés urbains et des régions populeuses.

En raison des énormes quantités d'eau qu'elle nécessite, on l'établissait à l'origine dans des sols bas et humides; c'est ainsi qu'au temps d'Henri IV, elle occupait autour de Paris de vastes terrains marécageux. Le nom de *marais* donné aux jardins dans lesquels elle s'effectuait, et celui de *culture maraîchère* attribué à l'exploitation de ceux-ci, ont d'autant mieux subsisté qu'aujourd'hui encore, on réserve volontiers à la production des légumes, les vallées fraîches, les parties arrosées des plaines, les anciennes tourbières assainies. C'est sur des tourbières de ce genre, sillonnées en tous sens de canaux utilisés pour les transports, que sont établis les célèbres « hortillonnages » d'Amiens.

La culture maraîchère s'exerçait jadis exclusivement au voisinage immédiat des cités. Si la facilité et la rapidité des communications lui ont permis depuis de se développer dans un rayon plus étendu, parfois même, pour des légumes aisément transportables, de gagner des régions éloignées des lieux de vente, elle n'a pas cessé cependant, dans la généralité des cas, de se concentrer dans la banlieue des villes qui, en même temps qu'elles assurent à ses produits des débouchés certains, lui fournissent d'autre part les énormes quantités d'engrais organiques dont elle fait emploi.

Sur de faibles surfaces, la culture maraîchère engage des capitaux considérables et réalise des profits élevés. La cherté du loyer de la terre dans les lieux où elle s'exerce, la nécessité d'un matériel coûteux, l'intensité de la concurrence font au maraîcher une obligation d'obtenir rapidement et sans interruption des récoltes abondantes et choisies, dont l'ensemble représente annuellement une valeur considérable.

Il n'y parvient qu'à l'aide d'un labeur incessant et en opérant sur des sols de fertilité exceptionnelle, acquise et conservée par l'apport de fumures énormes; souvent même il cultive dans un véritable terrain artificiel, résultant de la superposition au sol primitif des couches de terreau successivement rapportées. Par des arrosages abondants, il maintient constamment la terre dans l'état d'humidité le plus favorable à la croissance rapide des légumes et le plus propre à les rendre tendres et savoureux. Il active encore cette croissance par l'emploi de la chaleur artificielle; la masse de fumier qu'il utilise dans ce but pour la formation des couches sert ensuite à la fertilisation du sol.

La culture maraîchère ne s'adresse pas à tous les

légumes indistinctement, mais seulement à ceux d'un écoulement facile dont le développement est prompt ou la valeur vénale élevée. Elle abandonne de plus en plus les légumes grossiers à la grande culture, pour se consacrer aux légumes délicats, et surtout aux primeurs, dont la vente lui assure des bénéfices importants.

Visant exclusivement le profit, elle utilise au maximum la surface exploitée. Aucune parcelle de celle-ci ne doit jamais rester inoccupée; souvent même deux, et quelquefois trois cultures, se poursuivent simultanément sur une même planche, l'une des plantes en concurrence parachevant sa croissance après l'enlèvement de l'autre.

Le maraîcher ne connaît pas d'interruption dans ses récoltes; en toute saison il a des produits à vendre. Mieux armé que l'agriculteur pour lutter contre les intempéries et les ennemis des plantes, son entreprise est sujette à moins d'aléas. La culture maraîchère revêt en définitive à un haut degré le caractère industriel.

Nous avons dit qu'elle exige une mise de fonds considérable. On en jugera par les chiffres suivants, empruntés à une étude de M. Grandeau (1) et établis par M. Curé, Secrétaire du Syndicat des maraîchers de la région parisienne.

Dans la banlieue de la capitale, les terres propices à la culture maraîchère valent actuellement de 3 à 4 francs le mètre carré, soit 30 000 à 40 000 francs l'hectare. La superficie d'un hectare se répartit ainsi :

		Mètres carrés.
Culture abritée { sous châssis, couches.		1.650
{ sous cloches.........		1.450
Culture de pleine terre..............		6.900

Les dépenses de premier établissement comprennent :

____

(1) *Revue horticole*, 16 septembre 1901.

1.

	Francs.
800 coffres et châssis....................	12.000
4.500 cloches de jardin..................	4.000
1.500 paillassons........................	1.500
Moteur à gaz ou à pétrole	3.000
Pompe et réservoir à eau en fer.......	3.000
Canalisation et robinetterie en cuivre..	2.000
Petit outillage..........................	1.000
Cheval et voiture........................	2.000
Total...............	28.500

Quant aux frais annuels d'exploitation, ils se décomposent comme suit :

	Francs.
Loyer de la terre.......................	2.200
Contributions et assurance.............	500
Intérêts du capital d'installation à 5 p. 100....................	1.425
Amortissement et achat du matériel..	2.000
Entretien du matériel...................	1.000
Alimentation et entretien du moteur .	300
Nourriture du cheval, ferrage et harnais..............................	1.500
Frais de halle, place et remisage et de retour des femmes.................	600
Fumiers..............................	4.000
Achat de graines.......................	200
Main-d'œuvre. { 3 hommes à 2 000 fr. l'un...	6.000
2 femmes à 1 200 fr. l'une...	2.400
Imprévu..............................	500
Total............ .	22.625

Le détail de ces dépenses est intéressant en ce qu'il permet d'apprécier l'importance relative de chacune d'elles. Il ressort de leur ensemble que l'exploitation d'un hectare de marais dans la banlieue de Paris suppose, pendant la première année de culture, un débours total de près de 50 000 francs pour frais de premier établissement et d'exploitation.

Il convient de faire remarquer que les marais parisiens n'ayant en moyenne que 50 ares de superficie, et bien

rarement plus de 75 ares, le capital nécessaire pour les
exploiter est le plus souvent inférieur de moitié au
chiffre précédent.

Ajoutons aussi que les frais d'établissement et d'exploitation du marais atteignent ici leur maximum; quoique
en général beaucoup moins élevés ailleurs, ils n'en
restent pas moins très importants partout. En raison des
risques pécuniaires qu'elle engage, la culture maraîchère
ne saurait donc être entreprise par des novices; elle
exige une connaissance approfondie du métier, qui ne
s'acquiert que par une assez longue pratique.

Mais, d'autre part, sous une habile direction, elle comporte, nous l'avons dit, moins d'aléas que tout autre
mode d'exploitation du sol et récompense largement les
efforts du maraîcher, tout en faisant vivre un nombreux
personnel d'auxiliaires. M. Curé évalue comme suit le
produit brut annuel d'un hectare de marais parisien :

Production de 800 châssis à 10 fr, l'un. ..	8.000
— de 4 500 cloches à 1f,25 l'une..	5.625
— de 6 900 mètres carrés de cultures de pleine terre à 2f,25 le mètre... .	15.525
Total.............	29.150

En défalquant de cette somme celle qui représente les
dépenses annuelles d'exploitation, et en y ajoutant
d'autre part l'intérêt du capital engagé, qui figure déjà
parmi ces dépenses, on obtient un chiffre de 7 950 francs
représentant le revenu net par hectare.

L'observation relative à la superficie des marais parisiens faite précédemment, nous conduit à ramener à
4 000 francs environ la moyenne des revenus fournis par
chacun d'eux. Cette moyenne s'abaisse dans les autres
régions maraîchères, mais reste partout très supérieure
à celle des autres productions végétales. Aussi, comme
elle est le type des cultures intensives, la culture maraîchère est-elle le type des cultures rémunératrices.

II. — IMPORTANCE ET RÉPARTITION DE LA CULTURE POTAGÈRE EN FRANCE

Importance de la culture potagère en France. — La dernière statistique agricole décennale évalue à environ 380 000 hectares la surface occupée en France par les jardins potagers. Ceux qui sont consacrés à la production des légumes de vente couvrent un peu plus de 75 000 hectares et fournissent pour près de 84 millions de francs de légumes. Les jardins destinés à l'alimentation de la famille s'étendent sur une superficie supérieure à 306 000 hectares et la valeur des produits qu'on en tire est voisine de 136 millions de francs. La somme représentée par les légumes de ces deux catégories de jardins équivaut à 74,5 p. 100 de la production totale des cultures jardinières, fruits et fleurs compris.

Si l'on considère d'autre part que, sur une surface de 320 000 hectares, on récolte pour 92 millions de francs de haricots, pois, fèves et lentilles et que les légumes de grande culture (pommes de terres, carottes, navets, choux, etc.), obtenus sur 1 616 000 hectares, représentent 767 millions de francs, on en conclut qu'en définitive la culture potagère des champs et des jardins s'étend sur plus de 2 300 000 hectares et fournit des produits dont la valeur dépasse 1 milliard de francs, soit le dixième de la production végétale française toute entière.

Quelle qu'y soit son importance, cette culture est loin d'occuper chez nous toute la place qu'elle y devrait tenir. Le climat de la France, les rivières qui l'arrosent, les conditions économiques dans lesquelles la culture s'y poursuit, le morcellement de la propriété en font un pays d'élection pour la production légumière. Plus lucrative que celle des céréales et des plantes industrielles en général, cette production mérite d'être propagée partout où elle a chance de réussir. Au reste, les débouchés qui lui sont ouverts lui permettent de prendre une large extension.

La somme d'un milliard que représente la valeur des légumes obtenus sur notre territoire correspond à une consommation annuelle de 26 francs par tête d'habitant; nul doute que ce chiffre, fort minime, ne puisse s'élever sensiblement. La valeur des légumes frais, salés ou desséchés importés annuellement dépasse 4 millions et demi. Nos cultivateurs pourraient aisément s'adjuger la presque totalité de cette somme, en même temps qu'une partie des 20 à 25 millions de francs de légumes secs qui nous viennent du dehors.

Nous exportons en outre, chaque année, pour près de 30 millions de francs de légumes, dont la moitié environ à l'état frais et le reste sous la forme de conserves ou de légumes secs. La plupart des pays voisins sont tributaires du nôtre pour une part plus ou moins importante; mais aucun au même degré que l'Angleterre. Les produits de la côte bretonne : fraises de Plougastel, oignons, pommes de terre, artichauts de Roscoff et des Côtes du Nord; les choux-fleurs du Centre, les tomates du Midi y trouvent un écoulement facile et pourraient y être envoyés encore en plus grande abondance. La Suisse et l'Allemagne offrent également à nos légumes d'excellents débouchés.

Répartition de la culture potagère en France. — La culture jardinière des légumes pour la vente est très inégalement répartie sur notre territoire. Elle se trouve particulièrement développée, comme on peut le prévoir, au voisinage des grandes villes et dans les régions où la population est très dense. Autour de Paris, elle occupe, dans une zone d'une quarantaine de kilomètres de rayon, une part très importante des terres en exploitation, et la presque totalité de celles-ci dans la banlieue immédiate de la capitale. Les trois départements de la Seine, de Seine-et-Oise et de Seine-et-Marne lui consacrent une surface de 5 670 hectares environ. Elle couvre plus de

4 000 hectares dans les Bouches-du-Rhône, plus de 2 000 dans le Nord, environ 1 800 dans la Gironde et 1 700 dans le Rhône.

Viennent ensuite, par ordre d'importance, les départements bretons : Morbihan (2 535 hectares), Côtes-du-Nord, Ille-et-Vilaine, Finistère, puis les Alpes Maritimes (2 274 hectares), la Vienne (1 977 hectares), le Gard (1 800 hectares), le Pas-de-Calais, la Somme, la Charente-Inférieure et la Haute-Garonne avec des surfaces voisines de 1 400 hectares.

C'est dans les régions montagneuses que cette culture occupe les étendues les plus restreintes : moins de 300 hectares dans les Pyrénées-Orientales, Tarn-et-Garonne, la Haute-Loire et la Haute-Savoie; moins de 200 dans le Cantal, l'Ariège, les Basses-Alpes et les Hautes-Alpes, et 80 seulement dans la Lozère.

La valeur, par hectare, de la production des jardins maraîchers et potagers consacrés aux légumes de vente est très différente suivant les régions. Alors qu'elle ne dépasse pas 350 francs en Corse, 1 000 francs dans les Basses-Alpes, l'Aude, les Bouches-du-Rhône, elle atteint près de 2 000 francs dans l'Aube, Seine-et-Marne et la Marne et une moyenne de 10 665 francs dans la Seine; encore, nous l'avons vu, ce chiffre se trouve-t-il très inférieur à celui que réalisent les maraîchers de la banlieue immédiate de Paris.

Quant aux jardins destinés à l'alimentation de la famille, ils s'étendent sur plus de 8 000 hectares dans chacun des départements du Pas-de-Calais, de la Sarthe, d'Ille-et-Vilaine, sur plus de 7 000 dans la Somme, l'Aisne, la Manche et l'Oise. Les Hautes-Alpes, les Alpes-Maritimes et la Lozère occupent le dernier rang avec des surfaces comprises entre 500 et 800 hectares.

DEUXIÈME PARTIE

CRÉATION ET ENTRETIEN DU JARDIN POTAGER, DU MARAIS

I. — TRAVAUX D'ÉTABLISSEMENT

Choix de l'emplacement. — Il arrive fréquemment, lors de l'établissement du jardin potager, que l'emplacement en est imposé par des raisons de convenance ou d'économie ; il ne reste dans ce cas qu'à prendre les dispositions nécessaires pour tirer le meilleur parti possible de la surface à aménager. Cependant, il n'est pas rare non plus qu'on jouisse d'une certaine latitude dans le choix du terrain à transformer en potager ; il convient alors de s'inspirer, dans la mesure où les circonstances le permettent, des indications générales qui suivent. Si toutes les conditions ne peuvent être remplies simultanément, on donnera la préférence à l'emplacement qui réunira les plus importantes, celles qu'il est le plus difficile ou le plus onéreux de modifier à l'aide du travail de l'homme.

Avant tout il faut éviter certaines situations particulièrement désavantageuses. Pour la facilité des arrosages, on place volontiers le potager dans les terrains bas, mais ceux que menacent les inondations résultant soit des crues d'une rivière voisine, soit de l'accumulation des eaux des terrains supérieurs ne sauraient évidemment convenir; on conçoit à quels accidents les cultures y seraient exposées.

L'excès permanent d'humidité du sol, dû au défaut d'écoulement de l'eau qui l'imprègne, ne manifeste pas son influence sous une forme aussi saisissante et par des dégâts aussi brusques, mais l'action nuisible qu'il exerce sur la végétation met obstacle à la culture de la plupart des plantes potagères. Les terres mouillées, marécageuses, ne peuvent donc recevoir celles-ci qu'après assainissement à l'aide d'opérations sur lesquelles nous reviendrons plus loin.

Le voisinage de certaines usines est très redoutable. Les cheminées des fabriques de produits chimiques, des fours à chaux ou à plâtre, des fonderies, etc., déversent dans l'atmosphère des fumées corrosives, des gaz délétères, des poussières desséchantes ou vénéneuses qui, lorsqu'ils ne détruisent pas toute végétation, ne laissent subsister dans un rayon plus ou moins étendu que des plantes rabougries et maladives, dont les produits perdent leurs qualités normales et contractent souvent une saveur de mauvais aloi. Les usines de cette nature ne sont pas rares dans la banlieue des villes et les dommages qu'elles occasionnent aux cultures ont été la cause de procès nombreux. Si les circonstances ne permettent pas d'en éloigner le potager, du moins convient-il de choisir la surface qu'on lui destine de telle façon qu'elle reçoive aussi peu que possible les fumées nocives ; cette condition sera réalisée si son orientation la soustrait à l'action des vents dominants qui, pendant la plus grande partie de l'année rabattent ces fumées sur la même zone, généralement assez nettement délimitée.

Les plantes cultivées au potager réclament des arrosages fréquents, d'autant plus nécessaires que le climat est plus chaud et plus sec. Lors de la création du jardin légumier, il faut donc s'assurer qu'on pourra disposer à toute époque de l'année d'une quantité d'eau suffisante. La proximité d'un cours d'eau, d'une nappe souterraine, d'un puits abondamment alimenté a, pour l'établissement du marais, une importance plus considérable encore, car les arrosages sont, nous l'avons vu, la condition indispensable, *sine quâ non*, de toute culture maraîchère.

L'exposition du jardin potager influe sur la réussite des cultures. La meilleure est celle qui favorise la croissance rapide du plus grand nombre des légumes qu'on y produit, tout en les protégeant contre les accès de chaleur, les vents violents et l'humidité persistante. Elle varie suivant les climats. Dans toute la partie septentrionale de la France, l'exposition du nord est la plus défectueuse parce que trop froide; celle du midi, qui dispense largement aux plantes la chaleur et la lumière, la plus favorable. A l'exposition de l'est, les végétaux, frappés par les rayons solaires aussitôt après les froids de la nuit, sont soumis au printemps et à l'automne aux dégels brusques, dont on connaît le danger; à celle de l'ouest, ils sont livrés aux assauts des vents les plus fréquents et les plus redoutables par leur violence, ils ont en outre souvent à souffrir des maladies cryptogamiques. Dans les régions sèches du midi de la France, ce serait pourtant la meilleure peut-être, en raison de l'humidité qu'apportent les vents d'ouest. En réalité toutes les expositions ont leurs avantages et leurs inconvénients, et c'est la balance des uns et des autres qu'il faut considérer. Quand on n'a pas le choix, le mieux est de confier à celle dont on dispose les plantes qui s'en accommodent, en prenant soin de corriger artificiellement, dans la mesure possible, ce que cette exposition a de défectueux.

La *pente* du terrain accentue ou contrarie l'influence de l'exposition. Une pente légère et régulière favorise l'écoulement des eaux dans les sols peu perméables. Une forte pente, au contraire, est nuisible; elle entraîne le ravinement du sol et rend les travaux de culture pénibles et coûteux ; la disposition en terrasses s'impose pour remédier aux inconvénients qu'elle présente lorsqu'elle est trop accentuée. Nous verrons plus loin comment, dans les jardins potagers, par la formation d'ados, de côtières inclinées, etc., on donne au sol de faibles pentes convenablement orientées.

Il faut tenir compte de la proximité des abris naturels tels que collines ou forêts, du voisinage de bâtiments élevés, etc., lors du choix du terrain destiné au potager. Suivant la situation qu'ils occupent par rapport au jardin, ils jouent tantôt un rôle favorable en s'opposant à l'action des vents froids ou dangereux par leur violence, tantôt un rôle nuisible par l'ombre qu'ils projettent sur les cultures.

Il convient de placer le potager aussi près que possible de l'habitation ; on en a mieux ainsi les produits sous la main, et ceux-ci sont moins exposés aux déprédations des maraudeurs et des animaux ; la surveillance du maître s'exerce plus aisément et les travaux s'en ressentent : ils sont exécutés avec plus de méthode, au moment convenable et les pertes de temps se trouvent réduites au minimum. Toutes ces raisons sont valables *à fortiori* lorsqu'il s'agit du jardin maraîcher, qui nécessite des soins constants et une surveillance ininterrompue de la part du cultivateur ; le plus souvent, d'ailleurs, au corps de bâtiment qui comprend la demeure du maraîcher appartiennent ou sont attenants l'écurie, la remise des voitures, la resserre des légumes, le magasin du matériel et des outils, annexes obligées du jardin où croissent des produits de vente et qui ne sauraient s'en trouver éloignées.

Enfin la nature du sol est à considérer.

C'est à celui qui se travaille le plus aisément en toute saison, qui, sans se dessécher, s'égoutte et s'échauffe le mieux, qui, présente les éléments les plus fins et les plus meubles, en un mot dont les propriétés physiques sont

les meilleures, qu'il convient de donner la préférence.
Des amendements et des travaux appropriés permettent
de modifier ces propriétés, mais il est évidemment avantageux de pouvoir les réduire au minimum.

La richesse initiale du sol en éléments fertilisants
n'est pas non plus indifférente, car, si, dans les jardins,
l'amélioration des terres trop pauvres peut être rapidement obtenue, elle entraîne des dépenses d'engrais
excessives, qu'il vaut mieux éviter en s'adressant à des
terres moins dénuées de principes utiles. Dans la culture
maraîchère, il arrive fréquemment, nous l'avons vu, que
les plantes se développent dans un sol artificiel, constitué par l'apport d'une couche épaisse de terreau sur le
sol naturel passé à l'état de sous-sol. La perméabilité
plus ou moins grande de ce dernier est alors surtout à
considérer, en raison de l'influence qu'elle exerce sur le
degré d'humidité de la couche arable.

Nous insistons plus loin sur les avantages considérables
que les terres profondes présentent pour le développement des plantes et sur l'impossibilité d'obtenir des
récoltes satisfaisantes dans des sols de faible épaisseur.
On s'attachera donc à rechercher, pour y placer le potager, les terrains qui se prêtent le mieux à l'approfondis-
sement par les labours, ceux dont le sous-sol, de bonne
nature, peut être aisément ameubli.

Étendue du potager. — L'étendue du jardin potager
doit être proportionnée aux besoins de la famille ou de
l'établissement qui l'utilise. On la calcule approximative-
ment en prenant pour base une surface en culture, allées
non comprises, de 3 ares environ par personne appelée à
en consommer les produits. Ce chiffre n'est évidemment
pas invariable; il dépend de la production du sol et de la
nature des plantes cultivées. La superficie du potager
peut être moindre lorsqu'on n'y cultive que les légumes
délicats, les gros légumes étant achetés ou produits au
dehors. Dans les exploitations rurales, cette séparation

des gros légumes et des légumes fins, très facile à réaliser, s'impose.

L'étendue du potager est, en outre, subordonnée à la main-d'œuvre dont on dispose. Il faut se pénétrer de cette idée qu'une petite surface bien cultivée rapporte davantage qu'une grande mal entretenue. Un homme, occupé toute l'année et secondé par un aide pendant les trois mois d'été, suffit pour l'entretien d'un jardin potager de 2 500 à 3 000 mètres carrés.

La superficie du marais est basée sur les ressources du cultivateur ; la culture maraîchère, essentiellement intensive, nous l'avons vu, ne souffre aucune des négligences que déterminerait l'insuffisance des bras, des fumures ou du matériel. Dans la banlieue parisienne, peu de marais dépassent 70 ares.

Clôtures. Abris permanents. — Destinées à protéger le potager contre les déprédations des maraudeurs ou des animaux, les clôtures remplissent en même temps, pour les végétaux cultivés, le rôle d'abris contre le froid ou la violence des vents.

Elles sont constituées, suivant les cas, par de simples fossés, des talus en terre, des haies vives ou sèches, des treillages ou des murs.

Les haies vives bien garnies forment une bonne protection lorsqu'elles ont au moins 1^m,20 de hauteur et 0^m,80 d'épaisseur. On les obtient par la plantation d'arbustes buissonnants, épineux : aubépine, églantier, prunier sauvage, etc. L'aubépine recépée et taillée donne des haies durables et fournies. On reproche aux haies vives d'être lentes à croître, de nécessiter un entretien constant, d'occuper trop de place, enfin d'épuiser le sol et d'affamer ainsi les plantes voisines.

Quant aux haies sèches, formées de branchages entrelacés, elles durent peu et opposent un obstacle insuffisant au passage des hommes et des animaux.

Les fossés bordés de talus élevés sont les seuls efficaces. Ils servent fréquemment de clôtures dans les campagnes, où le terrain est assez abondant pour que l'on redoute peu d'en sacrifier une large bande au pourtour du jardin.

Les treillis en bois ou en fils de fer, la ronce artificielle constituent des clôtures économiques, mais non des abris pour les plantes.

Les murs maçonnés, en pierres ou en briques, sont de beaucoup les meilleures clôtures de jardins. Plus coûteux à établir que les précédentes, ils ont sur elles l'avantage d'une très longue durée. Abris parfaits contre les vents et, par la réflexion et la concentration des rayons solaires, source de chaleur pour les végétaux placés au voisinage, ils permettent l'établissement de côtières pour la production de légumes précoces ou délicats. On peut, en outre, s'en servir pour le palissage des arbres fruitiers.

Leur hauteur varie ordinairement entre 2^m,50 et 4 mètres. Dans les jardins étroits, les murs élevés projettent trop d'ombre sur les cultures ; il convient alors d'abaisser ceux qui se trouvent au midi afin de laisser libre accès à la chaleur et à la lumière.

L'épaisseur des murs est en rapport avec leur hauteur et les matériaux dont ils sont formés. Elle est souvent comprise entre 40 et 50 centimètres. Leur surface doit être lisse, pour qu'ils ne puissent offrir de refuge aux insectes ou autres animaux nuisibles. Crépis à blanc, ils réfléchissent mieux les rayons solaires. Quand les murs sont utilisés pour le palissage des arbres fruitiers, il est avantageux d'y adapter des *chaperons* fixes ou mobiles.

En dehors des clôtures, comme abris permanents pour les cultures, dans les régions où les vents violents sont à redouter, on forme des rideaux d'arbres ou de végétaux vigoureux et résistants : pin maritime, cyprès, ifs, eucalyptus, grands roseaux, etc. Les espèces végétales employées dans ce but diffèrent suivant les climats et les sols.

Assainissement du sol. — Les terres imprégnées d'un excès d'humidité ne conviennent pas à la culture potagère. Elles sont froides, insuffisamment aérées, d'un travail difficile ; la transformation des fumures en principes utiles aux végétaux s'y fait mal, les graines y pourrissent sans germer. Les plantes cultivées, dont les racines se trouvent dans un milieu de tous points défavorable, y végètent lentement, misérablement et ne fournissent que des récoltes médiocres.

Dans certains cas le sol peut être assaini par des opérations simples. Les labours profonds suffisent parfois à abaisser assez le niveau de l'eau stagnante pour que celle-ci n'exerce plus aucune action nuisible.

Quand l'excès d'humidité provient du déversement des eaux des terrains supérieurs sur une parcelle située en contre-bas, on parvient quelquefois à assécher celle-ci en l'entourant d'un fossé d'isolement. Mais très souvent l'imperméabilité du sous-sol et la disposition des terrains gorgés d'eau rendent nécessaire un *drainage* complet, exécuté méthodiquement (1). Il ne faut alors pas reculer devant la dépense qu'il occasionne ; elle est largement compensée par le succès des cultures et la plus-value qu'acquiert le sol.

L'ouverture des tranchées et la pose des tuyaux de drainage précèdent l'aménagement du jardin potager. Pour réduire les frais, on établit autant que possible la canalisation des eaux d'arrosage en même temps qu'on effectue ces opérations.

Pour que la nappe d'eau souterraine ne puisse nuire aux plantes potagères, notamment à celles dont les racines pivotantes s'enfoncent profondément, il faut qu'elle se trouve distante de la surface du terrain d'au moins 50 centimètres. Dans certaines régions, on remédie par la culture en billons à l'excès d'humidité

---

(1) Voir Risler et Wéry. *Drainage et irrigations* (Encyclopédie agricole).

en même temps qu'au défaut de profondeur du sol.

Adduction et répartition des eaux d'arrosage.
Nous avons fait ressortir précédemment la nécessité des arrosages pour la production des légumes au jardin. La question de l'adduction des eaux est donc l'une des premières à résoudre lors de l'établissement du potager.

Les eaux d'arrosage peuvent provenir de rivières, canaux ou étangs, de puits ou de sources, des pluies recueillies à cette intention, des égouts des villes, etc. Nous examinerons plus loin la valeur des unes et des autres.

Ces eaux doivent être amenées en un point suffisam ment élevé pour qu'ensuite elles s'écoulent d'elles-mêmes dans les canaux ou les tuyaux de répartition. Le plus souvent on est obligé d'avoir recours, dans ce but, aux appareils élévatoires. Les pompes, les béliers hydrauliques, placés auprès d'une rivière ou d'une nappe suffisamment puissante, peuvent fournir en peu de temps de grandes quantités d'eau. On fait arriver celle-ci soit dans un canal qui la distribue aux rigoles secondaires pour l'irrigation de surfaces importantes, soit dans un bassin ou dans un réservoir établi à la partie supérieure du terrain à arroser. Ces réservoirs sont construits en maçonnerie ou formés de plaques métalliques rivées entre elles; en les disposant sur un bâti d'une hauteur suffisante, on permet à l'eau de se rendre naturellement partout où il est nécessaire et de circuler dans les tuyaux sous une pression qui rend possible l'arrosage à la lance.

L'eau des pluies, recueillie dans des bassins ou des citernes étanches, sert souvent aux arrosages, mais elle se trouve rarement en quantité suffisante pour être employée seule.

Dans un très grand nombre de jardins ce sont les puits qui fournissent l'eau nécessaire à l'entretien des cultures. La nappe souterraine qui les alimente se trouve généralement à une profondeur telle que, pour y puiser, il faut avoir recours aux norias ou plus simplement aux seaux fixés à l'extrémité d'une corde.

A l'action de l'homme s'exerçant sur un treuil ou sur une poulie pour déterminer l'ascension de seaux, couplés ou non, les maraîchers de la banlieue parisienne substituent ordinairement un manége mû par un cheval (fig. 1);

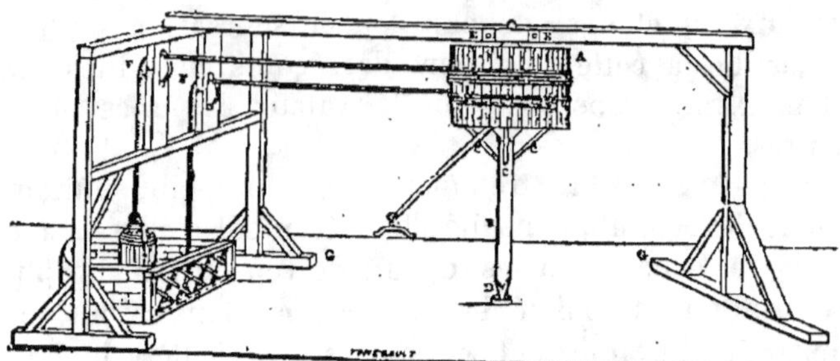

Fig. 1. — Manège des maraîchers.

celui-ci imprime un mouvement de rotation à un tambour sur lequel s'enroule une corde portant à chacune de ses extrémités un seau de forte capacité. Les seaux se font contre-poids et l'un monte pendant que l'autre descend; arrivés au sommet de leur course ils déversent le liquide dans une rigole qui le conduit dans un réservoir. On estime qu'avec un manège semblable, un cheval peut élever à 10 mètres de hauteur 5 mètres cubes d'eau par heure.

Quand l'eau a été amenée à la hauteur voulue, il s'agit de la répartir sur les différents points du jardin de façon à réduire au minimum le travail de l'ouvrier qui arrose. Dans ce but, on dispose en plusieurs endroits des bassins secondaires, qui reçoivent l'eau du bassin principal par l'intermédiaire quelquefois de canalisations en terre cuite ou de rigoles à ciel ouvert, pourvues de vannes, le plus souvent de tuyaux de fonte ou de plomb munis de robinets. Ces bassins peuvent être maçonnés ou constitués par des cuves métalliques ou des bacs en ciment. Les maraîchers ont coutume d'employer pour cet usage des tonneaux (pipes à huile ou à pétrole de préférence en raison de leur durée) défoncés par un bout ou sciés par le milieu. Ces récipients sont enfoncés en terre de manière que le

Fig. 2. — Distribution de l'eau dans un jardin maraîcher.

bord supérieur ne dépasse que de quelques centimètres le niveau du sol. Placés aux extrémités des planches, ils se trouvent en nombre tel que la distance à parcourir par le jardinier avec ses arrosoirs soit réduite au minimum ; on estime qu'elle ne peut dépasser 30 mètres sans imposer à l'ouvrier une fatigue et une perte de temps excessives.

L'existence de ces bassins secondaires n'a pas seulement l'avantage de restreindre et d'abréger le travail, mais encore celui de permettre l'exposition à l'air de l'eau destinée aux arrosages. Celle notamment qui provient des puits, souvent froide et mal aérée, s'améliore notablement ainsi.

L. BUSSARD. — *Culture potagère.* 2

Les conduites d'eau qui desservent le potager doivent être placées assez profondément pour échapper à l'action des gelées et n'avoir jamais à souffrir des travaux de culture. Il faut aussi pouvoir les retrouver aisément pour les réparations. En principe, on leur fait suivre le bord des allées du jardin.

Travaux préparatoires. — L'établissement du jardin potager comporte le défoncement, l'épierrage et le nivellement du terrain, l'apport d'amendements et d'engrais de fonds. Dans des chapitres spéciaux nous passerons en revue les opérations destinées à la préparation et à la fertilisation du sol ; la plupart de celles-ci n'interviennent pas uniquement en effet au moment de la création du jardin, mais doivent être répétées pendant tout le cours de son exploitation régulière.

Lors du défoncement, les pierres de quelque volume doivent être soigneusement extraites du sol, où leur présence aurait de multiples inconvénients. Mises en réserve et cassées régulièrement, elles serviront ensuite à l'empierrement des allées.

Disposition du terrain. — Le sol du jardin potager doit être parfaitement dressé, en lui donnant soit une pente uniforme très légère soit une complète horizontalité. Favorable à l'écoulement des eaux, une faible pente n'a que des avantages ; mais, dès qu'elle s'accentue, les travaux de culture : transports d'eaux, d'engrais, de produits, labours, etc., deviennent plus pénibles.

Quand on se trouve dans la nécessité d'établir le potager sur un terrain à forte pente, comme c'est parfois c cas dans les régions très accidentées, le mieux est pour en éviter le ravinement par les eaux et faciliter les opérations culturales, de le disposer en terrasses étagées soutenues par de petits murs. L'établissement de ces terrasses est coûteux, mais, situées à bonne exposition sur le flanc d'une colline ou d'une montagne elles se prêtent bien à la production des légumes hâtifs.

La distribution du potager varie naturellement avec les circonstances et les cultures qu'on se propose d'y poursuivre ; elle diffère suivant qu'il s'agit d'un marais ou d'un potager bourgeois. La forme du terrain, son étendue, la distance à laquelle il se trouve de l'habitation, sa pente, son exposition, etc., sont autant de conditions dont il faut tenir compte. Dans tous les cas cependant, on divise la surface en carrés, en planches et en plates-bandes séparés par des allées ou des sentiers. Il est indispensable en effet qu'on puisse circuler entre les cultures.

Quand le potager est de faible étendue, il peut n'avoir qu'une seule allée principale, dirigée vers la porte donnant accès au jardin ou dans le sens de la longueur de celui-ci. Généralement deux allées principales se coupent à angle droit vers le centre du jardin. On donne à ces allées, où passent les voitures, une largeur de 2 mètres environ.

Des allées secondaires, de 1 mètre à 1m,50 de largeur, dont le nombre est en rapport avec la superficie du potager, divisent celui-ci en carrés de 25 à 30 mètres de long. Une allée de même importance circule autour et à l'intérieur du jardin, à 2m,50 ou 3 mètres des murs, laissant entre elle et ceux-ci une bande de terre que l'on dispose en pente inclinée vers l'allée et qui porte le nom de *côtière* ou *costière*.

Les côtières exposées au midi, dont l'insolation est excellente, fournissent des produits en avance de deux ou trois semaines sur ceux des planches voisines. Celles de l'est et de l'ouest donnent des légumes dont la précocité, quoique moindre, est encore appréciable. Les unes et les autres sont surtout utilisées au printemps ; la côtière du nord rend de précieux services, pendant les chaleurs de l'été, pour la culture des plantes qui réclament de l'ombre, les semis en pépinière notamment.

Dans beaucoup de jardins potagers les côtières sont en partie remplacées par des plates-bandes de 1 mètre à

1^m,50 de largeur qui reçoivent des arbres fruitiers palissés contre les murs.

Les carrés du potager sont cultivés tout d'une pièce ou sectionnés en planches de 1^m,50 de largeur par des sentiers de 40 à 50 centimètres. Cette largeur de 1^m50 correspond

Fig. 3. — Profil d'un jardin potager.

A, allée principale ; *pp*, carrés en culture ; *aa*, allées secondaires ; *cc*, côtières ou plates bandes ; *mm*, murs de clôture avec espaliers.

au double de la distance à laquelle un homme agenouillé atteint sans effort ; les binages, les sarclages, les travaux de récolte peuvent donc être exécutés sans pénétrer à l'intérieur des planches.

Cultivés sur une même surface, les arbres fruitiers et les plantes potagères se nuisent mutuellement. Malgré les inconvénients qui résultent de cette concurrence entre deux catégories de plantes dont les exigences sont différentes, on les réunit souvent dans les jardins bourgeois. Quand des arbres de plein vent doivent trouver place au potager, il convient de leur réserver des plates-bandes de 1 mètre à 1^m,50 de largeur, séparées des carrés voisins par des allées ou des sentiers, et de les espacer assez pour qu'ils ne projettent pas trop d'ombre sur les cultures légumières. Dans les pays méridionaux, les arbres à haute tige peuvent être utiles contre les ardeurs du soleil ; au nord, au contraire, il est préférable de leur substituer des formes basses et surtout des cordons. Le potager du particulier reçoit souvent aussi des végétaux d'ornement ; on les place de préférence en bordure de l'allée principale.

Toute culture autre que celle des légumes doit être proscrite du marais.

Le tracé des carrés, des planches, des plantes-bandes, des allées et des sentiers se fait à l'aide du cordeau et du sarcloir.

Quand l'emplacement des allées est déterminé, on le pioche et la terre du sol, rejetée sur les planches voisines, y est uniformément répartie. On remplit partiellement la tranchée ainsi formée avec les pierres extraites lors du défoncement, des scories du chauffage au coke ou des matières de même nature, que l'on dispose de façon à donner à l'allée une forme légèrement bombée; puis l'on répand à la surface une couche de sable ou de gravier. Le travail achevé, le niveau du bord des allées devra se trouver inférieur de 10 à 15 centimètres à celui des planches.

Beaucoup de maraîchers ont coutume de donner au sol une pente artificielle en le disposant en *ados*. Ces ados sont des planches de faible largeur orientées de façon à présenter une légère inclinaison vers le midi ou vers l'est. Les maraîchers parisiens leur donnent une largeur de 1^{m},30 environ, qui leur permet de recevoir trois rangs de cloches placées en quinconce. On obtient l'inclinaison voulue en reportant du côté nord de la planche la terre prise du côté du midi au moment du bêchage. On abaisse ainsi ce dernier côté de 15 à 16 centimètres et on élève l'autre de pareille quantité; la différence de niveau entre les deux bords de la planche atteint donc en définitive 30 à 32 centimètres. On égalise ensuite l'ados en lui donnant une pente uniforme et on en comprime les bords à la bêche pour maintenir la terre. Les plantes cultivées sur ces ados bien exposés ont une avance sensible sur celles des planches horizontales.

Annexes du potager. — Il faut prévoir, lors de l'établissement du potager, un emplacement pour le dépôt des fumiers, terreaux et composts. Cette *cour aux engrais* sera placée à proximité d'une allée charretière, mais sur un point du jardin aussi éloigné que possible de la maison d'habitation. Une fosse à purin recevra le liquide qui s'écoule du tas de fumier et qui pourra être repris à volonté pour l'arrosage de ce tas ou l'emploi direct sur le sol.

Dans les jardins potagers on réserve généralement aux couches un emplacement fixe ; on doit le choisir proche de la maison et exposé en plein soleil. Dans les marais, où l'on fait des couches *à fonds perdu*, c'est-à-dire en laissant le fumier sur place, on établit les couches successivement sur chacun des carrés, de façon à les fumer également.

Les potagers importants sont pourvus de bâches à forcer, parfois même de serres. Ces constructions devront occuper un endroit abrité des vents froids, mais recevant largement les rayons solaires.

Il faut enfin une cave à légumes, pour la conservation des produits pendant l'hiver, et un hangar ou une pièce servant de magasin pour abriter les outils et le matériel de culture : châssis, cloches, etc. Voisins de l'habitation du jardinier, ces locaux rendent de meilleurs services et sont mieux surveillés.

Une écurie et une remise pour la voiture complètent les locaux de l'exploitation maraîchère.

Mise en culture du sol. — Les travaux d'aménagement terminés, le sol du potager sera mis en culture, mais on ne lui confiera tout d'abord que des légumes grossiers : choux, navets, pommes de terre, etc., seuls aptes à y réussir. Ce n'est qu'après deux ou trois ans que les légumes délicats y trouveront un terrain suffisamment amélioré pour convenir à leur production.

II. — PRÉPARATION DU SOL

La culture potagère exige un sol parfaitement ameubli. Dans les terres meubles, les réactions chimiques se produisent avec activité et les engrais organiques sont rapi-

dement transformés en éléments utiles aux plantes ;
l'eau, constamment en circulation dans tous les sens, se
présente sans cesse aux racines des végétaux chargée des
substances propres à leur alimentation ; l'air, si nécessaire à toutes les parties de la plante, circule librement
entre les particules terreuses, et la finesse de ces particules
permet le facile développement du système radiculaire
des espèces cultivées. Il en résulte que celles-ci, abondamment nourries et placées dans un milieu favorable,
croissent avec rapidité et fournissent des récoltes élevées.
Fumures abondantes, arrosages copieux resteraient sans
effet, si même ils n'offraient pas de réels inconvénients,
dans des terres compactes, peu perméables, manquant
de profondeur.

Pour la culture maraîchère, qui, nous l'avons vu,
poursuit l'obtention du maximum de produits dans le
minimum de temps, l'ameublissement parfait des terres
est une nécessité particulièrement impérieuse.

Au potager comme au marais il ne suffit pas, d'ailleurs,
de remuer le sol et d'en diviser convenablement la masse
sur une épaisseur déterminée ; il faut encore en pulvériser et en aplanir soigneusement la surface, pour rendre
possible le semis de graines dont la finesse est parfois
extrême, pour assurer l'uniforme répartition des eaux
d'arrosage, enfin pour faciliter les opérations à exécuter
pendant le cours de la végétation, notamment les
sarclages. L'importance de ceux-ci est accrue par ce fait
que les plantes adventices, les mauvaises herbes, trouvant
dans les terres riches et meubles du jardin des conditions
d'existence exceptionnellement favorables, envahiraient
promptement les cultures si l'on n'en poursuivait sans
cesse la destruction.

La préparation du sol comporte donc des travaux de
division et d'émiettement de la masse terreuse, de régularisation de la surface et de nettoyage qu'il nous faut
examiner successivement.

Labours.

Les labours sont les plus importantes des façons culturales données au sol dans le but de lui communiquer les propriétés physiques et chimiques les plus favorables à la végétation, celles qui, nous venons de le voir, appartiennent aux terres fines et perméables.

En jardinage potager comme dans la grande culture, on distingue plusieurs catégories de labours, suivant la profondeur à laquelle atteignent les instruments avec lesquels on les exécute.

Les labours *superficiels* entament le sol sur une épaisseur inférieure à 12 centimètres; les labours *ordinaires* ou *moyens* pénètrent jusqu'à 25 centimètres; les labours *profonds* jusqu'à 30 ou 35 centimètres; au-delà ce sont des *défoncements*.

Labours de défoncement. — Ces labours, en ameublissant le sol sur une grande épaisseur, permettent aux racines des plantes cultivées de s'étendre davantage dans le sens vertical; ils mettent à leur disposition un cube de terre plus considérable et, par conséquent, une plus grande quantité d'aliments minéraux. En outre, ils assainissent les terres par la perméabilité qu'ils communiquent au sous-sol. L'influence favorable de ces labours sur le développement des végétaux se manifeste pour toutes les plantes potagères, mais elle est plus particulièrement marquée pour les espèces à racines pivotantes ou très développées.

Un défoncement à 50 ou 60 centimètres s'impose lors de la création du jardin potager. On l'exécute sur toute la surface. Des défoncements moins énergiques, souvent simples labours profonds, font partie des travaux d'entretien du potager; on les applique aux carrés réservés à la culture des légumes racines : navets, carottes, betteraves, etc., en ayant soin de changer chaque fois ces plantes de carré, de façon qu'au bout d'un temps déterminé par l'assolement adopté, toute la surface du jardin se trouve défoncée. Ces labours sont également de règle pour les sols occupés pendant plusieurs années par la même plante : asperge, artichaut, fraisier, etc.

Les plates-bandes destinées à recevoir des arbres fruitiers doivent être défoncées à la profondeur de 80 centimètres à 1 mètre. Pour la plantation de ces arbres, le défoncement se fait par trous, en plaçant au fond la terre de la surface.

Les labours de défoncement peuvent être exécutés soit en laissant le sol et le sous-sol à leurs places respectives, soit en mélangeant ou en renversant l'ordre des couches. Cette dernière opération, dont l'influence est profonde, énergique, n'est possible qu'avec des sous-sols de bonne nature et dans des parcelles où l'on suspend la production pendant une période de plusieurs mois au moins, la terre extraite du sous-sol ayant besoin, pour devenir propre à la production des plantes cultivées, de subir l'action prolongée de l'air.

Le défoncement peut se faire à la pioche et à la pelle, en ouvrant des tranchées successives de 60 centimètres à 1 mètre de largeur. Chaque tranchée est comblée avec la terre extraite de la suivante et la dernière jauge reçoit celle de la première, mise en réserve à cet effet; l'ordre des couches se trouve ainsi renversé. Dans le cas où l'on veut ne pas le modifier, après avoir enlevé la couche superficielle du sol, on ameublit le sous-sol sur place, puis on le recouvre de la terre du sol de la tranchée voisine en continuant ainsi de proche en proche.

Le même travail se fait également à la bêche, en procédant par double bêchage. Cette opération, à laquelle on donne le nom de *défonce à deux jauges*, s'effectue de la façon suivante.

On ouvre à l'extrémité du terrain une jauge A (fig. 4) suffisamment large; la terre du sol est transportée à l'autre bout de la parcelle à défoncer; celle de la jauge B, de même largeur, est placée sur la première. On attaque

alors le sous-sol, dans lequel on pratique une tranchée *a* ;
la terre en est conduite à côté du tas précédemment formé.
Les deux jauges étant ouvertes de cette façon, on rejette
en *a* la terre la terre de *b*, en A celle de C, en *b* celle de *c*,

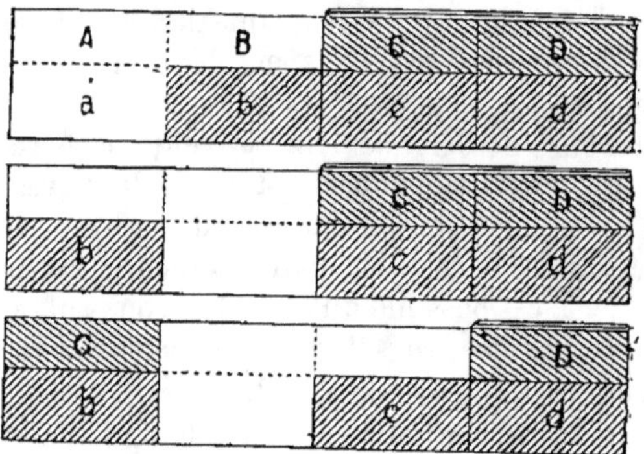

Fig. 4. — Principe de la défonce à deux jauges.

en B celle de D et ainsi de suite de proche en proche.
Les terres du sol et du sous-sol restent ainsi dans l'ordre
qu'elles occupaient primitivement. Si on voulait changer
leur disposition respective, il suffirait, les deux jauges
A *a* et B *b* étant ouvertes jusqu'à la profondeur totale à
obtenir, de rejeter en *a* la terre de C, en A la terre de *c*
et ainsi de suite.

Pour que le défoncement opéré par cette méthode se
fasse avec précision, il faut que la largeur des jauges
soit bien uniforme et que l'on prenne soin de régulariser
le fond de chacune d'elles.

Les houes à long fer, le hoyau sont quelquefois employés pour défoncer les terres ; on s'en sert à la façon
de la pioche. En grande culture, on fait usage soit de
fouilleuses ou de *sous-soleuses*, qui suivent la charrue et
ameublissent le sous-sol sur place sans le retourner, soit
de *charrues défonceuses* dont le versoir ramène à la surface et renverse la terre du sous-sol.

Labours ordinaires. — Leur désignation indique que
ce sont de beaucoup les plus fréquents. On les exécute
avant toute culture pour enfouir les fumures et mettre le
sol en état de recevoir les graines ou les plantes. On les
répète aussi, et parfois à plusieurs reprises, entre deux
cultures consécutives, pour l'ameublissement de la couche
arable et la destruction des mauvaises
herbes. L'ordre de succession des plantes
règle les époques auxquelles ils doivent
être effectués au jardin légumier; la nature des terres de celui-ci est d'ailleurs le
plus souvent telle — dans les marais
particulièrement — qu'elles peuvent être
travaillées en tout temps.

Dans la grande culture potagère, on
suit pour les labours les usages adoptés
par l'agriculture de la région; les mêmes
précautions sont à prendre dans les terres
fortes, auxquelles il convient de ne les
appliquer que quand ces terres sont suffisamment ressuyées. Nous signalerons en
passant l'utilité des labours d'automne
pour l'ameublissement des sols argileux,
dont les mottes restent exposées pendant
l'hiver à l'influence désagrégeante des
gelées.

En jardinage, les labours ordinaires
s'effectuent à la bêche ou à la houe (1).

La *bêche* (fig. 5) est par excellence l'instrument convenant aux labours soignés,
à peu près le seul usité dans les jardins
bien tenus. Elle se compose d'un fer muni

Fig. 5.
Bêche française.

d'une douille dans laquelle s'engage un manche en bois,
droit et placé dans le prolongement de l'axe du fer. Les

(1) Les figures d'outils de jardinage reproduites dans ce chapitre pour la
plupart nous ont été obligeamment prêtées par M. Émile Chouanard.

fers, en acier, sont légèrement cintrés dans le sens transversal pour leur donner plus de rigidité sous un moindre poids. Les formes et les dimensions en varient beaucoup suivant les régions.

Les bêches les plus généralement usitées en France, et dont la bêche de Paris est le type, ont un fer plein, trapézoïdal, de 26 à 28 centimètres de longueur, avec une largeur de 20 à 22 centimètres environ à la partie supérieure et de 15 à 18 centimètres à la partie inférieure.

Dans les contrées septentrionales, on fait généralement usage de bêches plus grandes que dans les régions méridionales ; elles soulèvent plus de terre à la fois, mais nécessitent plus de vigueur de la part de l'ouvrier qui les emploie et lui permettent moins d'activité, de sorte que la quantité de travail obtenue dans les deux cas est sensiblement la même.

Le nom de *louchet*, dont on se sert dans quelques localités pour désigner la bêche, s'applique surtout à des bêches étroites, dont la longueur atteint parfois jusqu'à 35 centimètres et plus.

On donne moins de largeur au tranchant du fer quand il s'agit de l'employer dans des argiles compactes, des sols résistants, caillouteux ; parfois même on le termine en pointe. Plus fréquemment on remplace le fer plein par un fer à 3 ou à 4 dents. On obtient ainsi la *bêche fourchue* ou fourche à bêcher (fig. 6), d'un usage constant dans les cultures où existent des plantes dont il faut ménager les racines : arbres fruitiers, asperges, etc.

Fig. 6.
Fourche à bêcher.

Les manches des bêches ont une longueur qui varie de 75 centimètres à 1^m,10. En France, ils sont généralement longs et arrondis à leur extrémité libre. En Angleterre et en Amérique, on se sert de manches plus courts, terminés soit par une béquille, simple barre transversale, soit par une poignée creusée dans la partie élargie du bois. Cette disposition a l'avantage d'éviter à l'ouvrier l'effort de pression nécessaire pour empêcher, pendant le travail, le glissement de la main le long du manche. La poignée évidée est bien préférable à la béquille qui, en obligeant l'ouvrier à écarter les doigts pour le passage du manche, lui cause une gêne sensible et parfois même des blessures.

Le labour à la bêche, le *béchage* s'effectue de la façon suivante. A l'une des extrémités du terrain à labourer, on creuse une première tranchée ou *jauge* dont la terre, reportée à l'autre extrémité, servira à combler la dernière jauge. L'ouvrier attaque alors le sol en reculant, — si la terre est résistante, il fait effort avec le pied sur le fer pour en déterminer la pénétration, — et rejette dans le sillon précédemment ouvert la terre extraite du suivant, en ayant soin de retourner chaque pelletée. Il enterre ainsi les débris de récoltes restés sur le sol, les mauvaises herbes et les fumures. Les plantes adventices susceptibles de se multiplier par rhizomes, comme le chiendent ou le liseron, doivent être recueillies, mises en tas et brûlées après dessiccation à l'air. L'ouvrier a soin d'extraire les pierres et les grosses racines qu'il rencontre et d'émietter la terre en brisant les mottes avec la bêche. Pour enfouir le fumier, il l'étend au fur et à mesure sur le revers de la jauge qui lui fait face.

Dans les terrains en pente accentuée il faut commencer le béchage par la partie supérieure de la parcelle et bêcher en travers de la pente; autrement, le travail serait pénible et l'on provoquerait, en outre, la descente des terres, qui n'a déjà que trop de tendance à se produire naturellement. Dans un sol ordinaire de jardin, un bon ouvrier bêche, en moyenne, en un jour une surface de 125 mètres carrés.

On atteint sans peine, avec la bêche ordinaire, à une profondeur de 0^m,25 ; si l'on veut pénétrer plus avant dans le sol, on fait emploi des bêches longues dont nous avons parlé. On adapte parfois aussi, aux manches des bêches, une barrette qui permet d'en enfoncer le fer à une plus grande profondeur dans la terre. Le labour est dit « à un fer de bêche » ou à « deux fers de bêche » suivant qu'il s'agit d'un bêchage ordinaire ou d'un défoncement par double bêchage.

Dans les *houes* (fig. 7), le fer forme un angle aigu avec le manche, généralement incurvé en dedans ; avec elles l'ouvrier doit travailler courbé vers le sol. Le fer est tantôt plein — carré ou aigu — tantôt fourchu, comme

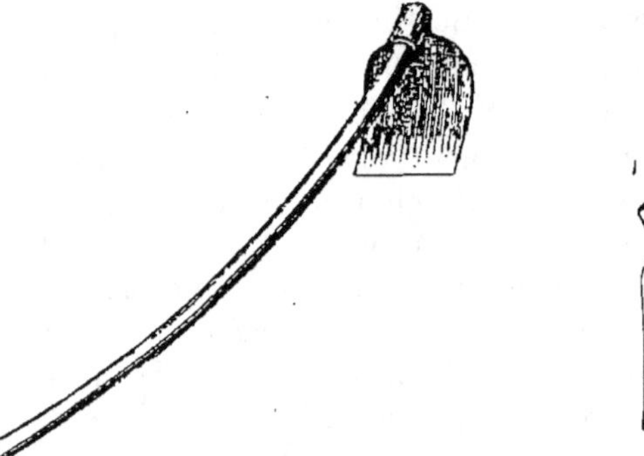

Fig. 7. — Houe.   Fig. 8. — Croc de Montreuil.

dans les *crocs* ou *crochets* (fig. 8) ; sa longueur est souvent voisine de 0^m,25, avec une largeur de 0^m,15 à 0^m,18. Les dimensions de la *marre*, employée dans le centre de la France, sont plus réduites. Les manches des houes ne dépassent guère 0^m,70 à 0^m,80 de longueur.

La houe se prête mieux que la bêche au labour des sols difficiles, cailloux ou accidentés ; c'est elle que l'on emploie de préférence dans les terres du Midi durcies par la sécheresse. L'exécution du travail est plus rapide, plus économique, mais beaucoup moins parfaite qu'avec la bêche.

Le *hoyau* ou *piochon* (fig. 9) est en quelque sorte une demi-pioche : la moitié tranchante du fer subsiste seule ; sa largeur ne dépasse pas 8 à 9 centimètres. Cet instrument, surtout en usage dans l'ouest de la France, donne de bons résultats dans les terres dures ou caillouteuses.

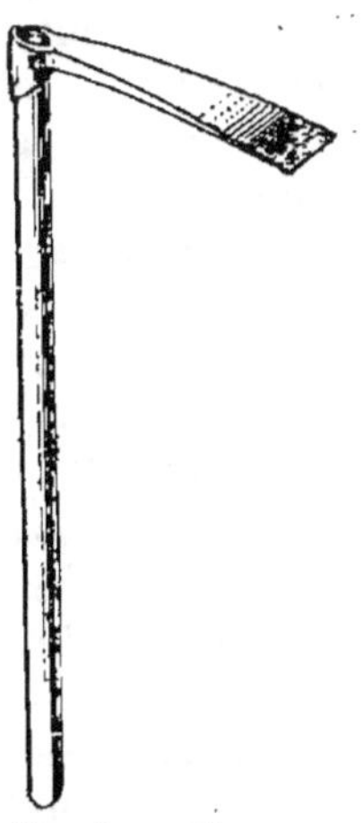

Fig. 9. — Hoyau.

Pour le labour des terres, la grande culture potagère fait emploi des mêmes types de charrue que l'agriculture proprement dite. Dans les grands jardins, on se sert avec avantage de charrues légères, d'un modèle un peu spécial (fig. 10) poussées ou tirées à bras d'homme. Dans les terres meubles, les seules auxquelles ces charrues conviennent, on peut, suivant le réglage du soc, atteindre des profondeurs de 10 à 20 centimètres. Avec deux hommes, dont l'un tire la charrue à

Fig. 10. — Charrue à bras (Piller, constructeur).

l'aide d'une bretelle, le labour d'un are ne demande que 45 ou 50 minutes.

Labours superficiels. — Les labours superficiels ont
un double but: 1° débarrasser le sol des mauvaises herbes ; 2° rompre la croûte formée à la surface des terres
sous l'influence des pluies et des arrosages, et par suite
aérer celles-ci. La présence de cette croûte, en favorisant
l'ascension par capillarité de l'eau des couches profondes,
qui s'évapore ensuite dans l'atmosphère, détermine une
perte notable d'humidité. L'ameublissement superficiel du
sol fait disparaître cette cause de desséchement. On
l'obtient à l'aide des *binages*, des *serfouissages* et des *sarclages*, ces derniers plus particulièrement destinés à la
destruction des plantes adventices. L'influence des binages, pour maintenir en réserve dans le sol l'eau nécessaire
aux plantes, est bien connue des cultivateurs : binage vaut
arrosage, disent-ils. Les plantes potagères retirent le
plus grand profit des binages et l'on ne saurait trop les
multiplier dans les jardins légumiers.

Les binages s'exécutent à l'aide de la *binette* (fig. 11),

Fig. 11. — Binette parisienne.

sorte de houe légère dont le fer, large de 0ᵐ,15 à 0ᵐ,20,
fait un angle aigu avec la douille, dans laquelle se fixe
un manche droit.

La *serfouette* ou *houette*, propre aux serfouissages, a des

Fig. 12. — Serfouettes et demi-serfouettes de formes diverses.

fers de formes variées (fig. 12 et 13). Ceux-ci sont adaptés, à angle droit, à l'extrémité d'un manche dont la longueur dépasse souvent 1^m,25.

Le *sarcloir* ordinaire (fig. 14) n'est qu'une forme de la serfouette.

Ces différents instruments, que l'on utilise aussi bien dans les planches portant des plantes en végétation que dans les terres nues, permettent un travail rapide, en même temps qu'un ameublissement soigné du sol sur une épaisseur de 10 à 15 centimètres.

Le *sarcloir à main* ou *sarcloir truelle* (fig. 15), usité chez les maraîchers de la banlieue parisienne, est un petit outil à fer en forme de

Fig. 13. — Serfouette parisienne.

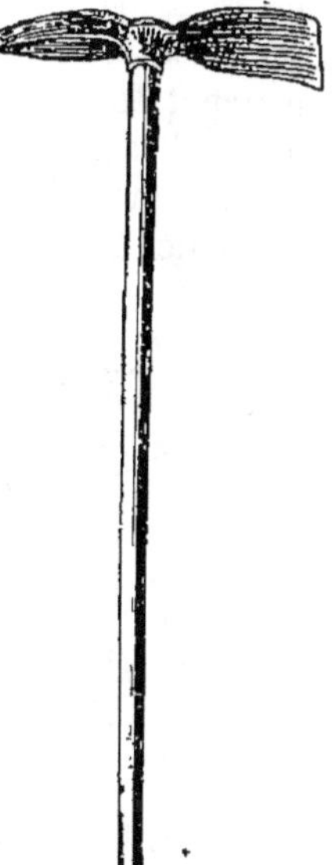

Fig. 14. — Sarcloir.

spatule, tranchant sur les bords et fixé à un manche en bois très court. Il sert à l'arrachage des mauvaises herbes

Fig. 15. — Sarcloir à main.

Fig. 16. — Griffe à sarcler.

dans les planches en culture. La *griffe à sarcler* (fig. 16) et le *sarcloir belge* dont le fer, assemblé par le milieu avec un manche court, figure d'un côté une griffe et de l'autre une sorte de binette, ont le même usage.

A côté des instruments propres au nettoyage des terres

dont nous venons de parler, il convient de faire figurer les *ratissoires*, qui servent plus spécialement à débarrasser les allées des jardins des herbes qui y croissent, mais peuvent être employées aussi au travail superficiel des terres. Les ratissoires ont de larges lames tranchantes. Celle de la *ratissoire à tirer* (fig. 17) fait un angle aigu avec le manche et l'ouvrier travaille en la ramenant à soi ;

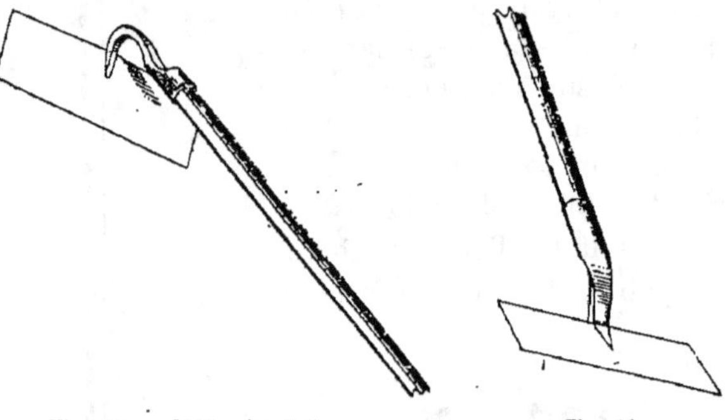

Fig. 17. — Ratissoire à tirer.

Fig. 18.
Ratissoire à pousser.

avec la *ratissoire à pousser* (fig. 18), au contraire, il éloigne la lame par l'effort qu'il exerce sur le manche, parallèle au plan de celle-ci.

Dans les grands jardins on a tout avantage, pour aller vite et réduire la main-d'œuvre, à substituer la *houe à bras* (fig. 19) à la binette, à la serfouette ou au sarcloir; elle permet un travail deux ou trois fois plus rapide. Cette houe est constituée par un bâti métallique, muni d'une ou quelquefois de deux roues à l'avant, et assemblé à l'arrière avec deux mancherons en bois. On fixe sur ce bâti tantôt des socs courbes terminés en pointe ou élargis en fer de lance, qui pénètrent assez avant dans le sol, tantôt des lames horizontales à bord tranchant, qui ne l'entament que sur une faible épaisseur et coupent les mauvaises herbes un peu au-dessous de sa surface. Dans les dispositifs les mieux compris, ces différents genres de fers sont associés de façon à obtenir un ameublissement

Fig. 19. — Houe à bras (Pilter, constructeur).

superficiel et un nettoyage très complets du sol. L'ouvrier fait mouvoir la houe à l'aide des mancherons, qu'il pousse et qu'il tire alternativement.

La houe à cheval joue dans la grande culture le même rôle que la houe à bras dans la petite.

Ces houes ne peuvent être employées que sur des sols nus ou dans les cultures de plantes semées en lignes ou rayons suffisamment espacés. D'ailleurs, les semailles à la volée, par l'irrégularité, le désordre qu'elles occasionnent dans la distribution des végétaux cultivés, rendent les binages et les sarclages sinon impossibles, du moins très difficiles et très imparfaits.

Comme en agriculture proprement dite, dans la grande culture potagère on exécute les labours superficiels à l'aide des *scarificateurs, extirpateurs* ou *cultivateurs.*

Hersages.

Les hersages sont destinés à parfaire l'ameublissement de la couche superficielle du sol et à en égaliser la surface. Ils servent également à recouvrir les semis.

En grande culture on emploie des herses, rigides ou articulées, dont le poids total, les dimensions, la forme et la disposition des dents sont appropriés au travail à réaliser. Dans les terres argileuses compactes, pour l'émiettement des mottes laissées par les labours, on fait usage de herses pesantes, à dents accrochantes, dont l'action est énergique. De telles herses servent encore dans les terrains caillouteux, parsemés de taupinières, d'aspérités à faire disparaître, ou riches en mauvaises herbes, en racines arrachées par la charrue. Des herses très légères, à dents courtes et mousses, souvent indépendantes (herses à chaînons) sont, au contraire, employées pour recouvrir les semis de petites graines qui doivent être à peine enterrées ; on les remplace même parfois par de simples branchages fixés sur un bâti. Entre ces deux catégories de herses, il existe toute une série de ces instruments adaptés aux diverses conditions du hersage.

Dans les jardins, le rôle de la herse appartient au *râteau*, et son importance y est d'autant plus grande qu'il s'agit d'obtenir une pulvérisation et une régularisation parfaites du sol. L'entretien des allées nécessite aussi l'usage du râteau.

Pas plus qu'une herse unique, le même râteau ne saurait servir à toutes les opérations pour lesquelles on emploie les instruments de ce genre. Le jardinier doit en posséder plusieurs, de dimensions et de poids différents ; les plus lourds servent, après les labours, à la pulvérisation des mottes terreuses, au nivellement du sol, à l'enlèvement des pierres et des racines ; les plus légers, au travail des plates-bandes et des couches, au recouvrement des semis.

Les râteaux sont de deux genres. Dans les uns (fig. 20 et 21), les dents, en fer, sont implantées, au nombre de

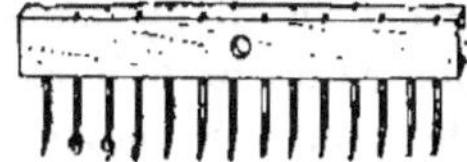 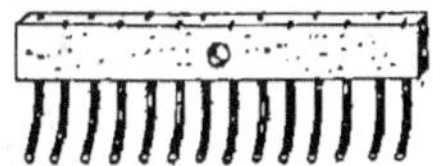

Fig. 20 et 21. — Râteaux à tête de bois.

8 à 20, dans une *tête* en bois. Ces dents, fortes ou fines, carrées ou rondes, droites ou légèrement courbées en dedans, suivant la nature du travail qu'on leur demande, sont généralement rivées, pour leur assurer plus de solidité. Le manche du râteau s'emboîte dans une ouverture ménagée au centre de la tête.

A ces râteaux, on substitue de plus en plus aujourd'hui, surtout

Fig. 22. — Râteau en fer.

pour les travaux délicats, les râteaux tout en fer ou en acier fondu, plus légers et très solides (fig. 22 et 23). Il en existe de nombreux modèles répondant à toutes les exigences.

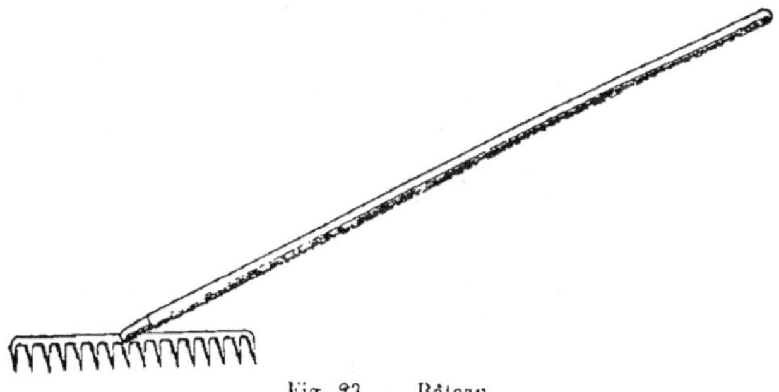

Fig. 23. — Râteau.

Leur manche s'adapte à la tête au moyen d'une douille.

Le *ratissage*, ou hersage des terres au moyen du râteau, pour être effectué avec tout le soin désirable, nécessite le passage de l'instrument à plusieurs reprises et dans différents sens sur la parcelle à travailler. Sa bonne exécution a la plus grande importance pour la réussite des semis.

La *fourche crochue* (fig. 24) dont la disposition est la même que celle du crochet à fumier, avec des dents plus fortes, sert à pratiquer des hersages énergiques dans les terres motteuses ou desséchées et formant croûte à la surface.

Plombages.

Le *plombage* du sol porte en agriculture le nom de *roulage*; on l'opère, en effet, à l'aide de rouleaux.

Il est destiné soit à briser les mottes compactes qui ont échappé à l'action des labours et des hersages, soit à donner plus de consistance au sol, soit encore, après les semis, à mettre la graine en contact plus intime avec la terre et à en assurer ainsi la germination.

L'émottement des terres s'obtient à l'aide de rouleaux en fonte, cannelés ou à disques dentés, qui n'ont pas leur équivalent parmi les instruments de la petite culture. Pour le simple tassement et

Fig. 24.
Fourche crochue.

l'aplanissement du sol, on fait quelquefois encore usage de rouleaux en bois ou en pierre, mais ils donnent un mauvais travail; dans la généralité des cas, on emploie aujourd'hui les rouleaux formés de cylindres de fonte, unis et plus ou moins pesants, auxquels on attelle un ou deux chevaux. Des rouleaux de même genre, mais plus légers et traînés par un homme, servent dans les jardins.

Ceux qui sont composés de deux cylindres indépen-

dants (fig. 25) ont sur les rouleaux à cylindre unique
l'avantage d'être plus mobiles et de pouvoir tourner
facilement et sans affouiller le sol à l'extrémité du
parcours. Le piétinement des planches par un ouvrier,

Fig. 25. — Rouleau de jardin.

qui marche à petits pas serrés et courts, est une opération
très usitée en jardinage pour opérer le tassement des sols
ensemencés. Avec des planchettes, qu'il assujettit à ses
pieds au moyen de courroies ou qu'il cloue sous ses sabots,
l'ouvrier obtient un travail plus rapide, sinon meilleur.

La *batte* ou *rabot* est utilisée dans le même but. Elle
est constituée par une planche épaisse, rectangulaire ou
carrée, sur laquelle est fixée à angle aigu un manche long
d'un peu plus d'un mètre. On frappe le sol à plat avec
cet instrument. Le *bordoir* est une batte à manche court
qui sert à border les plates bandes et les couches, c'est-à-
dire à en comprimer et à en régulariser les côtés.

III. — FERTILISATION DU SOL

Exigences des légumes en matières minérales. —
Pour résoudre le problème de la fertilisation rationnelle
du sol, il faut tenir compte à la fois : 1° des exigences

des plantes cultivées, variables suivant les espèces ; 2° de la richesse initiale du sol en principes utiles : azote, acide phosphorique, potasse, chaux et magnésie. A ne considérer que l'une seulement de ces données, on risque de se tromper, en trop ou en moins, dans l'évaluation des fumures nécessaires, d'où des dépenses excessives dans le premier cas et, dans le second, des résultats insuffisants. D'ailleurs, la comparaison des exigences de la plante à l'état de fertilité du sol permet seule d'apprécier si celui-ci convient à celle-là sans l'intervention d'améliorations trop coûteuses ; elle s'impose au début de toute culture nouvelle.

Les légumes sont au nombre des végétaux cultivés qui prélèvent dans le sol les plus fortes proportions de matières minérales. Nous empruntons à M. Grandeau (1) les chiffres du tableau ci-dessous, indiquant les quantités de ces matières contenues dans une récolte moyenne de produits utilisables (racines, tubercules, feuilles, fruits ou graines).

	Récolte à l'hectare.	Quantités des principes minéraux contenus dans la récolte totale.		
		Azote.	Ac. phospho-rique.	Potasse.
	kil.	kil.	kil.	kil.
Carottes...........	50.000	133	53	153
Pommes de terre..	25.000	96	45	155
Oignons..........	30.000	81	42	81
Raifort...........	15.000	64	27	99
Choux-raves......	30.000	206	89	230
Choux pommés...	70.000	168	99	406
Choux-fleurs......	24.000	156	59	204
Laitue...........	14.000	31	13	54
Concombre.......	60.000	96	63	130
Pois.............	2.600	126	33	57
Haricot..........	1.800	96	25	57

Une récolte de blé de 30 quintaux à l'hectare, récolte élevée qu'on n'obtient qu'en culture intensive, n'enlève

(1) GRANDEAU, *La fumure des champs et des jardins*. Paris, librairie agricole.

au sol que 70 kilogrammes d'azote, 80 d'acide phosphorique et 44 de potasse. Ces chiffres, en ce qui concerne surtout l'azote et la potasse, sont notablement inférieurs à ceux qui se rapportent à la plupart des plantes potagères. Celles-ci ne sauraient donc fournir des récoltes satisfaisantes que dans des terres parvenues à un degré de fertilité avancé, et c'est seulement dans de tels sols que la culture potagère peut s'exercer avantageusement.

Dans les terres médiocres, la production des légumes communs est possible, mais il n'en faut attendre ni quantité ni qualité.

Culture potagère champêtre.

Fumures organiques. — Il résulte de ce qui précède qu'il convient, d'une façon générale, de réserver pour la culture potagère champêtre les meilleures terres de l'exploitation et d'appliquer à celles-ci des fumures abondantes. On lui consacrera avantageusement les sols riches en humus : vieilles prairies défoncées, marais assainis et désacidifiés par le chaulage. L'apport de scories de déphosphoration ou de phosphates naturels à fortes doses (1 000 à 1 500 kilogrammes au moins par hectare) aura dans de tels sols les plus heureux résultats.

Si les plantes potagères alternent avec des plantes agricoles dans un assolement régulier, on les placera en tête de l'assolement et c'est elles qui recevront la fumure. Pour le choix des engrais à leur fournir et la détermination des quantités utiles, on tiendra nécessairement compte, dans ce cas, non seulement de leurs exigences propres, mais des besoins de toutes les plantes comprises dans la rotation; on s'inspirera, en outre, des considérations techniques et économiques qui servent de base à ce choix en agriculture. Pour l'étude des notions générales de cet ordre, dans le détail desquelles nous ne pouvons entrer ici, nous renverrons le lecteur à l'ouvrage de cette collection qui leur est spécialement consacré (1).

Le fumier de ferme est l'engrais de fonds le plus souvent employé; les fortes fumures de 50 000 à 60 000 kilogrammes, usitées en culture intensive, auront ici leur place.

Dans des cas fréquents, d'autres engrais organiques: matières de vidanges, déchets animaux ou végétaux divers laissés par la culture ou l'industrie, pourront être substitués plus ou moins complètement au fumier et livreront à un moindre prix le kilogramme d'élément utile. La valeur marchande de ces résidus et les frais de transport qu'ils nécessitent, comparés à leur richesse en principes fertilisants, permettront d'apprécier dans quelle mesure cette substitution présentera des avantages.

Les *gadoues*, constituées par les déchets de tous genres recueillis dans les agglomérations urbaines, ont une composition très variable, mais qui se rapproche souvent de celle du fumier de ferme; on peut donc les utiliser comme celui-ci. Elles sont plus riches à poids égal, et d'un emploi plus facile, après fermentation en tas pendant quelques mois qu'à l'état frais. C'est un engrais économique dans la banlieue des villes.

Les *tourteaux* de graines oléagineuses (ricin, mowrah, coton, sésame, ravison, etc.) sont d'une utilisation courante dans les cultures de légumes du midi de la France. Dans les départements des Bouches-du-Rhône et de Vaucluse, à Cavaillon notamment, le tourteau de coton d'Égypte tient une place importante dans la fumure des sols destinés à la production du melon, de l'ail, de l'artichaut, de la pomme de terre de primeur, etc. On en enfouit de 2 000 à 5 000 kilogrammes par hectare. Cette fumure active la végétation au point de donner aux produits obtenus une avance de deux à trois semaines. Les tourteaux engrais renferment de 3 à 6 p. 100 d'azote; ils

_____

(1) GAROLA, *Engrais*. (Encyclopédie agricole publiée sous la direction de M. G. Wery.)

sont donc, sous ce rapport, 6 à 10 fois plus riches que le fumier.

Il ne faut pas perdre de vue, lorsqu'on emploie comme engrais des produits animaux ou végétaux renfermant de fortes proportions d'éléments fertilisants, qu'en les substituant au fumier on diminue notablement l'apport d'humus fait au sol. 5 000 kilogrammes de tourteaux ne laissent par hectare que 4 000 kilogrammes de matière organique sèche, et 2 500 kilogrammes de poudrette, 600 kilogrammes à peine, alors que 50 tonnes de fumier représentent environ 6 500 kilogrammes de substance organique. Cette considération sera différemment interprétée suivant qu'il s'agira de la fertilisation d'une terre riche ou pauvre en humus.

Dans tous les cas où les engrais verts rendent des services en agriculture on les appliquera avec avantage à la grande culture potagère. Par l'ameublissement du sol qu'il déterminent, ils exercent une influence plus particulièrement favorable sur les légumes à racines pivotantes.

Rappelons aussi quel parti le cultivateur tire parfois de certaines substances naturelles fertilisantes, qu'il lui suffit de recueillir : tourbe, feuilles, plantes de landes, de forêts, etc; la tangue et le goëmon jouent encore un rôle important pour la fumure du sol sur les côtes de Bretagne et de Normandie. La plupart de ces matières n'ont de valeur qu'au voisinage des lieux où on les rencontre ; l'emploi en devient onéreux dès qu'elles doivent être transportées à quelque distance.

Engrais minéraux. — Si les fumures organiques tiennent une large place dans la culture potagère champêtre, les engrais chimiques en sont presque toujours le complément nécessaire. Ils procurent à meilleur compte les principes fertilisants; les combinaisons simples dans lesquelles ceux-ci y sont engagés permettent de doser rationnellement les fumures; enfin ces principes s'y trouvent sous une forme qui les rend immédiatement utilisables pour les végétaux. L'utilité des engrais minéraux dans la culture légumière est supérieure encore à celle qu'ils présentent pour les céréales ou les plantes industrielles ; elle réside non seulement dans les accroissements de rendements qu'ils déterminent, mais encore dans la précocité que leur rapidité d'action communique aux produits obtenus et dans l'amélioration de la qualité de ceux-ci.

Il existe peu de terres en France où l'acide phosphorique soit assez abondant pour qu'on puisse se dispenser de les en enrichir par l'apport d'engrais phosphatés. La potasse y fait plus rarement défaut, mais les plantes potagères en sont très avides. Quant aux sels azotés, et surtout au nitrate de soude, de beaucoup le plus important, leur influence, particulièrement favorable aux légumes herbacés, se manifeste par un développement rapide du système foliacé des plantes.

L'emploi rationnel des engrais minéraux suppose la connaissance de la constitution et de l'état de fertilité du sol; l'analyse chimique des terres en est la base la plus certaine. A défaut de celle-ci, il faut avoir recours à l'expérimentation directe sur de petites surfaces.

Cependant de nombreuses formules de fumures potagères aux engrais chimiques ont été établies, dans ces dernières années, pour servir à la généralité des cultivateurs. Les meilleures, les plus sérieusement étudiées tiennent compte des exigences de la plante, mais elles ne visent que des terres de *fertilité moyenne*. Ce terme, vague et mal défini, suffit à faire comprendre qu'aucune de ces formules ne saurait avoir le caractère d'une donnée précise, applicable dans tous les cas; des modifications doivent y être apportées suivant les circonstances. Sous le bénéfice de ces réserves, nous indiquerons ici, pour les renseignements généraux qu'elles fournissent, celles qu'a dressées M. P. Wagner, directeur de la station agronomique de

Darmstadt, à la suite de patientes recherches expérimentales. Elles s'appliquent à la grande production légumière poursuivie dans des sols en bon état de culture et, par conséquent, suffisamment riches en humus. Voici le tableau des quantités d'engrais minéraux, rapportées à l'hectare, qui y figurent, avec les indications relatives à leur mode de répartition.

	Nitrate de soude. kil.	Superphosphate à 16 p. 100. kil.	Chlorure de potassium. kil.
Navets, carottes, salsifis, racines diverses.......	450	550	250
Asperges	500	550	200
Choux, choux - fleurs, choux-raves..........	500	550	250
Concombres, oignons...	250	550	200
Pois, haricots..........	»	550	200
Salades. { Nitrate de soude...	60 }		
{ Sulf. d'ammoniaque.	100 }	400	100

	Sulfate d'ammoniaque. kil.	Phosphate de potasse. kil.
Pommes de terre.......	100	150

Le mélange des engrais phosphatés et potassiques sera répandu sur le sol à l'automne ou au printemps et enfoui à 10-15 centimètres de profondeur par un labour ou un fort hersage. Quant au nitrate de soude, on l'emploiera comme suit :

Pour les navets, carottes, salsifis, etc., 150 kilogrammes au moment du semis ou, dans les sols très perméables, après le semis; 150 kilogrammes quinze à vingt jours après la levée, 150 kilogrammes trois semaines plus tard ;

Pour les asperges, 250 kilogrammes dès qu'elles commencent à pointer, 250 kilogrammes un mois plus tard ; enfouir par un labour léger ;

Pour les choux, 250 kilogrammes en couverture aussitôt après le repiquage, puis, un mois plus tard, 250 kilogrammes, enfouis par le binage qui suit ;

Pour les concombres, oignons, etc., 100 kilogrammes, enfouis par un hersage avant le semis, 100 kilogrammes en couverture après la levée, 50 kilogrammes quinze jours plus tard.

Les salades redoutent l'excès de nitrate de soude; M. Wagner conseille de lui substituer 100 kilogrammes de sulfate d'ammoniaque avant la plantation. On pourra, quelques semaines après, répandre 30 kilogrammes de nitrate à la volée, puis de nouveau 30 kilogrammes si les plantes paraissent insuffisamment vigoureuses.

Pour chaque espèce de légumes, M. Wagner indique deux formules; dans la seconde, il remplace le superphosphate de chaux et une partie du chlorure de potassium par du phosphate de potasse, sel soluble promptement utilisé par les plantes, dont l'emploi, assez fréquent en Allemagne, est encore peu répandu chez nous en raison du prix de cet engrais. Ayant constaté que le chlorure de potassium convient mal à la pomme de terre, il propose l'application de 150 kilogrammes de phosphate de potasse par hectare, dans le but d'apporter à la fois au sol la potasse et l'acide phosphorique nécessaires. Le mélange de ce sel avec 100 kilogrammes de sulfate d'ammoniaque, épandu au printemps, sera enfoui légèrement à la herse.

M. Grandeau signale qu'il a obtenu d'excellents résultats pour la pomme de terre avec 300 kilogrammes d'acide phosphorique sous forme de scories, 200 kilogrammes de potasse à l'état de kaïnite et 300 kilogrammes de nitrate de soude par hectare.

Dans les sols pauvres en chaux, les doses de superphosphate précédemment indiquées seront avantageusement remplacées par 600 à 800 kilogrammes de scories de déphosphoration ou de phosphate naturel.

Il est intéressant de rapprocher d'autres formules de celles qui précèdent.

M. Denaiffe recommande, pour les diverses racines

(navets, radis, carottes, betteraves, salsifis, etc.), l'emploi, par are, de 6 kilogrammes de nitrate de soude à 15-16 p. 100 d'azote ;

8 kilogrammes de superphosphate de chaux à 16-18 p. 100 d'acide phosphorique ;

3 kilogrammes de chlorure de potassium à 48-52 p. 100 de potasse.

Pour l'oignon, 3 à 4 kilogrammes de nitrate et 4 kilogrammes de phosphate de potasse ;

Pour le poireau, 7 kilogrammes de nitrate et 5 kilogrammes de superphosphate.

Pour les choux, 6 kilogrammes de nitrate, 8 de superphosphate et 2 de chlorure de potassium.

Dans la culture de l'asperge, M. Zacharewicz, professeur départemental d'agriculture de Vaucluse, a obtenu les meilleurs résultats avec 2 kilogrammes de nitrate de potasse, 1 kilogramme de sulfate d'ammoniaque et 3 kilogrammes de superphosphate par are. Le même conseille d'employer pour le fraisier une demi-fumure de fumier avec adjonction de superphosphate de chaux et de sulfate de potasse. Nous reviendrons, au sujet du fraisier, sur les essais, très favorables à l'emploi des engrais minéraux, faits par M. Coudon (1), chef des travaux chimiques à l'Institut agronomique.

D'autres fumures seront signalées à propos des différentes cultures passées en revue dans ce volume.

Nous répétons que toutes ces données n'ont que la valeur d'indications générales, qu'il convient d'adapter aux circonstances. Suivant que le sol sera plus ou moins riche en azote, en acide phosphorique, en potasse, les quantités à lui fournir de chacun de ces éléments varieront ; de même leur forme et leur mode d'application dépendront dans une certaine mesure de la nature du terrain.

(1) COUDON. — *Annales de la Science agronomique*, 1900.

Jardinage potager.

Amendements. — Le jardin potager peut être établi sur les sols les plus divers. Lors de sa création, il convient de résoudre ce double problème : 1° communiquer à la terre arable les propriétés physiques et chimiques les plus favorables à la végétation ; 2° y constituer, par l'apport d'engrais appropriés, une réserve suffisante de principes utiles aux plantes pour leur alimentation. Les façons culturales sont, nous l'avons vu, l'un des moyens d'obtenir le premier de ces résultats, mais leur action est imparfaite et, dans tous les cas, de faible durée, dans les terres à éléments mal équilibrés, trop compactes ou trop légères. C'est à l'aide des amendements qu'on rétablit cet équilibre.

L'emploi des amendements siliceux ou argileux n'est guère plus recommandable au potager qu'en grande culture ; sauf dans des cas très exceptionnels l'opération est d'une exécution difficile et trop onéreuse pour les résultats qu'elle fournit.

Les amendements calcaires ont une tout autre valeur. Si peu de terres se trouvent dépourvues de carbonate de chaux au point de ne pouvoir suffire à l'alimentation des récoltes, un grand nombre ont besoin d'en recevoir pour acquérir les propriétés des terres franches. Les sols de jardin doivent en être largement pourvus, pour qu'une active nitrification rende promptement utilisables les abondantes fumures organiques qu'ils reçoivent et mette obstacle à l'excessive accumulation de celles-ci.

Le rôle améliorant de la chaux est surtout marqué dans les terres argileuses ; elles subiront une heureuse transformation du fait d'un chaulage, renouvelé tous les trois ou quatre ans, à l'automne généralement, à raison de 10 à 20 kilogrammes par are.

La marne (50 à 60 kilogrammes par are), est plus

favorable aux terres siliceuses légères. La craie convient bien aux sols argilo-siliceux, dans lesquels 30 à 40 kilogrammes par are constitueront une dose généralement satisfaisante. Les chaulages énergiques sont une nécessité pour la mise en culture des terres que la présence d'un excès de matières organiques rend acides.

Par la chaux qu'ils renferment, les scories de déphosphoration et, dans une moindre mesure, les phosphates naturels agissent sur le sol comme les amendements calcaires.

Dans les terres argileuses riches en débris végétaux et dans les sols tourbeux ou les landes défrichées, l'*écobuage* (calcination de la couche superficielle du sol) pourra rendre des services lors de la création du potager.

Rôle du fumier au jardin potager. — La prédilection marquée des jardiniers pour les fumures organiques s'explique par les heureuses propriétés qu'elles communiquent au sol. Le terreau, qui provient de leur décomposition, est un excellent régulateur de l'humidité des terres; lors des pluies ou des arrosages, il absorbe de grandes quantités d'eau, qu'il met ensuite à la disposition des plantes. Pour la production des légumes tendres, à croissance rapide, sa présence en forte proportion est indispensable. Les sols qui s'en trouvent suffisamment pourvus retiennent énergiquement les principes fertilisants; ils sont très perméables, s'échauffent facilement et peuvent être travaillés à toute époque.

Les terres naturellement riches en substances organiques : vieilles prairies, bois défrichés, marais assainis, conviennent donc bien à l'établissement du potager; les labours fréquents qu'il reçoit permettent la rapide décomposition de ces substances et l'utilisation par les plantes des produits qui en résultent.

Le fumier tient une place prépondérante, souvent même exclusive, parmi les engrais usités en jardinage. Tous les fumiers peuvent servir également à la fertilisation du potager. Cependant, en principe, celui d'étable, aqueux et à décomposition lente, convient surtout aux terres sèches, siliceuses ou calcaires ; celui de mouton, sec et chaud, aux terres compactes, argileuses. Le fumier de cheval est le plus apprécié, non qu'il ait une valeur fertilisante supérieure aux autres, mais en raison de son état physique et de l'usage qu'on en fait pour la formation des couches. Il renferme sensiblement, en moyenne, les mêmes proportions d'azote (5 kilogrammes par tonne), d'acide phosphorique ($2^{kg},5$ à 3 kilogrammes) et de potasse (6 kilogrammes à $6^{kg},5$) que le fumier de ferme. Quand la fermentation n'en est plus assez active pour produire la chaleur qu'on demande aux couches, le fumier, passé à l'état de paillis ou de terreau, sert à la couverture du sol et, par l'enfouissement, à sa fertilisation.

Obtenu avec des litières de tourbe, le fumier de cheval est, pour la fumure des terres, notablement supérieur à celui qui résulte de l'emploi de la paille (1) ; mais il n'a pas la même valeur comme source de chaleur par fermentation.

Si les raisons qui précèdent justifient la faveur dont le fumier jouit auprès des jardiniers, l'usage exclusif en est rarement recommandable, parce que trop onéreux. Les observations que nous avons faites, à propos de la grande culture potagère, au sujet des bénéfices que peut présenter la substitution au fumier d'autres engrais organiques et des avantages qu'offre l'emploi des engrais minéraux, ont ici toute leur valeur.

Fumures de fonds. — Pour amener au degré de fertilité qui convient au jardinage potager les terres en friche ou en culture ordinaire, il importe d'y introduire, au moment de leur transformation, de fortes quantités d'engrais dont l'action puisse se faire sentir pendant une

---

(1) Muntz et Girard. *Les engrais*.

longue période. On y devra constituer surtout une réserve importante d'acide phosphorique et de potasse. Dans ce but, l'apport de 30 à 35 kilogrammes par are de phosphate naturel finement pulvérisé dans les terres riches en humus, de 20 à 25 kilogrammes de scories de déphosphoration dans les autres est à conseiller. On y ajoutera 5 à 6 kilogrammes de chlorure de potassium ou 20 kilogrammes de kaïnite. Après épandage, le mélange de ces engrais sera incorporé au sol par le labour de défoncement qui constitue la première opération d'ameublissement.

Quant à l'azote, qu'il est aisé d'apporter plus tard sous une forme immédiatement assimilable, il sera fourni au début, soit à l'aide de fumier, à raison de 300 à 400 kilogrammes par are suivant la richesse initiale du sol, soit en recourant à d'autres matières organiques à décomposition plus ou moins lente : gadoues, tourteaux, sang désséché, cuir torréfié, etc.

Fumures d'entretien. — Pour que les jardins en exploitation conservent leur fertilité, il est nécessaire qu'ils reçoivent, sous forme d'engrais, au moins l'équivalent des quantités d'éléments utiles qu'en exportent les récoltes. Nous verrons tout à l'heure à quelles énormes dépenses de fumier la production intensive des légumes oblige le cultivateur ; même au potager du particulier, les fumures élevées sont la règle.

L'emploi des engrais minéraux n'est vraiment rationnel, nous l'avons dit déjà, que s'il répond à la fois à la composition du sol et aux exigences des plantes cultivées. Cependant les principes suivants sont d'application courante, avec les modifications que comportent les cas où le fumier, appliqué concurremment avec les engrais minéraux, apporte à la terre une part plus ou moins grande des éléments nécessaires.

Pour réparer les pertes en acide phosphorique, faire usage chaque année, dans les terres calcaires et dans la plupart des bons sols de jardin, de 7 à 8 kilogrammes, par are, de superphosphate de chaux répandu au printemps et enterré par un labour; dans les terres argileuses riches en humus, de 10 à 12 kilogrammes de scories enfouies à l'automne.

Les terres pauvres en potasse recevront utilement, chaque année, 2 à 3 kilogrammes de chlorure de potassium.

Les engrais magnésiens, sont rarement utiles dans les terres de jardin.

Le nitrate de soude, sujet à disparaître promptement, entraîné qu'il est par les eaux pluviales, doit être appliqué seulement au moment où les plantes peuvent l'utiliser, et à faibles doses à la fois — 1 à 4 kilogrammes par are suivant le but poursuivi et la rapidité de végétation des plantes. Répandu immédiatement avant les semis ou les repiquages, un coup de râteau suffit à l'enterrer. Employé en couverture sur des cultures de plantes à végétation languissante, le nitrate de soude leur donne un coup de fouet et relève leur vigueur. Malgré son prix élevé, le nitrate de potasse est recommandable pour la fumure des jardins où la potasse fait défaut.

Il convient de ne pas oublier que l'excès de nitrate met obstacle à la floraison et à la fructification des plantes et peut même nuire à la qualité des légumes dont on consomme les feuilles. On en réduira donc les doses pour les plantes potagères à fruits comestibles, et on le supprimera complètement pour les légumineuses, qui n'en ont pas besoin.

Très solubles dans l'eau, les nitrates se prêtent fort bien à l'emploi en arrosages. On arrose tous les trois ou quatre jours, jusqu'à l'époque de la floraison des plantes, avec des solutions renfermant 1 gramme de nitrate par litre. Le chlorure de potassium, le sulfate de magnésie s'il y a lieu, peuvent être associés au nitrate de soude dans des solutions où la proportion totale des sels divers ne devra pas dépasser 3 grammes par litre pour ne pas brûler les plantes (1).

Ces arrosages à l'aide de solutions salines offrent le grand avantage de permettre au jardinier d'augmenter ou de restreindre l'apport des principes nutritifs suivant les indications qu'il tire de l'état de la végétation.

Dans les bonnes terres de jardin, le plâtre, répandu au printemps, avant ou après les semis, à raison de 3 à 5 kilogrammes par are, exerce une heureuse influence sur la plupart des légumes, notamment sur ceux qui appartiennent aux familles des légumineuses ou des crucifères.

M. Wagner, précédemment cité, conseille l'emploi, dans les jardins, d'engrais concentrés très riches et très purs, très actifs par conséquent. Se basant sur les quantités d'éléments fertilisants auxquelles ses indications correspondent, M. Grandeau admet que 5 kilogrammes par are du mélange suivant constituent pour le potager une fumure normale :

	P. 100.	
Phosphate d'ammoniaque	28 à	30
Nitrate de potasse	44	45
Nitrate de soude	15	16
Sulfate d'ammoniaque	10	11

Cet engrais sera répandu sur le sol au printemps, avant les semis, et enfoui par un labour à la bêche.

Culture maraîchère.

Au début de cet ouvrage, nous avons examiné les caractères essentiels qui différencient la culture maraîchère proprement dite de la culture potagère champêtre et du jardinage potager. Nous faisions observer alors que

____

(1) JOULIE. *Les engrais en horticulture.*

L. BUSSARD. *Culture potagère.*   4

c'est une nécessité pour le maraîcher de produire rapidement et sans discontinuité des récoltes abondantes et de valeur vénale élevée, en rapport avec le loyer du sol, d'où l'obligation de cultiver dans des terres d'une exceptionnelle fertilité, soigneusement maintenue par des fumures considérables.

La prompte croissance des végétaux exige, en effet, qu'ils soient largement pourvus des principes nécessaires à leur nutrition. En outre, deux, trois, parfois même quatre récoltes se succèdent en un an sur le même terrain maraîcher; chacune y prélève sa part d'éléments utiles et le total des quantités exportées ainsi est fort élevé. Prenant l'exemple de trois récoltes successives de choux, de carottes et de salades, M. Grandeau a établi que l'ensemble des produits obtenus enlèverait au sol 332 kilogrammes d'azote, 165 kilogrammes d'acide phosphorique et 613 kilogrammes de potasse par hectare. Si nous comparons à ces chiffres ceux que nous avons précédemment indiqués comme se rapportant à une forte récolte de blé (30 quintaux à l'hectare) — soit 70 kilogrammes d'azote, 80 kilogrammes d'acide phosphorique et 44 kilogrammes de potasse, — nous constaterons qu'ils représentent plus de quatre fois et demie autant d'azote, deux fois autant d'acide phosphorique et près de quatorze fois autant de potasse. Même avec des récoltes de légumes moins exigeants l'écart serait encore énorme.

Les arrosages incessants donnés aux cultures maraîchères, par le lessivage du sol qu'ils déterminent, sont une cause d'appauvrissement en éléments fertilisants solubles, notamment en nitrates, dont il faut aussi tenir compte.

Toutes ces raisons font comprendre combien les plus fortes fumures usitées en agriculture seraient encore insuffisantes pour la production ultra-intensive des légumes. 60 000 kilogrammes de fumier ne contiennent en moyenne que 300 kilos d'azote, 156 d'acide phosphorique et 378 de potasse ; encore ces principes ne sont-ils mis que progressivement à la disposition des plantes et une partie seulement en est-elle absorbée par elles. Mais, en admettant même qu'elles les utilisent intégralement, il faudrait, à la suite des trois récoltes dont nous avons parlé, pour réparer respectivement les pertes : en azote, 66 400 kilos de fumier; en acide phosphorique, 61 000 kilos ; en potasse, 97 000 kilos.

En présence de chiffres semblables, étant donnés, d'une part le prix élevé du fumier, de l'autre sa composition complexe, qui s'oppose à ce qu'un des éléments qu'il renferme puisse être fourni par lui en quantité suffisante sans que les doses des autres se trouvent ou exagérées ou trop réduites, nul doute que le maraîcher procéderait économiquement en s'en tenant à des apports de fumier plus modérés, dont il compenserait l'insuffisance à l'aide d'engrais chimiques appropriés.

Dans le cas qui précède, en apportant seulement au sol 65 000 kilos de fumier, suffisants pour lui restituer l'azote et l'acide phosphorique enlevés par les récoltes, et en remplaçant les 32 000 kilos supplémentaires, nécessaires pour la récupération intégrale de la potasse, par une quantité équivalente de chlorure de potassium, on réaliserait une économie de plus de 200 francs par hectare. La substitution peut être poussée plus loin avec avantage ; elle favorise à la fois la qualité des légumes et la précocité des récoltes : M. Zacharewicz, lors d'essais faits en Vaucluse, a constaté, pour des haricots fumés aux engrais chimiques, une avance de dix jours sur ceux de la parcelle qui n'avait reçu que du fumier.

Mais les habitudes du maraîcher sont autres. C'est au terreau qu'il s'adresse pour la fertilisation de ses cultures. Il en connaît l'heureuse influence sur les propriétés physiques du sol, d'une extrême importance pour la production ininterrompue de récoltes abondantes; en outre il le considère comme un résidu, puisqu'il provient des couches dont la chaleur est épuisée. C'est d'ailleurs un engrais riche. Un terreau de couches de l'École d'horticulture de Versailles renfermait :

	P. 1000.
Azote..........................	14,7
Acide phosphorique..................	18,2
Potasse,.........................	14,2

L'apport constant de terreau peut donc entretenir la fertilité des terrains maraîchers sans le secours d'autres engrais. Par le fait de son accumulation, ces terrains acquièrent même des richesses exceptionnelles en principes fertilisants. Deux sols de marais, analysés par M. Petit, professeur à l'École nationale d'horticulture (1), présentaient sous ce rapport la composition suivante :

	Sol de l'École d'horticulture.	Sol d'un marais de la banlieue de Versailles.
	p. 1000.	p. 1000.
Azote........	3,82	5,46
Acide phosphorique......	5,60	6,80
Potasse	2,95	3,05
Chaux.................	19,50	23,20

M. Petit tire de ses expériences personnelles la conclusion que dans de tels sols les engrais minéraux sont sans action. M. Joulie (2) nous en fournit l'explication : « Partout, dit-il, où la richesse en humus arrive à dépasser 10 p. 100 du poids de la terre sèche, proportion qui est indiquée par un dosage de 5 à 6 millièmes d'azote, la fertilisation devient le plus souvent très difficile, même par les engrais chimiques, attendu qu'ils sont absorbés et insolubilisés par l'humus, qui ne les cède plus que très lentement aux plantes, au fur et à mesure de sa destruction ».

Des chaulages judicieux interviendraient utilement dans

(1) *Journal de la Société nationale d'horticulture de France,* avril 1901.

(2) *Les engrais en horticulture.*

ce cas, en réduisant dans de justes limites la proportion d'humus, par le fait d'une nitrification plus active qui mettrait à la disposition des plantes une part des réserves d'azote immobilisées dans le sol.

On s'étonne que la pratique des chaulages ne soit pas plus répandue dans certaines terres tourbeuses, où la culture potagère en tirerait les plus grands bénéfices.

Les hortillonnages d'Amiens en fournissent un exemple remarquable : « Sur les marais tourbeux des environs d'Amiens, dit M. Hitier (1), s'étendent aujourd'hui plus

Fig. 26. — Hortillonnages aux environs d'Amiens.

de 300 hectares de jardins maraîchers valant 10 000 francs et plus l'hectare et où la culture des légumes est aussi intensive que possible. Ces jardins, nommés *aires* ou *hortillonnages*, sont séparés les uns des autres par des canaux, *rieux*, qui, communiquant avec la Somme,

(1) *Annales de l'Institut national agronomique*, nº 12, 1891.

4.

permettent aux hortillons de transporter sur leurs barques les légumes de l'aire jusqu'au marché d'Amiens et de ramener sur ces mêmes barques, dans leur petite ile, le fumier dont ils ont besoin.

« La terre des hortillonnages est une terre franchement tourbeuse contenant près de 1 p. 100 d'azote d'après les analyses de M. Nantier. Le phosphate et la chaux y seraient les amendements les plus nécessaires ; les hortillons cependant se servent surtout de fumier. Ils en emploient des quantités énormes ; un hortillon évalue à près de 1000 francs par an et par hectare la dépense nécessitée par l'achat des fumiers. Malgré ces fumures, après douze à quinze ans de culture, les légumes, oignons et salades, ne réussissent plus aussi bien ; l'hortillon est alors obligé de défoncer de nouveau son champ à 80 centimètres ou 1 mètre, à une profondeur suffisante pour ramener à la surface 15 centimètres de tourbe. Après ce défoncement, on applique une double fumure de 50000 kilogrammes et l'assolement triennal recommence. »

L'hortillon réduirait considérablement les dépenses excessives occasionnées par ces fumures trop abondantes et par le défoncement périodique qu'elles l'obligent à opérer, en saturant par la chaux et les phosphates l'acidité du sol qui s'oppose à la réussite des cultures légumières.

Engrais flamand, purin, bouillons, eaux d'égout. — Dans certaines régions, notamment dans le nord de la France, les matières de vidange sont fréquemment employées pour la fertilisation du sol ; on leur donne le nom d'*engrais flamand, courte-graisse* ou *gadoue*. Ce dernier terme, également usité pour désigner les ordures des villes, prête à confusion.

Engrais surtout azoté, à décomposition rapide, ces matières conviennent bien aux plantes potagères cultivées pour leurs racines ou leurs feuilles : navets, carottes, asperges, choux, épinards, etc.; mais elles sont beaucoup plus pauvres que le fumier en acide phosphorique et en potasse et ne sauraient, par conséquent, suffire à maintenir la fertilité du sol sans l'adjonction d'autres engrais. On les emploie soit telles qu'elles se présentent au sortir des fosses, soit, le plus souvent, après les avoir additionnées de deux à trois fois leur volume d'eau, ce qui en rend plus facile l'épandage à l'écope ou à la lance. Les doses en varient habituellement entre 15 et 30 mètres cubes par hectare, suivant la richesse initiale du sol; on les applique de préférence avant l'ensemencement, quelquefois au début de la végétation. Il faut éviter d'en souiller les parties comestibles des plantes, à cause de la saveur répugnante qu'elles leur communiqueraient et de la propagation possible de certaines maladies contagieuses, typhus notamment.

Dans les terres fortes, argileuses, il faut user modérément de l'engrais flamand; la pourriture des végétaux pourrait résulter de leur engorgement.

La plupart des observations précédentes s'appliquent à l'emploi des *bouillons* que les jardiniers obtiennent en faisant macérer dans l'eau des fumiers ou des débris végétaux divers.

Les *purins*, étendus de quatre à six fois leur volume d'eau et utilisés en arrosages dans les cultures de légumes herbacés, communiquent une grande vigueur aux plantes.

Les *caux d'égout* doivent être considérées comme un véritable engrais liquide, très dilué il est vrai. Nous en étudions les propriétés au chapitre suivant.

Paillage et terreautage. — La couverture de terreau, de paillis, de débris végétaux tels que feuilles, paille, etc. dont les maraîchers et les jardiniers ont coutume de revêtir le sol du printemps à l'automne, a pour objet : de conserver à la terre l'humidité nécessaire à la végétation; de maintenir son ameublissement superficiel en s'opposant au tassement produit par les pluies ou les arrosages ; de protéger les jeunes semis ; de préserver les parties comestibles des plantes potagères contre la souillure par les matières terreuses. Délavée par les pluies et les eaux d'arrosage, puis enfouie par les labours, cette couverture, souvent renouvelée trois ou quatre fois dans l'année, contribue à l'enrichissement du sol en humus et en principes fertilisants.

On lui donne généralement une épaisseur moyenne de 2 à 3 centimètres, moindre pour les semis, surtout de graines fines, souvent plus forte pour des plantes repiquées ou en pleine végétation.

Le paillis et le terreau sont de beaucoup les matières les plus employées pour la former. Ils proviennent de la destruction des couches ou des meules à champignons. Le paillis est du fumier court, à demi décomposé, un peu sec. Une décomposition plus avancée fournit le terreau, de couleur noirâtre, dans lequel aucun débris organique n'est plus reconnaissable. Seul ou en mélange avec de la terre de jardin, le terreau sert aussi à charger les couches, et c'est dans le sol artificiel ainsi constitué que s'effectuent les semis ou les plantations.

Les effets du paillage et du terreautage ont été fort bien étudiés et mis en lumière par M. A. Petit (1).

Dans ses expériences, la terre couverte de 1 centimètre de terreau, de paillis ou de paille hachée, a perdu par évaporation 4 à 5 fois moins d'eau que le sol nu.

Le terreau retient beaucoup d'eau ; peu perméable au début, il le devient ensuite en se desséchant. La perméabilité du paillis est supérieure ; il jouit également d'une grande faculté d'imbibition.

En assurant une plus longue durée à l'ameublissement superficiel du sol, la couverture de débris organiques économise les binages, d'autant moins nécessaires qu'elle

____

(1) A. Petit. *Bulletin mensuel de l'Office de renseignements agricoles.* Octobre. 1902.

oppose un sérieux obstacle au développement des plantes adventices.

M. Petit a constaté, pour des laitues et des romaines, de notables augmentations de rendements déterminées par la couverture du sol; mais l'influence exercée sur les cultures s'est montrée très variable suivant la saison et les matériaux employés. Cela tient, dit-il, à ce que ceux-ci retardent inégalement l'échauffement du sol, le retard le plus accentué étant produit par les moins décomposés, qui sont les plus mauvais conducteurs de la chaleur. Il en conclut qu'au printemps la couverture de terreau seule est avantageuse, mais qu'en plein été toutes se montrent utiles; elles le sont évidemment d'autant plus que les circonstances favorisent davantage l'évaporation de l'eau du sol.

Le paillage et le terreautage peuvent présenter des inconvénients avec des pluies abondantes ou des arrosages immodérés; ils entretiennent dans les couches supérieures du sol un excès d'humidité nuisible aux végétaux. On leur a fait aussi le reproche d'accroître le danger des gelées blanches en accélérant le refroidissement des végétaux par rayonnement.

Tout en considérant que, dans la grande généralité des cas, ils exercent une influence favorable sur la végétation, il convient donc d'en régler judicieusement l'emploi. C'est ainsi qu'on attendra, pour les commencer au printemps, que la température soit suffisamment élevée; à cette saison, les arrosages devront être exécutés le matin plutôt que le soir sur les sols couverts.

Dans les régions méridionales, où la couverture du sol est particulièrement utile, la culture potagère tire le meilleur parti non seulement du paillis et du terreau, mais encore des feuilles, du gazon, de la mousse, etc.

Composts. — On ne saurait assez conseiller aux cultivateurs de légumes, à ceux surtout qui ne disposent que de faibles ressources en engrais, d'utiliser tous les déchets végétaux ou animaux qu'ils pourront recucillir pour en former, en les mélangeant avec de la terre et de la chaux, un compost qui, convenablement arrosé et recoupé à la bêche, leur fournira au bout de quelques mois un excellent terreau.

IV. — ARROSAGES

Importance des arrosages en culture potagère. — Nous avons signalé déjà le rôle considérable des arrosages dans la culture des plantes potagères au jardin. Les légumes sont, en effet, parmi les végétaux les plus exigeants sous le rapport de la quantité d'eau consommée ; non seulement ils ne croissent avec rapidité, n'acquièrent tout leur développement et ne fournissent des récoltes élevées que s'ils reçoivent beaucoup d'eau, mais leur qualité même dépend de cette condition ; ils ne sont tendres et délicats que dans les sols frais.

En culture maraîchère, où la quantité d'eau offerte aux plantes règle en définitive les rendements, l'importance des arrosages est telle qu'elle prime celle de tous les autres facteurs de la production végétale. On a calculé qu'une culture de choux de Milan, pour la production d'une récolte de 50 000 kilogrammes, prélevait dans le sol 1 175 000 litres d'eau par hectare, ce qui représente, pour la durée de la végétation de la plante, une couche d'eau de 80 centimètres d'épaisseur sur toute la surface du terrain. Or, la hauteur des pluies atteint moins de 60 centimètres dans le bassin de Paris ; les arrosages doivent compenser l'écart. Pendant la période d'été, les maraîchers parisiens emploient journellement, en moyenne, 100 mètres cubes d'eau par hectare. Une **quantité moitié moindre**, soit environ 500 litres par are et par jour, suffit à la culture potagère ordinaire dans la même région.

Caractères des différentes eaux d'arrosage. — Si les plantes potagères ont besoin de beaucoup d'eau, toutes les eaux ne leur conviennent pas également.

Insuffisamment aérées, elles réduisent la réserve d'oxygène disponible dans le sol pour les besoins des plantes et les réactions chimiques utiles. Froides, elles ralentissent la végétation et la plante souffre de leur emploi; dans des cas exceptionnels elles peuvent avoir quelque utilité pour retarder la maturation de produits dont on n'a pas l'écoulement immédiat, mais, en thèse générale, l'influence qu'elles exercent ainsi est nuisible, puisque l'objectif du cultivateur est précisément de hâter l'obtention des récoltes potagères. La température de l'eau d'arrosage ne doit pas être inférieure à celle du sol; plus élevée que cette dernière, au contraire, elle active le développement des végétaux. Elle exerce son maximum d'action quand elle est voisine de 30 degrés centigrades; au delà, pour des sources thermales ou des eaux industrielles, il devient nécessaire de l'abaisser.

Les eaux renferment en suspension ou en dissolution des matières organiques et des sels minéraux. Parmi ces substances, il en est d'utiles à la végétation; d'autres, au contraire, sont nuisibles : sels calcaires en excès, produits acides, etc. Les eaux très chargées de carbonate de chaux produisent un dépôt abondant, formant croûte à la surface du sol. Ces eaux, dites *crues*, *dures*, *lourdes* ou *tuffeuses*, deviennent impropres à la cuisson des légumes dès qu'elles renferment plus de 0^{gr},50 de sels calcaires par litre. C'est du sulfate de chaux que contiennent les eaux *séléniteuses*, qui présentent les mêmes inconvénients.

Les eaux d'arrosage ont différentes origines. Celles qui proviennent des pluies sont excellentes, très aérées; pauvres en substances dissoutes, elles apportent cependant au sol, sous la forme de carbonate d'ammoniaque et d'un peu de nitrate (pluies d'orage) une quantité d'azote qui varie suivant les saisons et les localités. L'eau de pluie de Paris, analysée à l'Observatoire de Montsouris, renferme, d'après une moyenne établie sur une période de vingt années, 2 milligrammes d'azote ammoniacal et 0^{mg},70 d'azote nitrique par litre, ce qui représente un apport annuel total de près de 15 kilogrammes d'azote par hectare. L'eau de pluie convient à toutes les plantes; on la recueille dans des tonneaux ou des réservoirs en communication avec l'égout des toits.

Les eaux de *source* sont le plus souvent froides; elles tiennent en dissolution des sels minéraux dont la nature et la quantité varient suivant les terrains qu'elles traversent. Celles qui proviennent des terrains secondaires sont généralement bonnes; les couches gypseuses en fournissent de mauvaises.

Les *eaux courantes* des ruisseaux, rivières ou canaux, aérées et suffisamment chaudes, à moins qu'elles ne proviennent de la fonte des neiges ou des glaciers, sont d'autant meilleures qu'on les capte en un point plus éloigné de leur source. Leur composition varie dans de larges limites. On en jugera par les chiffres suivants, qui se rapportent aux quantités des principaux sels minéraux dissous dans un litre d'eau de nos quatre grands fleuves français.

	Seine. (Bercy.)	Loire. (Meung.)	Garonne. (Toulouse.)	Rhône. (Lyon.)
	milligr.	milligr.	milligr.	milligr.
Carbonate de chaux......	165,5	48,1	64,5	141,0
— de magnésie ..	3,4	6,1	3,4	»
Sulfate de chaux.........	26,9	»	»	14,0
— de magnésie	»	»	»	16,0
— de potasse........	5,0	»	7,6	»
Chlorure de sodium......	12,3	4,8	3,2	»
Nitrate de soude........	9,4	»	»	3,0
Oxyde de fer............	2,5	5,5	3,1	»
Silice....................	24,4	40,6	40,1	»

Les rivières qui traversent de grandes villes se chargent de matières organiques et la composition de leur eau se modifie notablement. A l'entrée et à la sortie de Paris, la Seine renferme par litre:

	Ivry. milligr.	Chaillot. milligr.
Chaux....................	101,3	105,4
Magnésie...............	5,0	8,6
Potassium.............	3,6	4.3
Silice....................	6,2	7,6
Acide azotique..........	7,5	7,5
Acide sulfurique........	11,0	17,2

Entre Ivry et Argenteuil, les quantités de matières organiques en suspension dans l'eau de Seine varient du simple au double et celles de l'oxygène qu'elle tient en dissolution, suivant une marche exactement inverse, passent de $10^{mgr},7$ à $5^{mgr},8$ (1).

La température de l'eau des grands canaux d'irrigation, aussi bien en Belgique et en Hollande que dans le midi de la France, est, pendant le jour, inférieure de 1 à 2 degrés à celle de l'air.

La présence d'une forte proportion de chlorure de sodium (20 grammes par litre), de bromures, d'iodures, etc., rend *l'eau de mer* impropre aux arrosages; les terres des côtes dans lesquelles elle a séjourné ne peuvent être livrées à la culture qu'après dessalement par des irrigations à l'eau douce.

Les *eaux de puits* sont généralement froides, insuffisamment aérées. Celles qui proviennent d'une nappe souterraine profonde ont une température à peu près constante; elle est voisine de 11 degrés pour les puits très nombreux du bassin parisien. Ces eaux contiennent souvent un excès de matières minérales. Il s'en trouve jusqu'à 2 grammes par litre, dont $1^{gr},30$ de plâtre, dans celles des puits creusés dans les terrains calcaires de Paris. On considère que les eaux de puits doivent être rangées parmi les moins bonnes pour l'arrosage; ce sont cependant les plus employées dans les jardins.

Les *eaux stagnantes* des mares ou des étangs renfer-

(1) *Annuaire de l'Observatoire de Montsouris*, 1897.

L. BUSSARD. — *Culture potagère.*   5

ment des matières organiques en décomposition ; elles peuvent donc enrichir le sol, mais il faut n'en faire usage qu'avec circonspection, surtout dans les terres argileuses. La putréfaction des substances organiques leur enlève l'oxygène qu'elles tiennent en dissolution ; elles sont donc mal aérées. Employées en arrosage sur les parties comestibles des plantes, elles peuvent y déposer des germes dangereux pour la santé de l'homme.

Les eaux de tourbières, de marais, de bois sont acides ou astringentes ; il convient d'en neutraliser l'acidité par des traitements appropriés.

L'usage des eaux rejetées par les diverses industries exige quelque prudence ; il en est d'absolument nuisibles. Si l'analyse chimique n'intervient pas pour en indiquer la composition, il est bon de s'assurer, par l'essai sur quelques plantes, de leurs effets sur la végétation.

Les *eaux ménagères* peuvent être assimilées aux eaux d'égout dont nous parlons plus loin.

Les *eaux de drainage*, recueillies à la sortie des tuyaux collecteurs, présentent des caractères semblables à ceux des eaux de source. Par leur passage à travers des sols cultivés, elles se chargent de nitrates et acquièrent ainsi une certaine valeur fertilisante. Celles qui proviennent de terres abondamment fumées peuvent renfermer des quantités élevées d'azote nitrique ; on en a trouvé de 20 à 25 milligrammes par litre dans les eaux de drainage des champs irrigués à l'eau d'égout de Paris.

Amélioration des eaux d'arrosage. — On corrige le défaut d'aération et l'insuffisante température des eaux d'arrosage en les faisant séjourner quelque temps dans des réservoirs ou dans des bassins peu profonds à large surface. La circulation dans des rigoles ouvertes, l'écoulement sur des fascines sont très efficaces à cet égard.

Cette exposition à l'air leur permet en outre de laisser déposer une partie des sels calcaires qu'elles renferment.

Pour les débarrasser du bicarbonate de chaux qui s'y trouve dissous, il suffit d'y ajouter une quantité déterminée de chaux ; il se forme du carbonate insoluble qui se précipite. L'addition de carbonate de potasse permet d'éliminer de même le sulfate de chaux, en laissant en dissolution dans l'eau du sulfate de potasse, matière fertilisante. On a proposé également la précipitation des sels calcaires par l'emploi d'une solution de phosphate de potasse, qui provoque la formation de phosphate de chaux et de sulfate de potasse utiles aux plantes. Ces procédés de purification, pour être rationnellement appliqués, exigent l'analyse préalable de l'eau.

Les eaux acides, astringentes, deviennent excellentes par le passage dans des bassins contenant des cendres, de la chaux, du phosphate de chaux. On peut également en neutraliser l'acidité en les additionnant de purin.

Répartition de l'eau. — Irrigation. — Au chapitre de la création du potager, nous avons traité déjà de l'adduction de l'eau d'arrosage et de sa répartition sur les différents points du jardin. Dans beaucoup de cultures maraîchères, l'eau se trouve amenée, à l'aide de conduits souterrains enfouis à 50 ou 60 centimètres, dans de petits bassins où on la puise avec les arrosoirs. L'épandage à l'arrosoir demande beaucoup de temps, il est coûteux, en raison de la main-d'œuvre qu'il nécessite, et l'on a fait justement observer que l'on aurait souvent le plus grand avantage à le remplacer par l'irrigation, en établissant dans les jardins, même les plus modestes, un système de rigoles distributrices en rapport avec leurs dimensions.

L'irrigation des cultures potagères comporte des applications variées des différents systèmes en usage dans la grande culture : ruissellement, submersion, infiltration mais, au lieu de grandes quantités d'eau par intermittence, il faut, dans les jardins ou les marais, un écoulement à peu près continu pour l'arrosage successif des diverses parcelles, de faible étendue chacune. En réalité, c'est à l'irrigation *à la raie* qu'on a le plus souvent recours. Elle consiste à faire circuler l'eau soit entre les billons, les ados ou·les lignes de buttage, soit dans des sillons peu profonds qui divisent les planches en bandes de 1 mètre à 1^m,50 de largeur. L'eau s'infiltre dans le sol, ameubli par les labours, et l'humecte bientôt jusqu'au milieu de l'intervalle compris entre les raies.

Dans les cultures à plat on peut aussi procéder par submersion, en formant tout autour de la planche, nivelée avec soin, un rebord de terre à l'intérieur duquel on fait pénétrer l'eau.

Quel que soit le système employé, le point essentiel est de distribuer convenablement l'eau dans toutes les parties du jardin, à l'aide d'un réseau approprié de rigoles de distribution. Amenée au point le plus élevé du terrain, au moyen d'une pompe ou d'un manège, l'eau devra s'écouler dans les rigoles en vertu de la pente.

Comme type de distribution d'eau convenant à un grand jardin potager·de forme carrée ou rectangulaire présentant une pente régulière, nous donnons le plan ci-contre (fig. 27). Les plans de ce genre doivent nécessairement subir des modifications pour s'adapter à l'étendue et à la disposition du terrain.

Dans celui-ci, les murs de clôture ABCD sont percés de deux portes d'accès E et F. Le puits, placé en P, est pourvu d'un manège concentrique faisant mouvoir une noria pour élever l'eau. Celle-ci est déversée dans une bâche, d'où partent deux conduits qui se recourbent à angles droits, l'un à droite, l'autre à gauche, après avoir passé souterrainement sous la piste du manège. En *o* l'une des rigoles passe sous le chemin. Sur *ab* et *cd*, maîtresses rigoles qui partagent en deux les terres en culture, se branchent à droite et à gauche deux séries de rigoles de moindre importance, conduisant l'eau dans toutes les parties du terrain ; sous les allées les rigoles passent en siphon. Les rigoles *ef* et *gh* servent à l'arrosage des plates-bandes qui longent les murs.

Tout le réseau ne fonctionne pas à la fois. Quand les rigoles sont creusées dans la terre, on fait usage de bar-

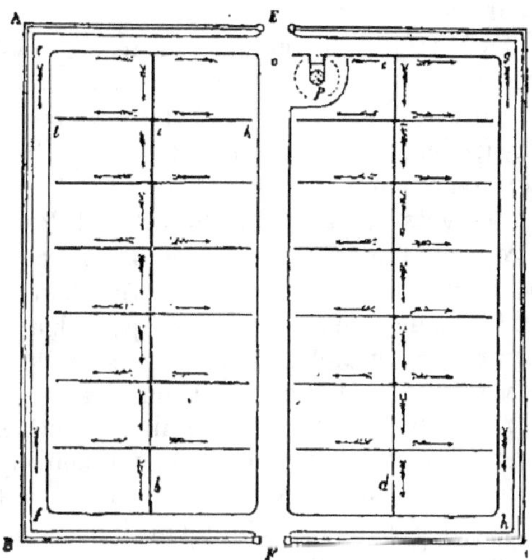

Fig. 27. — Plan d'irrigation d'un jardin potager.

rages, constitués par des ardoises ou par des pièces de tôle pourvues de manches, pour diriger l'eau sur les points utiles ; dans les rigoles en pierre, en terre cuite ou en bois, les barrages sont formés de mottes de gazon ou de sacs remplis de terre ou de sable.

Fréquence et abondance des arrosages. — La fréquence des arrosages et les quantités d'eau à répandre dépendent du climat, de la saison, de la nature du sol, des besoins de la plante cultivée. Il est bien évident que, sous les climats chauds et secs, les arrosages doivent être plus abondants que dans les régions froides, brumeuses et humides, et qu'ils sont surtout nécessaires pendant les chaleurs estivales. Au printemps, si la végétation réclame beaucoup d'humidité, celle-ci lui est généralement largement dispensée par les pluies ; cependant les arrosages interviennent utilement par les temps clairs et secs. Sous le climat parisien les arrosages de pleine terre se font d'avril à septembre.

Il faut arroser souvent les sols légers reposant sur un sous-sol perméable ; l'eau les traverse sans y séjourner. Au contraire, dans les terres fortes, argileuses, qui retiennent facilement l'humidité, elle doit être distribuée moins abondamment.

Les espèces végétales qui font l'objet de la culture potagère sont toutes assez avides d'eau ; chacune d'elles cependant a des exigences propres dont il faut tenir compte. Celles que l'on cultive pour leurs feuilles en réclament de grandes quantités ; sous l'influence des sécheresses, les plantes se rabougrissent et produisent peu de feuillage, elles fleurissent et fructifient avant le temps. L'excès d'eau détermine, au contraire, le développement anormal des parties foliacées de la plante et retarde, quelquefois indéfiniment, la fructification. C'est par des arrosages abondants qu'en prolongeant la première phase de végétation des salades, des choux, des épinards, etc., on en obtient, en culture maraîchère, d'énormes récoltes de feuilles tendres et charnues.

Mais, lorsqu'il s'agit de la production de fruits ou de graines, il convient d'être moins prodigue d'arrosages et de les restreindre ou de les suspendre à l'époque de la floraison, pour lui permettre de s'accomplir normalement. En les reprenant ensuite, on provoque l'accroissement de volume des fruits ; il ne faut pas en abuser toutefois si l'on veut que ceux-ci conservent leur saveur. La graine ne mûrit bien que sous l'influence d'une sécheresse relative, et, par conséquent, en l'absence d'arrosages.

Le besoin des arrosages se reconnaît à l'état du sol et de la plante. L'émiettement des terres meubles, qui deviennent sèches et pulvérulentes, le fendillement des sols argileux et la formation d'une croûte dure à leur surface, la perte de turgescence des végétaux, qui se fanent et dépérissent, sont des signes auxquels le cultivateur ne peut se tromper.

L'appréciation des quantités d'eau à répandre lors de l'arrosage est exclusivement du domaine de la pratique ; il appartient donc au jardinier de les fixer dans chaque cas, en s'inspirant des règles très générales qui précèdent.

On peut aussi poser en principe que les arrosages copieux et espacés sont préférables aux faibles *mouillures* souvent renouvelées ; la végétation tire peu de profit de ces dernières, dont l'eau disparaît rapidement par évaporation.

Pratique de l'arrosage. — L'heure de la journée à laquelle on arrose n'est pas indifférente. Le moment le plus favorable est celui de la chute du jour. L'eau répandue est alors utilisée au maximum : l'abaissement de la température ralentit l'évaporation à la surface du sol et la transpiration des végétaux ; il diminue la tension des gaz à l'intérieur de la plante et facilite ainsi la pénétration de l'eau dans ses tissus. Pendant l'été, les arrosages du matin présentent plusieurs inconvénients ; la rapide évaporation que provoque la chaleur du jour occasionne une perte d'eau considérable ; le refroidissement des racines en diminue la faculté d'absorption et les parties aériennes de la plante, exposées à la chaleur, transpirant plus qu'elles ne reçoivent, souffrent de cette rupture d'équilibre. Ces inconvénients se manifestent davantage encore quand les arrosages ont lieu pendant les heures les plus chaudes de la journée. Il arrive, en outre, que les gouttelettes d'eau déposées sur les feuilles des plantes, y concentrant les rayons solaires à la façon de lentilles, provoquent par place la désorganisation des tissus tendres et la formation de mouchetures qui déprécient les produits ; ce cas se produit notamment pour les salades délicates.

Au printemps, — jusque vers la fin de mai dans les régions septentrionales, — et à l'automne, les jardiniers arrosent de préférence le matin pour permettre au sol de se ressuyer avant la nuit ; ils évitent ainsi un excès persistant d'humidité qui nuirait aux plantes. Cependant l'humectation des terres peut être un moyen de prévenir les gelées blanches, les terres mouillées subissant moins que les terres sèches le refroidissement nocturne.

Dans les jardins où l'on n'a pas recours à l'irrigation, on distribue l'eau sur les cultures soit à la lance, soit à l'aide d'arrosoirs. L'arrosage à la lance, plus expéditif et moins dispendieux, — un seul ouvrier peut répandre ainsi de 80 à 100 mètres cubes d'eau dans une journée de dix heures, — n'est possible que quand l'eau arrive sous une pression suffisante dans des conduites munies de robinets. La culture maraîchère en fait un emploi fréquent et très avantageux.

Quand l'eau séjourne dans des bassins, on l'y puise à l'aide d'arrosoirs, de formes et de dimensions fort variables, en zinc, en tôle galvanisée ou en cuivre. Les arrosoirs *maraîchers* (fig. 28) sont ventrus ; leur contenance est de 10 à 12 litres. Celle des arrosoirs dits *parisiens* (fig. 29) varie de 8 à 15 litres ; ces arrosoirs sont ovales. Dans les bons arrosoirs, le col part de la partie la plus basse du récipient et l'anse, fixée d'une part à la paroi latérale et de l'autre à la paroi supérieure, permet à l'ouvrier de les manier d'une seule main sans les poser à terre.

Fig. 28. — Arrosoir maraîcher.

L'arrosoir est pourvu d'une *pomme* pour la distribution de l'eau en pluie, ou d'un *brise-jet* qui la disperse en éventail. Au pied des plantes on arrose simplement au goulot.

Quel que soit l'appareil employé pour l'arrosage, il importe de ne pas donner un jet trop fort pour éviter le ravinement des terres. Le mouvement de va-et-vient que l'on imprime à l'arrosoir a pour but de rendre aussi faible que possible le tassement

Fig. 29. — Arrosoir parisien.

du sol. Dans les terres sèches, une bonne pratique consiste à répandre en plusieurs fois la quantité totale d'eau à distribuer, le premier arrosage, modéré, étant destiné à humecter la terre. Il faut cesser de répandre de l'eau quand on s'aperçoit qu'elle ne s'écoule plus à travers le sol et forme flaque à la surface. Les *bassinages* sont des arrosages légers, en pluie fine, destinés à débarrasser les parties aériennes des plantes de la poussière qui les souille, à faciliter la levée des semis ou à maintenir l'atmosphère des serres ou des bâches suffisamment humide. En culture potagère, où l'on en fait un fréquent usage pour les plantes cultivées sous châssis, on les exécute à l'aide d'arrosoirs munis d'une pomme à fines ouvertures, quelquefois aussi avec des seringues spéciales.

Irrigation à l'eau d'égout. — Le souci de la santé publique a conduit les édilités à chercher le moyen de débarrasser les cités populeuses des énormes quantités d'eau d'égout qu'elles produisent sans les évacuer dans les rivières voisines. L'épuration par la terre répond à ce désir et plusieurs grandes villes l'ont adopté. La Ville de Paris notamment l'applique sur une étendue de plusieurs milliers d'hectares dans les communes de Gennevilliers, Achères, Méry, Pierrelaye, Carrières, etc.

5.

Les cultivateurs placés dans les zones d'épandage reçoivent gratuitement l'eau d'égout sur leur demande.

Ils disposent ainsi d'un puissant moyen de fournir économiquement à la végétation à la fois les principes nutritifs et l'humidité dont elle a besoin.

La loi autorise l'épandage de 40 000 mètres cubes d'eau d'égout par hectare et par an. Le maraîcher n'employât-il pour ses cultures que la moitié de cette quantité, c'est-à-dire 20 000 mètres cubes, qu'il apporterait encore par hectare, en prenant pour base la composition moyenne de l'eau d'égout de Paris, environ 900 kilogrammes d'azote, 360 d'acide phosphorique et 700 de potasse, soit, en ce qui concerne l'azote, l'équivalent d'une fumure colossale de 180 000 kilogrammes de fumier. Si les récoltes sont fort loin d'être proportionnelles à cet apport, dont elles n'utilisent qu'une part relativement faible, elles en bénéficient cependant assez pour que la valeur des terrains où il peut se faire s'en trouve considérablement accrue. Ce n'est pas toutefois que ces terrains s'enrichissent notablement et pour de longues périodes en principes fertilisants ; les eaux qui traversent le sol en telle abondance opèrent un lavage qui entraîne à peu de choses près les éléments qu'elles avaient apportés (1).

La fumure que représente l'irrigation à l'eau d'égout doit donc être considérée comme une fumure d'entretien d'une importance exceptionnelle, mais non comme une fumure de fonds.

La chaux diminue progressivement dans les sols épurateurs ; pour tous ceux qui en sont médiocrement pourvus, les amendements calcaires compléteront donc utilement les arrosages fertilisants.

Tous les légumes, nous l'avons vu, ne sont pas également avides d'eau. Il en résulte que tous ne supportent pas l'emploi des mêmes quantités d'eau d'égout. D'après

(1) Muntz et Girard, *Les Engrais.*

M. Vincey (1), dans les sols graveleux et très perméables de Gennevilliers, les récoltes potagères en utiliseraient respectivement, par hectare et par an :

	Mètres cubes.
Pommes de terre suivies de choux et poireaux	21,120
Choux	23,600
Poireaux, puis thym ou cardons	27,957
Artichauts	42,480
Oseille	37,760
Pois, puis salades, haricots, céleri	20,229
Salades, carottes	15,509
Asperges	9,440

Nous savons, d'autre part, que les besoins de la plante en eau varient avec ses phases de végétation. Il s'ensuit que le cultivateur doit rester maître de conduire l'irrigation à son gré et sans qu'on puisse lui imposer la réception journalière d'un volume d'eau déterminé, dont il serait fort embarrassé à certaines époques.

Les terres très perméables, siliceuses ou calcaires, se prêtent parfaitement à l'épuration des eaux d'égout; les glaises et les marnes, au contraire, y sont à peu près inaptes. Entre ces deux catégories de sols, il en est beaucoup, de perméabilité moyenne, qui peuvent être utilisés dans ce but. Ils doivent être soigneusement ameublis par des labours.

C'est l'irrigation « à la raie », par circulation d'eau entre les billons, ou dans des rigoles très simplement creusées dans la terre, et distantes de 1 à 3 mètres, que l'on applique aux plantes en végétation. Dans l'intervalle des cultures, on procède par *colmatage*, en laissant l'eau séjourner suffisamment sur le sol pour qu'elle y dépose les matières qu'elle tient en suspension ; celles-ci, de même que celles qui restent dans les rigoles, sont enterrées ensuite par le labour.

(1) Épuration terrienne des eaux vannes (*Mémoires publiés par la Société nationale d'agriculture*, 1896).

Pour que la combustion des matières organiques se fasse dans de bonnes conditions, l'eau doit être amenée par intermittence et non d'une façon continue. On peut, l'employer soit chaque jour pendant quelques heures, soit à des intervalles réglés d'après les besoins des cultures.

Les légumes cultivés à l'eau d'égout contractent-ils, comme on l'a prétendu, une saveur de mauvais aloi? Rien n'est moins démontré. Mais la crainte qu'on a manifestée de les voir servir de véhicules à des germes de maladies contagieuses (typhoïde, choléra), déposés par des eaux qui charrient toutes les immondices, est malheureusement plus justifiée. Sa généralisation dans le public entraînerait une dépréciation de ces légumes. Le danger n'existe, bien entendu, qu'avec des légumes qu'on consomme crus, la cuisson détruisant les germes pathogènes.

V. — EMPLOI DE LA CHALEUR ARTIFICIELLE.
ABRIS

Culture forcée. — Les légumes de primeur sont obtenus par le *forçage*, opération qui consiste à soumettre les plantes à l'action de la chaleur artificielle, dans le but de les faire végéter à contre-saison et de hâter la maturation de leurs produits. La culture forcée permet seule aux plantes potagères originaires de contrées chaudes de réussir sous nos climats; dans le nord de la France, elle est nécessaire pour la production du melon, de la tomate, de l'aubergine, etc. Le forçage se fait sur *couches*, en *bâches* ou en *serres*.

Couches. — Les couches sont de beaucoup la source de chaleur la plus employée en culture potagère. On donne ce nom à des amas de matières organiques susceptibles de s'échauffer par la fermentation. La température des couches dépend de leurs dimensions et des matériaux dont elles sont formées. On fait usage, pour leur confection, de fumiers, de feuilles, de tannée, de mousse, de sciure de bois, etc.

Le fumier de cheval tient la première place parmi ces substances. Frais, pailleux et riche en déjections, il fermente activement et dégage beaucoup de chaleur; court et en partie décomposé, son action est plus modérée. Le fumier des chevaux de travail renferme proportionnellement plus d'excréments que celui des chevaux de luxe; les pailles en sont plus brisées et mieux imprégnées d'urine; il fermente plus régulièrement. Le fumier de jument ou de cheval hongre donne une chaleur moins brusque et plus soutenue que celui de cheval entier. Les fumiers d'âne et de mulet ont sensiblement la même valeur que celui de cheval; comme ce dernier, ce sont des fumiers *chauds*.

Aqueux, à décomposition lente, les fumiers d'étable dégagent moins de chaleur, mais s'usent aussi moins vite. Leur état physique en rend la manipulation difficile. Cette dernière remarque s'applique également au fumier de mouton, sec et chaud.

Les feuilles produisent une chaleur faible, plus prolongée quand elles sont dures (chêne, châtaignier, platane), que lorsqu'elles ont des tissus tendres (orme, tilleul). On les recueille à l'automne pour les conserver en tas jusqu'au moment de les utiliser; celles qu'on ramasse dans les bois au printemps ont une moindre valeur. Les feuilles sont quelquefois employées seules, le plus souvent on les mélange au fumier.

On ne se sert guère de la tannée et de la sciure de bois que pour garnir les compartiments des serres et maintenir la température des pots qu'on y enterre.

La mousse est utilisée dans quelques cas pour la formation de couches tièdes.

De quelque matière que soient composées les couches, la température y suit une même marche, plus ou moins lente, plus ou moins accentuée. D'abord stationnaire pendant quelques jours, elle s'élève ensuite brusquement, — il se produit alors ce qu'en terme de jardinage on appelle le *coup de feu*, — puis le thermomètre redescend jusqu'à la *température normale* de la couche ; à de rares exceptions près, celle-ci se maintient d'autant plus longtemps qu'elle est moins élevée. Elle varie, d'ailleurs, avec la saison et la quantité des matières employées.

Les chiffres suivants se rapportent à des couches construites au printemps et d'une épaisseur de 65 centimètres ; les températures en ont été prises au centre de la masse.

	Température maxima (coup de feu).	Température normale.	Durée de la température normale.
	degrés.	degrés.	jours.
Fumier de cheval frais.	75	25 à 30	35 à 45
Fumier de moutons...	60	16 22	40 55
Feuilles molles........	45	14 16	50 70
Tan de chêne	25	10 15	60 80

On distingue trois espèces de couches : les couches *chaudes*, les couches *tièdes* et les couches *sourdes*. La température normale des couches chaudes varie de 20 à 30 degrés, celle des couches tièdes, de 12 à 18, et celle des couches sourdes, de 12 à 15.

On monte les couches chaudes de la fin de novembre jusqu'en mars. On peut les former exclusivement de fumier de cheval frais, mais le plus souvent on mélange à celui-ci, pour en modérer l'action, un tiers environ de feuilles ou de vieux fumier incomplètement décomposé. Quand on ne dispose que de fumier un peu ancien et sec, on ouvre le tas et on le mouille immédiatement avant emploi.

Il est préférable de placer les couches chaudes à la surface du sol ; on peut ainsi, dès que la température s'en abaisse trop, les entourer complètement de réchauds de fumier. Les maraîchers parisiens, et beaucoup de jardiniers, ont cependant coutume de les disposer dans des tranchées profondes de 20 à 25 centimètres, dans le but d'en modérer la fermentation et d'en mieux conserver la chaleur; cette façon de procéder n'est recommandable que dans les sols sains; il faut veiller à ce que l'excavation ne s'emplisse pas d'eau lors des pluies et des arrosages.

On ne fait de semis ou de plantations sur les couches que lorsqu'elles ont jeté leur feu et que la température en est descendue au-dessous de 30 degrés.

Les couches tièdes se font de janvier jusqu'en avril. On les forme de fumier de cheval mélangé à d'autres fumiers, à des feuilles, de la mousse, des débris végétaux divers. La pratique seule permet d'apprécier les proportions de ces matières qu'il convient d'employer dans chaque cas; souvent le fumier frais de cheval entre pour un tiers dans le mélange. On construit les couches tièdes de la même façon que les couches chaudes.

Les couches sourdes diffèrent des précédentes en ce qu'on les établit dans des fosses creusées en terre à une profondeur de 50 à 60 centimètres. On les constitue avec les mêmes matières que les couches tièdes, puis on les recouvre d'un lit de terre de 20 centimètres environ d'épaisseur. Elles ne portent généralement ni cloches ni châssis, mais, par les nuits fraîches de l'arrière-saison, on les couvre de paillassons.

Les couches tièdes donnent une chaleur faible, mais de longue durée; elles sont très utiles pour les semis et les repiquages, la culture des légumes dont on veut hâter la croissance ou prolonger la récolte jusqu'aux premiers froids. Elles ne comportent pas l'emploi de réchauds, qu'on ne pourrait leur appliquer qu'en ouvrant des tranchées sur les bords.

Emplacement et montage des couches.. — On choisit, pour y établir des couches, un sol plan, à peu près horizontal, exempt d'humidité, et autant que possible abrité des vents froids. Dans les jardins bourgeois, l'emplacement des couches est fixe; dans les cultures maraîchères, au contraire, où l'on fait des couches à fond perdu, en enterrant le fumier sur place, on les place successivement sur les différents carrés, qui sont ainsi fumés à tour de rôle. On oriente les couches de telle façon qu'elles présentent leur face au midi ou à une exposition voisine.

Suivant que les couches doivent porter des cloches ou des châssis on leur donne une largeur différente; 80 centimètres peuvent suffire dans le premier cas; dans le second on va jusqu'à 2 mètres, quand on veut que la couche déborde les coffres de 30 centimètres de chaque côté pour asseoir des réchauds sur les banquettes ainsi formées. La hauteur des couches utilisées au potager varie de 40 à 60 centimètres; le nombre des châssis à y placer détermine leur longueur.

Les couches étroites se refroidissent plus vite que les couches larges, mais l'action des réchauds placés latéralement s'exerce mieux sur elles.

Pour monter les couches, on en limite l'emplacement à l'aide de piquets et de cordeaux et, si l'on juge à propos d'en enterrer la base, on creuse le sol de 20 à 25 centimètres et l'on nivelle soigneusement le fond de la tranchée. Le fumier ou le mélange employé est alors déposé à la fourche par lits successifs, en ayant soin de donner à la masse la plus grande homogénéité dans toutes ses parties. Chaque lit est foulé avec les pieds pour en déterminer le tassement, puis humecté légèrement avec la pomme de l'arrosoir pour que la fermentation s'établisse.

Il faut que les parois latérales de la couche soient bien verticales et la hauteur très uniforme, ce qui se traduit par une surface plane horizontale. Les couches en pente sont à rejeter, leur échauffement est inégal.

Certains jardiniers élèvent de suite la couche à la hauteur voulue à l'une de ses extrémités et la continuent jusqu'à l'autre en reculant ; ils la tassent et l'arrosent ensuite. Cette méthode est moins bonne que la précédente.

On *borde* parfois les couches avec des *torchées*, fourchées de fumier long replié, dont les extrémités sont engagées à l'intérieur de la couche et qui présentent leur convexité au dehors. Les couches ainsi bordées se refroidissent moins vite, mais sont peu sensibles à l'action des réchauds.

Quand la couche est terminée, on y place les coffres, puis on la revêt d'un lit de terre fine ou de terreau dont l'épaisseur doit être suffisante pour que les racines des plantes en végétation ne pénètrent pas jusqu'au fumier ; cette épaisseur varie habituellement de 15 à 25 centimètres. En règle générale, le mélange de bonne terre tamisée et de terreau est préférable au terreau pur ; les plantes y ont plus d'assiette et s'y développent mieux.

Sur les couches destinées à porter des cloches, on maintient la terre ou le terreau à l'aide de planches soutenues par des piquets, ou d'un cordon de paille ou de fumier long fixé par des chevilles en bois ou en fil de fer.

Cloches et châssis. — L'emploi des cloches et des châssis a pour but de protéger les plantes contre les intempéries et de concentrer autour d'elles la chaleur solaire et celle que développent les couches. Celles-ci sont moins complètement utilisées avec les cloches, qui laissent entre elles des intervalles, qu'avec les châssis ; elles se refroidissent aussi plus vite.

Les cloches doivent être en verre incolore, parfaitement transparent, pour que les plantes n'aient pas à souffrir d'un défaut d'éclairement. Celles dont les maraîchers font usage sont évasées à la base, où leur diamètre atteint 40 centimètres ; leur hauteur est de 40 centimètres également. Munies d'un bouton, elles sont plus aisées à manier, mais aussi plus coûteuses et plus difficiles à emboîter les unes dans les autres. Les cloches à boutures, avec bouton percé, n'ont que peu d'emploi dans la culture potagère.

Les châssis ont des dimensions variables; on leur donne communément une longueur de 1ᵐ,30 ou 1ᵐ,35 avec une largeur de 1 mètre ou de 1ᵐ,30. Le bâti, en bois ou en fer, porte des vitres fixées au mastic ou maintenues à l'aide de crochets de zinc. En fer, ils sont plus durables et les traverses, moins épaisses, laissent passer plus de lumière et de chaleur solaire, mais on leur reproche d'être pesants; de plus, la dilatation et la contraction des pièces dont ils sont formés, sous l'influence des variations de température, font parfois éclater les vitres, si l'on n'a soin de leur laisser assez de jeu dans les feuillures. On leur préfère, pour cette double raison, les châssis à cadre en chêne et à traverses en fer.

Le châssis repose sur un coffre ayant mêmes dimensions, ou une longueur double s'il doit porter deux châssis. Dans ce dernier cas, le coffre est divisé en deux compartiments par une traverse en bois ou en fer.

On le construit en planches de 2 à 3 centimètres d'épaisseur; un goudronnage extérieur au coaltar permet d'en prolonger la durée.

Les coffres ordinaires ont une hauteur de 30 à 35 centimètres par devant et de 40 à 50 centimètres par derrière. La pente ainsi donnée aux châssis favorise leur insolation, qu'une bonne exposition doit rendre plus complète; elle permet, en outre, à l'eau des pluies de s'écouler à leur surface.

Pour des plantes à grand développement, on fait emploi de coffres plus élevés ou l'on superpose deux coffres par leurs bords.

Des arrêts en bois ou en fer, fixés sur la planche de devant du coffre, empêchent le glissement des châssis; ceux-ci sont soulevés au moyen d'une crémaillère toutes les fois qu'on veut aérer.

L'ensemble du coffre et du châssis constitue la plus simple des *bâches* (fig. 30). On désigne aussi sous ce nom de petites serres enfoncées en terre dans lesquelles on cultive l'ananas ou d'autres légumes forcés : fraisiers, haricots, etc.

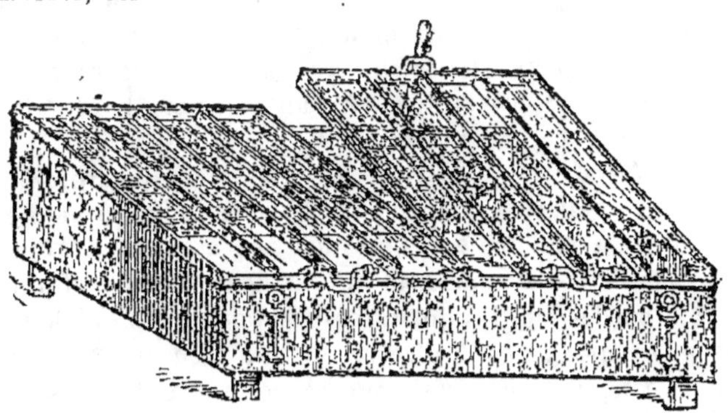

Fig. 30. — Bâche démontable.

Ces dernières bâches sont généralement chauffées au *thermosiphon*.

Ce mode de chauffage est applicable à la culture des primeurs sous châssis. Dans ce cas, le lit de terre ou de terreau qui reçoit les graines ou les plantes repose sur un plancher, au-dessous duquel se trouvent des tuyaux à circulation d'eau chaude. La température de l'eau est maintenue entre 25 et 30 degrés. Dans des cultures un peu étendues l'emploi du thermosiphon est économique; il nécessite une surveillance active, mais permet d'obtenir des résultats rapides et certains.

Dans la vallée de la Durance, entre Avignon et Apt, les cultivateurs se servent du thermosiphon pour le forçage en pleine terre de l'asperge, du melon, de la tomate, etc. A l'aide d'installations rustiques et d'un matériel simple, chaudière et tuyaux, qu'ils transportent d'un point à un autre suivant les besoins, ils obtiennent des produits précoces dont la vente est fort rémunératrice.

Par opposition à celui de *châssis chauds*, on donne le nom de *châssis froids* à ceux qui ne recouvrent ni couche ni thermosiphon, mais sont chauffés simplement par la chaleur solaire qu'ils emmagasinent. Ces châssis sont très utiles pour activer la croissance des légumes au printemps ou les protéger à l'automne contre les premiers froids.

Réchauds et accots. — Quand la température des couches s'abaisse, il devient nécessaire de les réchauffer. Pour cela on forme des *réchauds*, en appliquant, contre les parois de la couche et autour des coffres, du fumier frais ou des feuilles qu'on tasse fortement. Ces réchauds sont *remaniés*, c'est-à-dire reconstitués en y ajoutant de nouveau fumier, aussi souvent qu'il est nécessaire. Quand plusieurs couches contiguës sont séparées seulement par des sentiers de 40 à 50 centimètres c'est dans ces sentiers qu'on accumule le fumier des réchauds, que cette disposition rend d'un emploi facile.

Les *accots* sont des amas de feuilles, de paille, de mousse, de vieux fumier, formés autour des coffres pour empêcher le froid d'y pénétrer. Ces matières, maintenues à l'aide de piquets fichés en terre, sont tassées contre le coffre jusqu'à son bord supérieur. On donne aux accots une épaisseur de 15 à 25 centimètres.

Conduite des cultures sous cloche ou sous châssis. — Les plantes soumises à l'action de la chaleur artificielle réclament des soins attentifs. Ces soins ne sauraient être uniformes, chaque espèce cultivée, chaque variété même, ayant ses exigences propres quant à la température, à l'humidité, à l'aération pendant ses diverses phases de végétation. Les principes généraux suivants sont cependant de nature à guider utilement le cultivateur, amateur ou jardinier.

Les plantes ont d'autant plus besoin d'eau qu'elles subissent l'action d'une température plus élevée et que leur croissance est plus rapide. Mais s'il importe de ne pas les laisser souffrir de la soif, il convient d'autre part d'éviter un excès d'humidité qui en entraînerait aisément

la pourriture ; il faut craindre aussi les brusques arrêts
de végétation causés par d'abondants arrosages à l'eau
froide. On emploiera donc en arrosages seulement la
quantité d'eau nécessaire pour maintenir le sol frais,
mais non gorgé d'humidité, et l'on fera de préférence
usage d'eau tiédie. Les bassinages sur les parties aériennes des plantes seront donnés toutes les fois que
l'atmosphère des châssis paraîtra trop sèche et que les
feuilles auront tendance à se faner.

L'aération a pour but de prévenir les excès de température, de déterminer l'évaporation de l'eau surabondante et
de renouveler l'atmosphère des coffres. Elle devient indispensable quand, sous les châssis, la chaleur dépasse 25 à
30 degrés. En choisissant, pour aérer, les heures les plus
chaudes de la journée, on évite les brusques transitions
causées par des écarts trop marqués entre les températures extérieure et intérieure. L'aération s'obtient en
soulevant le châssis à l'aide d'une crémaillère du côté le
plus élevé du coffre ; de temps en temps on ouvre l'autre
côté pour assainir la partie de la couche la moins exposée
aux rayons solaires.

On protège les plantes contre les *coups de chaleur* occasionnés par un soleil trop ardent soit en badigeonnant de
blanc d'Espagne les cloches ou les vitres des châssis, soit
en les abritant avec des claies ou des toiles. Le second
procédé est préférable au premier ; il permet de découvrir à volonté les châssis et de ne pas soustraire les
plantes à l'action des rayons solaires. Les végétaux forcés
exigent beaucoup de lumière ; seul un large éclairement
leur permet d'échapper à l'étiolement et au dépérisse-
ment qui en est la conséquence.

On abrite les châssis contre le froid en les recouvrant
de *paillassons* ou de *panneaux de bois*. Ceux-ci sont étendus le soir et enlevés le matin, sauf pendant les fortes
gelées où on les laisse en place toute la journée. Contre
les froids très rigoureux, les châssis se trouvent bien

protégés par une couverture de paille ou de feuilles.

Abris temporaires. — Au printemps les légumes cultivés en plein air ont à souffrir des froids tardifs; les froids précoces de l'automne ne sont pas moins redoutables pour ceux dont la végétation n'est pas complètement achevée à cette époque. Cultivés sur côtière, au pied d'un mur bien exposé, ou même simplement abrités par un talus, un rideau d'arbres, une haie, etc., ils échappent mieux aux rigueurs de la température. Mais, en plein carré même, il est possible de les y soustraire partiellement en disposant des *paillassons*, des *claies*, des *panneaux de bois*, des *toiles* ou *canevas*, etc., à 10 ou 15 centimètres au-dessus des cultures.

Tendus horizontalement sur des piquets, les paillassons ou les claies forment écran entre le sol et les espaces célestes, mettent obstacle au refroidissement des plantes par rayonnement et les protègent ainsi contre les gelées blanches. Leur emploi offre la plus grande utilité par les nuits claires et froides. Les *nuages artificiels*, produits par la combustion de matières fuligineuses, usités pour la protection des vignobles, peuvent rendre les mêmes services pour des cultures potagères étendues.

L'entrave apportée au refroidissement par les abris nocturnes favorise en outre la croissance et la productivité des végétaux. Ceci ressort nettement d'expériences poursuivies par M. Petit à l'École nationale d'horticulture. Un premier essai a porté sur le chou d'York et a duré du 2 mars au 21 juin; un autre, sur la romaine grise, s'est prolongé du 22 mars au 31 mai; les rendements ont été les suivants :

	Chou d'York.	Romaine grise.
	kil.	kil.
Parcelle abritée la nuit...	1·103	969
Parcelle non abritée.....	900	693
Différence.. ...	203	276

En abritant, à l'automne, des fraisiers *Docteur Morère*, on en a développé la vigueur et la précocité.

M. Petit conclut logiquement de ces essais : « Le rôle des abris nocturnes et, d'une manière générale, de tout ce qui fait obstacle au rayonnement n'est donc pas limité à la seule protection des végétaux contre les gelées blanches, mais intéresse encore notablement leur développement. C'est dire qu'en utilisant les abris volants (paillassons, volets, claies, toiles, etc.), non pas seulement lorsque les gelées sont à redouter, mais d'une façon continue au printemps, on pourrait en tirer quelquefois grand profit. »

Les plantes potagères qui passent l'hiver en terre, celles dont on ne récolte les produits qu'au fur et à mesure des besoins pendant la mauvaise saison, peuvent être abritées contre les froids rigoureux soit en les buttant, soit en les couvrant de litière longue, de paille, de feuilles, etc.

Serres. — Dans la culture potagère, le rôle des serres est d'une importance médiocre, qui va se restreignant chaque jour par suite de la facilité du transport des légumes obtenus dans les contrées chaudes.

Nous sortirions du cadre de cet ouvrage en abordant la question de distribution et de conduite des serres. Les serres chaudes ou tempérées conviennent à la culture de la plupart des légumes de primeur. Dans le nord de la France, en Belgique et en Angleterre on cultive fréquemment la tomate dans les serres à vigne. Le forçage du fraisier en serre donne les meilleurs résultats.

Les serres non chauffées peuvent être utilisées pour abriter les légumes pendant l'hiver.

VI. — MULTIPLICATION DES PLANTES POTAGÈRES

On multiplie les végétaux par graines, par boutures, par marcottes ou par greffes. En culture potagère, le greffage n'a jusqu'à présent aucune place dans la pratique courante. Celui des variétés de pomme de terre entre elles et de la tomate sur celles-ci, les essais du genre de ceux qu'a poursuivis M. Daniel (1) et qui lui ont permis d'étayer une très remarquable étude de l'influence réciproque du greffon et du sujet (greffes de choux entre eux et sur navet, d'aubergine et de piment sur tomate, de variétés de haricots, etc.), ne sont pas sortis du domaine de l'expérimentation et n'ont point fourni d'applications culturales. Bornons-nous à dire, pour les cultivateurs qui seraient tentés de les reproduire, qu'avec la plupart des légumes, le greffage réussit d'autant mieux qu'on opère sur des plantes plus jeunes et que, pour certaines espèces comme le haricot, il faut avoir recours à la greffe *sur germinations*, entre plantules encore fixées à la graine.

Semis. — Exclusive pour un très grand nombre d'espèces potagères, fréquente pour d'autres, la multiplication par semis constitue l'exception pour quelques-unes (pomme de terre, artichaut). Les légumes qui ne produisent pas de graines dans les conditions ordinaires de la culture (raifort, topinambour, ail, estragon, etc.), sont fort peu nombreux.

La réussite du semis est la première condition d'une bonne récolte; des plantes chétives et clairsemées, résultat d'une levée défectueuse, ne fourniront que des produits insuffisants. Assurer la germination de la graine doit donc être l'objectif initial du cultivateur; il ne le séparera pas, d'ailleurs, de cette préoccupation qui en découle : placer la plantule née de la semence dans un terrain favorable, où elle pourra s'établir et prospérer.

Germination de la graine. — Pour que la germination de la graine se produise, plusieurs conditions doivent être remplies : les unes, *intrinsèques*, ont rapport à la graine elle-même, les autres, *extrinsèques*, au milieu dans lequel elle se trouve.

(1) *Journal de la Société nationale d'horticulture*, année 1898.

Les graines normalement constituées sont seules en état de germer. Il arrive fréquemment que des semences, d'apparence extérieure satisfaisante, sont dépourvues d'embryon ou ne renferment qu'une amande imparfaite; celles-là ne germent pas. Leur légèreté permet le plus souvent de les séparer des bonnes graines par un vannage plus ou moins énergique. Pour obtenir cette séparation, on a conseillé également de jeter dans l'eau le lot tout entier et d'éliminer les graines qui surnagent. Ce procédé n'est applicable qu'aux semences pleines, à surface lisse; il ne donnerait pas de résultat avec les graines ailées, plumeuses ou velues des Ombellifères, des Composées, etc., qui tiennent de l'air emprisonné et sont ainsi plus légères que l'eau.

Pour germer, la graine doit être *mûre*; mais la maturité physiologique nécessaire ne coïncide pas toujours avec la maturité apparente. Souvent elle la précède, quelquefois elle ne se produit qu'assez longtemps après. Dans ce dernier cas, peu fréquent pour les espèces cultivées, une dessiccation partielle de la graine, en la soumettant à une température de 35 à 40°, peut exercer une heureuse influence sur sa germination. Les semences de la betterave germent souvent mieux et plus rapidement quand on en abaisse ainsi le taux d'humidité.

Les graines de mâche, rarement récoltées à parfaite maturité, ne lèvent bien que la seconde ou même la troisième année.

Certaines graines ne germent qu'après avoir passé l'hiver en terre; c'est le cas, par exemple, du cerfeuil tubéreux. Quand on sème ces graines au printemps, on doit, à l'automne précédent, les stratifier avec du sable frais pour en assurer la levée.

La graine perd avec le temps son aptitude à germer. Sa longévité varie avec les espèces; elle dépend aussi des conditions de récolte et de conservation. Elle atteint son maximum quand la graine, récoltée à parfaite maturité et par un beau temps, est conservée dans un local sec, à l'abri de la lumière et des ravages des insectes.

Le tableau suivant, dont nous empruntons les éléments à M. de Vilmorin (1), indique les durées germinatives des principales espèces potagères, récoltées et conservées dans les conditions les plus ordinairement réalisées dans la pratique :

	Durée germinative.	
	Moyenne.	Extrême.
	ans.	ans.
Arroche	6	7
Artichaut	6	10
Asperge	5	8
Aubergine	6	10
Bardane géante	5	6
Baselle	5	6
Betterave	6	10
Cardon	7	9
Carotte	4 ou 5	10
Céleri	8	10
Cerfeuil	2 ou 3	6
Cerfeuil tubéreux	1	1
Chervis	3	4
Chicorée	10	10
Chicorée sauvage	8	10
Choux	5	10
Ciboule	2 ou 3	7
Concombre	10	10
Coriandre	6	8
Courges	6	10
Crambé maritime	4	7
Cresson alénois	5	9
Cresson de fontaine	5	9
Épinard	5	7
Fenouil	4	7
Fèves	6	10
Fraisiers	3	6
Haricots	3	8
Haricots doliques	3	8
Laitue	5	9
Lentille	4	9

(1) De Vilmorin. *Les plantes potagères.*

	Durée germinative.	
	Moyenne.	Extrême.
	ans.	ans.
Mâche........................	5	10
Mélisse citronnelle......	4	7
Melons......................	5	10
Melons d'eau, pastèques.	6	10
Menthe de chat..........	5	6
Moutarde blanche......	4	10
Navet........................	5	10
Nigelle aromatique.. ..	3	»
Oignon......................	2	7
Oseille	4	7
Panais.......................	2	4
Persil........................	3	9
Piment......................	4	7
Pimprenelle	3	9
Pissenlit....................	2	5
Poireau	3	9
Poirée.......................	6	10
Pois..........................	3	8
Pourpier	7	10
Radis	5	10
Raiponce...................	5	10
Rhubarbe...................	3	8
Salsifis......................	2	8
Sauge officinale.........	3	7
Scolyme d'Espagne.....	3	7
Scorsonère	2	7
Tétragone	5	8
Thym	3	7
Tomate......................	4	9
Valériane d'Alger.......	4	7

Même pour les espèces qui conservent longtemps leur faculté germinative, il n'est pas indifférent d'employer des graines nouvelles ou de vieilles graines. La germination de ces dernières est incertaine, lente, irrégulière; elle donne naissance à des plantes peu vigoureuses. Il convient donc de leur préférer celles de récolte récente; mais, ce principe admis, à quelle limite faut-il s'arrêter ? Ceci dépend des circonstances influant sur la longévité de la graine que nous venons de faire connaître ; seul un essai direct de la semence peut permettre d'en apprécier la valeur à cet égard. Nous indiquons plus loin comment on y procède.

Les trois conditions extrinsèques nécessaires pour que la graine germe sont les suivantes : humidité suffisante, température convenable, présence de l'air. L'eau pénètre à travers l'enveloppe, le tégument de la graine ; elle en distend les tissus et la fait gonfler ; la transformation chimique des substances de réserve s'opère et celles-ci se présentent à l'embryon sous une forme soluble qui lui permet de s'en alimenter et de s'accroître. Conservées à l'humidité les graines germent prématurément. Placées dans le sol, elles doivent y trouver assez d'eau pour que l'évolution dont nous venons de parler s'accomplisse ; de là l'utilité des bassinages et des arrosages après les semis. Mais il ne faut pas les exagérer par désir de trop bien faire ; l'excès d'eau est nuisible : les graines noyées pourrissent sans germer.

Les grosses graines : betterave, pois, haricot, épinard, asperge, etc. demandent un temps assez long pour s'imprégner de l'humidité du sol. On en accélère la germination en les immergeant dans l'eau pendant quelques heures avant de les semer. Les solutions de sels minéraux, les prétendus germinateurs recommandés dans le même but, n'ont pas d'autre valeur que celle qu'ils tirent de l'eau qui les accompagne.

On donne le nom de graines *dures* à celles dont le tégument, imperméable, ne permet pas la pénétration de l'eau à l'intérieur. Ces graines restent inertes dans les conditions normales de la germination. Parmi les espèces potagères, quelques légumineuses seulement en présentent. Pour faire germer de telles graines, il suffit d'en entamer le tégument soit avec un canif, soit par le frottement avec du sable à arêtes vives ou sur une surface rugueuse, du papier de verre par exemple.

La germination des graines ne peut se produire au dessous d'une température déterminée ; elle cesse de s'accomplir quand celle-ci dépasse un maximum. Entre ces deux températures, mais plus près de la dernière, il existe un optimum de chaleur, sous l'influence duquel le développement de l'embryon est particulièrement rapide. Minimum, maximum et optimum varient avec les espèces. Voici ceux qui correspondent à quelques graines potagères.

	Températures de germination.		
	Minima.	Maxima.	Optima.
	degrés.	degrés.	degrés.
Betterave.............	4 à 5	28 à 30	25
Carotte..............	4 5	30	25
Pois.................	1 2	35	30
Fève.................	3 4	30	25
Haricot..............	10	37	32
Melon	12 15	40	35
Cumin	8 9	30	25

En général, et les chiffres qui précèdent suffisent à l'établir, la température la plus favorable à la germination des semences potagères est comprise entre 25 et 30 degrés. C'est précisément la température des couches chaudes ; on comprend donc quels services ces couches peuvent rendre pour le semis de la plupart des graines, de celles surtout qui, comme le melon, réclament beaucoup de chaleur pour germer. Mais les indications chiffrées du tableau précédent font ressortir, d'autre part, le danger de soumettre les graines à des températures supérieures à 30 degrés et, par conséquent, de les semer sur couche avant que celle-ci ait jeté son feu.

La graine ne germe enfin qu'en présence de l'air, d'où le conseil de ne la confier qu'à des terres parfaitement ameublies et saines, où l'air circule facilement. Une autre conséquence en découle, relative à la profondeur des semis. Enfouie trop avant dans le sol, la semence ne lève pas, soit par défaut de germination, soit parce que la plantule à laquelle elle donne naissance ne peut parvenir à la lumière, en traversant la couche terreuse qui la surmonte, avant que la provision d'aliments que renferme la graine soit épuisée.

La profondeur à laquelle il convient d'enterrer les graines est en rapport avec leur volume. Les plus fines, comme la raiponce ou le thym, ne doivent pas être enfouies, mais simplement placées à la surface du sol, plombées, puis recouvertes d'un léger paillis ; les plus grosses, au contraire : fèves, haricots, pois, betteraves, potiron, citrouille, etc., sont déposées sous une couche de terre de 3 à 4 centimètres. Il est rare que cette dernière limite puisse être dépassée sans inconvénient ; on a généralement tendance à trop enterrer les semences.

Les différentes espèces de graines sont loin de germer toutes avec la même rapidité. Toutes les semences d'un même lot ne lèvent pas non plus en même temps. Pour le cresson alénois la germination est complète en moins de vingt-quatre heures ; elle se prolonge jusqu'au sixième ou au huitième jour pour les choux, les laitues, les pois ; jusqu'au douzième ou au quatorzième pour la betterave, l'oignon, le poireau ; jusqu'au dix-huitième ou au vingtième pour la carotte, le salsifis, davantage encore pour le persil. Elle est plus lente pour les semences âgées, dont l'énergie germinative est moindre. La promptitude dépend beaucoup aussi de la température.

Exécution des semis. — Les semis se font *en pleine terre* ou *sur couche*, *en place* ou *en pépinière*.

La pépinière, où sont préparés les jeunes plants destinés au repiquage, doit réaliser au maximum les conditions les plus favorables à la germination des graines et au développement du chevelu de la plantule : terre fraîche sans excès, légère, meuble, à surface unie et régulière ne présentant que de fines particules ; situation convenablement abritée, au pied d'un mur par exemple, et orientée de telle façon que l'échauffement du sol soit facile.

La répartition des graines se fait *à la volée, en rayons* ou *en poquets*. Lors des semis à la volée, très répandus en culture potagère, on disperse les graines à la main, aussi uniformément que possible, et en quantité telle que la densité du semis, *dru* ou *clair*, soit en rapport avec le développement des plantes, que celles-ci ne s'étouffent ni ne se gênent mutuellement et qu'il ne reste pas entre elles d'espaces inoccupés. On facilite la répartition uniforme des graines fines en les mélangeant à de la terre pulvérulente ou à du sable tamisé, qui les divise et augmente le volume de la masse à répandre.

Les semis *en lignes* ou *rayons* se font en disséminant les graines dans des sillons tracés au cordeau avec le sarcloir ou la binette. L'écartement des rayons est calculé d'après le développement que doivent acquérir les végétaux cultivés. On recouvre les graines en rabattant au râteau les parois du rayon. La disposition régulière des plantes provenant de semis en lignes facilite singulièrement les travaux d'entretien des cultures, les binages et les sarclages notamment, d'une exécution longue et délicate dans les semis confus qui, d'ailleurs, ne permettent pas l'emploi de la houe à bras ou à cheval. On réalise aussi, avec les semis en lignes, une économie de semences appréciable. On peut donc s'étonner à bon droit que ces semis soient encore trop rarement adoptés dans les jardins potagers, où ils devraient être les seuls en usage.

Les semis *en poquets* ne sont qu'une modification des précédents. Ils consistent à déposer les graines dans des trous convenablement distancés.

Le semis fait, on recouvre les graines par le hersage, à la herse en grande culture, à la fourche ou au râteau dans les jardins. Pour la profondeur à laquelle les semences doivent être enterrées, nous renvoyons à ce que nous avons dit plus haut. Le plombage, que l'on opère ensuite avec le rouleau, la batte ou les pieds, a pour but d'établir un contact plus intime entre la graine et la terre avoisinante; il est particulièrement utile avec les semences rugueuses ou tourmentées comme celles de la betterave.

On répand quelques millimètres de terreau ou de paillis sur la surface ensemencée pour en maintenir l'ameublissement et la fraîcheur, en éviter le ravinement et empêcher l'entraînement des graines par les pluies ou les arrosages. Des bassinages fourniront l'humidité nécessaire à la germination de la graine.

Après la levée on pratique l'*éclaircissage*. On supprime ainsi les plantes en excès, en prenant soin d'enlever de préférence les moins vigoureuses et de laisser celles qui subsistent aussi régulièrement espacées que possible.

Production des semences. — En produisant lui-même les semences dont il a besoin, le cultivateur évite le débours que représenterait leur achat, en même temps qu'il se soustrait aux incertitudes relatives à l'âge, à l'origine, à l'identité d'espèce et de variété de celles qu'il demande au commerce. La culture des semences pour la vente peut aussi, quand les circonstances s'y prêtent, lui procurer de sérieux bénéfices; mais elle n'est pas également possible dans toutes les exploitations, soit à cause des conditions de sol ou de climat, soit en raison des soins et de la main-d'œuvre qu'elle nécessite.

Parmi les règles générales qui doivent présider à l'obtention des semences, la première a rapport au choix judicieux des *porte-graines*, c'est-à-dire des pieds sur lesquels on effectuera la récolte. Ce choix a la plus grande importance, les caractères des plantes mères se transmettant héréditairement aux végétaux issus des graines qu'elles ont produites.

On prendra donc les porte-graines parmi les plantes saines et vigoureuses présentant fidèlement les formes caractéristiques de la variété. La précocité, la rusticité, l'adaptation au sol, la résistance aux maladies cryptoga-

miques, aux attaques des insectes sont également à
considérer. S'il convient de chercher à se rapprocher le
plus possible, sous ces différents rapports, de l'idéal qu'on
s'est formé, il y a souvent lieu de le considérer comme
incomplètement réalisable dans la pratique, et de se
contenter d'un à peu près; il faut savoir sacrifier alors
les qualités secondaires à celles plus importantes qui les
excluent. Les porte-graines choisis doivent être placés
dans les meilleures conditions de développement, à grand
écartement, et transplantés s'il y a lieu pour obtenir ce
résultat. Si le choix s'en fait à l'automne pour les replanter au printemps, tantôt on les rentrera en cave ou
en serre, tantôt on les abritera sur place, pendant l'hiver, à l'aide de châssis ou d'une couverture de paille, de
litière, etc.

S'il s'agit de plantes dioïques, épinard par exemple, il
faudra conserver à la fois des pieds mâles et des pieds
femelles dans les parties de planches réservées pour la
production de la graine. Les pieds mâles seront supprimés
après la fécondation des fleurs femelles.

Pour éviter des croisements, qui conféreraient de nouveaux caractères aux plantes issues des graines obtenues, il faut avoir soin de ne pas cultiver au voisinage
l'une de l'autre plusieurs variétés d'une même espèce, ou
même, comme c'est le cas pour les crucifères ou les
cucurbitacées, deux races ou deux espèces susceptibles de
s'hybrider.

On devra se défier aussi des croisements possibles
des plantes cultivées avec des plantes sauvages de
même espèce, pour la carotte par exemple.

Pour obtenir des variétés nouvelles, le cultivateur fait
intentionnellement des métissages ou des hybridations
entre plantes convenablement choisies, ou bien il profite
de ceux qui s'opèrent naturellement sans son intervention; la multiplication de la pomme de terre par
semis n'est employée que dans ce but. Il peut procéder

aussi par voie de sélection, en ne conservant pour la reproduction, parmi les générations successives, que les plantes qui présentent le caractère recherché. La variété est fixée quand elle se reproduit sans modifications.

La sélection des semences est le complément de celle des porte-graines.

Les graines doivent être récoltées à complète maturité, avant toutefois que les fruits ne les laissent échapper, si ce danger est à craindre ; la récolte s'en fera en une ou plusieurs fois suivant que la maturation des plantes ou des inflorescences est uniforme ou successive. Les graines mûres les premières sont, en règle générale, les mieux nourries ; elles se trouvent à la base des inflorescences dans un grand nombre d'espèces, pour lesquelles l'*écimage* permet l'élimination des semences les plus petites, souvent imparfaites ou stériles (betteraves, oseille, etc.). Ces graines sont parfois récoltées à la main et mises à part.

Le plus souvent la récolte des graines se fait en coupant les tiges, qui sont ensuite étalées ou suspendues dans un local aéré où elles se dessèchent. On détache alors les semences soit en les arrachant, soit par le battage sur une aire ou dans un sac suivant les espèces, puis on les soumet au nettoyage à l'aide du van, du tarare ou de trieurs appropriés. On les place ensuite en sacs étiquetés, à l'abri de l'humidité, des insectes et des rongeurs. L'indication, sur les sacs, de la date de la récolte est importante pour la connaissance ultérieure de l'âge des graines. Les pois et les haricots se conservent bien en gousses.

Avant l'emploi, les graines de carotte, pourvues de barbes accrochantes, doivent en être débarrassées, *persillées*, comme on dit, par le frottement à la main ou le battage suivi de vannage.

Un mode de sélection des graines, à la fois très simple et très efficace, consiste à les soumettre au criblage en vue de ne conserver que les plus grosses et les mieux nourries. Pour celles qui se prêtent mal à cette opération : graines velues, ailées, etc., on arrive au même résultat en séparant les plus lourdes des plus légères par un vannage énergique.

Les grosses semences ont sur les petites une incontestable supériorité. Elles donnent naissance à des plantes plus vigoureuses, plus précoces, plus résistantes aux conditions extérieures défavorables, au froid, aux maladies, ce qui se traduit en définitive dans les cultures par un excédent de récolte et des produits meilleurs.

Les jardiniers attribuent volontiers aux graines âgées la faculté de transmettre plus fidèlement les caractères des végétaux qui les ont produites ; on prétend aussi qu'elles fournissent des plantes plus fertiles. Ce sont là des assertions que rien ne paraît justifier.

Les praticiens affirment encore que, pour certaines espèces, les graines d'un an produisant des plantes trop sujettes à monter, il vaut mieux se servir de celles de deux ou trois ans. Cette opinion est-elle plus fondée pour les choux ou les chicorées que pour l'épinard, les laitues, l'oignon, etc., à l'égard desquels l'inexactitude s'en trouve établie ? Il est permis d'en douter.

Achat et essai des semences. — Le cultivateur, jardinier ou maraîcher, demande au commerce les semences qu'il ne peut produire lui même. Il importe qu'il soit renseigné sur : 1° leur identité et leur origine ; 2° leur pureté ; 3° leur faculté germinative.

Pour des praticiens exercés, la constatation de l'identité d'espèce n'offre de difficulté que quand leur ressemblance peut provoquer une confusion entre des graines de plantes botaniquement voisines : navet et choux, oignon, poireau et ciboule, melon et concombre.

Il n'en est pas de même pour la détermination de la variété ; elle est, dans la généralité des cas, impossible sans un essai de culture, et l'acheteur, obligé sur ce point de s'en rapporter au vendeur, agira sagement en ne s'adressant qu'à des maisons sérieuses.

La question d'origine des semences a son importance; le climat de la région d'où elles proviennent ne doit pas différer trop de celui sous lequel on les emploie; autrement, le défaut d'adaptation aux conditions dans lesquelles elles ont à vivre mettrait les plantes dans un état de réelle infériorité.

Trop souvent les semences du commerce, mal épurées ou fraudées par des négociants sans scrupules, sont mélangées d'impuretés diverses : matières inertes telles que terre ou débris végétaux, graines d'espèces autres que celle annoncée. Le cultivateur ne saurait consentir à payer au prix de bonnes semences des substances sans valeur; il doit éviter surtout d'introduire dans ses cultures des graines capables de les infester de plantes nuisibles. La détermination de la nature et de la proportion, au moins approximative, des impuretés a donc une incontestable utilité.

Il faut s'assurer aussi de la bonne germination des graines potagères que livrent les marchands; les lots de vieilles semences ne sont pas rares dans le commerce. L'essai de germination peut, dans bien des cas, être fait par le cultivateur lui-même. Pour des graines un peu grosses, un pot ou une terrine remplie de terre tamisée ou de sable fin constitue un excellent germoir. A la surface de cette terre on dépose 20, 50 ou 100 graines, suivant leur grosseur et la dimension du pot; on les recouvre aussi faiblement que possible de terre ou de terreau et on les maintient fraîches sans excès par des bassinages. Pots ou terrines sont placés dans une bâche, une serre ou simplement une pièce à température douce. On hâte notablement la germination des graines volumineuses : haricots, pois, melons, betteraves, asperges, etc., en les immergeant dans l'eau pendant quelques heures.

Pour des semences plus fines, nous conseillerons l'emploi d'un dispositif qui convient, d'ailleurs, pour toutes les graines. Dans le fond d'une assiette, on place une ou plusieurs rondelles superposées de papier buvard un peu fort sur lequel on dépose les graines, que l'on recouvre d'une nouvelle feuille du même papier. On humecte le tout assez copieusement le premier jour, puis très modérément les jours suivants. Le feutre ou la flanelle peuvent être employés dans les mêmes conditions, mais, si l'on veut les conserver, il faut, après chaque essai, les stériliser en les faisant passer dans l'eau bouillante; autrement on risquerait de les voir promptement envahis par des moisissures fort gênantes. La valeur du papier buvard est si faible qu'on peut le renouveler pour chaque essai; on évite ainsi l'inconvénient précédent.

Le relevé du nombre des germes émis au bout d'un temps déterminé, variable avec les espèces, permet d'établir la proportion pour cent de graines susceptibles de lever. Les lots à germination élevée et rapide sont les seuls en état de garnir convenablement le sol de plantules vigoureuses.

Pour des livraisons de quelque importance, nous engageons les jardiniers, toutes les fois qu'ils auront des doutes sur la valeur de leurs graines, à les soumettre à l'examen d'une station d'essais de semences. Moyennant un franc par analyse, celles-ci procèdent à des déterminations précises qui ne laissent place à aucune incertitude, et leur intervention permet de trancher toutes les contestations possibles entre acheteurs et vendeurs de graines. Ces contestations sont d'un réglement particulièrement aisé quand l'acheteur a eu soin de se faire garantir, sur la facture de livraison, la pureté et la faculté germinative des semences qu'il reçoit.

Bouturage. — La bouture, fragment de végétal apte à donner naissance à un végétal de même nature, reproduit l'individu dont elle dérive avec tous ses caractères.

La multiplication par bouturage assure donc la conservation de la variété ; de là l'obligation d'y recourir chaque fois que les variations utiles provoquées par la culture ne se transmettent pas par le semis. Le bouturage est employé aussi pour la multiplication des plantes dépourvues de graines et, cas plus fréquent, pour hâter l'obtention de récoltes qui ne se produiraient avec le semis qu'au bout d'une longue période.

Les boutures sont empruntées tantôt à la partie souterraine, tantôt à la partie aérienne de la plante. Si la culture potagère fait rarement usage de boutures de rameaux ou de feuilles semblables à celles usitées dans l'arboriculture fruitière ou la culture ornementale, en revanche, elle utilise comme boutures de nombreuses parties de la plante : caïeux (ail, échalote), tubercules (pommes de terre, topinambour, oxalis), rhizomes entiers ou divisés (igname, crosnes), tronçons de racines (raifort), œilletons ou rejets (artichauts, ananas), bulbilles (igname, oignon d'Egypte).

Les règles relatives à la sélection de la graine, aussi bien quant au choix des sujets aptes à fournir les meilleures semences qu'à celui des semences elles-mêmes, s'appliquent également aux boutures d'une façon générale, mais il faut tenir compte aussi des considérations spéciales relatives à chacune d'elles que nous indiquons dans le cours de cet ouvrage.

En principe, toute bouture doit-être pourvue d'un ou de plusieurs *yeux* ou *bourgeons*. Les bulbes et les tubercules entiers se développent aisément en plantes complètes ; les boutures obtenues par sectionnement de racines ou de tiges ont une reprise plus difficile. On facilite leur enracinement en les plantant dans un sol très meuble, terreauté, et tenu constamment frais par des arrosages modérés. Les abris et la chaleur des couches assurent la reprise des boutures délicates.

La section des boutures coupées ou détachées par

arrachement doit-être très nette, rafraîchie s'il y a lieu à l'aide d'un instrument bien tranchant, pour que la cicatrisation s'en produise dans les conditions les meilleures.

Marcottage. — Le marcottage consiste à provoquer, en un point déterminé du rameau, la formation de racines adventives capables d'alimenter la *marcotte*, qu'on *affranchit* ensuite en la séparant du pied mère. Parfait ameublissement et régularisation du sol à la surface, fraîcheur sans excès, maintenue par des arrosages modérés, sont ici encore les conditions à réaliser pour favoriser l'émission et le développement des racines. Détruire avec soin, par des sarclages, les mauvaises herbes, dont la présence serait fort nuisible aux marcottes.

La culture potagère fournit un remarquable exemple de marcottage dans la multiplication du fraisier par *filets*, *coulants* ou *stolons*.

On utilise la faculté qu'ont les rameaux de certaines espèces (courges, oxalis) d'émettre facilement des racines adventives pour assurer une alimentation plus intense de la plante, permettant l'obtention de produits plus volumineux.

Repiquage. — *Plantation à demeure.* — Les repiquages ont pour but : 1° de placer à un écartement convenable des plantes venues en pépinière ; 2° de favoriser le développement de leur chevelu par la formation de racines adventives ; 3° de retarder leur floraison au bénéfice de la croissance de leurs parties utilisables.

Les plants issus de semis ou de bouturages faits sur couche ou en pépinière de pleine terre, sont repiqués dans une nouvelle pépinière ou définitivement mis en place. Dans les deux cas la transplantation exige les mêmes précautions.

C'est au début de la végétation, alors que les plantes n'ont encore que leurs deux premières feuilles, qu'on les repique en pépinière. La plantation à demeure a lieu à un stade de développement variable avec les espèces, mais qui ne doit jamais être très avancé.

On opère, de préférence, la transplantation par un temps humide ou couvert, où l'évaporation est peu active. Pendant les chaleurs on l'exécute le soir seulement.

La déplantation doit être faite avec soin, à l'aide de la bêche, de la fourche, de la houlette ou du déplantoir, suivant les cas ; c'est seulement dans les sols frais et très meubles qu'on peut procéder par arrachage. Pour faciliter le travail, et prévenir autant que possible la rupture des racines, on mouille le terrain quelques heures avant l'opération. Ne pas arracher les plants trop longtemps à l'avance, pour éviter qu'ils se flétrissent.

La transplantation se fait soit *à nu*, lorsqu'il s'agit d'espèces qui reprennent facilement (choux, laitues) soit *en mottes*, pour les plants plus délicats (melons, piments).

Les jeunes plants de poireau, de céleri, de chicorée, etc, sont soumis à une préparation ou *habillage*, qui consiste à en raccourcir les racines. On supprime en même temps l'extrémité des feuilles, de façon à établir un équilibre satisfaisant entre le système radiculaire et l'appareil foliacé de la plante. L'ablation partielle du pivot détermine la formation de nombreuses racines adventives et amène une plus prompte reprise.

On repique les plants dans des trous ouverts au doigt, au plantoir, à la bêche où à la binette suivant le diamètre et la profondeur nécessaires. La distance à laisser entre eux est basée sur leur développement ultérieur.

Les trous sont le plus souvent disposés en quinconce. On y place les plants de telle façon que leur collet soit au niveau du sol, ni trop haut ni trop bas, et que l'extrémité de leurs racines atteigne le fond du trou sans se recourber ou se tasser les unes contre les autres. La plantation des griffes d'asperges sur de petites buttes circulaires, autour desquelles on dispose régulièrement leurs racines, place celles-ci dans les meilleures conditions de développement.

On comble chaque trou aussitôt après la plantation et on *borne* les plants en tassant la terre autour, sans exercer toutefois une compression trop énergique.

Après transplantation, on arrose et l'on abrite autant que possible les plantes contre les ardeurs du soleil. Quand les repiquages ont lieu sur couche, on tient les châssis fermés pendant les premiers jours, pour faciliter la reprise en maintenant les plants dans une atmosphère humide, puis on aère progressivement et l'on donne suffisamment de lumière pour prévenir l'étiolement. On ombre quand le soleil est trop ardent.

VII. — LES ASSOLEMENTS EN CULTURE POTAGÈRE

Alternance des cultures. — Le principe de l'alternance des cultures, d'une application bien des fois séculaire, puisque les agronomes grecs et latins la mentionnent déjà dans leurs ouvrages, se justifie par les raisons suivantes.

Les espèces cultivées ont des exigences minérales dissemblables ; le choix de chacune d'elles se porte plus spécialement sur un principe utile qu'elle absorbe en plus forte proportion. Le retour constant d'une même espèce sur un même sol entraînerait donc une rupture d'équilibre entre les éléments fertilisants de celui-ci, dont l'un disparaîtrait rapidement. Des fumures appropriées permettraient évidemment de parer à cet appauvrissement, mais leur application rationnelle ne pourrait avoir lieu que sous la forme d'engrais chimiques, de composition simple ; elle nécessiterait des connaissances que peu de cultivateurs possèdent. On considère donc que la meilleure utilisation des réserves alimentaires du sol réclame la succession de plantes dont les besoins diffèrent.

De même, les plantes à racines fasciculées, qui puisent leur nourriture dans les couches superficielles du sol, et celles à racines pivotantes, qui vont la chercher dans les couches profondes, doivent alterner pour que la terre, appauvrie successivement à différents niveaux, répare successivement aussi les pertes faites par chacune de ses parties.

Il faut tenir compte également de la *répugnance* que manifestent certaines plantes, dites *antipathiques*, à revenir à la même place ou à succéder à des espèces de même famille avant un laps de temps déterminé. Ce fait, dont aucune explication satisfaisante n'a été donnée, est bien connu cependant des cultivateurs ; il est d'observation constante en ce qui concerne les légumineuses potagères.

La nécessité de détruire les mauvaises herbes impose, en outre, l'obligation de cultiver des plantes *sarclées* à la suite de celles dont le mode de production favorise le développement des espèces adventices.

Enfin, quand une même plante occupe longtemps le même terrain, les insectes spéciaux qui l'attaquent se multiplient, les parasites végétaux aux atteintes desquels elle est sujette se développent et se propagent et les maladies qu'ils déterminent atteignent une redoutable intensité. On fait disparaître les uns et les autres par la culture de plantes ne répondant pas à leurs conditions d'existence.

L'*assolement* ou succession méthodique des cultures sur le terrain, divisé en autant de parcelles ou *soles* que l'ordre adopté le comporte, a pour but de satisfaire au principe de l'alternance. Le retour d'une même culture sur une même sole est fixé par la *durée* de l'assolement.

Les assolements dans la culture potagère champêtre. — Les considérations qui précèdent s'appliquent de tous points à la culture potagère champêtre, du domaine de l'agriculture proprement dite, et qui en emprunte par conséquent les méthodes et les règles. Mais l'introduction d'espèces potagères dans les assolements

agricoles, — où l'on a l'habitude de faire figurer exclusivement les céréales, les plantes fourragères ou industrielles, — leur donne parfois des caractères un peu spéciaux, nécessités par leur adaptation aux exigences et à
la durée de ces espèces. Au reste, le nombre des combinaisons possibles est pour ainsi dire illimité ; mais il faut,
dans tous les cas, tenir compte des conditions de climat
et de sol, des débouchés offerts aux produits, des ressources dont le cultivateur dispose et de l'organisation
des travaux dans l'exploitation.

M. Zacharewicz cite trois types d'assolements maraîchers
en usage dans le Vaucluse ; nous les reproduisons à titre
d'exemples. Est-il nécessaire de faire observer que, s'ils
conviennent parfaitement aux régions chaudes du sud-
est de la France, ils ne s'adaptent pas aux conditions
climatériques de contrées plus septentrionales. La durée
de ces assolements est de dix ans pour les deux premiers,
de onze ans pour le troisième. Les cultures s'y succèdent
dans l'ordre suivant :

1ᵉʳ Assolement.

1ʳᵉ année. — *Melon*, sur forte fumure au fumier de ferme
(160 mètres cubes) et 5000 kilogrammes de tourteau de
coton. La plantation a lieu en mars, la récolte en juillet,

2ᵉ année — 1° *Artichaut*, fumure 1500 kilogrammes de
tourteau. Planté en juillet-août, après la récolte des
melons. 2° *Haricots*, sans engrais. Semis en juillet,
récolte fin septembre.

3ᵉ année. — 1° *Ail*, tourteau 4500 kilogrammes. Semis
en décembre, récolte en juin. 2° *Betterave*, sans engrais.
Semée dans l'ail, récolte au commencement d'octobre.

4ᵉ année, — 1° *Blé*, engrais 1000 kilogrammes de
tourteau. 2° *Choux*, 2000 kilogrammes de tourteau ;
récoltés l'hiver.

5ᵉ année. — *Pomme de terre*, 4500 kilogrammes de

tourteau; plantation en février. On sème en août la luzerne qui lui succède.

6e, 7e, 8e et 9e années. — *Luzerne*, 1000 kilogrammes de superphosphate par hectare.

10e année. — *Avoine*.

2e Assolement.

(mêmes fumures pour les mêmes plantes)

1re année. — 1° Melon ; 2° Choux d'hiver.

2e année. — 1° Pomme de terre ; 2° Haricot, culture dérobée.

3e année. — Tomate.

4e année. — 1° Ail ; 2° Carottes.

5e année. — 1° Blé ; 2° Haricot, culture dérobée.

6e, 7e, 8e et 9e années. — Luzerne.

10e année. — Avoine.

3e Assolement.

1re année. — Melon.

2e et 3e années. — Artichaut.

4e année. — 1° Ail ; 2° Haricot ou betterave.

5e année. — Blé.

6e année. — Pomme de terre.

7e, 8e, 9e et 10e années. — Luzerne.

11e année. — Avoine.

Partant de ce principe qu'un assolement bien compris doit assurer l'amélioration constante des terres, en même temps que la production de récoltes maxima, M. Zacharewicz fait aux fumures précédemment indiquées le reproche, justifié, de n'enrichir le sol qu'en azote, et de l'appauvrir, au contraire, en acide phosphorique et en potasse. Il conviendrait donc ici d'associer aux fumures organiques des engrais minéraux phosphatés et potassiques.

Dans le bas Limousin, l'assolement suivant est très usité.

1re année. — Pommes de terre hâtives.

2e année. — Trèfle violet, semé aussitôt après la récolte des pommes de terre.

3e année. — Choux cabus, choux fleurs, betteraves, carottes.

4e année. — Petits pois, puis choux d'hiver, salades ou haricots en culture dérobée.

5e année. — Maïs et haricots ou blé, suivis de sarrasin ou de navets en culture dérobée.

Les assolements au jardin potager. — L'alternance des cultures, moins impérieusement nécessaire au potager qu'aux champs, y présente cependant les plus grands avantages. Les plantes tendres et délicates qu'on y cultive ont de nombreux ennemis, insectes et parasites végétaux, contre lesquels on ne connaît pas d'autre moyen de lutte efficace et pratique.

En outre, en faisant se succéder sur les diverses planches les plantes à racines pivotantes et celles à racines fasciculées, par les labours profonds qu'on donne aux premières, on défonce successivement les différentes parties du jardin, au grand profit de toutes les cultures.

La règle concernant l'utilisation des éléments fertilisants du sol par des plantes ayant des exigences différentes subsiste également dans le cas du potager; mais l'abondance des fumures organiques employées, la facilité qu'on a de les compléter par des engrais chimiques appropriés aux cultures, la concentration de puissants moyens d'action sur des surfaces restreintes, font qu'on tient généralement peu de compte d'un principe dont l'importance devient ici secondaire et que priment trop d'autres considérations.

Il faut accorder plus de valeur à la question de l'*anti-pathie* des plantes pour elles-mêmes. Les légumineuses : pois, haricots, fèves, ne supportent pas le retour trop fré-

7.

quent sur un même sol; il en est de même des liliacées. Les plantes vivaces : fraisiers, artichaut, asperge, etc., ne doivent revenir sur la parcelle qu'elles ont précédemment occupée qu'après un laps de temps proportionné à la durée de leur séjour sur le terrain. M. Hardy conseillait de ne refaire de plantation d'asperge sur un même sol qu'après vingt ou vingt-cinq ans; Lenormand indiquait une période beaucoup plus prolongée encore. Il est certain qu'avec des engrais convenables et des façons culturales satisfaisantes on peut abréger beaucoup cette interruption; mais il est rarement économique d'entrer très avant dans cette voie.

Malgré les raisons qui militent en faveur de l'alternance des cultures, on ne saurait ici se montrer trop intransigeant dans l'application rigoureuse de ce principe, qui s'adapte mal aux conditions du jardinage potager.

La grande diversité des plantes cultivées au potager, les modifications fréquentes apportées dans les cultures pour satisfaire aux besoins ou aux caprices du propriétaire ne permettent pas non plus d'y établir un assolement fixe, étroitement soumis à la rotation culturale. Au reste, les moyens d'action dont dispose le jardinier lui donnent toute latitude de se mouvoir plus aisément dans l'ensemble de ses productions et d'adopter un *assolement libre*, sujet à varier avec les circonstances.

Seul un assolement de cette nature lui laisse la faculté de choisir pour les couches l'emplacement le plus favorable, de réserver les côtières ensoleillées aux plantes qui réclament de la chaleur, primeurs notamment, les endroits ombragés aux légumes d'été auxquels la fraîcheur est nécessaire. Il se prête, en outre, aux cultures intercalaires, aux contre-plantation usitées au potager, où l'on voit souvent deux ou trois espèces, à récoltes échelonnées, occuper simultanément le même sol; par exemple radis, carottes et laitues, épinards et choux-fleurs, céleri et chicorée frisée, etc.

La situation se présente fréquemment sous des aspects si différents pour deux potagers voisins, elle se modifie si profondément suivant les climats, que l'indication d'un exemple quelconque d'assolement nous paraîtrait purement spéculative. Mais il n'est pas inutile d'avoir une idée de la façon dont on peut concevoir la répartition proportionnelle des légumes destinés à l'alimentation d'une famille. A cet égard, le passage suivant d'une étude de M. A. Magnien (1) sur les « assolements en culture potagère » est intéressant à connaître :

« L'étendue, dit-il, de la surface cultivée totale doit comprendre au moins 3 ares par personne à alimenter, à laquelle surface il convient d'ajouter un sixième comme superficie consacrée aux allées de service, soit, pour dix personnes, 35 ares. Les plus grandes étendues cultivées comprendront les haricots et les asperges, deux plantes qui occuperont ensemble le tiers de la superficie du jardin ; les choux variés couvriront un douzième. Un cinquième sera partagé entre l'oignon, les pommes de terre hâtives, les navets, les artichauts, les salades, les pois, le pissenlit et la chicorée buttée ; un vingtième divisé en trois comprendra : les carottes, les fraises à gros fruits et la scorsonère ; un dix-huitième réservera une part équivalente à l'épinard, la mâche, la fraise des quatre-saisons, les semis en pépinière ; un trentième contiendra les melons, les cardons, les potirons, la chicorée sauvage. La tomate, la tétragone et le salsifis se partageront la surface de un soixantième ; les radis, le poireau, le radis noir, le cerfeuil bulbeux, le cornichon seront répartis sur un quarantième ; le céleri et l'oseille ne prendront à eux deux qu'un soixantième. Un centième divisé en trois comprendra la betterave, l'échalote, le panais ; un autre centième fera place aux crosnes, au cresson alénois, à l'ail, aux fèves ; enfin, un deux-cent-soixante-cinquième

____

(1) *Journal de la Société d'horticulture de France.* Congrès de 1898.

contiendra les plantes condimentaires aromatiques, telles que le persil, le cerfeuil, l'estragon, le thym, le basilic, la sarriette. En résumé, les cinq sixièmes de la surface totale du jardin seront consacrés à la culture, dont trois dixièmes, au voisinage des murs, en côtières ou plates-bandes abritées. »

Est-il nécessaire de faire remarquer le caractère éminemment modifiable de semblables données, tout à fait approximatives et nécessairement arbitraires ?

Les assolements en culture maraîchère. — Au marais le nombre des légumes cultivés est beaucoup plus restreint qu'au potager ; la production en est aussi plus régulière et plus méthodique. La culture maraîchère se prête donc mieux à l'adoption d'assolements fixes, avec retour périodique des mêmes espèces sur les mêmes planches. Ces assolements offrent, d'ailleurs, l'avantage d'apporter plus d'ordre dans les opérations d'exploitation du sol, et de substituer un plan d'ensemble à des combinaisons sans cesse renouvelées, que l'habileté professionnelle du maraîcher peut seule rendre fructueuses.

Basés sur les conditions de débouchés quant au choix des espèces et des variétés, aux surfaces à leur consacrer, à l'époque des semailles, qui règle celle des récoltes, ils doivent présenter une élasticité suffisante pour s'adapter aux fluctuations de la consommation.

Les cultures intercalaires, intensives au plus haut degré, trouvent plus aisément encore leur place au marais qu'au potager, non seulement à cause de la richesse du sol, mais encore parce que les récoltes se prolongent moins longtemps, et, faites méthodiquement, permettent des contre-plantations successives dans les intervalles des plantes en végétation.

On trouvera un très intéressant exemple de la succession ininterrompue des récoltes, qui est le caractère dominant du maraîchage, dans le type d'assolement en usage dans les hortillonnages d'Amiens cité par M. Rattel. Voici cet assolement.

1re année. — Après labour et demi-fumure, vers le milieu de février, on sème pêle-mêle, à la volée, des radis, des carottes, des oignons et des poireaux. Les radis se récoltent en mai, les salades en mai-juin, les carottes en juin-juillet, les oignons en août, les poireaux à la fin du même mois.

Fin août, dès que la terre est libre, on laboure et l'on fume à nouveau, puis l'on repique par rangées alternatives des choux et des salades. Les salades sont récoltées à la fin de septembre, les choux, de décembre à février.

2e année. — Sur labour et fumure, on sème des pois, en lignes écartées de 2 mètres ; entre ces lignes, on plante trois rangées de pommes de terre, espacées de 50 centimètres.

Les pois sont cueillis fin juin ; à leur place on plante des choux. Les pommes de terre se récoltent en août-septembre ; on repique aussitôt après des laitues ou des chicorées, qu'on enlève en septembre-octobre. Les choux sont récoltés en décembre-janvier.

3e année. — Labour et fumure. Vers la mi-février, on sème pêle-mêle des radis et des salades ; en mars ou avril, suivant le temps, on plante des œilletons d'artichauts.

Les radis sont arrachés en avril-mai, les salades en mai-juin. Les artichauts produisent en août-septembre ; on les lève dès qu'ils ont fini de donner, pour repiquer à leur place des chicorées que l'on récolte en janvier-février.

Après cela le cycle recommence.

Dans les marais parisiens, où l'on fait dans l'année de quatre à six *saisons* ou récoltes sur le même sol, la série des opérations est plus complexe encore et la conduite des cultures nécessite une connaissance très approfondie du métier.

TROISIÈME PARTIE

CULTURES SPÉCIALES

ÉTUDE DES PLANTES POTAGÈRES

Classification des légumes. — Le nombre des légumes étudiés dans cet ouvrage dépasse la centaine ; d'autres, que nous passons sous silence en raison de leur importance à peu près nulle dans la culture potagère de nos régions, appartiennent à des climats différents du nôtre ou trouvent place dans quelques jardins d'amateurs. Suivant la nature de la partie comestible de la plante, ils peuvent tous être groupés en trois grandes catégories : 1° *légumes tubéreux*, dont on consomme les organes renflés sous terre ou au voisinage immédiat du sol (racine, rhizome, tubercule ou bulbe) ; 2° *légumes herbacés*, dont on utilise les parties vertes (tiges, feuilles ou inflorescences) ; 3° *légumes fruits*, cultivés pour leurs fruits ou leurs graines. Cette classification, essentiellement pratique, des légumes a l'avantage de rapprocher ceux qui, destinés aux mêmes usages, ont des exigences analogues entraînant l'application de méthodes culturales semblables. Rien de plus logique que de réunir ensuite par familles botaniques les plantes potagères appartenant à chacune de ces divisions. C'est l'ordre naturel que nous avons adopté pour les espèces dont suit la description des caractères et des méthodes de culture.

I. — **Légumes tubéreux.**

NAVET

Brassica napus L. (Famille des *Crucifères*).

Origine. Caractères de la plante. — Pour beaucoup de nos crucifères cultivées, il faut renoncer non seulement à leur assigner une origine précise, mais même à les rattacher avec certitude à une espèce botanique nettement définie. Leur exploitation par l'homme remonte à une si haute antiquité, leur aire de culture est si étendue, elles ont subi dans le cours des siècles tant de modifications provoquées par l'homme ou résultant d'hybridations naturelles, extrèmement faciles entre elles, que le type primitif aussi bien que la patrie en demeurent très imparfaitement déterminés.

La confusion qui en résulte, au point de vue de la classification botanique, se manifeste surtout pour les plantes du genre *Brassica*.

C'est ainsi que le navet, indigène en Europe d'après certains auteurs, originaire de l'Asie occidentale suivant d'autres, a été rattaché par les botanistes tantôt au *Brassica napus* L., tantôt au *Brassica rapa* L., tantôt encore au *Brassica campestris* L., dont, au surplus, ces espèces et le chou lui-même (*Brassica oleracea*) ne sont peut-être que des formes particulières.

On a même voulu voir, dans le navet et la rave, des espèces différentes, *Brassica napus* et *B. rapa*. Avec Vesque et avec Naudin, nous estimons que la distinction entre la rave et le navet est d'ordre purement pratique et que « le nom de rave s'applique plus particulièrement aux racines courtes, sphériques, et celui de navet aux racines allongées ». Nous ne les séparerons donc pas dans cette étude.

Les feuilles du navet sont oblongues, plus ou moins nettement lyrées, un peu rudes au toucher. Ses tiges florales, ramifiées et lisses, d'une hauteur de 60 à 80 centimètres, portent des fleurs cruciformes, jaunes, disposées en épis terminaux, auxquelles succèdent des siliques étroites et longues, renfermant de 15 à 25 graines, petites et globuleuses, d'un brun noirâtre.

Usages. — Le navet, désigné parfois sous les noms de *rabioule* ou *turnep* (en anglais *turnip*), est cultivé pour sa racine pivotante et charnue, que l'on consomme après cuisson. La saveur en est tantôt douce et sucrée, tantôt piquante. En Alsace, on prépare avec le navet, coupé et fermenté à la façon de la choucroute, le produit appelé *souriève*. Les jeunes pousses de cette plante, blanchies à l'obscurité, constituent un légume assez délicat.

Variétés. — Les variétés de navets sont extrêmement nombreuses; plusieurs appartiennent à la culture fourragère. On classe les variétés potagères d'après la forme, la couleur et la nature plus ou moins aqueuse des racines. Voici les principales.

Navets blancs longs tendres.

Navet long des Vertus. — Racine cylindrique. Variété hâtive, très cultivée dans la banlieue parisienne pour l'approvisionnement des Halles. Préfère les terres légères fraîches.

Navet des Vertus marteau (fig. 31). — Racine obtuse,

Fig. 31. — Navet des Vertus marteau.

renflée à la partie inférieure. Excellente variété potagère, plus précoce que la précédente. Récolter avant complet développement pour éviter qu'elle se creuse.

Navet à forcer demi-long blanc. — Très hâtif; convient essentiellement à la culture sur couche au printemps.

Navet de Clairfontaine. — Fusiforme. De précocité moyenne. Plus rustique et moins exigeant que les navets des Vertus.

Navets blancs longs secs.

Navet de Meaux ou Corne de bœuf. — Racine très longue, souvent courbée, à chair serrée. Demi-hâtif, très productif.

Navet de Freneuse. — Racine fusiforme. Chair sèche, ferme, sucrée. Réussit en terre graveleuse maigre. Se conserve bien pendant l'hiver.

Navets blancs ronds tendres.

Navet rond des Vertus ou de Croissy. — Convient bien à la culture forcée. Très apprécié des cultivateurs de la banlieue parisienne.

Navets blancs ronds secs.

Navet des Sablons. — Racine en forme de toupie. Très sucré. Parfois un peu coriace en dehors des sols sableux, où il se plaît.

Navets blancs plats.

Navet blanc plat hâtif. — Racine très déprimée, en forme de disque irrégulièrement arrondi. Variété très précoce convenant à la culture forcée et aux semis tardifs en pleine terre. Se conserve mal.

Le *navet blanc plat hâtif à feuille entière* est une excellente variété de primeur.

Navets jaunes.

Navet jaune long. — Très bonne variété tardive. Chair jaune, ferme.

Navet jaune de Montmagny. — Racine ronde, déprimée, rouge au collet. Demi-hâtif, productif.

Navet jaune de Hollande. — Bonne variété demi-tardive.

Navet jaune de Finlande et *navet d'Aberdeen* ou *d'Écosse.* — Tous deux très rustiques.

Navets rouges.

Navet rouge plat hâtif. — Semblable au *blanc plat hâtif* sauf la coloration.

Navet rouge plat hâtif à feuille entière (fig. 32). — Précoce; convient à la culture sous châssis.

Navet rouge plat de Munich ou *rouge plat de mai.* — Très précoce. Saveur forte.

Navets gris ou noirs.

Navet gris de Morigny. — Racine longue, d'un gris ardoisé. Assez précoce.

Navet de Saulieu. — Fusiforme, d'un noir grisâtre. Cultivé surtout dans le Morvan.

Navet noir long d'Alsace. — Peau noire, chair blanc grisâtre. Rustique; peut être conservé l'hiver en terre sous une couverture de paille ou de feuilles sèches.

Fig. 32. — Navet rouge plat hâtif à feuille entière.

Navet noir rond. — Racine déprimée, à peau très noire. Chair demi-sèche. Hâtif. Se conserve bien.

Exigences. — Les climats tempérés, humides, même un peu froids, sont ceux qui conviennent le mieux au navet. Sa réussite est plus certaine dans le nord et l'ouest de la France que dans le midi. On peut néanmoins le cultiver à peu près partout quand on dispose d'eau en quantité suffisante.

Les terres de consistance moyenne, plutôt un peu argileuses, sont celles que le navet préfère. Cependant il s'accommode de tous les terrains frais sans excès d'humidité. Sa saveur et sa dureté se modifient suivant les conditions dans lesquelles il végète. Le navet de Freneuse et celui des Sablons réussissent dans les sols siliceux ou calcaires.

Les terres destinées au navet doivent être ameublies profondément et fortement fumées. Voir les formules d'engrais indiquées pour cette plante au chapitre : *Fertilisation du sol.*

Culture forcée. — Se fait rarement aujourd'hui. On sème en janvier ou février, sur couche donnant 20 à 22 degrés de chaleur et chargée de 15 à 20 centimètres de terreau. Navet demi-long blanc, blanc plat hâtif, navet de Milan ou navet marteau. La récolte a lieu après sept semaines ou deux mois. On obtient six ou sept bottes, soit 10 à 12 kilogrammes de racines par châssis.

Souvent on se contente de semer quelques navets dans les cultures sur couches effectuées en janvier, celles de carottes notamment. On récolte à la fin de février, avant complet développement.

En février, on peut semer des navets marteau, plats hâtifs ou ronds de Croissy sous châssis à froid ou sur couche sourde.

Culture ordinaire. — Les semis de pleine terre commencent vers le 15 mars et peuvent être échelonnés suivant les besoins jusqu'à la fin de mai. Les variétés tendres et hâtives, sont les seules utilisées à cette époque ; encore montent-elles parfois à graine sans produire de racines comestibles.

La culture d'automne donne de bien meilleurs résultats. Les semis se font en juillet pour les variétés tardives, en août et jusque vers le milieu de septembre pour les variétés précoces. Les racines des derniers semis sont récoltées à mi-grosseur à l'entrée de l'hiver.

On sème le navet en place, soit à la volée, soit, de préférence, en lignes pour faciliter les binages, à raison de 30 à 40 grammes de graines par are. On passe le râteau ou la herse légère et l'on plombe. En petite culture on paille le sol. Des bassinages répétés permettent d'activer la levée.

Dès que les jeunes plantes sont pourvues de quelques feuilles, on éclaircit en espaçant les pieds de 10 à 20 centimètres, suivant le développement que doivent acquérir les racines. Pendant le cours de la végétation, on maintient le sol propre et meuble à l'aide de binages.

Des arrosages copieux sont nécessaires pendant les chaleurs pour que le navet reste tendre et savoureux. Ils lui permettent, en outre, de croître rapidement et d'échapper plus aisément aux ravages des altises.

Le navet est généralement récolté avant d'avoir atteint tout son volume; il est alors plus délicat. Le rendement, très variable suivant les variétés, l'époque des semis et les conditions de culture, oscille entre 250 et 500 kil. de racines par are.

En plein champ, on sème habituellement le navet en culture dérobée sur une céréale déchaumée au scarificateur; la récolte a lieu avant les froids. Employer les variétés précoces, en se conformant pour leur choix aux préférences locales.

Dans l'est de la France, on protège les navets d'hiver par un buttage. Au jardin, une couverture de paille ou de feuilles sèches permet aux plantes incomplètement développées d'échapper à l'action des gelées.

Conservation. — Pour la vente immédiate, après arrachage à la main où à la houe, les navets sont lavés à grande eau, puis réunis par bottes de 12 à 15. Ceux destinés à la conservation d'hiver sont arrachés seulement à la fin d'octobre, après complet développement. Les racines, débarrassées de la terre à la main et non lavées, sont décolletées, puis abritées dans un local sec, cave ou cellier, ou placées en silo.

Production de la graine. — Les porte-graines sont choisis à l'automne parmi les racines les mieux formées, tendres et de grosseur moyenne. On les conserve pendant l'hiver soit en cave soit en jauge, en les protégeant contre les gelées par une couverture de feuilles, de paille ou de litière. La plantation a lieu en février-mars, en espaçant les pieds de 50 à 60 centimètres. Pour éviter les croisements des variétés entre elles, il faut avoir soin de les éloigner les unes des autres.

Après floraison, on pince l'extrémité des rameaux, ne conservant ainsi que les graines de la base, les premières mûres et les mieux nourries. Quand les siliques jaunissent, on coupe l'inflorescence qui, séchée à l'ombre, sera battue ensuite. On obtient, par pied, de 80 à 100 grammes de graines.

Maladies. — *Hernie*, causée par le *Plasmodiophora brassicæ*.

Rouille blanche, due au *Cystopus candidus*. Voir *Maladies du chou*.

Ennemis. — *Altise, puce de terre ou tiquet. Anthomye du chou. Piéride du navet. Noctuelle.* Voir *Ennemis du chou*.

RADIS

Raphanus sativus L. (Famille des *Crucifères*).

Origine. Caractères de la plante. — Plante annuelle, issue de notre ravenelle sauvage (*Raphanus raphanistrum*) assurent certains auteurs, plus vraisemblablement originaire de la Chine. Feuilles oblongues, découpées sur les bords, rudes au toucher; tiges rameuses portant des fleurs blanches ou violacées. Siliques non articulées, renfermant des graines rougeâtres, irrégulièrement arrondies.

Usages. — Les racines sont consommées crues, comme hors d'œuvre.

Variétés. — Très nombreuses, les variétés de radis se classent en catégories très distinctes par la durée de végétation et le volume des racines.

Les *petits radis* ou *radis de tous les mois* ne demandent que quelques semaines pour atteindre leur développement normal. D'après leur forme, on les divise en trois groupes.

Voici quelques-unes des variétés les plus importantes appartenant à chacun de ceux-ci.

Racines rondes.

Radis rond rose (fig. 33). — Rustique, se forme en vingt-cinq jours environ.

Radis à forcer rond rose. — Petit, se forme sur couche en dix-huit jours.

Radis rond rose à bout blanc. — Très estimé des maraîchers parisiens pour la culture de primeur.

Radis rond écarlate. — De même précocité que le *rond rose*.

Radis rond blanc petit hâtif. — Se forme sur couche en une vingtaine de jours. Souvent forcé en Belgique et en Hollande. Saveur très forte.

Fig. 33. — Radis rond rose.

Radis rond violet. — Se forme en un mois, creuse peu.

Racines demi-longues.

Radis demi-long rose. — Très cultivé pour la vente.

Radis demi-long rose à bout blanc. — Variété de culture maraîchère, très précoce, mais se creuse rapidement.

Radis demi-long écarlate hâtif. — Pleine terre et culture forcée. Se forme en trois semaines.

Racines longues.

Le nom de *Raves*, donné communément aux radis à racine longue, prête à confusion et devrait être abandonné.

Rave rose longue. — Racine mince, atteignant jusqu'à 15 centimètres de longueur. Se forme en un mois.

Rave rose hâtive à châssis. — La meilleure pour la culture forcée.

Rave blanche. Rave violette. — Se forment en un mois.

Gros radis.

Les *gros radis* ont une végétation plus prolongée que les précédents et atteignent un plus grand développement. Ceux d'été et d'automne, très cultivés en Allemagne : *blanc rond d'été, blanc géant de Stuttgart, jaune d'été, noir long d'été, demi-long blanc de Strasbourg,* etc., demandent six semaines à deux mois pour se former; ils se conservent mal. Ceux d'hiver, que l'on ne récolte qu'après plusieurs mois, peuvent se garder au contraire assez longtemps. Citons, parmi ceux-ci, le radis *noir rond d'hiver,* le radis *noir long d'hiver* (fig. 34), le radis *blanc d'Augsbourg,* le radis *rose d'hiver de Chine.*

Culture forcée. — Ne s'applique qu'aux petits radis auxquels, d'ailleurs, on consacre rarement une couche spéciale. On les sème le plus souvent dans des laitues, des choux-fleurs, des carottes, etc. Les maraîchers parisiens en cultivent l'hiver sur couche garnie de terreau, en les protégeant simplement contre les grands froids à l'aide de paillassons tendus horizontalement sur des gaulettes. La récolte a lieu après trente à quarante jours.

Culture ordinaire. — Consacrer, de préférence, au radis des terres douces, riches en terreau, dans lesquelles il croît rapidement.

En pleine terre, on sème les petits radis de février jusqu'à la fin d'octobre. Les premiers et les derniers semis se font sur côtière bien exposée; il est souvent utile de

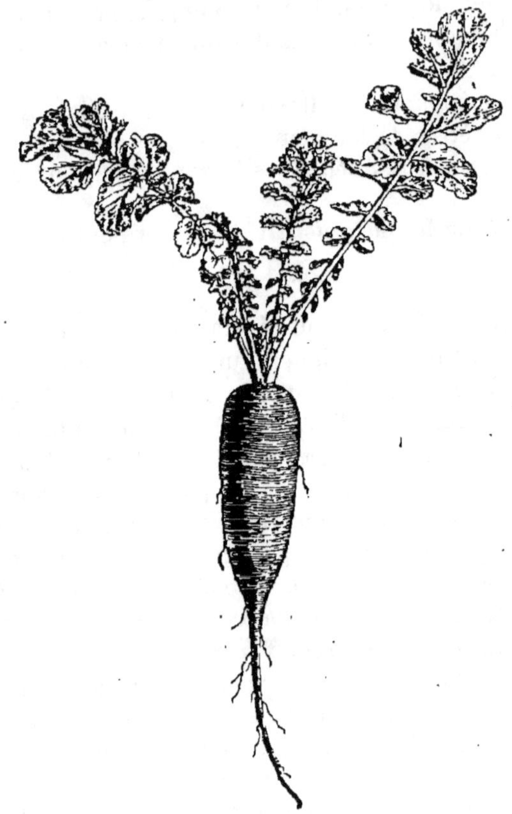

Fig. 34. — Radis noir long d'hiver.

les abriter à l'aide de paillassons. Un endroit frais, ombragé, convient, au contraire, pour ceux qu'on effectue pendant les chaleurs. On sème en rayons ou à la volée, à raison de 300 à 500 grammes de graines par are. On herse ensuite, puis on plombe fortement; dans un sol tassé, la racine se forme mieux. En recouvrant la planche de 1 à 2 centimètres de terreau ou de paillis, on empêche la terre d'être battue ou ravinée par les arrosages. Ceux-ci doivent être fréquents en été, pour éviter les ravages de l'altise et la montée à graine des plantes.

Un éclaircissage suit la levée et des sarclages ont lieu pendant le cours de la végétation.

En pleine terre, les radis les plus hâtifs sont bons à récolter après un mois environ; il faut aux autres cinq à six semaines pour atteindre leur développement normal. Le rendement obtenu varie dans de larges limites.

Les gros radis d'été se sèment de mars jusqu'en août, en rayons distants de 40 à 50 centimètres; on les récolte six semaines à deux mois plus tard.

Ceux d'hiver peuvent être semés de mai jusqu'à la fin de juillet, de préférence dans une terre un peu forte. On les dispose en lignes distantes de 40 à 50 centimètres, en laissant entre eux, lors de l'éclaircissage, un écartement de 15 à 20 centimètres. Arroser. On récolte au bout de trois mois, en octobre ou novembre pour la conservation d'hiver.

Conservation. — Pour les gros radis, elle se fait en cave saine, après décolletage des racines.

Dans les meilleures conditions, les petits radis ne se conservent pas au delà de 48 heures.

Production des graines. — Choisir des racines moyennes, bien faites, dans les semis de septembre de préférence, les mettre en jauge pendant l'hiver et les repiquer en mars, en les espaçant de 40 à 45 centimètres. Les graines mûrissent en juillet.

On peut aussi semer au printemps, soit sur couche en février, soit en pépinière en avril, pour repiquer ensuite et récolter la graine la même année.

On coupe les tiges avant complète maturité des siliques et on les fait sécher dans un local aéré avant de les battre.

Pour les radis d'hiver, les porte-graines, choisis à l'automne, sont conservés en jauge ou en cave et replantés en mars.

Maladies. — *Hernie*, causée par le *Plasmodiophora brassicæ*; rare. Voir *chou*.

Ennemis. — Les mêmes que ceux du navet.

CHOU-RAVE

Famille des *Crucifères*.

Origine. Caractères de la plante — Le chou-rave (fig. 35) constitue-t-il une espèce distincte: *Brassica Caulo*

Fig. 35. — Chou-rave.

rapa] *D.C.*, *Brassica gongilodes L.*; convient-il de le rattacher au *Brassica Rapa L.* ou faut-il n'y voir qu'une forme du *Brassica oleracea*? Les botanistes ne sont pas d'accord sur ce point. — D'après De Candolle, il serait originaire de l'Europe tempérée. Sa culture remonte à une haute antiquité.

La tige du chou-rave est renflée en une boule sur laquelle sont implantées des feuilles semblables à celles du chou vert. La graine ressemble à celle des autres choux.

Usages. — Le renflement se consomme cuit. C'est un légume tendre et savoureux, très apprécié dans l'est de la France, en Allemagne et en Italie. Il mérite d'être plus répandu.

Variétés. — *Chou-rave blanc.* — Rustique, boule très grosse. Bon à consommer quatre mois après le semis.

Chou-rave blanc hâtif de Vienne. — Boule petite, se consomme après trois mois.

Chou-rave violet. — Semblable au chou-rave blanc, sauf la couleur.

Chou-rave violet hâtif de Vienne. — Mêmes caractères que le chou-rave blanc hâtif; un peu moins précoce cependant.

Culture. — On sème le chou-rave en pépinière, du mois de mars à la fin de juin, et même jusqu'en juillet pour les variétés hâtives, les meilleures pour le potager. Choisir une terre fraîche et meuble. On repique en place un mois ou six semaines après, en espaçant les plants de 30 à 40 centimètres. On arrose copieusement pour en hâter la croissance et les conserver tendres.

La récolte a lieu avant complet développement, deux mois environ après la plantation. On obtient, en moyenne, de 400 à 500 kilogrammes de boules par are. Celles-ci se conservent bien en cave saine.

Production de la graine. — Les porte-graines, choisis à l'automne, sont laissés en place pendant l'hiver, en les couvrant de paille ou de feuilles, ou rentrés en cave pour les mettre en place au printemps.

Maladies et ennemis. — Les mêmes que pour les autres choux.

CHOU-NAVET

Famille des *Crucifères*.

Origine. Caractères de la plante. — Ses caractères botaniques indiquent qu'il s'agit d'une race de chou, (*Brassica oleracea L.*). Sa racine, renflée, ressemble à un gros navet court ; la chair en est blanche dans le chou-navet proprement dit, jaune dans le *rutabaga*. Probablement originaire de l'Europe tempérée. Très anciennement cultivé.

Usage. — La racine se consomme après cuisson. Elle présente à la fois la saveur du navet et celle du chou.

Variétés. — *Chou-navet blanc.* — Grosse racine courte. Tendre. Se conserve bien.

Chou-navet blanc lisse à courte feuille, (fig. 36). — Racine déprimée. Plus hâtif que tous les autres ; convient bien, pour cette raison, à la culture potagère.

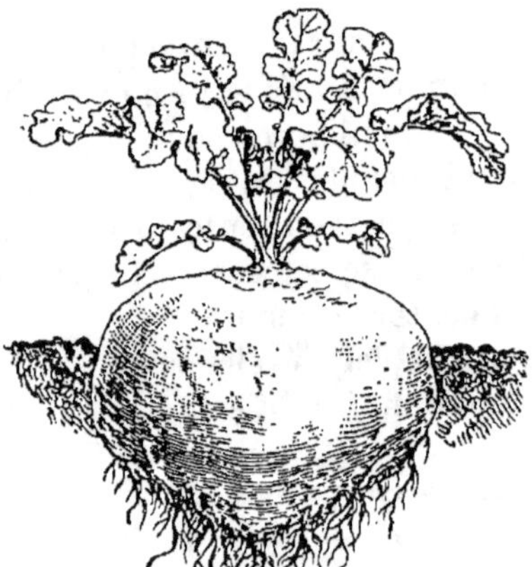

Les *rutabagas à collet vert* et *à collet rouge* sont surtout des plantes fourragères, très cultivées en Bretagne et en Angleterre.

Le *rutabaga jaune plat hâtif* est plutôt une variété potagère.

Culture. — Les terres fortes et fraîches sont celles qui conviennent le mieux au chou-navet. Il redoute les fortes chaleurs et préfère les climats humides. Très rustique, il résiste fort bien à l'hiver.

Fig. 36. — Chou-navet blanc lisse.

On sème le chou-navet le plus souvent en place, quelquefois en pépinière, en mars-avril, pour repiquer un mois plus tard. On éclaircit en espaçant les pieds de 30 à 40 centimètres. Biner et sarcler quand besoin est pendant le cours de la végétation. La récolte se fait à l'automne ou au début de l'hiver, avant complet développement. Rendement : 400 à 500 kilogrammes par are. La racine se conserve bien en cave.

Production de la graine. — Comme pour le navet

Maladies et ennemis. — Les mêmes que pour les autres choux.

RAIFORT

Cochlearia Armoracia L. — (Famille des *Crucifères*).

Origine. Caractères de la plante. Usages. — Le raifort véritable (fig. 37) ne doit pas être confondu avec le radis fourrager improprement appelé *raifort de l'Ardèche*. Il porte, suivant les régions, les noms vulgaires de *cran* ou *cranson de Bretagne*, de *moutarde des Allemands* ou *des moines*, de *moutardelle*.

C'est une plante vivace, indigène, répandue dans toute l'Europe tempérée. Sa racine, longue et forte, pénètre profondément en terre ; l'écorce en est rugueuse et jaunâtre ; elle recouvre un tissu blanc, charnu, un peu fibreux, à saveur brûlante rappelant celle de la moutarde. C'est cette racine, râpée, que l'on consomme à titre de condiment. Elle jouit de propriétés antiscorbutiques.

Au début de la végétation, les feuilles du raifort sont petites et réduites aux nervures ; celles qui suivent, pourvues d'un limbe, atteignent une longueur de 35 à 40 centimètres ; elles sont oblongues, dentées, ondulées, luisantes. Chaque année apparaît une tige florale, rameuse et glabre, de 60 à 70 centimètres de hauteur, portant des grappes de petites fleurs blanches, auxquelles succèdent des silicules arrondies, le plus souvent stériles ; la plante produit donc rarement des graines.

8.

Culture. — Le raifort est une plante très rustique et de longue durée.

Les terres fraîches sans excès sont celles qui lui conviennent le mieux. Il réussit bien dans les terrains rap-

Fig. 37. — Raifort.

portés ou récemment défrichés. Les sols qu'on lui destine doivent être défoncés profondément et fortement fumés.

On multiplie la plante, au printemps, par tronçons de racines de 8 à 10 centimètres environ de longueur, que l'on met en place au plantoir, en les écartant de 30 à 40 centimètres sur des lignes distantes de 40 à 50 centimètres. L'enracinement est facile. Des binages donnés à propos permettent de maintenir le sol propre et meuble à la surface. Parfois les plants de raifort, placés d'abord

en pépinière, ne sont mis à demeure qu'au printemps de
la seconde année.

On arrache ordinairement le raifort à l'automne de
cette seconde année seulement; récolté dès la première
année il fournirait un médiocre produit. Il est souvent
fort négligé dans les jardins en raison de la faible
importance qu'il y a; on conserve indéfiniment la même
plantation, de laquelle on se contente d'extraire chaque
année la quantité de racines nécessaire à la consommation. Ce mode par trop primitif de production est peu
recommandable.

Dans l'est de la France, en Alsace et dans les régions
voisines de l'Allemagne, on consacre d'importantes
surfaces à la culture, très rémunératrice, du raifort pour
la vente.

Conservation. — Après arrachage au crochet où à la
bêche fourchue, les racines de raifort sont décolletées,
débarrassées des radicelles, nettoyées et livrées à la
consommation. On peut les conserver près d'un an en
cave en les stratifiant dans du sable fin.

CAROTTE.

Daucus Carota L. — (Famille des *Ombellifères*).

Origine. Caractères de la plante. — Plante indigène;
croît à l'état spontané dans les terres fraîches, champs ou
prairies. Bisannuelle.

Feuilles très découpées. Tiges striées, de 50 centimètres
à 1^m,50, apparaissant la seconde année; portent des ombelles de petites fleurs blanches, avec de longues bractées à la base (fig. 38). Les fruits de la carotte, couplés
et accolés par leur face plane, sont convexes sur leur
côté libre et présentent de fines côtes garnies d'aiguillons
recourbés. On leur donne communément le nom de
graines; débarrassées de leurs barbes par le frottement
ou le battage, en vue d'en rendre le semis plus facile, ces

graines sont dites *persillées*. Elles ont une odeur aromatique très prononcée.

La racine de la carotte sauvage se transforme rapidement sous l'influence de la culture; elle devient tendre

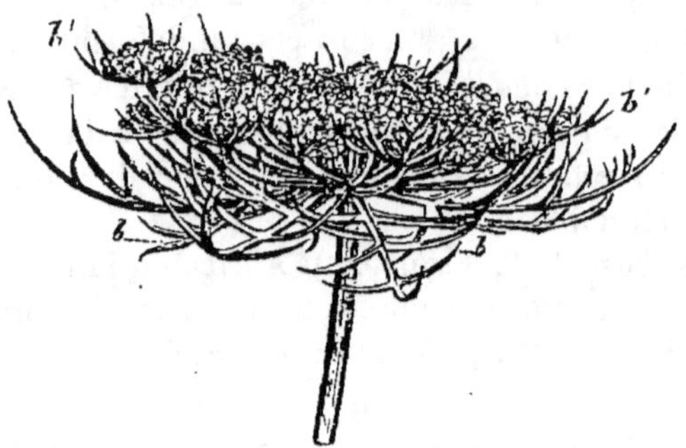

Fig. 38. — Ombelle de carotte.

et charnue. Le volume, la forme et la couleur en diffèrent avec les variétés cultivées. Celles à racine blanche appartiennent à la culture fourragère; la culture potagère s'adresse surtout aux variétés rouges, plus rarement aux jaunes.

Usages. — La carotte tient une large place dans les préparations culinaires. Sa racine se consomme cuite. Le jus qu'on en extrait sert à colorer le beurre. Ses graines sont utilisées pour la préparation de liqueurs stimulantes.

Variétés. — Les variétés de carottes potagères sont nombreuses. Voici les plus importantes :

Carottes rouges courtes

Carotte rouge à forcer parisienne. — Variété de primeur, à semer sous châssis. Très courte et très précoce.

Carotte rouge très courte à châssis ou *carotte grelot* (fig. 39). — Racine presque sphérique. Convient parfaitement à la culture forcée comme aux semis très hâtifs ou très tardifs de pleine terre.

Carotte courte de Hollande (fig. 40). — Longueur double
du diamètre. Excel-
lente variété de
pleine terre; cul-
tivée aussi en pri-
meur.

Carotte rouge de

Fig. 39. — Carotte rouge très
courte à châssis.

Fig. 40. — Carotte rouge courte
de Hollande.

Guérande. — Très grosse racine courte, à chair tendre. Productive.

Carottes rouges demi-longues.

*Carotte rouge demi-longue obtuse et carotte rouge
demi-longue pointue* (fig. 41). — Appartiennent surtout à la grande culture potagère. Assez hâtives, productives.

Carotte rouge demi-longue nantaise. — Racine cylindrique, à chair tendre, sans cœur. Précoce, productive, se
conserve facilement. Très cultivée, à juste titre, mais
exige des terres meubles, riches et suffisamment arrosées.

Carotte rouge demi-longue de Chantenay (fig. 42). — Grosse carotte ressemblant à celle de Guérande, mais plus allongée.

Carotte rouge demi-longue de Carentan. — Exigeante et peu productive, mais de qualité remarquable. Sans cœur.

Fig. 41. — Carotte rouge demi longue pointue.

Carotte rouge pâle de Flandre. — Grosse racine conique. Variété de grande culture, à rendements élevés.

Carottes rouges longues.

Carotte rouge longue. — Tardive, très productive. Convient à la fois à la grande culture et à la culture maraîchère.

Carotte rouge longue de Saint-Valery. — Belle variété de grande culture, convenant surtout aux terres légères, profondes et fertiles.

Carotte rouge longue lisse de Meaux (fig. 43). — Racine cylindrique, à cœur très réduit. Excellente variété maraîchère.

Carotte rouge longue d'Altringham. — Racine très longue, fine et cassante. Très productive et de bonne qualité.

Carottes jaunes.

Carotte jaune courte. — Peau et chair jaune pâle. Deux fois plus longue que large. Peu répandue.

Carotte jaune longue. — Variété de grande culture, à chair jaune. Durcit en se développant.

Exigences. — La carotte vient dans les sols les plus divers, mais les terres fraiches, argilo-siliceuses ou argilo-calcaires, profondément ameublies sont celles qui lui con-

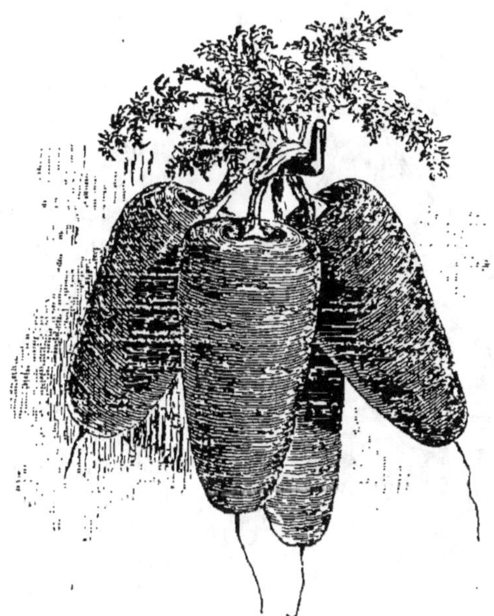

Fig. 42. — Carotte rouge demi-longue de Chantenay.

viennent le mieux. Un labour de 30 centimètres au moins doit précéder le semis des variétés longues; on le fera suivre d'un plombage pour raffermir le sol et en prévenir le desséchement. Dans les terres caillouteuses ou compactes, dans celles aussi qui ont reçu récemment des fumiers pailleux ou des gadoues fraiches, la racine de la carotte se divise, devient fourchue et ligneuse; il faut donc la cultiver sur fumure ancienne ou ne lui fournir que des engrais décomposés, d'ailleurs nécessaires à son développement. C'est une plante exigeante sous ce rapport. Pour la fumure aux engrais chimiques se reporter au chapitre : *Fertilisation du sol.*

Lente à végéter au début, et ne produisant qu'un feuillage peu fourni,.la carotte redoute les mauvaises herbes ; lui réserver un sol propre, maintenu tel par des binages dans le cours de la végétation.

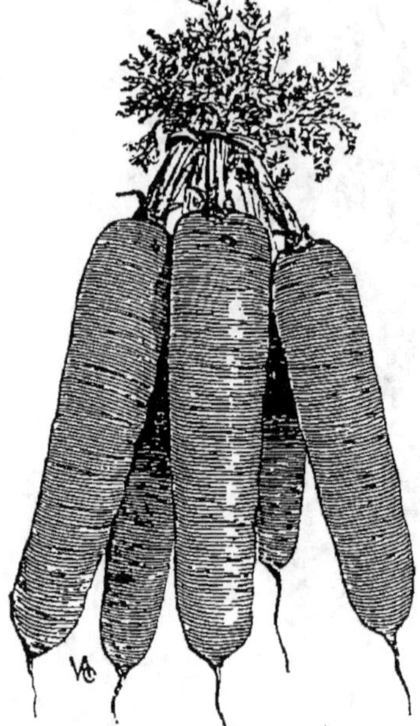

Fig. 43. — Carotte rouge longue de Meaux.

Culture forcée. — Les premiers semis se font à la fin de novembre ou au commencement de décembre, sur couche donnant de 20 à 22 degrés de chaleur, chargée de 15 centimètres de terreau, ou d'un mélange de bonne terre et de terreau, avec lequel on obtient des produits meilleurs, mais un peu moins précoces. La *carotte rouge à forcer parisienne*, la *carotte grelot* et la *carotte rouge courte hâtive* sont celles qui conviennent le mieux pour cette culture.

On répand, par châssis, de 1 gramme à 1 gramme et demi de graine persillée ; on recouvre celle-ci d'un peu de terreau, que l'on tasse à l'aide d'une planchette. La levée se produit après dix à douze jours. Quand les plants sont assez forts, on les éclaircit en laissant entre eux une distance de 4 à 5 centimètres. Aérer quand le temps est propice pour éviter l'étiolement, mais, la nuit, recouvrir les châssis de paillassons. Des bassinages, donnés le matin de préférence, maintiennent la fraîcheur du sol.

On renouvelle les réchauds quand il est nécessaire. On récolte trois mois et demi à quatre mois après le semis les racines les plus avancées, puis, successivement, les autres pendant un mois environ. On obtient, par châssis, de 200 à 300 carottes, que l'on réunit habituellement, pour la vente, par bottes de 40 à 50.

En échelonnant convenablement les semis sur couches, on peut avoir des carottes de primeur depuis la fin de mars jusqu'en juin. Les dernières saisons se font en février-mars, sous cloches, ou même à l'air libre, en protégeant simplement les plantes, pendant la nuit, à l'aide de paillassons tendus sur des gaulettes. Pour ces saisons, on associe souvent à la culture de la carotte celle de la laitue, de la romaine, du radis etc.

En semant la carotte grelot sur couche dès le mois d'octobre, pour la repiquer ensuite en bâches chauffées au thermosiphon, les maraîchers parisiens obtiennent, au début de janvier, de petites racines très recherchées.

Culture ordinaire. — La première saison se fait vers la mi-février, en terre saine et sur côtière exposée au midi ou au levant. Au début de la végétation, on abrite, s'il y a lieu, les plantes à l'aide de cloches ou de paillassons, qu'on supprime dès que le temps le permet.

De la fin de février jusqu'en septembre, on sème la carotte en planches, soit à la volée, à raison de 50 grammes de graines persillées par are, soit en rayons distants de 20 à 25 centimètres, en employant de 30 à 40 grammes de graines seulement. Pour répandre celles-ci plus uniformément dans les sillons, on se sert souvent d'une bouteille dont le bouchon est traversé d'un tube de verre ou d'un tuyau de plume. On recouvre ensuite légèrement la graine au râteau, ou bien l'on terreaute sur une épaisseur d'un centimètre, puis on plombe à la pelle, à la batte ou en piétinant le terrain. Pour les semis d'été, on étend sur le sol un léger paillis, qui entretient la fraîcheur. Depuis l'ensemencement on arrose fréquemment, mais en répandant peu d'eau chaque fois. Les binages doivent commencer dès la levée, pour se poursuivre jusqu'à la récolte; ils sont facilités par les semis en lignes. On éclaircit quand les jeunes plants ont quelques feuilles; la dimension des variétés cultivées règle l'écartement, qui varie généralement de 10 à 15 centimètres. Les carottes se repiquent mal.

Souvent, dans les carottes on plante des laitues ou des romaines, quelquefois même des choux-fleurs quand les cultures présentent des vides étendus.

La récolte des carottes commence trois mois et demi ou quatre mois après le semis, avant que les racines aient atteint leur entier développement; quand on attend trop, elles se fendent et perdent beaucoup de leur valeur, tant pour la vente que pour la conservation. Dans les jardins, la récolte se fait en plusieurs fois, en enlevant successivement les racines les plus avancées; elle peut se prolonger ainsi pendant près d'un mois. On arrose après chaque arrachage. Les rendements obtenus varient entre 300 et 350 kilogrammes, soit 5 à 6 hectolitres par are.

Suspendus pendant la période des fortes chaleurs, du 15 juillet au 15 août, les semis reprennent à cette dernière date avec des variétés hâtives, — carotte Grelot notamment — qui se développent suffisamment avant les froids pour pouvoir passer l'hiver en terre sous une couverture de litière ou de feuilles. On récolte les racines au fur et à mesure des besoins. Vendues parfois comme carottes nouvelles, on les distingue aisément de ces dernières par l'absence de feuillage.

La carotte potagère réussit fort bien en grande culture dans les terres fraîches et profondément ameublies. La carotte rouge longue, celles de Saint-Valery, de Luc, de Chantenay, de Guérande et la carotte nantaise sont les variétés préférées. Elles produisent à l'hectare de 15 000 à 30 000 kilos de racines, représentant une valeur de 700 à 1000 francs.

Conservation. — Pour la consommation d'hiver, on conserve de préférences les carottes demi-longues récoltées en octobre-novembre. Décolletées ou débarrassées de leurs feuilles à la main, les racines, une fois ressuyées, sont mises en jauge ou en silo ou rentrées dans une cave saine, à température basse, mais à l'abri des gelées. En cave ou en cellier, on les dispose souvent en meules recouvertes de sable.

Production de la graine. — Comme porte-graines, on choisit des racines lisses, tendres et non creuses, présentant bien les caractères de la variété à reproduire. Arrachées avant l'hiver, on coupe les feuilles au-dessus du collet, puis on les conserve en cave pour les replanter en février-mars, en les espaçant de 60 centimètres environ. Pour éviter les croisements, séparer les variétés et détruire avec soin les pieds de carotte sauvage au voisinage des cultures. On tuteure les tiges s'il y a lieu et l'on supprime les ombelles faibles pour ne conserver que les mieux venues. Ces dernières, coupées en août, au fur et à mesure de la maturité, sont séchées à l'ombre, puis on en détache les graines à la main ou par le battage. La bonne graine de carotte est gris-verdâtre, très odorante.

Maladies. — Une pourriture, due au développement d'un champignon parasite, le *Sclerotinia Libertiana*, attaque parfois les carottes conservées en cave. Rentrées sèches et décolletées, les racines y sont moins sujettes ; les visiter souvent, séparer et détruire celles qui sont atteintes pour prévenir l'extension de la maladie.

Ennemis. — L'*araignée rouge* (*Théridion*) attaque les jeunes plantules de carotte et cause de sérieux ravages dans les semis. Des arrosages fréquents l'écartent ; on conseille aussi d'employer contre elle des bassinages au jus de tabac ou avec une décoction d'absinthe.

La chenille de la *teigne de la carotte* vit dans les ombelles, qu'elle dévore ; la rechercher et la détruire.

La larve de la *mouche des carottes* (*Psylomye*) creuse des galeries dans les racines ; arracher celles-ci quand on s'aperçoit que les feuilles jaunissent.

PANAIS

Pastinaca sativa L. (Famille des *Ombellifères*).

Origine. Caractères de la plante. — Plante indigène, commune à l'état sauvage dans les lieux frais. Bisannuelle. Feuilles radicales irrégulièrement segmentées, dentées. Tige creuse, striée, rameuse, atteignant jusqu'à 2 mètres et plus de hauteur ; porte de larges ombelles de fleurs jaunâtres. Graine plate, orbiculaire, ailée. Racine pivotante, charnue, d'un blanc jaunâtre.

Usages. — C'est cette racine que l'on consomme cuite, assez rarement, ou que l'on utilise pour aromatiser les bouillons.

Variétés. — *Panais rond* (fig. 44). — Le meilleur pour la culture potagère. Hâtif.

Panais demi-long de Guernesey. — Racine trois à quatre fois plus longue que large. Plus productif, mais moins précoce que le précédent.

Au potager, les variétés longues sont à peu près complètement abandonnées aujourd'hui.

Culture. — Comme la carotte, le panais réclame des terres profondes et fraîches, fumées à l'avance ou enrichies des mêmes engrais minéraux. Il s'accommode bien des sols un peu argileux.

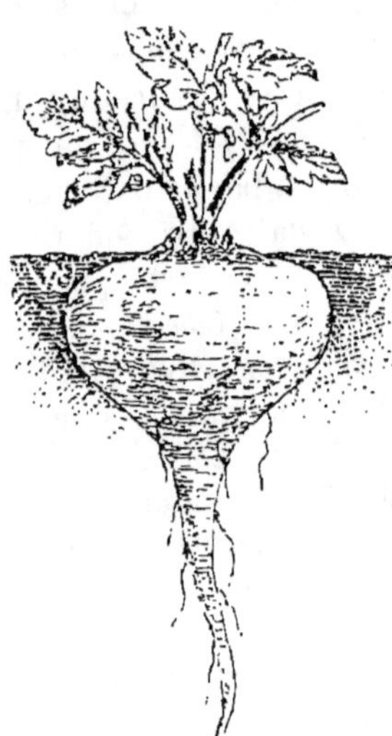

Fig. 44. — Panais rond.

C'est une plante rustique. On peut en commencer les semis de bonne heure, en février-mars, et les poursuivre jusqu'en juillet. Dans le midi, on sème le panais en septembre-octobre, pour le soustraire aux sécheresses, qu'il

redoute. Les semis d'automne réussissent également sous
le climat breton. A la volée, on emploie 50 grammes de
graines par are et 30 grammes seulement en lignes, distantes de 30 à 40 centimètres. La levée est assez lente et
souvent capricieuse ; on l'active par des bassinages répétés.

Quand les plants ont quatre ou cinq feuilles, on les
éclaircit, en laissant entre eux un écartement de 20 à
25 centimètres. Pendant le cours de la végétation, on
sarcle et l'on arrose suivant les besoins.

La récolte des panais semés jusqu'en avril a lieu à
l'automne ; on arrache au printemps ceux qui proviennent
des semis de juin-juillet ; ils n'ont besoin pendant l'hiver
d'aucune couverture de protection. On obtient de 350 à
400 kilos de panais par are.

Production des graines. — Choisir les porte graines
dans les semis de juin-juillet ; prendre des racines bien
faites, grosses et tendres, parmi celles conservées en
place ou en cave, et les replanter en mars, en les distançant de 60 à 70 centimètres. Récoltées en août, un peu
avant complète maturité, pour éviter l'égrenage, les
ombelles sont séchées à l'ombre.

Maladies. — *Mildiou* (*Peronospora nivea*) ; *taches des
feuilles* (*Cercospora Apii*). Ces maladies, communes à plusieurs ombellifères, sont peu dangereuses pour le panais.

Ennemis. — La chenille de la *teigne de la carotte*
s'attaque également aux ombelles du panais.

Les bassinages sont efficaces contre les pucerons, d'ailleurs peu redoutables.

CÉLERI-RAVE

Apium graveolens L. (Famille des *Ombellifères*).

Origine. Caractères de la plante. — Issu du céleri
ordinaire, le céleri-rave en diffère par sa racine charnue,
qui atteint souvent la grosseur des deux poings, et par les
pétioles de ses feuilles, creux et peu développés.

Usages. — Légume encore peu répandu, mais qui mérite de l'être davantage. La racine du céleri-rave se consomme cuite ou crue, comme hors-d'œuvre.

Variétés. — *Céleri-rave ordinaire* (fig. 45). — Racine de 200 à 300 grammes, arrondie et rugueuse à la partie supérieure; de couleur brunâtre.

Céleri-rave lisse de Paris. — Plus lisse et plus développé que le précédent. Très apprécié des maraîchers parisiens.

Céleri-rave d'Erfürt. — Précoce. Racine petite, régulièrement arrondie.

Céleri-rave géant de Prague. — Racine très grosse et très régulière.

Culture. — Plante exigeante, le céleri rave demande des terres meubles, fraîches et fertiles; il réussit admirablement dans le terreau pur. Dans les sols secs et maigres il ne fournit qu'un renflement dur et peu développé.

Fig. 45. — Céleri-rave.

On sème le céleri rave en mars-avril, très dru, sur couche donnant 20 degrés de chaleur. On le repique sur une nouvelle couche, à 3 ou 4 centimètres d'écartement, quand les plants ont deux ou trois feuilles. La mise en place a lieu vers le milieu de mai, en lignes, en laissant 30 à 40 centimètres entre les lignes et entre les plants.

Des binages répétés, des arrosages fréquents et copieux sont nécessaires pour obtenir de beaux produits.

L'effeuillage du céleri-rave, recommandé parfois pour en faire grossir la pomme, va précisément à l'encontre du but poursuivi; il en est de même de la suppression à la bêche, pendant la végétation, des racines qui se trouvent au pourtour de la souche. Ces deux opérations sont donc à rejeter.

La récolte a lieu en octobre. On obtient, par are, de 600 à 800 pommes, d'un poids moyen de 700 à 800 grammes.

On peu conserver le céleri-rave jusqu'au printemps soit en terre en le recouvrant de terreau, de paille ou de feuilles, soit en jauge au pied d'un mur.

C'est en février-mars que le céleri-rave est le plus recherché sur les marchés urbains et y atteint les prix les plus élevés.

Production de la graine. — Les porte graines, choisis avec le plus grand soin, doivent présenter un renflement lisse, volumineux et charnu, peu de radicelles et de feuilles. On évitera de cultiver à proximité des portegraines de céleri à côtes, dont la présence pourrait occasionner des croisements. La graine est mûre en août; on la détache des tiges, séchées à l'ombre, par un battage léger.

Maladies et ennemis. — Les mêmes que pour le céleri à côtes.

CERFEUIL TUBÉREUX

Chœrophyllum bulbosum L. (Famille des *Ombellifères*).

Origine. Caractères de la plante. — Plante bisannuelle. Croît spontanément dans l'est de la France. Cultivée depuis longtemps en Allemagne et en Autriche, mais introduite chez nous au début du xixe siècle seulement. Feuilles très divisées, velues. Tige de 1 mètre à 1^m,50, violacée, garnie de longs poils à la partie inférieure. Fleurs en ombelles composées.

Le fruit, considéré comme graine, est allongé, pointu, brunâtre, marqué de cinq côtes longitudinales.

La racine du cerfeuil tubéreux ou *cerfeuil bulbeux* est renflée, grisâtre, à chair blanche (fig. 46). Elle a la forme et les dimensions d'une petite carotte.

Usages. — C'est cette racine que l'on consomme après cuisson. Sa saveur, sucrée et aromatique, est diversement

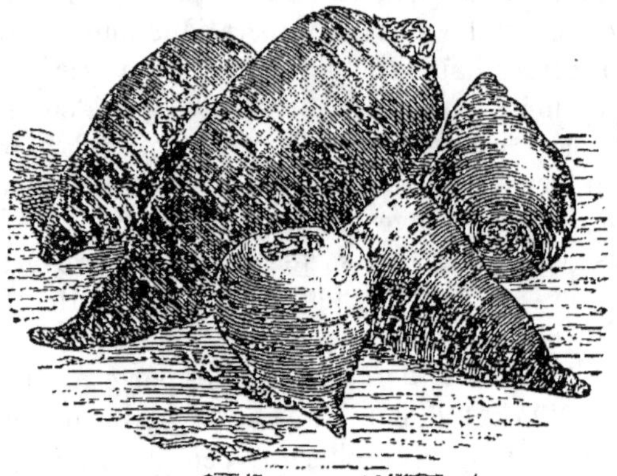

Fig. 46. — Cerfeuil tubéreux.

appréciée ; on la trouve volontiers délicate. Dans ces dernières années, ce légume semble avoir pris quelque importance sur le marché parisien.

Culture. — Les terres légères, fraîches, anciennement fumées, sont celles qui conviennent le mieux au cerfeuil tubéreux. Il réussit mal sous les climats chauds.

On le sème soit à l'automne, en septembre-octobre, soit en mars. Dans ce dernier cas, il convient d'employer des graines préalablement stratifiées ; les graines ordinaires ne germeraient dans le sol qu'au printemps de l'année suivante. Cette stratification s'obtient en disposant les graines dans un pot, par couches alternant avec des lits de sable fin. Le pot, fermé à l'aide d'une tuile plate ou d'une feuille de verre, est enterré au pied d'un mur au nord, ou conservé en cave.

Le semis se fait le plus souvent à la volée, à raison de 200 grammes de graines stratifiées ou de 300 grammes

de graines non préparées par are. On recouvre très légèrement la graine au râteau, puis on terreaute sur un
demi-centimètre d'épaisseur. Les semis d'automne ne
lèvent qu'en février-mars ; bassiner fréquemment pour
hâter cette levée. Sarcler soigneusement les planches. On
éclaircit s'il y a lieu quand les plants sont assez forts, mais
il est préférable de semer clair pour éviter cette opération.

Les soins culturaux consistent en sarclages et en arro-
ges fréquents.

Fin juin ou commencement de juillet les feuilles se
fanent ; c'est le moment de récolter les racines. Après
arrachage, on les laisse se ressuyer sur le sol pendant
quelques heures, puis on les rentre dans un local sain, où
elles peuvent être conservées jusqu'en avril ; elles
gagnent en qualité avec le temps.

Le rendement ne dépasse guère 200 kilogrammes de
racines par are; c'est la principale raison du peu d'extension de cette culture.

Production de la graine. — Comme porte-graines,
choisir à l'automne des racines grosses, tendres et régulières, les conserver en cave dans du sable sec pendant
l'hiver, puis les replanter en mars en les espaçant de
75 centimètres. Les graines sont mûres en juillet.

Maladies et ennemis. — Même maladie que la carotte.

L'araignée rouge (Théridion) de la carotte s'attaque
également au cerfeuil tubéreux.

Contre les *pucerons des racines*, employer des bassinages
fréquents. On recommande aussi des arrosages avec des solutions de sulfate de fer à 5 p. 1 000 ou du jus de tabac étendu
d'eau.

PERSIL A GROSSE RACINE

Petroselinum sativum Hoffm. (Famille des *Ombellifères*).

Origine. Caractères de la plante. Usages. — Le
persil à grosse racine n'est qu'une race du persil com
mun, dont la racine s'est développée au point d'atteindre

souvent 12 à 15 centimètres de longueur, avec un diamètre de 4 à 5 centimètres. Cette
racine est grisâtre, à chair blanche et
sèche; elle ressemble au panais
aussi bien par l'aspect que par la
saveur. On la consomme cuite ou
bien on s'en sert pour aromatiser les
potages.

Fort peu connu chez nous, le persil
à grosse racine jouit d'une certaine
faveur en Allemagne et en Russie.

Variétés. — Elles sont au nombre
de deux, l'une hâtive (fig. 47), à racines courtes; l'autre tardive, à racines longues et minces (fig. 48).

Culture. — On sème dans un sol
défoncé, en février-mars, très clair, à
la volée ou, de préférence, en lignes

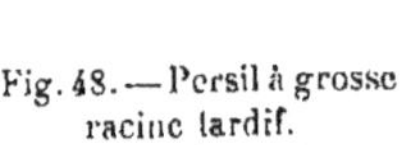

Fig. 47. — Persil à grosse racine hâtif.

Fig. 48. — Persil à grosse
racine tardif.

distantes de 25 à 30 centimètres. On éclaircit ensuite, en
espaçant les plants de 20 à 25 centimètres.

Arroser fréquemment. La récolte a lieu en septembre-octobre. Pour la conservation, avoir soin de ne pas mutiler les racines. Celles-ci peuvent rester en terre jusqu'aux gelées.

Les feuilles du persil à grosse racine conviennent mêmes usages que celles du persil commun.

Cette plante a tendance à faire retour au type commun ; sélectionner avec soin les porte-graines, qui doivent avoir des racines grosses, tendres et régulières. On les replante à la sortie de l'hiver.

Mêmes ennemis que le persil commun.

CHERVIS

Sium Sisarum L. (Famille des *Ombellifères*).

Origine. Caractères de la plante. Usages. — Le chervis, *chirouis* ou *girole* (fig. 49), est une plante vivace, que l'on prétend originaire de Chine. Elle aurait été introduite en France vers le milieu du xvie siècle. Très cultivée jadis dans les jardins potagers, elle ne s'y rencontre plus qu'exceptionnellement aujourd'hui.

Le chervis a des feuilles composées, à folioles luisantes. Ses tiges apparaissent dès la première année ; elles portent des ombelles de petites fleurs blanches, auxquelles succèdent des graines

Fig. 49. — Chervis.

oblongues, brunâtres. Ses racines, renflées, sont disposées en un faisceau partant du collet de la plante ; le cœur, dur et ligneux, est revêtu d'une enveloppe charnue. C'est celle-ci que l'on consomme, accommodée comme les salsifis. La saveur en est très sucrée, un peu aromatique.

Culture. — Le chervis croît dans les sols les plus divers ; mais il ne donne de bons produits que dans les terres meubles, fraîches et fertiles. On le multiplie par graines ou par éclats de pieds. Convenablement sélectionnés, ces derniers fournissent plus sûrement que les graines des racines non fibreuses, mais les plantes obtenues ont moins de vigueur.

Les semis se font à l'automne (septembre-octobre) ou au début du printemps, quelquefois en place, le plus souvent en pépinière, à raison de 200 grammes de graines par are. On plante les jeunes pieds à demeure quand ils ont quatre ou cinq feuilles.

La plantation des racines ou des éclats de pieds a lieu en mars-avril, en lignes distantes de 20 centimètres.

Le chervis réclame des binages répétés et surtout des arrosages copieux et fréquents.

La récolte commence à l'automne de la première année et se poursuit pendant tout l'hiver, au fur et à mesure des besoins ; les racines restées en terre ne redoutent pas les gelées. On obtient, en moyenne, 120 à 150 kilogrammes de racines par are.

Production de la graine. — On recueille la graine de chervis sur des pieds de deux ans. Les ombelles, coupées en août-septembre, sont séchées, puis battues.

BETTERAVES

Beta vulgaris L. (Famille des *Chénopodées*).

Origine. Caractères de la plante. — La betterave croît à l'état spontané dans la région méditerranéenne. Elle a été introduite d'Italie en France avant Olivier de Serres, qui l'a mentionnée dans ses ouvrages.

Plante bisannuelle, la betterave produit la première
année une racine charnue, de forme, de volume et de
couleur très différents suivant les variétés. Ses feuilles
radicales sont ovales, souvent ondulées, parfois cloquées.
La tige florale apparaît la seconde année, exceptionnellement la première; elle porte des fleurs petites, sessiles,
verdâtres, réunies par groupes de deux à six. Les graines
auxquelles elles donnent naissance, petites, brunes, réniformes, sont enfermées dans une enveloppe subéreuse
et forment un *glomérule* jaune verdâtre ou grisâtre,
rugueux, irrégulier. C'est celui-ci qu'on emploie comme
semence; on le désigne, d'ailleurs, sous le nom de graine
dans le langage courant. Renfermant plusieurs graines
véritables, il peut produire à la fois plusieurs plantules.

Usages. — La betterave constitue la matière première de l'industrie sucrière indigène; elle remplit le
même rôle en distillerie (1); son importance comme racine fourragère est considérable. Elle en a une bien
moindre en culture potagère. On consomme la racine
cuite, le plus souvent comme hors-d'œuvre ou en salade.

Variétés. — Beaucoup des très nombreuses variétés
de betterave existantes appartiennent exclusivement à
la culture industrielle ou fourragère. Les variétés potagères sont à chair rouge, quelques-unes à chair jaune,
celles-ci moins estimées; aucune n'a la chair blanche.
Voici les principales :

Betteraves à chair rouge.

Betterave rouge grosse (fig. 50). — Racine longue, cylindrique, presque à moitié hors du sol. Rustique et très
productive. Très cultivée. Convient particulièrement à la
grande culture.

Betterave Crapaudine. — Racine assez longue, à peau
noire, gerçurée, chair très rouge.

(1) Voy. *Encyclopédie agricole* : Technologie : Sucrerie, par Saillard. —
Industrie de fermentation : brasserie, distillerie, par Boullanger.

Betterave rouge de Castelnaudary. — Racine fusiforme,

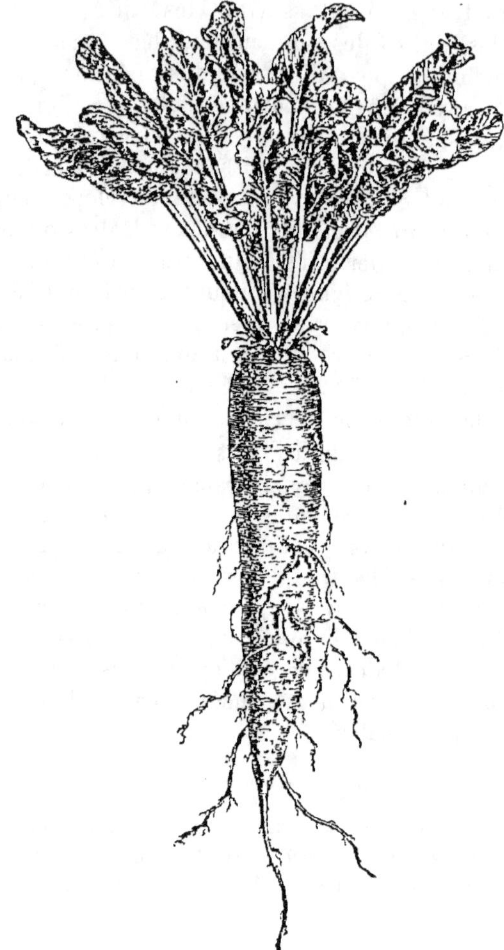

Fig. 50. — Betterave rouge grosse.

petite, très enterrée. De bonne qualité, mais peu productive.

Betterave rouge naine. — Racine régulière, effilée, très petite, rouge foncé.

Betterave rouge ronde. — Racine arrondie, à moitié enterrée, rouge foncé. Précoce.

Betterave rouge plate de Bassano. — Racine large, aplatie, enterrée seulement à la base. Productive.

Betterave rouge plate d'Égypte (fig 51). — Racine très aplatie, repose sur le sol. Peau rouge noir, chair rouge sang. Très précoce. Excellente variété à consommer avant complet développement. Convient parfaitement à la culture sur couche.

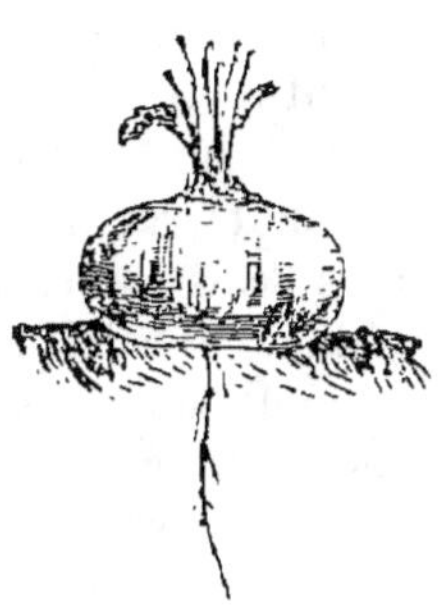

Fig. 51. — Betterave rouge plate d'Égypte.

Betteraves à chair jaune.

Betterave jaune grosse. — Racine longue, cylindrique, à moitié hors du sol. Peau et chair jaunes. Variété de grande culture, rustique et productive.

Betterave jaune de Castelnaudary. — Racine fusiforme, petite, complètement enterrée. Chair jaune foncé.

Betterave jaune ronde. — Racine en forme de toupie. Chair tendre, très sucrée.

Exigences. — La betterave est exigeante sous le rapport du sol. Les terres un peu tenaces, argilo-siliceuses ou argilo-calcaires, profondément ameublies et copieusement fumées d'avance, sont celles qui lui conviennent le mieux. Les fumiers frais et pailleux déterminent la formation de racines fourchues. En sol maigre, la betterave fournit peu de produits; dans les terres humides, la saveur en est médiocre, peu sucrée.

Pour cette plante, M. Garola recommande les fumures suivantes: 4 kilogrammes de nitrate de soude en trois fois, 6 kilogrammes de superphosphate de chaux et 2 kilogrammes de chlorure de potassium par are; ou bien, avec 300 kilogrammes de fumier, 2 kilogrammes de nitrate de soude et 3 kilogrammes de superphosphate.

Culture. — On multiplie la plante par graines semées en place, en pleine terre, du mois de mars au mois de mai. Les semis à la volée, à peu près complètement abandonnés aujourd'hui, ont cédé la place aux semis en lignes distantes de 40 à 50 centimètres. On emploie environ 50 grammes de graines par are ; on enterre celles-ci à 3 ou 4 centimètres de profondeur, puis on plombe le sol pour assurer un contact plus parfait du glomérule, rugueux, avec la terre voisine. L'immersion préalable de la graine dans l'eau pendant quelques heures en facilite la germination. On éclaircit après la levée, en une ou deux fois, à la binette ou, dans les petits jardins, à la main, en laissant une distance de 30 à 40 centimètres entre les plants. Deux ou trois binages et quelques arrosages suffisent ensuite pour l'entretien des cultures. Le buttage, conseillé pour les variétés dont les racines sortent du sol, est d'une médiocre utilité.

Parfois aussi l'on sème en pépinière, à raison de 300 grammes de graine par are, et l'on repique en place quand les plants ont la dimension d'un tuyau de plume. Choisir un temps couvert pour la transplantation. On habille le plant en coupant l'extrémité de la racine, qui ne doit pas être recourbée dans le trou ouvert au plantoir ; quand les feuilles sont trop développées, on supprime l'extrémité des plus longues pour réduire l'évaporation. Arroser plusieurs fois pour favoriser la reprise.

Les repiquages demandent beaucoup de main-d'œuvre et ne présentent aucun avantage sur les semis en place.

Dans la très petite culture on sème souvent *au doigt* en plaçant les graines dans des trous faits à la main ; on distance ainsi immédiatement les pieds, mais un *démariage* est quand même nécessaire, le même glomérule donnant généralement naissance à plusieurs plantules, dont une seule doit subsister à chaque place.

Suivant l'époque du semis, la récolte à lieu du mois de juillet au mois d'octobre ; l'arrachage des racines se fait à la bêche, à la fourche ou à la houe. En culture potagère, les rendements ne dépassent guère 250 à 300 kilos par are.

Semée ou repiquée sur couche en mars-avril, la betterave plate d'Égypte fournit des racines comestibles deux mois et demi plus tard.

Conservation. — Pour la consommation d'hiver, on conserve en cave ou en cellier les racines arrachées à la fin d'octobre ; elles appartiennent généralement à des variétés à grand développement. Après décolletage, on les place dans du sable sec, de la poussière de tourbe ou de la sciure de bois ; elles se gardent aisément ainsi jusqu'au printemps.

Production de la graine. — Choisir comme porte-graines des racines moyennes, bien faites et non creuses parmi celles des derniers semis. Les rentrer en cave pour l'hiver, après en avoir supprimé les feuilles, en prenant soin de ménager les bourgeons du collet. En mars-avril, les replanter en bon sol, en les distançant de 80 centi-mètres en tous sens. Tuteurer les tiges et pincer l'extré-mité des inflorescences pour ne conserver que les graines de la base, plus précoces et mieux nourries. Celles-ci sont mûres en août ; on coupe alors les tiges pour les battre après séchage. Les graines sont ensuite nettoyées par le passage au tarare et le criblage. Les sécher soigneuse-ment ; moins elles renferment d'eau, plus rapidement elles germent et mieux elles se conservent.

Maladies. — *Mildiou* (*Peronospora Schachtii*) ; déforme les feuilles du cœur et les couvre d'une efflorescence blanche. Employées comme pour la pomme de terre, les bouillies cupriques donnent de bons résultats. Elles sont utiles aussi contre la *rouille* (*Uromyces Betæ*).

Maladie du cœur (*Phyllosticta tabifica*) ; fait blanchir les pétioles. Les plantules de semis atteintes noircissent et meurent.

Jaunisse, causée par une bactérie ; se manifeste par la décoloration des feuilles, qui gagne de proche en proche.

Pour éviter la propagation de ces maladies, détruire par le feu les feuilles infectées et ne faire revenir la betterave sur le même terrain qu'après un intervalle de plusieurs années.

Ennemis. — Les jeunes semis sont exposés aux ravages causés par les limaces et les escargots ; pour les préserver, les saupoudrer de cendre ou de chaux en poudre.

Un petit coléoptère, l'*Atomaria linearis*, fait périr les très jeunes betteraves en les perçant au voisinage du collet ; hâter la pousse des plantes pour les soustraire à ses atteintes.

Contre le *ver gris* et la larve du *taupin*, qui s'attaquent aux racines, injecter dans le sol du sulfure de carbone.

Le *nématode* ou anguillule de la betterave est heureusement inconnu dans les cultures potagères.

POMMES DE TERRE

Solanum tuberosum L. (Famille des *Solanées*).

Origine. Caractères de la plante. — Originaire de la région des Andes (Chili ou Pérou), la pomme de terre a été importée par les Espagnols vers la fin du xvie siècle. La culture s'en est répandue d'abord dans les Pays-Bas ; elle n'a gagné qu'assez tardivement le nord et le centre de la France, après s'être implantée un peu partout au voisinage de nos frontières. On connaît les ingénieux efforts faits par Parmentier pour vaincre les préventions qu'avaient encore, sous Louis XVI, nos populations contre la consommation des tubercules de la précieuse solanée. Ceux-ci tiennent aujourd'hui l'une des premières places dans l'alimentation des peuples civilisés, qu'ils suivent dans leur marche conquérante à travers le globe.

Plante vivace par ses rameaux souterrains renflés en tubercules féculifères, la pomme de terre est annuelle par ses organes aériens. Sa tige, anguleuse, carrée, velue, rameuse, souvent garnie sur les angles d'ailes membraneuses, porte des feuilles pubescentes très divisées, à lobes arrondis, inégaux. Ses fleurs, à corolle entière, rotacée, blanche, violette ou violacée, sont groupées en bouquets axillaires et terminaux. Un grand nombre de variétés ne fleurissent pas sous nos climats; d'autres ont des fleurs caduques et ne produisent pas de fruits. Ceux-ci sont des baies globuleuses, d'abord verdâtres, puis violacées à la maturité; leur pulpe, à saveur âcre, entoure de petites graines blanches, aplaties et réniformes.

Les tubercules de la pomme de terre, jaunes, rouges ou violets, ronds, oblongs ou allongés, réguliers ou tourmentés, présentent des yeux ou bourgeons logés dans des dépressions plus ou moins profondes. Ces yeux sont plus nombreux et plus rapprochés au sommet ou *couronne* qu'à la base du tubercule.

Usages. — Matière première des industries de la féculerie et de la distillerie (1), le tubercule de la pomme de terre tient en outre une place très importante parmi les produits fourragers. Il entre dans l'alimentation de l'homme après cuisson et fait l'objet des préparations culinaires les plus variées.

Variétés. — On en connaît plusieurs milliers, qui répondent aux divers usages que nous venons de signaler.

Toutes peuvent être employées pour la table, mais elles sont fort loin d'avoir la même valeur à cet égard. Les desiderata du consommateur portent sur plusieurs points spéciaux : la saveur du tubercule, ses propriétés physiques ou mécaniques (résistance des tissus à la désagrégation sous l'influence de la cuisson), son volume, sa forme et sa couleur.

La régularité du tubercule, le nombre et la profondeur des yeux relèvent de la question de forme; les pommes

(1) Voy. *Encyclopédie agricole* : Plantes industrielles, par Ducloux. — Industries de fermentation, par Boullanger.

de terre lisses, avec des yeux rares et superficiels, sont les plus appréciées : l'épluchage en est rapide et laisse peu de déchet. Pour la même raison, on rejette généralement les tubercules de trop faible volume; mais, d'autre part, les très gros tubercules se prêtent difficilement à certaines préparations culinaires; ce sont donc, en définitive, les moyens que l'on préfère.

Suivant les localités, le choix va tantôt aux variétés rondes, tantôt aux variétés longues.

La couleur de l'enveloppe est un caractère qu'on apprécie différemment aussi suivant les régions. Il en est de même de celle de la chair; dans le nord et l'est de la France, on consomme volontiers les variétés à chair blanche; celles à chair jaune sont, au contraire, les seules acceptées dans les cuisines parisiennes; nos meilleures variétés de table présentent d'ailleurs cette dernière couleur.

En Angleterre, où nous exportons de grandes quantités de pommes de terre, on recherche les tubercules gros, arrondis, à chair blanche très farineuse.

Le cultivateur soucieux d'obtenir des produits de vente facile et rémunératrice, doit tenir compte des préférences locales et ne négliger aucun des caractères que nous venons d'énumérer.

Bien qu'en matière de goût les jugements soient fort variables suivant les individus, et qu'il faille, pour cette raison, se montrer très circonspect dans les appréciations relatives à la saveur des aliments, à la suite d'essais nombreux sous différentes formes, réalisés lors d'une étude chimique faite en collaboration avec M. Coudon (1), nous avons cru pouvoir classer ainsi quelques-unes des variétés les plus connues de pomme de terre.

Variétés à saveur fine; excellentes pour la préparation de la plupart des mets : Belle de Fontenay, Marjolin hâtive, Marjolin Têtard, Fleur de pêcher, Chave, Royale.

____

(1) Coudon et Bussard. *Recherches sur la pomme de terre alimentaire.* 1897.

Variétés à saveur agréable; se rapprochent beaucoup des précédentes : Quarantaine de la Halle, Hollande jaune, Hollande rouge, Violette longue, Vitelotte, Lesquin, Caillou blanc.

Variétés passables : Pousse-debout, Victor, Rognon rose, Saucisse, Flocon de neige, Merveille d'Amérique.

Variétés médiocres : Éléphant blanc, Champion, Reine des Polders, Farineuse rouge, Géante bleue, Institut de Beauvais, Magnum bonum, Early rose, Négresse, Richter's Imperator.

Presque toutes les variétés de cette dernière catégorie sont à grands rendements, riches en fécule, et trouvent leur utilisation dans l'industrie ou pour l'alimentation du bétail; elles ne sont, en général, acceptées pour la table que dans les campagnes, à défaut de pommes de terre à saveur plus agréable. Celles de la première se signalent au contraire, par leur richesse en matières azotées.

Cette même étude nous a conduits à constater que la résistance des tubercules de pomme de terre au délitement produit par la cuisson dans l'eau, résistance qui leur confère une plus grande valeur pour la préparation des mets délicats, est d'autant plus élevée qu'ils renferment plus de matières albuminoïdes et moins de fécule. Dans nos analyses, nous avons trouvé de 10 à 11 p. 100 de fécule et de 2,5 à 2,7 p. 100 de matières azotées, dont 1,2 à 1,5 p. 100 d'albuminoïdes, dans les meilleures variétés de table (Belle de Fontenay, Marjolin hâtive, Chave, Royale), et de 14 à 19 p. 100 de fécule, avec 1,6 à 2 p. 100 seulement de matières azotées, dont 0,8 à 1 p. 100 d'albuminoïdes, dans les moins bonnes (Géante bleue, Institut de Beauvais, Magnum bonum, Richter's Imperator).

Le cultivateur demande d'autres qualités aux variétés qu'il produit: rendements élevés, précocité ou tardiveté suivant les cas, résistance à la maladie, bonne conservation des tubercules. Plusieurs s'accordent difficilement avec celles qui précèdent. Les variétés potagères sont toutes relativement précoces et peu productives, mais les hauts prix qu'elles atteignent sur les marchés compensent largement l'écart qui peut exister entre leurs rendements et ceux des variétés industrielles et fourragères, et la culture en est, en définitive, sensiblement plus lucrative.

Parmi la multitude des variétés de pomme de terre cultivées pour la consommation, nous devons nous borner à citer ici quelques-unes seulement des plus appréciées en France. Nous les classerons d'après la forme et la couleur des tubercules, suivant la méthode adoptée par M. Henry de Vilmorin (1). Cet auteur considère comme un caractère d'une grande fixité, très important pour la répartition des variétés en groupes plus restreints dans chacune des divisions ainsi formées, la couleur et l'apparence des germes développés à l'obscurité.

Pommes de terre jaunes rondes.

Chave ou *Shaw*. — Tubercules moyens, yeux assez enfoncés. Chair jaune farineuse. Germe jaune de cire avec les extrémités violettes. Plantée en avril mûrit en août. Productive.

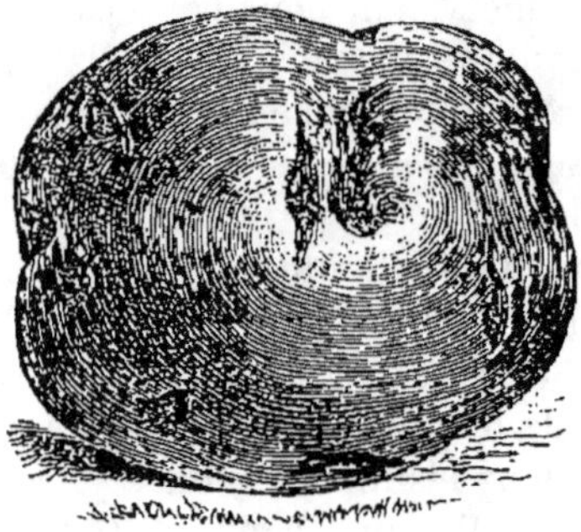

Jaune ronde hâtive. — Ressemble à la précédente, mais mûrit fin juillet.

Segonzac ou *de la Saint-Jean*. — Semblable encore à la Chave. Très ancienne et très cultivée.

Fig. 52. — Pomme de terre Chave.

Séguin ou *de Lesquin*. — Peau rugueuse, yeux peu profonds. Chair jaune. Productive. Mûrit en septembre.

(1) Henry de Vilmorin. *Catalogue méthodique et synonymique des principales variétés de pommes de terre.*

Flocon de neige. — Tubercule ovale aplati ; yeux superficiels. Chair blanche. Germe rose pâle. Mûrit vers le 15 juillet.

Pommes de terre jaunes longues.

Marjolin ou *Kidney hâtive* (fig. 53). — Tubercules ovoïdes, souvent un peu courbés, peu d'yeux, très superficiels.

Fig. 53. — Pomme de terre Marjolin.

Chair très jaune. Germe blanc jaunâtre. Mûrit en juin. La plus employée pour la culture forcée.

Marjolin Tétard. — Tubercules plus gros, jaune foncé. Chair jaune. Productive. Mûre à la fin de juillet.

Pomme de terre à feuille d'ortie. — Ressemble à la Marjolin-hâtive ; de même précocité. Germes roses. Excellente variété de primeur.

Victor. — Tubercules aplatis, coupés carrément aux extrémités. Chair jaune. Germe violet. Extrêmement précoce. Convient parfaitement à la culture sous châssis.

Quarantaine de la Halle ou *quarantaine de Noisy.* —

Tubercules moyens, oblongs ou en amande. Chair très jaune, d'excellente qualité. Germe rose velu. Mûrit en août. Productive. Se conserve bien. Très appréciée sur le marché parisien ; s'est substituée à l'ancienne « Hollande jaune » dont elle a même usurpé le nom auprès des consommateurs. La *jaune longue de Brie* en est une sous-variété.

Belle de Fontenay. — Tubercules allongés, yeux très peu marqués. Chair jaune, d'excellente qualité. Germes violacés. Ne réussit bien qu'en terre fraîche.

Royale ou *anglaise hâtive*. — Tubercule en rognon, yeux superficiels. Chair jaune. Germe violet. Sensiblement de même précocité que la Marjolin. Très bonne variété de primeur en pleine terre.

Caillou blanc. — Tubercule en amande, lisse. Peau grisâtre, chair jaune pâle. Germe violet, velu. Mûre fin juillet.

Magnum bonum. — Tubercule gros, souvent irrégulier; peau jaune pâle, yeux saillants. Chair blanche. Germe rose. Mûrit vers le milieu de septembre. Variété très productive, mais de qualité médiocre. Appartient surtout à la grande culture. Appréciée pour l'excellente conservation de ses tubercules.

Pommes de terre rouges rondes.

Pomme de terre de Zélande. — Tubercule moyen, rouge vif, à chair jaune. De bonne garde. Se récolte fin septembre.

Farineuse rouge. — Tubercule gros, yeux profonds; chair blanche, peu appréciée pour la consommation. Mûrit en septembre. Grande culture.

Pommes de terre rouges longues.

Early rose (fig. 54). — Tubercule oblong, rosé, portant des yeux peu profonds. Chair blanche. Très productive et précoce ; peut se récolter en août. Variété de grande consommation. Se conserve mal.

Saucisse. — Tubercule oblong, un peu aplati, régulier, franchement rouge. Yeux peu marqués. Chair jaune,

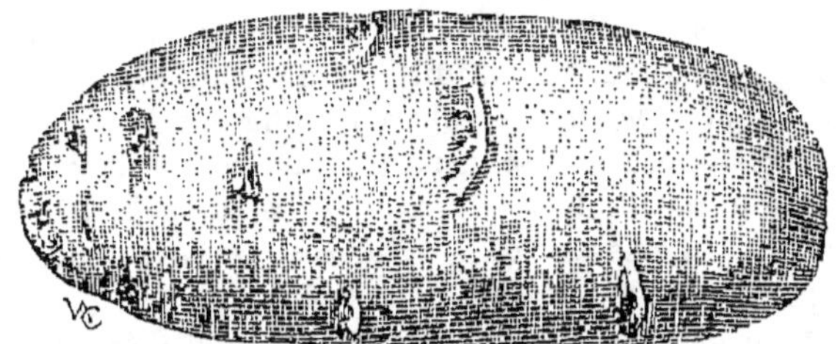

Fig. 54. — Pomme de terre Early rose.

farineuse. Germe rose. Mûrit en septembre. Se conserve longtemps. On en fait à Paris une grande consommation pendant toute la période hivernale.

Kidney rouge hâtive. — Tubercule oblong, chair jaune pâle, farineuse. Se récolte en août.

Rouge longue de Hollande. — Tubercule très allongé, formant souvent crochet à l'extrémité, rouge foncé. Chair jaune. Se récolte fin août. Variété ancienne, un peu abandonnée aujourd'hui.

Pousse-debout. — Tubercule allongé, rouge pâle; yeux saillants. Chair jaune. Germe rose. Mûrit en septembre. Productive et de bonne garde.

Rognon rose. — Tubercule très lisse, en rognon, rose saumoné; yeux très superficiels. Chair jaune, de bonne qualité. Mûrit fin août.

Vitelotte. — Tubercule allongé, très entaillé par suite de la présence d'yeux nombreux placés dans des plis profonds. Peau rouge. Chair blanche ou rosée. Se récolte en septembre. De bonne garde. A perdu beaucoup de son importance.

Pommes de terre violettes.

Violette. — Tubercule arrondi, yeux profonds. Peau violette, chair jaune. Germe violet. Productive, de bonne qualité et se conservant bien. Assez commune sur le marché parisien.

Blanchard. — Tubercule arrondi, jaune panaché de violet. Précoce, mûrit fin juillet. Chair jaune.

Quarantaine violette. — Tubercule long, lisse, en amande. Peau très fine, violette. Chair jaune, de bonne qualité.

Les pommes de terre *Négresse* et *Chandernagor*, à chair violette, sont des variétés curieuses, rarement utilisées quoique de bonne qualité.

Les variétés suivantes sont les plus cultivées pour le grand approvisionnement : Chave, Lesquin, Quarantaine de la Halle, Saucisse, Quarantaine violette, Magnum bonum. La culture de primeur et celle de demi-saison s'adressent surtout aux pommes de terre Marjolin hâtive, Feuille d'Ortie, Victor, Royale, Marjolin Têtard, Belle de Fontenay, Caillou blanc, Rouge longue de Hollande.

Dans ces dernières années les sélectionneurs allemands (Paulsen, Richter, Cimbal), anglais et américains, plus rarement français, ont obtenu de très nombreuses variétés nouvelles. Presque toutes appartiennent à la grande culture, et, parmi celles mêmes qui sont destinées à la consommation, bien peu réunissent les qualités recherchées chez nous. Il est regrettable que des essais méthodiques ne soient pas tentés en vue de la création de nouvelles races, répondant aux desiderata que nous avons précédemment fait connaître, et capables de se substituer aux anciennes quand le renouvellement de celles-ci, imposé par leur productivité décroissante, deviendra nécessaire.

Exigences. — Plante des plus rustiques, la pomme de terre se rencontre sous des latitudes très diverses, depuis les régions les plus froides où des céréales comme l'avoine et l'orge vivent encore, jusqu'à la zone tropicale. En altitude, elle s'élève jusqu'à 1 000 mètres dans les Alpes et les Pyrénées. Mais c'est dans les contrées tempérées et brumeuses qu'elle réussit le mieux et fournit les plus abondantes récoltes. Nos bonnes variétés pota-

gères, plus délicates que les autres, s'accommodent moins
des froids rigoureux ou des sécheresses prolongées.

Tous les terrains suffisamment profonds et sans excès
d'humidité conviennent à la pomme de terre ; elle préfère cependant les terres légères, siliceuses ou calcaires,
aux sols argileux. Si la pomme de terre peut se contenter de fumures médiocres, elle ne produit qu'en proportion de la quantité d'engrais qu'on lui fournit et se
montre très exigeante sous ce rapport.

Dans la plupart des sols, les engrais azotés déterminent
un accroissement notable des récoltes de pomme de terre,
mais, employés exclusivement en fortes quantités, ils
peuvent retarder la maturation des tubercules, qu'ils
prédisposent en outre à la maladie ; il convient donc
de les associer dans une juste proportion aux engrais phosphatés et potassiques. La pomme de terre supporte les
fumures organiques fraîches. Tous les fumiers lui conviennent ; employés seuls, ils doivent l'être à des doses
élevées (30 000 kilogrammes au moins). Il est préférable
d'en réduire la masse et d'y adjoindre des engrais chimiques comme complément. Le nitrate de soude et le
sulfate d'ammoniaque peuvent être avantageusement
utilisés dans ce but, en même temps que les divers
engrais phosphatés et potassiques. La pomme de terre est
particulièrement avide de potasse ; elle consomme beaucoup moins d'acide phosphorique, mais celui-ci exerce
cependant une action marquée sur ses rendements. On
assure, en outre, qu'il rend la plante plus résistante au
Phytophthora.

Au chapitre *Fertilisation du sol*, nous avons indiqué plusieurs formules de fumures minérales se rapportant à la pomme de terre ; nous avons également signalé,
en traitant des assolements, les fumures aux tourteaux
en usage dans le Midi.

Pour la pomme de terre de grande culture, M. Aimé
Girard conseillait l'emploi de la fumure suivante :

	Kilos.	
Fumier de ferme	25.000 à 30.000	
Superphosphate de chaux.	300	600
Sulfate de potasse.......	250	300
Nitrate de soude...	200	300

M. Garola recommande, pour une terre de composition moyenne :

	Kilos.
Fumier de ferme......	20.000
Superphosphate de chaux........	500
Chlorure de potassium............	150
Nitrate de soude.................	250

Le sol destiné à la pomme de terre doit être labouré profondément, à 30 ou 35 centimètres.

Multiplication. — Elle se fait par semis, par plantation de tubercules entiers, de fragments de tubercules munis d'un ou de plusieurs yeux, très exceptionnellement par pousses détachées ou même par une sorte de marcottage, en couvrant de terre les tiges, couchées sur le sol. Ce dernier mode de propagation est très incertain et nullement pratique. La plantation des pousses est délicate et ne convient que pour la multiplication de variétés rares ; les boutures sont cultivées sur couche, sous cloches ou sous châssis, repiquées ensuite en pots, puis plantées à demeure quand les racines sont suffisamment développées.

Le semis est usité seulement pour l'obtention de variétés nouvelles. On sème les graines sur couches en février-mars, quelquefois en avril sur côtière ou sur ados bien exposés. La semence doit être très légèrement recouverte. On maintient la terre fraîche par des bassinages. Quand le jeune plant a deux ou trois feuilles, on le repique en pots ou sur une nouvelle couche, en espaçant les pieds de 15 à 20 centimètres. Si le mode de semis le permet, on se contente parfois de pratiquer un éclaircissage, sans transplanter. Sarcler soigneusement, pendant le cours de la végétation.

La première année, on obtient des tubercules de la grosseur d'une noisette ; ceux-ci, replantés l'année suivante, ne fournissent des tubercules de volume normal que la troisième année seulement. Toutefois, le cultivateur habile peut, dès les premiers arrachages, éliminer un grand nombre des tubercules qui ne répondent pas à ses desiderata, les caractères en étant suffisamment nets déjà pour permettre une première sélection.

La plantation des tubercules est le seul mode de multiplication en usage pour l'obtention des pommes de terre de consommation. Les tubercules entiers sont préférables aux fragments, et ce sont les moyens qui donnent les meilleurs résultats économiques, comme l'ont démontré les expériences d'Aimé Girard pour les pommes de terre de grande culture et celles de Louesse pour les variétés potagères. Quand l'insuffisance de semences oblige à fractionner les tubercules, on les coupe le plus souvent en deux parties égales; il faut alors les sectionner de l'ombilic au sommet, de façon à répartir uniformément dans les deux moitiés les yeux et la substance amylacée. La section devra être faite assez longtemps à l'avance pour qu'elle puisse se cicatriser avant la mise en terre, la pourriture est moins à redouter quand on prend cette précaution.

Les petits fragments de tubercules, et *a fortiori* les yeux uniques munis de pulpe, employés parfois pour la propagation des variétés rares, ne réussissent que dans les terres riches et parfaitement ameublies; encore ne fournissent-ils jamais que des récoltes médiocres.

Il convient, lors de la plantation, de rejeter comme semences les tubercules *mâles* ou stériles. On désigne sous ce nom des pommes de terre dont les yeux sont inertes ou ne donnent naissance qu'à des germes filiformes, incapables de sortir du sol et de produire des plantes viables. Cette *filosité* est le résultat d'un affaiblissement de la semence attribué à des causes multiples: reproduc-

tion habituelle de la plante à l'aide d'avortons, insuffisance d'ameublissement du sol en profondeur, plantation
tardive, récolte avant complète maturité, mode de conservation défectueux des plants, suppression répétée des
germes apparus prématurément en cave, etc. La filosité
semble se manifester aujourd'hui beaucoup plus fréquemment qu'autrefois. Moser signale qu'en Autriche, on la
constate souvent chez des pommes de terre précoces,
cultivées dans des sols sableux labourés profondément
et fortement fumés. Elle sévit notamment dans les
marais où l'on produit la pomme de terre de table pour
l'approvisionnement du marché de Vienne.

Certaines variétés délicates sont particulièrement
sujettes à filer ; la Marjolin est de ce nombre. Pour celles-
là, et toutes les fois d'ailleurs qu'on a des doutes sur la
fertilité du plant, il vaut mieux s'assurer au préalable de
la façon dont les tubercules germent que de s'exposer à
refaire après coup la plantation. L'emploi comme semences de tubercules *préparés* ou *verdis* permet l'élimination
des plants stériles. Cette préparation consiste à faire
germer les pommes de terre à l'air et à la lumière ; les
germes qu'elles émettent dans ces conditions sont courts,
gros, vigoureux et colorés. On plante quand ils ont atteint
1 centimètre ou 1 centimètre et demi. Par cette méthode,
d'un usage très général en culture maraîchère, on donne
aux plants germés une avance de 12 à 15 jours au moins.
Les expériences faites à la station agricole de Cappelle
semblent démontrer en outre qu'elle favorise l'élévation
des rendements. Ceci ressort des chiffres suivants
obtenus, en 1898, par M. Florimond Desprez.

	Production à l'hectare. Tubercules	
	germés. kil.	non germés. kil.
Marjolin hâtive..............	45.335	43.665
Fleur de pêcher.............	34 500	29.830
Jaune ronde.................	42.330	38.170

Pour faire germer dans ces conditions un grand nombre de tubercules de semence, on les place debout, le sommet ou couronne en haut, sur des clayettes en bois (fig. 35) que l'on dépose dans un local froid et aéré, mais à l'abri de la gelée. Grâce aux quatre pieds, hauts de quelques

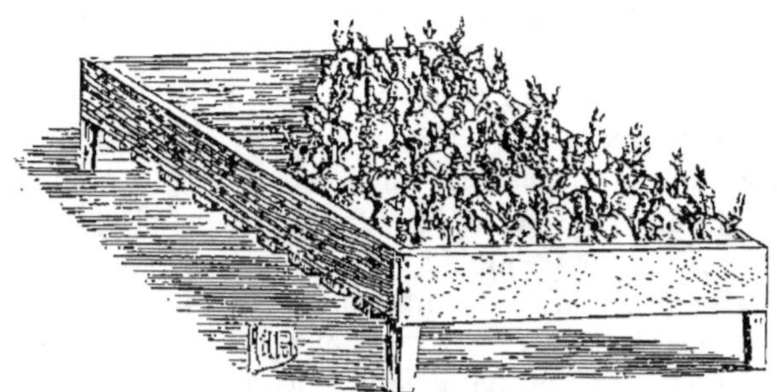

Fig. 35. — Clayette à pommes de terre.

centimètres, qu'elles possèdent, ces clayettes peuvent être empilées les unes sur les autres, en laissant entre elles un espace suffisant pour permettre le passage de l'air et de la lumière et le libre développement des germes. Des paniers en osier de faible hauteur peuvent remplir le même office que les clayettes.

Lorsqu'on plante des semenceaux germés, il faut prendre quelques précautions pour n'en pas briser les germes.

Culture forcée. — A perdu toute importance pour la production des tubercules de vente, l'approvisionnement des marchés septentrionaux en pommes de terre nouvelles se trouvant assuré, dès la sortie de l'hiver, par d'abondants arrivages d'Algérie, d'Espagne et du Midi. Elle n'a donc plus que la valeur d'une culture de luxe.

La première saison de pomme de terre forcée se fait en janvier, sur couche donnant environ 20 degrés de chaleur et recouverte de 20 à 25 centimètres d'un mélange de terre et de terreau. Les variétés Marjolin hâtive, Feuille d'ortie, Victor conviennent pour cette culture. Les tubercules, munis de germes vigoureux, sont plantés à une profondeur de 10 centimètres, en les espaçant de 20-25 centimètres. On aère chaque fois que le temps le permet, mais la nuit, les châssis doivent être recouverts de paillassons. Donner, lorsqu'il y a lieu, des arrosages modérés, le matin de préférence. Remanier le réchauds pour maintenir la température. Les saisons suivantes se font en février et mars. En outre des variétés précédentes on peut employer encore la Marjolin Têtard et la Royale,

On récolte deux mois à deux mois et demi après la plantation, soit en une seule fois, quand les fanes sont désséchées, soit au fur et à mesure de la maturité des tubercules, en fouillant le sol avec la main. Cette maturité se reconnaît à ce que la peau se détache aisément sous le doigt. On obtient, par châssis, de 20 à 25 litres, soit 12 à 18 kilogrammes de tubercules, pour 4 kilogrammes environ de semences employées.

Plantée sur côtière ou dans une planche bien exposée, sous châssis entourés ou non de réchauds, la pomme de terre donne des récoltes précoces.

Culture de pleine terre. — Dans le midi de la France, on plante depuis le mois de janvier les pommes de terre de primeur pour la récolte d'avril. Cette culture est chanceuse et, d'autre part, les produits d'Afrique et d'Espagne font une concurrence redoutable à ceux que l'on obtient ainsi. La plantation en février-mars, avec des variétés précoces que l'on arrache en mai-juin, donne de bien meilleurs résultats. Sur le littoral breton (Roscoff, Saint-Pol, Perros-Guirec) où la culture des pommes de terre de primeur est très répandue, en vue surtout de l'exportation en Angleterre, on adopte les mêmes époques de plantation.

Dans le nord de la France, c'est seulement en avril qu'on met les semences en terre. Les tubercules sont plantés en lignes, dans des trous ouverts à la bêche ou à la houe ou dans des sillons tracés par la charrue, suivant l'importance des surfaces à ensemencer. La distance à laisser entre eux varie de 40 à 60 centimètres selon le développement des variétés, l'espacement minimum convenant aux plus précoces. La profondeur à laquelle il convient de placer les semenceaux est de 10 centimètres environ dans les sols légers, secs, un peu moindre dans les terres fraîches. Dans les sols humides ou manquant de profondeur, on plante la pomme de terre sur billons.

Quand les pousses sont nettement sorties de terre, on donne un premier binage. On renouvelle l'opération une ou plusieurs fois, suivant qu'on le juge utile pour le nettoyage et l'ameublissement superficiel du sol. Lors du second binage, exécuté deux ou trois semaines après le premier, on *butte* les pommes de terre en accumulant la terre au pied des touffes. Le buttage, dont on a beaucoup discuté l'utilité, n'est pas indispensable ; il présente surtout des avantages pour les variétés dont les tubercules se forment superficiellement et ont tendance à sortir du sol. On l'exécute à la houe en petite culture, à la charrue butteuse dans la grande.

Le couchage des tiges, préconisé jadis pour les pommes de terre de primeur, est, sinon défavorable à la végétation des plantes, du moins sans utilité. La suppression des fleurs n'a qu'une efficacité douteuse pour l'augmentation des rendements ; quant à celle des fanes, il faut la proscrire absolument comme franchement nuisible.

Nous avons vu que les variétés de pomme de terre n'ont pas la même durée de végétation et, plantées à la même date, mûrissent à des époques très différentes. Leur maturité se manifeste par le dessèchement des tiges et des feuilles. Dès que celles-ci jaunissent, on peut récolter les tubercules destinés à la consommation immédiate ; les maraîchers ont souvent profit à procéder à cette récolte prématurée, en raison des prix élevés qu'atteignent les produits livrés de bonne heure sur les marchés. Pour ceux qui doivent être conservés, il faut attendre, au contraire, qu'ils aient atteint leur complète maturité. L'arrachage se fait à la houe, au croc (fig 56) ou à la fourche. En grande culture, on emploie pour cet usage la charrue, le buttoir ou des arracheuses de modèles divers. Après extraction, on laisse les tubercules se ressuyer sur le sol pendant quelques heures avant de les rentrer.

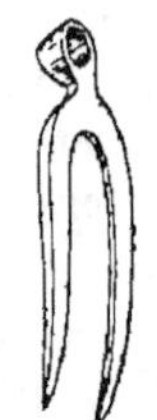

Fig. 56. — Croc à pomme de terre.

En culture jardinière, avec les variétés précoces, on n'obtient guère que 2 hecto-litres et demi à 3 hectolitres de pommes de terre, du poids de 65 à 70 kilogrammes, soit 160 à 200 kilogrammes par are. Les rendements des variétés à grand développement sont bien autrement élevés.

Culture à contre-saison. — La plantation des pommes de terre à l'automne, en octobre-novembre, donne des résultats beaucoup trop aléatoires pour pouvoir être recommandée, même sous les climats doux du midi de la France et de la Bretagne, où cependant elle réussit exceptionnellement dans quelques situations privilégiées.

Pour obtenir en pleine terre des tubercules de primeur, M. Schribaux conseille de planter, à la fin de juillet ou au commencement d'août, des pommes de terre de la récolte précédente conservées à la lumière ou dans une chambre froide à la température de 2 à 4 degrés au-dessus de zéro. Choisir des semenceaux de grosseur moyenne. Si les sécheresses de l'été ne sont pas trop persistantes, le déve-loppement de la plante se poursuit normalement jusqu'à l'entrée de l'hiver et les tubercules atteignent à ce moment un volume satisfaisant.

On les protège alors contre le froid en les buttant fortement ou en recouvrant le sol d'une couche épaisse de paille ou de fumier ; ils se conservent ainsi jusqu'au moment de l'arrachage, qu'on opère au fur et à mesure des besoins. Ces pommes de terre nouvelles sont appréciées et se vendent bien. Dans les régions à hivers rigoureux, cette production est chanceuse et il est prudent de ne la tenter que sur de petites surfaces ; elle réussit mieux sous le climat doux et humide de la Bretagne ou dans les cultures irriguées du midi de la France. Les variétés assez tardives, particulièrement la Magnum bonum, sont les seules qui conviennent pour cette culture en plein champ.

Conservation des pommes de terre. — Pour l'assurer, il faut prévenir à la fois la décomposition des tubercules et le développement des germes qu'ils portent.

Les tubercules sains ou paraissant tels doivent seuls être rentrés en cave ou en silo.

Le local, cave, cellier ou magasin, dans lequel s'en effectue le dépôt doit être sec, aéré, froid, mais à l'abri des gelées et des brusques alternatives de température, obscur aussi, pour éviter le verdissement des tubercules sous l'influence de la lumière et la formation de solanine qui les rendrait impropres à la consommation.

On empêche la fermentation des pommes de terre en tas en les soumettant, pendant le cours de l'hiver et au printemps, à quelques pelletages exécutés avec la pelle en bois. Cette opération permet, en même temps, de supprimer les tubercules gâtés et d'éloigner les insectes et les rongeurs. Les germes émis par les tubercules seront brisés, s'il y a lieu, lors de ces pelletages.

Le nettoyage et la désinfection des caves dans lesquelles on conserve les pommes de terre sont des plus utiles et trop souvent négligés. On peut y procéder en lavant le sol et les murs avec une solution de carbonate de potasse. La désinfection à l'aide de soufre, qu'on fait brûler toutes baies closes, est également une opération recommandable.

Lorsqu'on conserve les pommes de terre en silos maçonnés, creusés en terre ou formés à la surface du sol, il faut avoir soin de ménager dans la masse des cheminées d'appel qui en permettent l'aération, nécessaire pour prévenir toute fermentation.

Lorsqu'il s'agit de petites quantités de tubercules, en les stratifiant avec des substances pulvérulentes sèches : chaux éteinte, sciure de bois, poussière de tourbe ou de liège, on peut les soustraire partiellement aux influences extérieures et en retarder la germination.

Celle-ci devient impossible avec les traitements qui déterminent la destruction complète des bourgeons. Ces traitements ne sont applicables, bien entendu, qu'aux tubercules de consommation, et nullement à ceux de semence. Pour des lots de faible importance, l'égermage s'obtient aisément, en extrayant les yeux à l'aide d'un couteau, d'une petite gouge ou, ce qui revient au même, d'un porte-plume armé d'une plume retournée.

Pour des masses plus considérables, on a recours au procédé imaginé par M. Schribaux. Il consiste à maintenir les tubercules immergés pendant dix heures dans une solution d'acide sulfurique à 1-2 p. 100; 1 p. 100 pour les variétés potagères à peau mince; 2 p. 100 pour les variétés tardives de grande culture dont l'épiderme est épais. La solution s'obtient facilement en versant, dans un tonneau de bois, 100 litres d'eau, puis 1 à 2 litres d'acide sulfurique du commerce. Après le trempage des tubercules dans la solution acide, on les lave à l'eau, puis on les fait sécher. Le traitement ne s'applique avec succès qu'aux seuls tubercules sains. La meilleure époque pour l'exécuter est celle où les premiers germes apparaissent; ils sont alors plus aisément détruits. Les tubercules traités par cette méthode se conservent fort bien jusqu'à la récolte suivante et même au delà d'un an. Avec le temps ils se rident en perdant de l'eau par évaporation.

Nous avons indiqué précédemment comment on peut

conserver les tubercules de semence en les plaçant, après
la récolte, sur des clayettes exposées à l'air et à la lumière,
à l'abri des gelées.

Maladies. — Les maladies de la pomme de terre sont
nombreuses. La plus redoutable et la plus répandue est
causée par le *Phytophthora infestans*. Elle se manifeste
d'abord sur les feuilles et sur les tiges, par l'apparition
de taches brunes, autour desquelles on constate bientôt la
formation d'une auréole blanchâtre. Les tissus attaqués
se dessèchent et meurent et tout le feuillage des pieds
atteints semble grillé.

Les tubercules attaqués présentent des altérations analogues à celles des feuilles. Les taches brunes, d'abord
superficielles, gagnent en profondeur, entraînant la décomposition progressive des tissus. C'est par la chute sur
le sol des germes produits sur les parties aériennes de la
plante que la maladie se transmet aux tubercules. Par
les temps humides et chauds, elle se propage avec une
dangereuse rapidité et compromet singulièrement les
récoltes.

Les variétés précoces y échappent plus facilement que
les autres, la maladie n'apparaissant guère qu'à la fin de
juin.

L'infection des tubercules peut se produire également
au moment de l'arrachage, par les temps humides, quand
des fanes encore vivantes portent des fructifications de
Phytophthora.

Nous empruntons au Dr Delacroix (1) l'indication aussi
complète que concise des moyens à mettre en œuvre
pour éviter la maladie de la pomme de terre. Il les résume
ainsi :

« Sélection soignée des tubercules, qui conservent le
mycelium parasite pendant l'hiver. On a proposé, pour
détruire le mycelium dans les tubercules, de chauffer

____

(1) DELACROIX. *Maladies des plantes cultivées.*

ceux-ci à 40° pendant deux heures ; les bourgeons restent vivants.

« Pour combattre l'extension du parasite sur les feuilles pendant la période de végétation, employer les bouillies cupriques, bordelaise ou autre, de préférence la bouillie sucrée de la formule Michel Perret ; faire plusieurs pulvérisations si le temps est pluvieux.

« Pour éviter l'infection des tubercules pendant la végétation de la pomme de terre, faire un buttage de protection un peu avant la floraison de la pomme de terre ; les conidies ne traversant pas une couche supérieure à 10 centimètres, les tubercules sont alors protégés. Un peu avant l'arrachage, couper les fanes, les amonceler en tas et les brûler. Au bout de deux ou trois jours les conidies tombées sur le sol sont toutes mortes et l'infection ne peut se faire sur les tubercules. En tout cas, pendant l'arrachage des tubercules, éviter de recouvrir les tas avec des fanes fraîches. »

Ajoutons qu'il conviendra de récolter de préférence les tubercules par un temps sec.

Voici la formule de la bouillie sucrée de Michel Perret :

Sulfate de cuivre......................	2 kilogrammes.
Chaux vive (éteinte avant le mélange)..........................	2 —
Mélasse................................	2 —
Eau...................................	100 litres.

La *gale* de la pomme de terre, qui détermine la formation de verrues subéreuses à la surface des tubercules, la gangrène de la tige et la *brunissure* sont causées par des bactéries. Pour les prévenir, ne faire revenir les pommes de terre sur un même terrain qu'après trois ans au moins, et n'employer comme semences que des tubercules parfaitement sains, non coupés. La désinfection superficielle de ceux-ci, par l'immersion pendant une heure et demie dans une solution à 1/120 de formol dans l'eau, préparée au moment de l'emploi, est une excellente précaution.

On évite la propagation du *Rhizoctonia solani* en ne plantant que des tubercules sains, exempts de petits sclérotes noirs, apparents sur leur surface.

Sous le nom de *frisolée*, on désigne indistinctement des affections diverses ; ce terme ne répond à rien de précis et doit disparaître de la terminologie propre à la pathologie végétale.

Ennemis. — Le ver blanc du hanneton cause parfois des dégâts sérieux dans les cultures de pommes de terre. C'est un ennemi de toutes les plantes potagères, trop connu des cultivateurs.

Le *Doryphora du Colorado* (*Doryphora decemlineata*), coléoptère assez semblable à une grosse coccinelle, a exercé de grands ravages en Amérique dans les champs de pommes de terre. On l'y combat avec succès à l'aide de l'arsénite de cuivre (vert de Paris) ou de l'arsénite de chaux (pourpre de Londres), poisons dangereux qu'il faut employer avec précaution. Fort heureusement, cet insecte n'a pas fait son apparition chez nous, où les importations de pommes de terres américaines sont prohibées.

TOPINAMBOUR.

Helianthus tuberosus L. — (Famille des *Composées*).

Origine. Caractères de la plante. — Plante vivace par ses tubercules, mais à tiges annuelles. Celles-ci, fortes, souvent ramifiées à la base, atteignent facilement 1ᵐ,50 à 2 mètres de hauteur ; elles portent des feuilles ovales garnies de poils rudes. Capitules à fleurons jaunes, beaucoup plus petits que ceux du *soleil des jardins*, auxquels ils ressemblent ; s'ouvrent tardivement et ne produisent pas de graines sous nos climats. Tubercules oblongs (fig. 57), irréguliers, bossués, de couleur rougeâtre ; se développent seulement à l'automne.

Importé d'Amérique en Europe au début du XVIIᵉ siècle,

le topinambour a précédé chez nous la pomme de terre dans l'alimentation du bétail.

Usages. — Le tubercule du topinambour se consomme

Fig. 57. — Topinambour.

cuit. La saveur en est douce, sucrée, délicate, assez semblable à celle des fonds d'artichaut. Il renferme, au lieu d'amidon, une matière soluble, *l'inuline.*

Variétés. — En grande culture, la variété commune,

dont les caractères sont ceux du type décrit plus haut, est à peu près la seule usitée. La culture potagère s'adresse surtout au *topinambour patate*, — à tubercules jaunes, arrondis, — plus précoce et plus productif.

Exigences. — Le topinambour est bien plutôt une plante agricole qu'une plante potagère. Deux graves défauts surtout font qu'on le proscrit des jardins : 1° sa longue durée de végétation ; 2° la difficulté d'en débarrasser complètement le sol après la récolte. Il est d'ailleurs très rustique et résiste aux froids rigoureux comme aux sécheresses prolongées. Ses exigences sous le rapport de la fertilité du sol sont aussi très restreintes ; il s'accommode des terres les plus diverses ; l'excès d'humidité seul ne lui convient pas.

Culture. — On multiplie le topinambour par tubercules entiers ; sectionnés, ils pourrissent ou se dessèchent. Les tubercules gros ou moyens donnent de meilleurs résultats que les petits. On les plante en pleine terre, en mars-avril, en lignes espacées de 60 à 80 centimètres et en laissant, sur les lignes, 30 à 40 centimètres entre les plants ; il faut ainsi, par are, 20 litres de gros tubercules ou 8 à 9 de petits. On les enterre à 10-12 centimètres de profondeur.

Les soins d'entretien se réduisent à quelques binages.

Les tubercules se développent tardivement, à l'arrière-saison ; on les récolte au fur et à mesure des besoins, de novembre à la fin de mars. Ils résistent parfaitement au froid tant qu'ils sont en terre, mais, arrachés, supportent difficilement les gelées et, d'autre part, se dessèchent. En les plongeant dans l'eau pendant quelques heures, on redonne aux tubercules flétris une apparence de fraîcheur.

Suivant le degré de fertilité du sol les rendements varient dans de larges limites. Le plus souvent, ils sont compris entre 200 et 300 kil. par are.

SALSIFIS.

Tragopogon porrifolius L. — (Famille des *Composées*).

Fig. 58. — Salsifis.

Origine. Caractères de la plante. — Plante bisannuelle, originaire de l'Europe méridionale (fig. 58). Feuilles linéaires-lancéolées, d'un vert grisâtre, avec une ligne longitudinale blanche. Tige ramifiée, d'environ 1 mètre de hauteur; porte des capitules allongés de fleurs violacées. Graine longue, pointue aux deux extrémités, rugueuse, de couleur brunâtre.

Racine jaune, longuement pivotante, charnue.

Usages. — La racine se consomme cuite; les jeunes feuilles se mangent en salade.

Le salsifis a beaucoup perdu de son importance. On lui préfère généralement aujourd'hui la scorsonère, plus tendre, à saveur plus délicate; on reconnaît aussi des avantages culturaux à cette dernière espèce, vivace et rustique.

Culture. — Les terres profondes, riches et fraîches sont celles qui conviennent le mieux au salsifis et produisent les racines les plus grosses et les plus lisses. On sème en place au printemps, de mars à mai, en lignes espacées de 20 à 25 centimètres et à raison de 120 grammes environ de graines par are. Celles-ci ne doivent pas être enterrées à plus de 1 à 2 centimètres de profondeur. Après la levée, toujours un peu difficile et que les arrosages favorisent, on éclaircit, en laissant de 10 à 12 centimètres entre les plants conservés. Sarcler et arroser quand le besoin s'en fait sentir. Dans le Midi, où l'on cultive beaucoup le salsifis, des arrosages abondants sont nécessaires.

Quand des pieds montent vers le mois de juillet, couper les tiges dès leur apparition, pour permettre aux racines de se développer et de rester tendres.

La récolte peut commencer en octobre et se prolonger pendant tout l'hiver. Pour faciliter l'arrachage à l'époque des froids, on couvre le sol de litière. On obtient, par are, de 150 à 250 kilogrammes de racines.

Production de la graine. — On récolte les graines en juillet de la seconde année, soit sur des pieds laissés en place, soit, de préférence, sur des porte-graines choisis parmi les plus belles racines et que l'on repique au printemps.

Maladies et ennemis. — La *rouille blanche*, causée par le *Cystopus cubicus*, attaque le salsifis et la scorsonère à toutes les périodes de leur végétation. Les traitements au sulfate de cuivre n'ont contre elle qu'une efficacité relative.

On combat les pucerons par des arrosages fréquents et copieux.

SCORSONÈRE.

Scorzonera hispanica L. — (Famille des *Composées*).

Origine. Caractères de la plante. — La *scorsonère* ou *salsifis noir* (fig. 59) est une espèce vivace originaire du midi de l'Europe. Elle a de grandes analogies avec le salsifis, mais les feuilles en sont plus larges, lancéolées; la tige, qui apparaît souvent dès la première année, porte des capitules terminaux de fleurs jaune vif; la graine, blanchâtre, est lisse et obtuse à une extrémité; enfin la racine se trouve revêtue d'une peau noire.

Usages. — Les mêmes, racines et feuilles, que pour le salsifis.

Culture. — Tout ce que nous avons dit à ce sujet pour le salsifis s'applique à la scorsonère, mais les racines de celle-ci peuvent n'être récoltées que la seconde année, sur des pieds laissés en place; elles continuent de grossir, sans cesser de rester charnues. Dans ce cas, couper les tiges florales quand elles apparaissent, pour qu'une partie des aliments de la plante ne soit pas détournée à leur profit.

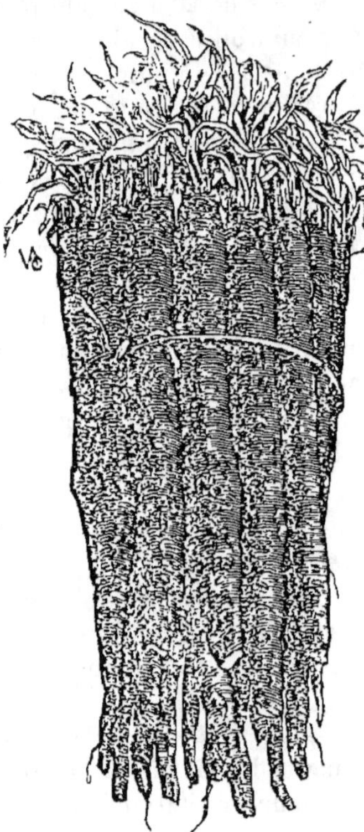

Fig. 59. — Scorsonère.

SCOLYME.

Scolymus hispanicus L. — (Famille des *Composées*).

Origine. Caractères de la plante. — Plante bisannuelle ou vivace. Commune à l'état spontané en Languedoc et en Provence, où on la désigne sous le nom de *Cardouile*. Feuilles épineuses, d'un vert foncé marbré de vert pâle ; ressemblent à celles du chardon. Tige très rameuse, portant des capitules à fleurons jaune orangé. Racine jaunâtre, pivotante, fréquemment ramifiée (fig. 60) ; le cœur en est souvent ligneux, coriace.

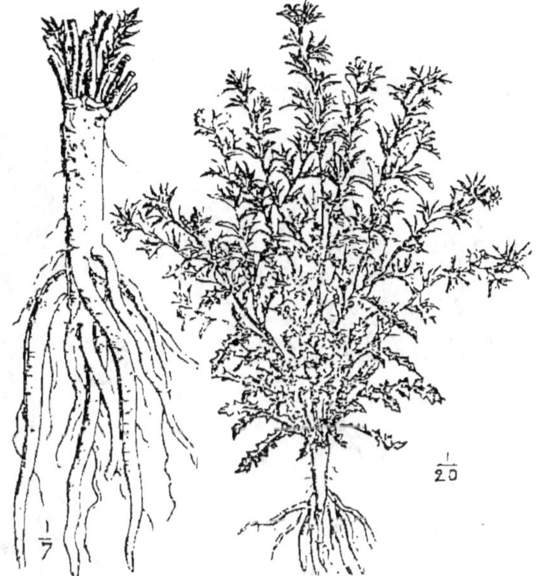

Fig. 60. — Scolyme.

Usages. — La racine se consomme cuite comme le salsifis. On la fend généralement pour en extraire l'axe fibreux ; l'enveloppe corticale seule est alors utilisée. Ne tient qu'une place des plus restreintes dans la culture potagère.

Culture. — Plante rustique, très accommodante sous le rapport du sol. Même mode de culture que pour le salsifis. On sème de mars à mai, en rayons, à raison de 80 à 100 grammes de graines par are. La récolte a lieu de septembre à la fin de l'hiver. On obtient, en moyenne, 150 kilogrammes de racines par are.

11.

Les porte-graines doivent être choisis avec soin parmi les racines non fibreuses; on les replante au printemps, à 80 centimètres d'écartement. La graine est mûre à la fin de juin ou au commencement de juillet.

BARDANE

Lappa edulis Hort. (Famille des *Composées*).

Origine. Caractères de la plante. — Plante bisannuelle, originaire du Japon (fig. 61). On la cultive pour ses

Fig. 61. — Bardane (rameau).   Fig. 62. — Bardane (racine).

longues racines (fig. 62), tendres et charnues lorsqu'elles sont jeunes, mais qui durcissent rapidement en se ramifiant dès qu'elles se développent. Ses feuilles radicales, très grandes, ont quelque analogie avec celles de la *patience*. Ses tiges, rougeâtres, portent des capitules de fleurs violacées ; les folioles extérieures de l'involucre sont linéaires et présentent une pointe recourbée en crochet. La graine ressemble à celle de l'artichaut.

La plante offre, en définitive, la plus grande similitude avec la bardane commune (*Lappa communis*), si répandue chez nous à l'état spontané.

Culture. — Plante rustique, vigoureuse. Se cultive comme le salsifis. Récolter les racines trois mois au plus après le semis, pour éviter qu'elles durcissent. Ces racines se mangent cuites.

RAIPONCE.

Campanula Rapunculus. L. (Famille des *Campanulacées*.)

Origine. Caractères de la plante. — Plante bisannuelle (fig. 63), commune en France à l'état sauvage. Feuilles ressemblant à celles de la mâche. Tiges grêles, dressées, portant des épis de fleurs campanulées, lilas, auxquelles succèdent de petites capsules renfermant des graines brunâtres, d'une finesse extrême. Racine renflée, fusiforme, à chair blanche, ferme.

Fig. 63. — Raiponce.

Usages. — La racine et les feuilles de la raiponce se mangent en salade, souvent associées à la mâche.

Culture. — On sème la raiponce en mai, juin ou juillet, dans un sol frais, parfaitement préparé et nivelé à la surface. Pour répartir uniformément la graine, à la volée ou en rayons distants de 20-25 centimètres, on la mélange à de la terre finement tamisée. On plombe ensuite le sol avec la batte et l'on répand un peu de terreau à la surface. Bassiner avec précaution pour ne pas entrainer la graine. Éclaircir après la levée, sarcler et arroser fréquemment. Les semis de mai montent souvent à graine.

On peut récolter depuis octobre-novembre jusqu'à mars-avril.

Assez souvent on sème la raiponce dans des radis, des salades ou des épinards dont le feuillage la protègent, au début, contre les ardeurs du soleil.

Production de la graine. — On récolte la graine de raiponce sur les pieds laissés en place, qui montent en mai de la seconde année. Elle est mûre en juillet.

IGNAME DE CHINE.

Dioscorea Batatas Dec. (Famille des *Dioscorées*.)

Origine. Caractères de la plante. — Originaire de Chine, l'igname (fig. 64) a été introduite en France vers 1850. On la crut un moment appelée à remplacer la pomme de terre, que la maladie, récemment apparue, semblait menacer d'une disparition complète; ce n'était là qu'une illusion, vite dissipée, car la plante ne répond pas aux espérances qu'elle avait fait naître. Elle est vivace, à rhizomes affectant la forme de longues massues, s'enfonçant profondément dans le sol et portant une multitude de radicelles et de très petits bourgeons. Tiges annuelles, rampantes ou volubiles, garnies de larges feuilles cordiformes, à l'aisselle desquelles naissent de petites fleurs dioïques, disposées en grappes, stériles sous nos climats. Des bulbilles remplacent souvent ces fleurs.

Usages. — Le rhizome renflé de l'igname, à chair blanche, farineuse et mucilagineuse, se consomme à la façon de la pomme de terre.

Culture. — Très rustique, l'igname peut être cultivée dans toutes les régions de la France, et même dans des pays plus septentrionaux. A l'exception des argiles compactes, tous les terrains frais et profondément défoncés lui conviennent. L'épaisseur de la couche de terre dans laquelle elle puise ses aliments lui permet de réussir même dans des sols pauvres ; mais elle ne produit qu'en raison des fumures qu'elle reçoit.

La multiplication par graines, récoltées dans les régions chaudes, n'est employée que pour la création de variétés nouvelles ; les quelques tentatives faites dans le but d'obtenir des types à rhizomes courts et arrondis, d'un arrachage plus facile, n'ont donné jusqu'à présent que des résultats médiocres. Le semis se fait comme pour la pomme de terre.

Quand on multiplie l'igname par bulbilles, nés à l'aisselle des feuilles, ceux-ci, stratifiés dans du sable ou conservés en lieu sec pendant l'hiver, sont mis en terre en mars-avril, à 8 ou 10 centimètres de distance. Ils fournissent, à l'automne,

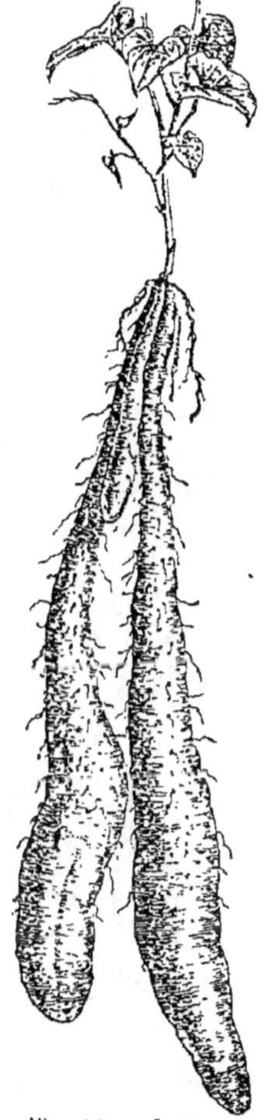

Fig. 64. — Igname.

de petits rhizomes que l'on replante l'année suivante.

L'emploi de tubercules moyens, de 10 à 20 centimètres de longueur, donne des résultats plus prompts. On les plante quelquefois en mars, en pots placés sur couche, pour les mettre à demeure au commencement de mai; on obtient ainsi des produits plus précoces. Le plus souvent la plantation se fait en pleine terre à cette dernière époque, en lignes distantes de 40 centimètres et à l'écartement de 30 à 40 centimètres. Un labour profond doit la précéder. Au lieu de rhizomes entiers, on fait également usage, pour la reproduction, soit de l'extrémité supérieure de ceux-ci qui, dure et peu féculente, n'a pas de valeur pour l'alimentation, soit de tronçons de 5 à 6 centimètres de long, dont on laisse cicatriser les sections avant la mise en terre; la levée est moins sûre et les plantes moins vigoureuses.

On donne, pendant le cours de la végétation, quelques binages et les arrosages nécessaires; l'igname aime la fraîcheur. Il est utile de ramer les tiges pour faciliter les binages.

La récolte a lieu soit en novembre de la première année, soit la seconde année seulement, quand on veut obtenir de plus gros rhizomes. Dans ce dernier cas, les pieds doivent être un peu plus écartés, lors de la plantation, que dans le premier; l'arrachage est plus difficile et les produits de qualité moindre, mais le rendement plus élevé.

Les tubercules de l'igname, laissés en terre, redoutent peu les rigueurs de l'hiver.

La difficulté de récolter l'igname est la cause à peu près unique du peu d'extension, nous pourrions dire de l'abandon, de sa culture. L'obligation où l'on est d'ouvrir, de proche en proche, des tranchées profondes de 70 à 80 centimètres pour l'extraction des rhizomes, fait de leur arrachage une opération pénible et coûteuse.

Le rendement de l'igname atteint, en moyenne, de 300 à 350 kilogrammes de tubercules par are. Ces tubercules se conservent facilement en cave jusqu'en avril.

On a préconisé récemment la substitution de l'*igname*

de Farges, à tubercules courts et arrondis, à l'igname de Chine. Cette espèce n'a pas encore fait ses preuves.

PATATE

Convolvulus Batatas L. (Famille des *Convolvulacées*).

Origine. Caractères de la plante. — Probablement originaire de l'Amérique du sud, la patate (fig. 65) est répandue dans toute la zone intertropicale, où elle remplace la pomme de terre dans l'alimentation humaine. Elle a été introduite en France au commencement du XVIIe siècle, comme plante de serre chaude ; sa culture sur couche ne fut tentée qu'un siècle plus tard ; depuis, elle est restée confinée, chez nous, dans les jardins des particuliers où, d'ailleurs, on la rencontre assez rarement aujourd'hui.

C'est une plante vivace, à tige rampante atteignant une longueur de 2 à 3 mètres. Ses feuilles sont grandes, cordiformes, d'un vert foncé luisant ; ses fleurs, campanulées, violettes ou rougeâtres, qui n'apparaissent

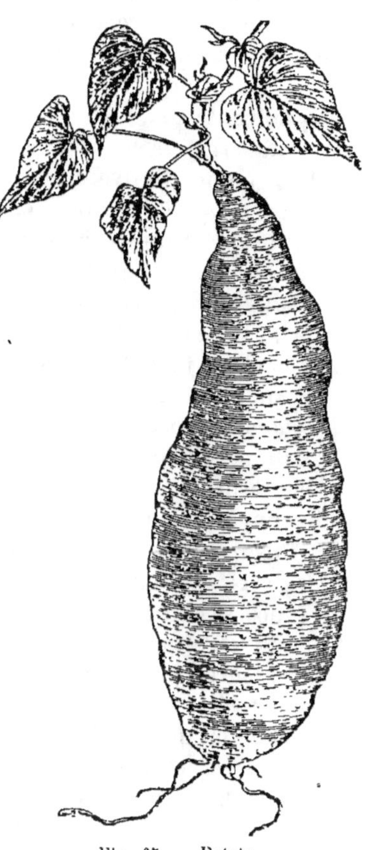

Fig. 65. — Patate.

généralement que sous les climats chauds, ressemblent à
celles du liseron. Tubercules allongés ou arrondis, fari-
neux, auxquels on reproche volontiers leur saveur sucrée
et aromatique.

Usages. — Les mêmes que la pomme de terre.

Variétés. — Il en existe un très grand nombre, adaptées aux conditions culturales des régions chaudes. Fort
peu réussissent en France ; les meilleures à cet égard sont
les suivantes :

Patate rose de Malaga. — Tubercules oblongs, rosés, à
chair jaune. Hâtive, productive, se conserve bien. La
patate *hâtive d'Argenteuil* en dérive.

Patate jaune. — Tubercules longs, effilés, à chair jaune,
très sucrée. Assez tardive.

Patate rouge longue ou *patate violette.* — Tubercules
fusiformes, longs et minces, à peau rouge violacé. Chair
blanche ou jaunâtre, très sucrée et parfumée. La plus
répandue dans les jardins de la banlieue parisienne.

Patate igname. — Tubercules arrondis, très gros, atteignant parfois jusqu'à 3 kilogrammes et plus. Chair blanche, farineuse et peu sucrée. Fleurit assez souvent sous
le climat parisien.

Culture. — La patate est essentiellement une plante
des régions chaudes ; dans le centre et le nord de la
France, sa culture exige l'emploi de la chaleur artificielle.
Il lui faut une terre légère, enrichie par des fumures
antérieures. Dans les sols profondément défoncés, ses
racines s'étendent sans produire de tubercules ; les labours
ne devront donc pas dépasser 20 à 25 centimètres.

Sous les climats chauds, la culture de la patate est
simple. En Algérie, par exemple, on plante en avril, dans
une planche terreautée, les tubercules conservés comme
semences ; ceux-ci émettent bientôt des pousses nombreuses, que l'on détache pour les transplanter en pleine
terre. La culture sur billons, ou sur ados distants de 1 à
2 mètres, entre lesquels circulent des eaux d'irrigation,

est avantageuse partout où les sécheresses sont à craindre.

Sous le climat de Paris, la multiplication de la patate se fait par boutures, obtenues en plantant des tubercules, en mars-avril, sur couche chaude donnant une température de 20 à 25° et recouverte de 10 à 15 centimètres de terreau. Peu de jours après, les tubercules entrent en végétation. Quand les tiges ont une longueur de 8-10 centimètres, on les détache soit isolément, soit avec une petite portion du tubercule, pour les repiquer dans des pots de 7-8 centimètres de diamètre remplis de terreau. Ces pots sont placés dans la terre d'une couche de même nature; on arrose, puis l'on ferme les châssis, que l'on recouvre de paillassons pour la nuit. Quand la reprise est opérée, on aère progressivement, pour donner plus de vigueur au plant. Au lieu de repiquer en pots, on peut le faire en plein châssis, c'est-à-dire sur la terre même de la couche. Les plants obtenus dans les deux cas sont placés, en mai, sur couche sourde recouverte de 30-40 centimètres de terre légère; on les espace de 75 à 80 centimètres. Après la plantation, on les recouvre de cloches ou de châssis; on aère progressivement ensuite, pour supprimer tout abri vers la fin de mai.

Les soins d'entretien se réduisent à quelques binages, au début de la végétation, et à des arrosages copieux, mais rares, que l'on cesse complètement en août pour laisser s'accomplir la maturation des tubercules. Les tiges, qui rampent à la surface du sol, ont tendance à s'enraciner aux nœuds et à produire des tubercules secondaires; la formation de ceux-ci nuit au développement des tubercules principaux; il faut donc mettre obstacle à cet enracinement. On y parvient soit en soulevant les tiges de temps à autre, soit, plus aisément, en paillant le sol.

La récolte des patates a lieu en septembre-octobre, avant les premières gelées; trop hâtive, elle fournirait peu de produits. L'arrachage doit se faire par un temps sec et en prenant soin de ne pas mutiler les tubercules. On laisse ceux-ci se ressuyer sous un hangar, puis on les rentre dans un local sec, dont la température ne doit pas descendre au-dessous de 5 degrés. Sujette à la pourriture, la patate se conserve très difficilement ; c'est l'une des causes, et non la moindre, du peu d'extension de sa culture. La méthode qui donne les meilleurs résultats consiste à stratifier les tubercules, en caisses, avec des matières pulvérulentes sèches : sciure de bois, vieille tannée, sable fin, etc ; c'est celle qu'on emploie pour les tubercules de semence.

On peut obtenir de 250 à 300 kilogrammes de patate par are, mais ces rendements sont rarement atteints sous nos climats.

CROSNES DU JAPON

Stachys tuberifera Naud. (Famille des *Labiées*).

Origine. Caractères de la plante. — Originaire du Japon, où sa culture est très ancienne, le *stachys tubé-reux* ou *épiaire à chapelet* (fig. 66), a été introduit en France en 1882 par M. Pailleux, qui en fit les premiers essais dans sa propriété de Crosnes, d'où le nom sous lequel ce légume est communément désigné. Il s'est propagé rapidement dans les jardins d'amateurs.

Fig. 66. — Crosnes du Japon.

Bien que la demande dont il est l'objet sur les marchés urbains, et plus spécialement sur celui de Paris, ait engagé d'assez nombreux cultivateurs à le produire sur de petites surfaces, le double défaut qu'il a d'occuper le sol trop

longtemps et de ne donner que de faibles récoltes nuira
toujours à son extension dans les cultures. La plante est
vivace, à rameaux nombreux formant des touffes de 20 à
30 centimètres de hauteur. Ses feuilles, ovales, sillonnées et rugueuses, ressemblent assez à celles de la
menthe commune par leurs caractères extérieurs. Le
crosnes ne fleurit pas sous le climat de Paris. Ses tiges
souterraines, traçantes, sont renflées en chapelets de
petits tubercules, blancs, tendres et très aqueux, revêtus
d'une pellicule extrêmement fine.

Usages. — Les tubercules du crosnes, débarrassés de
leur enveloppe par simple frottement avec un linge, sont
consommés cuits à l'eau, frits ou en salade. On peut
aussi les confire au vinaigre.

Culture. — Le crosnes est très rustique et croît à peu
près dans tous les terrains. On lui réserve cependant de
préférence les terres légères fraîches, où il végète mieux
et dans lesquelles l'arrachage en est plus facile. On le
multiplie par tubercules séparés, qu'on plante, en mars,
dans des trous espacés de 30 à 40 centimètres, à raison
de deux ou trois tubercules par trou. Quelques binages et,
par les périodes de trop grande sécheresse, un petit nombre d'arrosages constituent les seuls soins de culture à
donner à la plante. On butte quelquefois légèrement les
touffes, lors du dernier binage ; cette opération n'a qu'une
médiocre utilité.

Les tubercules du crosnes se forment tardivement et la
récolte n'en doit avoir lieu que quand les pousses sont
complètement fanées, en novembre généralement. On les
arrache au fur et à mesure des besoins. En terre ils ne
craignent pas les gelées, mais se flétrissent très vite
lorsqu'ils sont exposés à l'air. Pour les soustraire à cette
dessiccation, on recommande de les enfouir dans du
sable, en lieu sec et froid.

M. Coupin a proposé de conserver les crosnes en les
desséchant complètement à l'air ; l'immersion dans l'eau,

au moment de la vente ou de la consommation, permet de leur redonner l'aspect de crosnes frais, sauf la couleur qui se maintient brune. Le rendement est de 100 à 120 kilogrammes de tubercules par are.

OXALIS CRENELÉE

Oxalis crenata Jacq. (Famille des *Géraniacées*).

Origine. Caractères de la plante. — Plante vivace, originaire du Pérou, où on la désigne sous le nom d'Oca. Tiges charnues et rougeâtres, légèrement pubescentes, couchées sur le sol; feuilles à trois folioles ovales; fleurs à cinq pétales jaunes lavés de pourpre à la base. Tubercules ovoïdes allongés (fig. 67), entaillés, lisses, jaunes ou

Fig. 67. — Oxalis.

rougeâtres, à chair blanc-jaunâtre. Frais, ils sont acides, et deviennent sucrés en séchant; on les consomme cuits. Les feuilles et les jeunes pousses peuvent être mangées en salade.

Culture. — Demande des terres légères, riches. On multiplie la plante par tubercules — les plus gros sont les meilleurs, — qu'on met végéter en mars sur couche tiède, pour transplanter en pleine terre, en mai, les plants obtenus. Ceux-ci sont espacés d'un mètre environ. Les tiges, étalées autour du pied, sont recouvertes de terre fine ou de terreau au fur et à mesure qu'elles s'allongent, en en laissant toutefois l'extrémité libre. Elles émettent des racines, qui contribuent à alimenter la plante et donnent naissance à des tubercules. On cesse de couvrir en septembre et l'on ne récolte les tubercules, dont le développement est tardif, qu'en novembre, après les gelées. On peut les laisser en terre recouverte de fumier, pour ne les arracher qu'au fur et à mesure des besoins, ou bien les rentrer en cave; ils se conservent bien pendant l'hiver, mais se dessèchent. On obtient, par are, environ 200 kilogrammes de tubercules.

Une espèce voisine, l'*oxalis de Deppe*, a moins d'importance encore en culture potagère. Elle est utilisée de la même façon.

CAPUCINE TUBÉREUSE

Tropœolum tuberosum R. et P. (Famille des *Géraniacées*).

Ce légume, originaire du Pérou ou de la Bolivie, n'a chez nous aucune importance. La plante, assez semblable à la capucine ornementale, mais plus courte, est vivace, et ses racines (fig. 68) se renflent en tubercules écailleux du volume d'un œuf. On les consomme après cuisson dans l'eau; la saveur en est peu agréable.

On multiplie la capucine tubéreuse à l'aide de tubercules, plantés en terre légère en avril-mai. On donne au début quelques binages, parfois on butte la plante. Les tubercules se forment tardivement; on les arrache seulement en novembre, après les premières gelées. Rendement faible.

Fig. 68. — Capucine tubéreuse.

OIGNON

Allium Cepa L. (Famille des *Liliacées*).

Origine. Caractères de la plante. — L'histoire de l'Égypte nous révèle que l'oignon y était cultivé longtemps avant l'ère de la captivité des Hébreux. Son introduction en Europe remonte également à une époque très reculée. Il n'est donc pas surprenant que l'origine de cette plante soit indécise et qu'on la prétende indigène tantôt de l'Asie centrale ou occidentale, tantôt du nord de l'Afrique.

L'oignon est bisannuel ou vivace. Sa tige, réduite à un mince plateau, d'où partent inférieurement de nombreuses racines simples, porte à la partie supérieure, plus ou moins profondément enterrée, un bulbe unique, à feuillets concentriques charnus ; la tunique extérieure, mince et transparente, constitue ce qu'on nomme la *pelure* en terme courant. Ces tuniques sont la base de feuilles engainantes, allongées, fistuleuses et pointues dans leur partie libre. La hampe florale qui, la seconde année, s'élève au milieu d'elles, est ventrue à la base, creuse et cassante ; elle atteint facilement de 1 mètre à 1 m. 50. Les fleurs, blanches, verdâtres, purpurines ou violacées, sont réunies au sommet de la hampe en une tête compacte, ombelliforme, entourée d'une spathe membraneuse. Au lieu de fleurs, l'inflorescence porte parfois des bulbilles ; ce phénomène se présente à l'état d'exception dans toutes les variétés, il est la règle pour *l'oignon bulbifère*. Le fruit de l'oignon est une capsule à trois angles émoussés ; il renferme des graines noires, anguleuses, ridées à la surface.

Usages. — Le bulbe de l'oignon tient une place énorme dans l'art culinaire ; cuit ou confit au vinaigre, il entre, à titre condimentaire ou alimentaire, dans la confection d'une foule de plats. Dans le Midi, où l'on fait une grande consommation d'oignons, leur saveur est plus sucrée que dans le Nord. Les feuilles de l'oignon sont parfois utilisées à la façon de la ciboule.

Les propriétés stimulantes de la plante ont trouvé jadis leur emploi dans la thérapeutique.

Variétés. — Elles sont très nombreuses, différenciées surtout par les caractères du bulbe : volume, forme et couleur, en même temps que par la précocité et la rusticité. Les plus intéressantes ou les plus cultivées en France sont les suivantes :

Oignons blancs.

Oignon blanc extra hâtif de Barletta. — Bulbe petit, arrondi. La plus précoce des variétés; peut être récoltée deux mois et demi après le semis.

Oignon blanc très hâtif de la Reine (fig. 69). — Bulbe petit, déprimé, à saveur douce; excellent à confire. Se conserve mal.

Oignon blanc hâtif de Paris. — Bulbe déprimé, plus volumineux que le précédent. Précoce, assez rustique; excellente qualité, mais conservation médiocre.

Oignon blanc hâtif de Valence. — Variété précoce appartenant à la culture méridionale.

Oignon blanc rond dur de Hollande. — Bulbe moyen,

Fig. 69. — Oignon blanc de la Reine.

très ferme, d'excellente conservation. Convient bien à la culture en plein champ pour la vente.

Oignon blanc gros. — Bulbe arrondi, volumineux. Conservation médiocre.

Oignons jaunes.

Oignon jaune paille des Vertus. (fig. 70) — Bulbe gros, très déprimé, ferme. Variété très répandue dans la région pari-

Fig. 70. — Oignon jaune paille des Vertus.

sienne; assez précoce, très productive et d'excellente conservation, elle se prête admirablement à la grande culture pour l'approvisionnement des marchés. Fait l'objet d'un important commerce d'exportation.

Oignon jaune de Cambrai. — A de grandes analogies avec le précédent. Sert souvent à la production du petit oignon.

Oignon jaune de Danvers. — Bulbe assez gros, sphérique. Bonne variété précoce convenant à la fois à la grande culture et à la culture potagère.

Oignons rouges.

Oignon rosé de bonne garde. — Bulbe petit, très aplati. Demi-hâtif, de culture facile et d'excellente conservation. Bonne variété pour le marché.

Oignon rouge pâle ordinaire. — Bulbe moyen, aplati. Rustique, demi-hâtif, très répandu. Culture de printemps.

Oignon rouge pâle de Niort. — Bulbe aplati, large.
Hâtif, rustique, très productif. Cultivé en grand dans
l'ouest de la France.

Oignon rouge vif de Mézières. — Bulbe très large, aplati.
Très productif et de bonne conservation.

Oignon rouge foncé. — Bulbe moyen, très aplati, ferme.
Variété rustique, de productivité moyenne. Se conserve
bien. Convient à la grande culture dans le nord de la
France.

Signalons encore, pour la singularité de leurs caractères, *l'oignon d'Égypte*, (fig. 71) dont l'inflorescence porte

Fig. 71. — Oignon d'Égypte.

des bulbilles au lieu de graines — ses bulbes, très sucrés,
se conservent mal, — et *l'oignon patate*, à caïeux multiples, mais qui ne produit ni graines ni bulbilles.

Exigences. — Bien que l'oignon soit plutôt une plante
de climats chauds ou tempérés, la rusticité de certaines
variétés leur permet de réussir au delà des régions les
plus septentrionales de la France. Les terres d'alluvion

saines et riches en humus, les bonnes terres de jardin
anciennement fumées sont celles qui lui conviennent le
mieux. Les fumiers frais récemment incorporés au sol
provoquent la pourriture des bulbes ; cette pourriture est
fréquente dans les terrains argileux, compacts et humides.

L'oignon manifeste d'assez fortes exigences en acide
phosphorique et en potasse. Éviter l'excès des fumures
azotées. Nous avons indiqué, au chapitre *Fertilisation du
sol*, la fumure minérale recommandée par Wagner pour
l'oignon. M. Denaiffe dit d'autre part à ce sujet : « Un
sol riche de vieille fumure, additionné de 3 à 400 kilogrammes de phosphate de potasse à 45 p. 100 d'acide
phosphorique par hectare devrait produire de bons effets.
En sol de richesse moyenne nous conseillons le mélange
suivant :

3 à 4 kilogrammes de nitrate de soude et 4 kilogrammes de phosphate de potasse à l'are. »

Wagner réduit à 250 kilogrammes la dose de nitrate.

Lors d'expériences qu'il a poursuivies dans le Pas-de-
Calais, M. Tribondeau, professeur départemental d'agriculture, a constaté la supériorité, pour l'oignon, des
fumures minérales sur celles au purin et aux tourteaux,
cependant avantageuses. M. Garola signale, d'autre part,
les bons effets du sulfate de potasse sur cette plante.

Il faut à l'oignon une terre finement pulvérisée à la
surface plutôt qu'ameublie profondément. Les bulbes se
forment mieux sur un sol rassis, un peu tassé même ;
aussi ne donne-t-on pas aux labours plus de 15 à 20 centimètres de profondeur.

Culture de l'oignon d'automne. — A l'exception de
l'oignon patate et de l'oignon d'Égypte, c'est par semis
qu'on multiplie la plante. Ces semis se font à deux époques.

Dans le centre et le nord de la France, les variétés de
grande culture : oignons blanc rond dur de Hollande,
jaune paille des Vertus, jaune de Danvers, rouge

foncé, etc. et les oignons de couleur en général sont semés de la fin de février jusqu'au milieu d'avril, un peu plus tôt dans les terres légères que dans les sols compacts et humides. Les semis en place sont la règle dans la culture champêtre ; en culture jardinière, le repiquage est assez souvent employé, surtout dans les terres argileuses fraîches ; il donne des oignons plus gros, mais moins fermes et de moins bonne conservation que l'élevage sur place.

On sème soit à la volée, soit en lignes espacées de 15 à 25 centimètres, suivant le volume des bulbes ; il faut, dans le premier cas, environ 300 grammes de graines par are ; 150 à 200 suffisent dans le second. L'emploi du semoir, avec un écartement de 25 centimètres entre les rayons, facilite considérablement les sarclages, que les semis à la volée rendent très onéreux dans la grande culture.

La graine de l'oignon est enterrée par un hersage léger, qu'on fait suivre d'un roulage ; dans les jardins, on se contente souvent de la recouvrir d'une faible souche de terreau ou de marcs de raisin. Les graines terreautées germent un peu plus rapidement ; dans tous les cas, la levée est généralement complète au bout de trois semaines. Quant les plants sont assez forts, on les éclaircit, en laissant entre eux un écartement de 10 à 15 centimètres suivant les variétés.

Avec le semis en pépinière, on répand de 800 à 900 grammes de graines par are. On arrache les plants quand ils ont atteint une longueur de 15 à 20 centimètres ; après mouillage du sol, on les soulève à la bêche, puis on les *habille* en supprimant l'extrémité des racines et celle des feuilles. On les repique ensuite en place, dans des trous ouverts au doigt ou au plantoir, en les enfonçant peu, puis on les *borne* en pressant la terre contre les racines pour faciliter la reprise. On assure, en outre, celle-ci par un arrosage.

Pendant le cours de la végétation, on a soin de maintenir le sol propre et meuble à la surface par des binages. On arrose rarement l'oignon dans le nord de la France, plus fréquemment dans le Midi. Les arrosages doivent cesser quinze jours ou trois semaines au moins avant l'époque de la récolte, pour que la maturation des bulbes se fasse bien et qu'ils puissent se conserver. Dans le but de hâter cette maturation, les jardiniers ont coutume de rabattre les tiges de l'oignon sur le sol avec le dos du râteau; les cultivateurs de nos régions septentrionales obtiennent ce couchage des tiges à l'aide d'un rouleau très léger ou d'un tonneau vide qu'ils promènent sur les plantes encore vertes.

Dans les sols compacts, quand l'année est humide, les oignons sont exposés à pourrir; on recommande pour les préserver, dans les jardins, de déchausser superficiellement les bulbes.

On récolte l'oignon quand le dessèchement des feuilles indique que la maturité est atteinte. Il se produit plus ou moins tardivement suivant les climats, les terrains et les variétés cultivées. Généralement, c'est à la fin de juin ou en juillet qu'il a lieu dans le Midi, en août-septembre seulement dans la région de Paris.

L'arrachage se fait à la main dans les terres légères, à la serfouette, à la houe ou à la fourche dans les autres. Le rendement, d'ailleurs très variable suivant les années, atteint, en moyenne, dans la culture champêtre, de 20 000 à 25 000 kilogrammes par hectare. On obtient, dans les jardins, des récoltes beaucoup plus élevées, souvent plus que doubles.

Dans la région de Paris, on estime à 1 000 francs environ les frais de culture d'un hectare d'oignon; la somme résultant de la vente des produits obtenus sur cette surface peut atteindre de 2 500 à 3 000 francs; c'est donc un bénéfice net de 1 500 à 2 000 francs que laisserait cette production.

Moins rémunératrice dans les localités éloignées des grands centres de consommation, en raison de l'augmentation des frais de transport, elle y est cependant encore très avantageuse dans toutes les terres qui s'y prêtent. Les débouchés sont, d'ailleurs, largement ouverts à ce produit ; il fait défaut presque chaque année sur le marché parisien, et d'abondantes importations d'oignons d'Italie, d'Espagne ou de Russie doivent y compenser l'insuffisance des arrivages de nos diverses régions.

D'autre part, la Bretagne, et bon nombre de localités du centre et du nord de la France, dirigent vers l'Angleterre des quantités considérables d'oignons. Une seule commune de l'Aisne, Anguilcourt-le-Sart, a expédié, en 1900, à destination de Boulogne, pour l'Angleterre, 680 tonnes d'oignons secs.

Culture de l'oignon de printemps. — Dans l'ouest et le midi de la France, où l'on n'a pas à redouter les rigueurs de l'hiver, on sème l'oignon à l'automne, du 15 août à la fin de septembre. Dans les jardins du Nord, la culture automnale est également appliquée aux variétés hâtives d'oignons blancs.

Les semis se font en pépinière, à raison de 500 à 600 grammes de graines par are. Les plants obtenus sont repiqués dans la seconde quinzaine d'octobre, quand ils ont atteint 15 à 20 centimètres de hauteur. On les espace alors de 10 à 15 centimètres sur des lignes tracées au même écartement. Pendant l'hiver, on les abrite légèrement s'il y a lieu. Dans les sols compacts, humides, et sous les climats froids, on ne repique l'oignon qu'à la fin de l'hiver, en février-mars, pour le soustraire aux gelées.

On récolte en avril-mai l'oignon repiqué en octobre, un peu plus tard celui qui ne l'a été qu'en février.

L'oignon de printemps est recherché pour la consommation immédiate à l'état frais. Les maraîchers parisiens consacrent à sa culture d'importantes surfaces.

12.

Culture du petit oignon. — Pour la production des petits oignons que l'on confit au vinaigre, et qui trouvent aussi leur emploi dans certaines préparations culinaires, on sème en place, vers la fin de mai, 600 grammes environ de graines par are, dans un sol un peu maigre, non fumé. On plombe le sol, on terreaute et l'on bassine pour hâter la levée. Aucun arrosage n'est plus donné ensuite ; mais on procède, s'il est nécessaire, à quelques sarclages. Dans ces conditions, les oignons obtenus, mûrs en août, ne dépassent pas la grosseur d'une petite noix. Ces petits oignons ou *grenons* sont recherchés par le commerce.

On les conserve parfois pendant l'hiver pour les replanter en mars-avril, à 15 centimètres environ d'écartement, dans un sol suffisamment riche. On obtient ainsi, dans le courant de juillet, des bulbes très gros, mais qui se conservent médiocrement. L'oignon jaune des Vertus se prête assez bien à ce genre de culture, adopté dans l'est de la France pour la production 'de l'oignon de Mulhouse.

Conservation. — Les oignons destinés à être conservés pendant l'hiver doivent être récoltés par un temps sec et laissés plusieurs jours sur le sol, en les retournant pour qu'ils se ressuient suffisamment. On en forme ensuite des bottes ou des chaînes, que l'on suspend dans un local aéré. Lorsqu'il s'agit de provisions importantes, on débarrasse les bulbes de leurs feuilles, puis on les entasse au grenier dans des cadres en planches de 1^{m}50 à 2 mètres de hauteur, que l'on couvre et qu'on entoure de paille pendant les gelées. Souvent aussi l'on en forme des meules. Dans les environs de Paris, ces meules, d'une longueur de 1^m,25 et d'une hauteur de 1^m,50, sont établies en dressant de chaque côté d'un plancher, placé sur des traverses, des claies en branchages, entre lesquelles on empile les oignons, recouverts ensuite d'une couche de paille surmontée d'un toit de chaume. L'aération est indispensable pour éviter l'échauffement des oignons en las; on l'obtient en plaçant dans la masse de petits fagots de fascines.

L'oignon redoute peu les gelées; il dégèle sans pourrir si l'on a soin de ne pas y toucher au moment critique.

L'oignon dirigé sur Paris est expédié soit en vrac, soit en sacs de 50 kilogrammes, étroits et allongés. Les cultivateurs du littoral breton (Roscoff, Perros-Guirec) vont eux-mêmes en Angleterre vendre leurs oignons, mis en bottes ou en chaînes sur les bateaux de transport.

Production de la graine. — Les bulbes destinés à servir de porte-graines doivent être récoltés à complète maturité. On les choisit sains, gros et réguliers. Leur conservation se fait dans un local aéré, à température basse pour éviter une végétation prématurée.

En février-mars, on les plante à 40 centimètres les uns des autres. On tuteure les tiges s'il y a lieu. Les inflorescences commencent à mûrir dans le courant d'août; on les récolte successivement. Les graines mûres les premières fournissent des plantes plus précoces et de meilleure venue. Récoltées avec une portion de la hampe, les têtes sont réunies par bottes de 10 à 15 et suspendues à l'ombre dans un local sec et très aéré. Les graines se conservent mieux dans leurs capsules qu'extraites de celles-ci; dans le premier cas, leur faculté germinative persiste jusqu'à la troisième année, dans le second, elle s'éteint après la deuxième.

Maladies. — *Mildiou de l'oignon* (*Peronospora Schleideni*). — Se manifeste par l'apparition de taches jaunâtres sur les feuilles. Les pieds attaqués jaunissent et dépérissent. Contre cette affection, employer les pulvérisations à la bouillie bordelaise.

Charbon de l'oignon (*Urocystis Cepulæ*). — Attaque les très jeunes pieds, qui se dessèchent et meurent. Le repiquage semble en entraver l'extension. Immerger les graines pendant douze heures dans une solution de sulfate de cuivre à 0,50 p. 100, puis les faire sécher avant l'emploi.

La *pourriture des bulbes* se déclare surtout dans les terres humides ou fraîchement fumées ; elle paraît causée, sinon par le *Sclerotina Libertiana*, du moins par un champignon d'espèce très voisine. On ne connaît d'autre remède que la destruction par le feu des bulbes ou des plantes atteints et la suspension pendant plusieurs années de la culture de l'oignon dans le sol contaminé.

La *rouille du poireau* (*Puccinia Porri*) attaque aussi l'oignon. Pulvérisations préventives à la bouillie bordelaise.

La *maladie de l'ail* (*Pleospora herbarum*) apparaît parfois sur l'oignon. Mêmes précautions à prendre dans le cas des deux plantes.

La *graisse* de l'oignon paraît causée tantôt par une anguillule (*Tylenchus devastatrix*), tantôt par un champignon parasite (*Botrytis cinerea*). Suspendre les cultures de Liliacées dans le sol infecté.

Ennemis. — *Anthomye de l'oignon* ; la larve dévore les bulbes et entraîne la mort des plantes. Arracher celles-ci et les brûler. Détruire de même les bulbes qui renferment le *ver* de la *teigne de l'ail*.

ÉCHALOTE

(Famille des *Liliacées*.)

Origine. Caractères de la plante. — Faut-il voir dans l'échalote une modification de l'oignon (*Allium Cepa*) comme l'assure De Candolle, ou doit-on, avec Linné, en faire une espèce distincte (*Allium ascalonicum*), originaire de Palestine ? La première opinion semble prédominer aujourd'hui.

Les caractères généraux de la plante sont ceux de l'oignon, mais elle en diffère par deux points essentiels :

1° elle ne produit des graines qu'exceptionnellement ;

2° les bulbes, au lieu d'être uniques, se divisent en plusieurs caïeux.

Usages. — Les bulbes et les feuilles sont employés

comme condiments, cuits ou crus. Leur saveur diffère un peu de celle de l'oignon ; elle est plus douce que celle de l'ail.

Variétés. — *Échalote ordinaire* (fig. 72). — Bulbe piriforme, verdâtre à la base, recouvert d'une enveloppe jaunâtre, souvent ridée. *L'échalote petite hâtive de Bagnolet*, *l'échalote grosse de Noisy* et *l'échalote hâtive de Niort* en dérivent.

Échalote de Jersey. — Bulbe

Fig. 72. — Échalote ordinaire.

arrondi, violet, recouvert d'une fine pellicule rougeâtre. Contrairement aux autres variétés, fleurit et grène régulièrement. Précoce, mais se conserve plus difficilement que l'échalote ordinaire. *L'échalote d'Alençon* n'en est qu'une forme peu modifiée.

Culture. — Même sol que l'ail, mais réclame moins d'acide phosphorique et de potasse. Ses exigences sont sensiblement les mêmes que celles de l'oignon.

La multiplication de l'échalote se fait au moyen de caïeux, que l'on plante séparément en février-mars. Choisir des gousses fermes et bien formées. On les dispose en lignes distantes de 20 centimètres et à l'écartement de 10 à 15 centimètres sur les lignes. Il faut environ 15 litres de caïeux par are.

On sarcle pendant la végétation. Dans les années humides, où l'échalote pourrit facilement, le déchaussement superficiel des bulbes donne de bons résultats. C'est pour éviter cette pourriture qu'on récolte l'échalote de bonne heure, en juillet-août, dès que les feuilles jaunissent. Après arrachage des plantes, on les laisse se ressuyer, puis on les met en bottes ou en chapelets pour les conserver comme l'ail. On obtient, par are, de 150 à 200 litres de bulbes.

Dans le midi de la France, et parfois dans les terres légères du nord, on plante l'échalote de Jersey à l'automne; les bulbes, récoltés très tôt, se conservent mieux qu'avec la culture du printemps.

Maladies et ennemis. — Les mêmes que ceux de l'oignon.

La larve, blanche et vermiforme, de la *mouche de l'échalote* (*Anthomyia platura*) cause parfois de grands dégâts dans les plantations. Elle dévore les bulbes et détermine la mort de la plante.

Arracher les plantes atteintes, qui jaunissent et se dessèchent, et les brûler avec soin. Les remèdes préconisés jusqu'à présent : cendres, sulfate de fer, etc., sont inefficaces.

AIL

Allium sativum L. (Famille des *Liliacées*).

Origine. Caractères de la plante.— L'ail nous vient-il du midi de l'Europe ou de l'Asie occidentale? Il est difficile d'élucider cette question, la culture de la plante étant fort ancienne et répandue dans toute la zone tempérée du globe.

L'ail est vivace. Ses feuilles sont longues, étroites et contournées. L'ail ne fleurit presque jamais sous nos climats, mais des bulbilles naissent sur l'inflorescence et peuvent servir à multiplier la plante. Les bulbes ou *têtes* de l'ail sont formés de caïeux ou *gousses* ovoïdes enveloppés d'une fine pellicule argentée.

Usages. — Les gousses de l'ail sont employées, cuites ou crues, à titre de condiment ; dans les contrées méri-

dionales, où la saveur en est plus douce, on en fait grand
usage. Les feuilles vertes trouvent également leur utilisation dans l'assaisonnement de certains mets.

Variétés. — *Ail commun* (fig. 73). — Enveloppe des
gousses argentée ; de beaucoup
le plus cultivé.

Ail rose hâtif. — Enveloppe
rose. Précoce, résiste bien à l'humidité.

Ail rouge. — Têtes larges, formées de caïeux courts et gros,
rouge violacé.

Culture. — Quoique assez rustique pour venir partout en France
et même dans des contrées plus
septentrionales, l'ail réussit surtout sous les climats doux du Midi
ou de la Bretagne. Il préfère aux
terres fortes les sols un peu légers,
argilo-siliceux, et redoute par-
dessus tout l'excès d'humidité.
Les fumures récentes au fumier

Fig. 73. — Ail commun.

ne lui conviennent pas ; elles le prédisposent à la pourriture. L'ail paraît exigeant en acide phosphorique.
M. Denaiffe recommande de lui fournir par are 9 kilogrammes de superphosphate de chaux, 6 à 7 kilogrammes
de nitrate de soude et, dans les sols calcaires, 2 kilogrammes de sulfate de potasse.

Dans les jardins, on plante l'ail en planches ou en bordures, sur labour à la bêche. Cette plantation se fait
du milieu de février au commencement d'avril sous le
climat de Paris, dès le mois d'octobre dans le Midi. Les
gousses de la périphérie des têtes, mieux nourries, sont
préférées à celles du centre pour la multiplication. On
les plante en lignes, à 15 centimètres d'écartement en
tous sens, dans des trous peu profonds ouverts au doigt

ou au plantoir. Il faut, par are, environ 15 litres de caïeux.

Un ou deux sarclages sont donnés aux planches pendant la végétation. La coutume, très répandue, qu'ont les jardiniers de nouer les tiges de l'ail quand elles ont atteint tout leur développement, en vue, disent-ils, de faire grossir les têtes, n'est pas justifiée à cet égard, mais cette opération accélère un peu la maturation des bulbes.

La récolte de l'ail a lieu au début de l'été pour les plantations du Midi faites à l'automne, en juillet dans nos régions. On choisit, pour y procéder, une journée chaude et sèche. Après arrachage, on laisse les bulbes se ressuyer, puis on les met en bottes ou en chaînes pour les suspendre dans un local sec et aéré. La conservation en est facile; pour l'assurer encore, et donner en même temps à l'ail une saveur particulière assez appréciée, on a, dans certaines localités bretonnes, l'habitude de l'exposer à la fumée dans des chambres closes.

On obtient, en moyenne, de 150 à 200 litres de bulbes par are, mais les rendements sont très variables.

L'ail est un légume facile à produire en grande culture; il y tient quelque place en Bretagne, dans la Haute-Garonne, le Vaucluse, etc. Il figure dans les assolements de Cavaillon que nous avons indiqués. On lui consacre un terrain labouré à la charrue, hersé et roulé. La plantation se fait à la houe ou au crochet; les caïeux, placés dans les trous d'une ligne, sont recouverts avec la terre de la ligne suivante.

Maladies. — L'ail est sujet à deux *rouilles* causées par le *Puccinia allii* et le *Puccinia porri*. Contre ces maladies, peu redoutables, les aspersions préventives à la bouillie bordelaise sont employées avec succès.

Celle que détermine le *Pleospora herbarum* (forme *Macrosporium*) entraîne la décomposition des bulbes; elle a causé, il y a quelques années, d'importants dégâts dans les cultures du Gers. Choisir des caïeux sains

pour la plantation, brûler les plantes atteintes et ne
faire revenir l'ail sur le terrain contaminé qu'après un
temps assez long.

Ennemis. — La larve de l'*Anthomye de l'oignon* dévore
les bulbes de l'ail et tue la plante. C'est également aux
bulbes que s'attaque la chenille de la *teigne de l'ail*, connue des jardiniers sous le nom de *ver*. Dans les deux
cas arracher et brûler les bulbes atteints.

II. — **Légumes herbacés.**

POIREAU

Allium Porrum L. (Famille des *Liliacées*).

Origine. Caractères de la plante. — L'*Allium Porrum*
et l'*Allium Ampeloprasum* (Ail d'Orient) de Linné sont
vraisemblablement deux formes d'une même espèce botanique. On rencontre la dernière à l'état spontané dans
toute la région méditerranéenne ; aussi s'explique-t-on
mal qu'on ait voulu voir dans le poireau une plante
originaire des Alpes suisses.

Le poireau est bisannuel. Ses feuilles, insérées sur un
mince plateau représentant la tige, forment à la base un
rudiment de bulbe; engaînées les unes dans les autres
sur une assez grande longueur, elles se séparent à la
partie supérieure en une sorte d'éventail. La portion
dégagée de leur limbe, pliée en gouttière à la face interne,
se rétrécit progressivement jusqu'à la pointe terminale.
La hampe florale apparaît la seconde année seulement ;
elle est pleine, lisse, cylindrique, d'une hauteur de 1 mètre
à 1^m,50, et se termine par un bouquet globuleux de fleurs
blanches, rosées ou lilacées, qu'entoure une spathe membraneuse. Le fruit est une capsule à trois angles, renfermant des graines noires, ridées, ressemblant à celles de
l'oignon, mais plus petites.

Usages. — La base des feuilles du poireau, principalement le cylindre tendre et blanc, — improprement désigné sous le nom de tige, — que forme leur réunion entre dans la confection des soupes et de différents mets. Ce légume est parfois accommodé à la façon de l'asperge.

Variétés. — *Poireau long d'hiver de Paris* (fig. 74). — Feuilles étroites, réunies en un cylindre mince dépassant

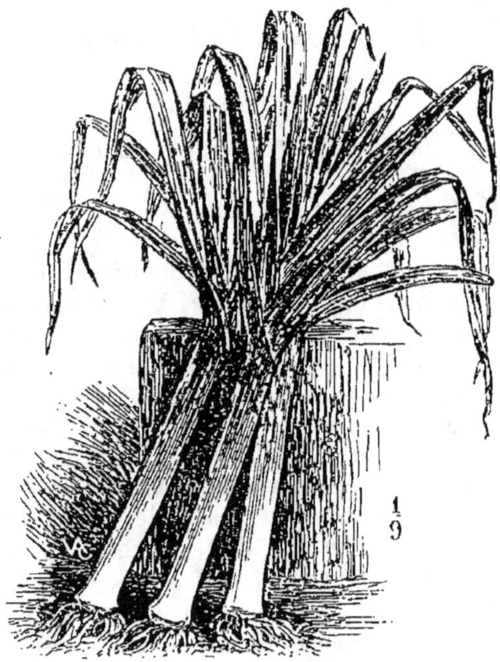

Fig. 74. — Poireau long d'hiver.

souvent une longueur de 25 centimètres. Variété très rustique ; très appréciée des maraîchers de la banlieue parisienne pour la vente aux Halles.

Poireau gros court (fig. 75). — Pied presque aussi élevé que le précédent, mais d'un plus fort diamètre. Feuilles amples. Hâtif, mais sensible aux gelées. Variété méridionale.

Fig. 75. — Poireau gros court.

Poireau gros court de Rouen. — Pied court et très gros ; le diamètre dépasse souvent 5 centimètres. Feuilles glauques. Rustique et productif ; monte lentement à graine. Très répandu.

Poireau monstrueux de Carentan. — Ressemble au poireau de Rouen, mais est plus gros encore. Un peu plus précoce, mais moins ferme.

Poireau jaune du Poitou. — Dérive probablement du

poireau gros court. Feuilles d'un vert jaunâtre, en large éventail. Précoce, mais peu rustique.

Exigences. — Si le poireau donne ses récoltes les plus abondantes sous les climats doux et humides, la rusticité des variétés cultivées dans le nord de la France est telle qu'il ne leur arrive que très exceptionnellement de souffrir du froid.

Le poireau réclame des terres fraîches, bien ameublies, abondamment pourvues de fumures azotées : fumiers décomposés, gadoues, engrais flamand, etc. Les arrosages au purin dilué lui sont favorables. C'est un des légumes les plus avantageux à cultiver dans les terres irriguées avec les eaux d'égout des villes. Le nitrate de soude agit efficacement sur la plante pour en augmenter la vigueur et accroître les rendements qu'on en obtient ; en forcer la dose dans les mêmes formules de fumure minérale qu'on applique à l'oignon.

Culture de primeur. — Le poireau long d'hiver et celui de Rouen sont les variétés qui se prêtent le mieux à cette culture. On les sème à la fin de décembre ou au commencement de janvier, sur une couche donnant 15 à 18 degrés de chaleur, chargée de 10 à 15 centimètres de terreau. Il faut de 30 à 40 grammes de graines par châssis : on recouvre la semence d'un peu de terreau, puis on plombe. La levée se produit en sept à huit jours. Aussitôt après, il convient d'aérer, — en ouvrant les châssis pendant les heures chaudes de la journée, — pour éviter l'excès de chaleur et d'humidité et laisser libre accès à la lumière, sans laquelle le plant s'étiolerait et ne tarderait pas à *fondre*, suivant l'expression des jardiniers.

Les jeunes plants ainsi obtenus sont repiqués en mars-avril soit sur vieille couche usée, soit, le plus souvent, en côtière ou dans une planche bien préparée. On choisit, pour exécuter le repiquage, une journée douce, humide et sombre. Le plant, habillé comme celui de l'oignon, en rognant légèrement l'extrémité des racines et des feuilles, est placé dans des trous ouverts au plantoir à une profondeur de 5 à 6 centimètres au plus. On laisse entre deux pieds consécutifs une distance de 10 à 15 centimètres, un peu plus grande avec le poireau de Rouen qu'avec le poireau d'hiver. On ne borne que très légèrement ou même pas du tout; en pressant la terre autour du collet, on risquerait d'endommager la plante, très délicate, et de l'empêcher de grossir. Le mouillage suffit pour donner au sol la consistance nécessaire. Les soins d'entretien consistent en sarclages, binages et quelques arrosages s'il y a lieu. La récolte se fait en juin, à la même époque que celle des poireaux semés à l'automne. Ces derniers, moins onéreux à produire, font aux précédents une victorieuse concurrence.

Au lieu de consacrer une couche spéciale au poireau de primeur, on se contente parfois de jeter quelques graines de poireau de Rouen dans des semis d'autres légumes sur couche, des carottes par exemple.

Culture de pleine terre. — Les semis commencent dès les premiers jours de mars et peuvent être exécutés jusqu'à la fin de mai. Dans une pépinière de pleine terre, parfaitement ameublie, on répand environ 500 grammes de graines par are. On enterre celles-ci par un hersage léger, au râteau, puis on plombe le sol et, dans les jardins, on le recouvre d'un peu de paillis.

Si le temps est sec, arroser pour faciliter la levée qui, dans les conditions normales, commence au bout d'une dizaine de jours. Lorsqu'on a semé trop dru, un éclaircissage est nécessaire après la levée.

La mise en place des plants a lieu quand ils ont atteint le diamètre d'un tuyau de plume, en mai pour ceux qui proviennent des semis de mars. On choisit un temps couvert pour y procéder, ou bien l'on mouille préalablement le sol. Réunis par bottillons, les plants bien formés et de dimensions convenables sont habillés en supprimant une partie de la racine et l'extrémité des feuilles, puis on les place dans des trous ouverts au plantoir, sur des lignes distantes de 40 à 45 centimètres. On laisse entre deux plants consécutifs un écartement de 10 à 25 centimètres, plus faible avec le poireau d'hiver de Paris, qu'avec les variétés à grand développement : poireaux de Rouen ou de Carentan. Ces derniers doivent être moins profondément enterrés que le premier. Les pluies ou les arrosages suffisent à combler les trous et à raffermir le sol autour des plants ; ce que nous avons dit plus haut des inconvénients d'un bornage énergique s'applique ici encore.

Pendant l'été, on donne deux ou trois binages, et des arrosages fréquents dans les cultures de jardin. Souvent aussi, dans ces dernières, on accumule la terre le long des lignes de poireaux, dans le but de faire blanchir ceux-ci sur une plus grande longueur.

La récolte des poireaux semés en mars commence en septembre ; ceux des semis de mai, repiqués en juillet-août, sont arrachés de novembre jusqu'en avril pour la consommation d'hiver. On peut aussi, lorsqu'on veut débarrasser le terrain à l'automne, arracher tous les poireaux et les mettre en jauge au pied d'un mur, en les plaçant côte à côte en lignes serrées séparées par un peu de terre.

Le poireau est l'une des plantes potagères les plus avantageuses à cultiver en plein champ. Il y réussit fort bien dans les vallées fraîches, où l'on obtient facilement 50 000 à 60 000 kilogrammes de produits par hectare avec les variétés volumineuses telles que les poireaux de Rouen et de Carentan. Ces variétés conviennent parfaitement d'ailleurs, à ce mode de culture, en raison de leur rusticité. Il en est de même du poireau long d'hiver, que la faveur dont il est l'objet sur le marché parisien engage beaucoup de cultivateurs voisins de la capitale à leur préférer.

Autour de Paris, la culture du poireau occupe d'importantes surfaces à Groslay, Noisy-le-Sec, Croissy, Mézières, Epône, Meulan, etc. Elle est développée dans la Seine-Inférieure, la Manche, le Calvados, le Poitou, l'Aveyron, etc.

Le bénéfice net que permet de réaliser cette culture atteint souvent de 2 000 à 3 000 francs. par hectare. Il dépasse même parfois ce dernier chiffre dans les terres irriguées à l'eau d'égout. La température douce des eaux usées de Paris déversées dans les champs d'épuration d'Achères. Triel, Méry-Pierrelaye, donne aux cultivateurs de ces régions la faculté d'arracher leurs poireaux par les journées les plus froides de l'hiver et de les vendre alors avec une plus-value sensible. C'est un avantage appréciable à joindre à ceux qui résultent, dans ce cas, de l'irrigation et de la fertilisation du sol par ces eaux.

Dans les jardins maraîchers, on considère comme normales les récoltes de 650 à 700 kilogrammes de poireaux par are.

La main-d'œuvre que nécessite le repiquage de cette plante fait reculer souvent devant sa culture sur des surfaces étendues ; on ne compte pas moins de quarante journées d'homme pour complanter un hectare. Pour l'éviter, quelques cultivateurs sèment le poireau en place, soit seul, — en lignes distantes de 15 à 25 centimètres, ou à la volée, à raison de 200 à 250 grammes de graines par are, — soit dans d'autres légumes, oignons notamment. Après la levée, un éclaircissage laisse les plants à l'écartement voulu. On est loin d'obtenir, avec cette méthode, des résultats comparables à ceux que procure le repiquage.

Le poireau long d'hiver, semé de cette façon dans le courant de septembre, donne en mai-juin des produits qui rivalisent avec les poireaux de primeur et peuvent être avantageusement substitués à ceux qu'on obtient sur couche.

Production de la graine. — On peut se contenter

de laisser en place un certain nombre de pieds provenant des derniers semis ; ceux qui n'ont pas été vendus pour la consommation fournissent une bonne part des graines du commerce. Cette méthode laisse fort à désirer quand aucune sélection n'intervient pour éliminer les pieds défectueux.

L'amélioration des races cultivées exige le choix de porte-graines réalisant le mieux le type recherché, sains, vigoureux, à pseudo-tige tendre et développée. Laissés en place ou mis en jauge pour l'hiver, on les replante en février-mars, en les écartant de 50 centimètres. Les graines sont mûres en août-septembre. On récolte les inflorescences au fur et à mesure de la maturité. Même traitement et mêmes remarques que pour l'oignon.

Maladies. — *Rouille du poireau,* déterminée par une Urédinée, le *Puccinia Porri.* Les pulvérisations à la bouillie bordelaise sont efficaces, mais le dépôt de sels de cuivre sur les feuilles est dangereux pour le consommateur et les produits récoltés doivent subir des lavages très soignés avant d'être utilisés ou mis en vente.

Ennemis. — Les mêmes que l'oignon. Quand le poireau est attaqué par la *teigne de l'ail,* pour détruire la larve ou *ver,* couper les tiges au ras du sol et les brûler. Biner, terreauter et arroser ensuite ; la plante repousse et donne une récolte normale.

CIBOULE

Allium fistulosum L. (Famille des *Liliacées*).

Origine. Caractères de la plante. — Origine incertaine, Sibérie ou Europe orientale. A été introduite dans nos jardins au xvie ou au xviie siècle. Plante vivace, traitée en culture comme annuelle ou bisannuelle. Feuilles nombreuses, fistuleuses, vert glauque, de 25 à 30 centimètres de longueur. Renflements peu marqués à la base des pousses. Fleurit la seconde année. Inflorescence, fleurs et graines semblables à celles de l'oignon.

Usages. — Les feuilles de la ciboule, à saveur d'oignon, sont employées comme condiment.

Variétés. — *Ciboule commune* (fig. 76). — Renflements allongés, rougeâtres. Rustique et productive. De beaucoup la plus répandue.

Ciboule blanche hâtive. — Renflements courts, blanchâtres, feuilles courtes. Saveur fine. Assez sensible à la gelée. Perd ses feuilles l'hiver, mais repart dès le début du printemps.

La *ciboule vivace de Saint-Jacques*, à grosses feuilles, appartient à une espèce distincte, l'*Allium lusitanicum* de Lamarck. Elle ne produit pas de graines et se multiplie par division des touffes.

Fig. 76. — Ciboule commune.

Culture. — On sème la ciboule en place, dans une terre bien ameublie et fumée, du mois de février à la fin de juin. On recouvre légèrement la graine, puis on plombe le sol. Quelques sarclages, et des arrosages en temps utile, constituent les seuls soins d'entretien à donner à cette plante. Trois mois après le semis, on peut commencer la récolte des feuilles, qui se prolonge pendant tout l'été.

La ciboule craint les gelées un peu fortes ; on peut la conserver pendant l'hiver sous une couverture de feuilles ou de litière. Cette conservation est plus facile quand les pieds, arrachés en novembre, sont mis en jauge. On les place aussi sous châssis pour avoir des feuilles pendant la mauvaise saison.

La multiplication de la ciboule par division des touffes nécessite la conservation de celles-ci dans les conditions que nous venons d'indiquer. Elle donne des plantes moins vigoureuses que le semis.

On récolte les graines de ciboule sur des pieds de deux ans, dont on ne coupe pas les feuilles cette année-là. Ces graines sont mûres en août.

Mêmes maladies et mêmes ennemis que l'oignon.

CIBOULETTE

Allium Schœnoprasum L. (Famille des *Liliacées*).

Origine. Caractères de la plante. — La *ciboulette* ou *civette* (fig. 77), connue des ménagères sous le nom d'*appétit*, est une plante vivace, indigène dans le midi de la France, et que l'on rencontre fréquemment chez nous, à l'état subspontané, dans les endroits ombragés. Elle forme des

Fig. 77. — Ciboulette.

touffes serrées, de 15 à 20 centimètres de hauteur. Ses feuilles sont nombreuses, fines et frisées, creuses à l'intérieur. Ses tiges, de faible hauteur, portent de petits bouquets de fleurs violacées, stériles.

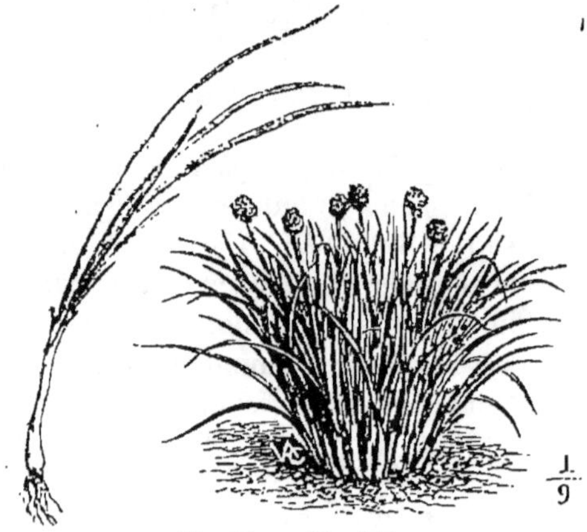

Usages. — Les feuilles de la ciboulette entrent comme condiment dans la préparation de mets nombreux.

Culture. — La ciboulette préfère les sols un peu frais. On la cultive presque toujours en bordure. La multiplication s'en fait par division des touffes. Les éclats sont plantés en lignes, à quelques centimètres les uns des autres. La récolte s'effectue en coupant les feuilles ; plus elle est fréquente, plus la plante repousse avec vigueur. Les plantations doivent être renouvelées tous les deux ou trois ans. La ciboulette est très rustique et résiste à des froids rigoureux, mais la végétation en est suspendue pendant l'hiver ; pour avoir des feuilles à cette saison, il suffit de placer quelques touffes sous châssis.

ASPERGE

Asparagus officinalis L. (Famille des *Liliacées*).

Origine. Caractères de la plante. — Si, par certains de leurs caractères, les plantes du genre *Asparagus*, auquel appartient l'asperge cultivée, se rattachent nettement aux *Liliacées*, elles en présentent d'autres si particuliers que le botaniste A. Richard en a constitué le groupe principal d'une famille distincte, celle des *Asparaginées*. Ce sont toutes des espèces vivaces.

L'asperge officinale croît à l'état spontané dans les terres siliceuses de plusieurs stations maritimes de la France et du midi de l'Europe. On la rencontre fréquemment en Algérie, sur les bords des ravins. Sa culture est fort ancienne.

Les racines nombreuses, simples, cylindriques, traçantes, de l'asperge forment une masse circulaire, connue des cultivateurs sous le nom de *griffe*. Sur cette griffe naissent des *turions*, bourgeons charnus qui croissent au printemps et qui, cueillis à l'état jeune, verts ou blanchis par étiolement, constituent les asperges comestibles. En se développant, ces bourgeons se transforment en

tiges très ramifiées, glabres, hautes de 1ᵐ,30 à 1ᵐ,50 ;
celles-ci sont garnies de feuilles réduites à de petites
écailles, et de ramuscules fasciculés, filiformes, d'un vert
glauque, simulant des feuilles ; ils en portent improprement
le nom dans le langage courant. Les fleurs, petites
et pendantes, jaune verdâtre, sont ordinairement unisexuées
par avortement des organes ; les fleurs mâles et

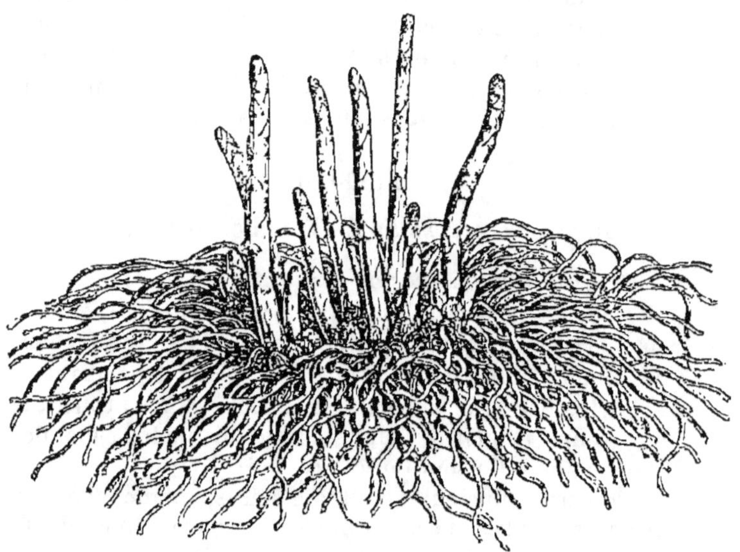

Fig. 78. — Griffe d'asperge.

les fleurs femelles se trouvent sur des pieds distincts ; la
plante est donc dioïque. Aux fleurs femelles succèdent,
après fécondation, des baies sphériques, rouges à la
maturité et du volume d'un gros pois. Chacune des
trois loges de ces baies renferme une ou deux graines
noires, triangulaires, à deux faces planes et la troisième
convexe. On compte, par gramme, environ 50 de ces
graines.

Usages. — Blanchies par le buttage, les jeunes pousses

d'asperge constituent un légume fort délicat ; les *pointes*, formées par le bourgeon terminal avant épanouissement, sont particulièrement recherchées. Dans les pays du midi de l'Europe, les asperges sont consommées vertes quand elles ont atteint 10 à 15 centimètres hors du sol. L'*asperge verte* ou *asperge aux petits pois* se présente sous la forme de tiges vertes, assez longues et très effilées ; coupée en menus fragments, on la mélange généralement à d'autres légumes.

Les asperges sont diurétiques ; elles communiquent à l'urine une odeur forte et désagréable. Leurs propriétés sont dues à un principe azoté cristallisable et soluble dans l'eau, l'*asparagine*. L'extrait et le sirop de pointes d'asperges trouvent leur emploi dans la thérapeutique.

Jadis réservée aux tables riches, en raison de son prix élevé, l'asperge s'est démocratisée depuis ; elle pénètre aujourd'hui dans les plus modestes demeures et fournit un appoint important à l'alimentation estivale de toutes les classes de la société.

Variétés. — Les variétés d'asperge sont peu distinctes ; elles se différencient par des caractères fugitifs, sujets à se modifier sous l'influence des conditions de culture. Il en résulte que, s'il n'existe qu'un nombre fort restreint de races véritables, on connaît une multitude de pseudo-variétés qui portent les noms des localités où on les produit. Les seules qui méritent d'être mentionnées à part sont les suivantes :

Asperge commune, asperge verte ou *asperge d'Auber-villiers.* — Pousses allongées, grêles, se colorant aisément en vert sur la plus grande partie de leur longueur. Assez voisine de l'asperge sauvage.

Asperge de Hollande. — Pousses plus volumineuses, arrondies, parfois un peu aplaties à l'extrémité ; blanches, avec une tête teintée de rose ou de rouge violacé.

Asperge d'Argenteuil hâtive. — Turions gros, un peu pointus, avec les écailles du bourgeon terminal très serrées. Très belle variété, précoce et productive; la meilleure pour la culture de primeur.

Asperge d'Argenteuil tardive. — Écailles du bourgeon plus divergentes. Produit à une époque plus avancée que la précédente des asperges de belle venue.

Les asperges d'Argenteuil doivent leur supériorité à la sélection dont elles ont été l'objet; en donnant les mêmes soins aux variétés locales qui s'en rapprochent, nul doute qu'on ne puisse les amener en peu de temps au même degré d'amélioration.

Exigences. — Très rustique, l'asperge supporte sans en souffrir des hivers rigoureux et des chaleurs prolongées; elle réussit également bien dans toutes les régions de la France. On la cultive avec succès en Algérie et en Tunisie. Sa résistance à la sécheresse en fait un légume précieux pour la production en plein champ dans les plaines mal arrosées ou sur les plateaux.

L'asperge redoute par-dessus tout l'excès d'humidité du sol, et le drainage s'impose pour sa culture dans les terres où l'eau séjourne à une faible profondeur. En abaissant le niveau de l'eau stagnante, les labours de défoncement y sont très avantageux pour cette plante. Lorsqu'elles sont saines, toutes les terres peuvent être utilisées pour la culture de l'asperge; celle-ci s'accommode des argiles ameublies comme des terres franches, des sables convenablement fumés, des tourbières desséchées et amendées. Cependant, on choisira de préférence, pour l'y placer, des terres légères, douces, faciles à travailler en toute saison; les opérations que nécessite sa culture : buttages, cueillette, fumures doivent, en effet, pouvoir être poursuivies sans interruption pendant le cours de l'année et, dans de telles terres, l'exécution en est plus parfaite et moins onéreuse. Le calcaire passe pour donner aux turions de l'asperge une coloration rose plus accentuée.

L'abondance et la précocité des récoltes d'asperge, en

même temps que la beauté et la qualité des produits, — d'une importance considérable, en raison de l'énorme différence des prix qu'ils atteignent sur les marchés, — dépendent essentiellement de l'alimentation de la plante ; aussi convient-il de ne pas lui ménager les engrais. L'asperge fait surtout une grande consommation d'azote. Le sol de l'aspergerie doit recevoir, avant la plantation, une fumure copieuse dont l'action puisse se faire sentir pendant une longue période. On y enfouit de 50 000 à 60 000 kilos de fumier par hectare, soit environ 1 mètre cube par are. A défaut de fumier, les gadoues sont d'un emploi très avantageux ; à raison de 50 à 100 mètres cubes, elles donnent d'excellents résultats dans les cultures d'Argenteuil. Dans le Midi, on en obtient d'également bons avec la fumure aux tourteaux. Les déchets organiques à décomposition lente : chiffons de laine, cuir ou corne torréfiés, sont aussi très recommandables comme engrais de fonds.

Des fumures d'entretien répétées assurent la durée de l'aspergerie et l'obtention continue de récoltes abondantes. Nous indiquons plus loin à quelles époques on y procède. On considère comme normale l'application de 20 000 kilos de fumier par hectare tous les deux ans à partir de la troisième année. Souvent on fume tous les ans, à des doses moindres, jusqu'à la sixième année, puis ensuite tous les deux ou trois ans seulement. Les engrais chimiques peuvent être très avantageusement substitués au fumier ; dans ce cas, on applique chaque année la quantité d'azote nécessaire ; l'acide phosphorique et la potasse peuvent être apportés à de plus longs intervalles. Nous avons fait connaître déjà (Voy. *Fertilisation du sol*) les formules d'engrais établies pour l'asperge par M. Wagner d'une part, et de l'autre par M. Zacharewicz. Ce dernier a constaté la réelle efficacité des engrais minéraux dans la culture de l'asperge, non seulement pour l'augmentation des rendements, mais en ce qui concerne aussi la précocité des produits. Les essais faits, en Meurthe-et-Moselle, par M. Colomb-Pradel, l'ont conduit aux mêmes conclusions.

M. Grandeau signale qu'avec une fumure de tête de 1800 kilogrammes de scories, de 750 kilogrammes de kaïnite et de 300 kilogrammes de nitrate de soude, il lui a suffi de renouveler la fumure azotée, sous la forme de 300 kilogrammes de nitrate, pour obtenir chaque année 3000 kilogrammes d'asperge.

En grande culture, l'asperge réussit bien après une plante sarclée ou une légumineuse.

Multiplication. — On multiplie l'asperge exclusivement par graines. Le semis se fait quelquefois sur couche sourde, en février, le plus généralement en mars-avril, en pépinière de pleine terre riche et meuble, soit à la volée, à raison de 70 à 80 grammes de graines, soit de préférence en lignes distantes de 12 à 15 centimètres; dans ce dernier cas, on n'emploie que 35 à 40 grammes de semences. Celles-ci sont enterrées, au râteau, à une profondeur de 3 à 4 centimètres. On paille ensuite le sol, puis on l'arrose à plusieurs reprises, suivant les besoins. La levée est lente; elle exige au moins un mois pour se produire.

Quinze jours ou trois semaines après l'apparition des jeunes plants, on les éclaircit en conservant les plus vigoureux, qu'on laisse espacés de 7 à 8 centimètres. Des sarclages répétés sont nécessaires pour prévenir l'envahissement de la pépinière par les mauvaises herbes. On donne aussi pendant l'été des arrosages fréquents. Vers le milieu d'octobre, les tiges des jeunes asperges atteignent environ 50 centimètres; chaque plant en possède 3 ou 4 au plus. On les coupe à ce moment à quelques centimètres au-dessus du sol. Pendant tout l'hiver, les plants sont laissés en place.

Au printemps suivant, ils sont à l'âge qui convient le mieux à leur emploi comme *griffes* pour la plantation des aspergeries de rapport. Moins forts que ceux de dix-huit mois ou de deux ans, qu'on leur préfère parfois à tort, ces plants d'un an reprennent plus facilement et se développent mieux. On les arrache avec précaution, à la fourche à dents plates, à l'époque où il convient de les planter. Cet arrachage peut être fait quelques jours à l'avance sans inconvénient, surtout si l'on a soin de conserver les griffes dans un local frais. Quand celles-ci ont dû subir un transport prolongé, elles arrivent parfois un peu fanées ; il convient alors de les mettre en jauge quelque temps avant la plantation.

Certains cultivateurs se sont fait une spécialité de la production des griffes d'asperges. Ceux d'Argenteuil jouissent à cet égard d'une réputation justifiée.

On reconnaît une bonne griffe d'asperge à ses racines peu nombreuses, grosses, courtes, d'égal diamètre sur toute leur longueur, à son collet large, pourvu d'un petit nombre de bourgeons vigoureux. Les griffes débiles, mal venues, doivent être rejetées.

Culture ordinaire. — La culture de l'asperge en pleine terre peut se faire très simplement. L'usage d'en intercaler des pieds dans les vignes est fort ancien ; il remonte, croit-on, aux Romains et se retrouve dans presque tous les pays vignobles. Dans certaines régions, cette production, d'abord accessoire, est devenue par la suite la culture principale, et les procédés rudimentaires qu'on lui appliquait au début ont fait place à des méthodes rationnelles, conduisant à de bien meilleurs résultats. Tel est le cas pour Argenteuil, où l'asperge a supplanté la vigne au grand profit des cultivateurs.

Depuis quelques années, l'asperge a largement pris place dans la grande culture, et l'on rencontre aujourd'hui des plantations de dix, quinze ou vingt hectares entièrement cultivées à la charrue. Cette plante se prête, en effet, admirablement à la production en plein champ. Une fois établies, les aspergeries ont une longue durée ; elles ne

nécessitent aucun arrosage; les produits qu'on en tire
supportent le transport à d'assez longues distances et
trouvent des débouchés pour ainsi dire illimités ; ceux de
belle qualité, obtenus dans les cultures soignées, conservent des prix élevés malgré l'extension de la production.

Bonne préparation du sol, fortes fumures, écartement
suffisant des plants sont trois conditions essentielles pour
le succès de cette culture.

A l'automne qui précède la plantation, le terrain destiné
à l'asperge doit être labouré à la charrue ou à la bêche ;
c'est à ce moment qu'on enterre la fumure. Dans les
sols qui l'exigent, on fait suivre la charrue d'une fouil-
leuse, pour donner au labour assez de profondeur ; pour
ceux en bon état de culture, un labour à 25 ou 30 centimètres est suffisant, les racines de la plante se développant superficiellement. Au printemps suivant, on
donne un second labour dans les terres fortes, un simple
hersage dans les autres.

Le terrain ainsi préparé est alors divisé en *tranchées* et
en *ados*. On donne aux tranchées une largeur de 50 à
60 centimètres, celle des ados qui les séparent ayant de
60 à 70 centimètres. Le tracé effectué, on creuse les
tranchées à 10 ou 15 centimètres de profondeur; la terre
extraite est rejetée à droite et à gauche sur les ados voisins. On nivelle soigneusement au râteau le fond des
tranchées, puis on y creuse de petites cuvettes de 20 ou
25 centimètres de diamètre et de 10 à 12 centimètres de
profondeur, dans lesquelles on laisse un léger monticule
circulaire. Pour la formation de ces buttes, on remplace
parfois la terre naturelle par un mélange de terreau
et de bonne terre de jardin. Au sommet de chacune de
ces petites élévations on place une griffe, dont on étale
circulairement les racines. Suivant l'écartement qu'on
veut laisser entre les pieds, on distance les buttes de
80 centimètres à 1 mètre. Les plantations trop rappro-
chées ne donnent que des asperges de faible volume et

de valeur médiocre ; un écartement trop considérable, au contraire, occasionne une perte de terrain, qui se traduit par une diminution de rendement à l'hectare.

La griffe une fois placée, on la recouvre de quelques centimètres de terreau ou de bonne terre finement tamisée, que l'on comprime légèrement avec la main. L'emplacement de chaque griffe est alors marqué par un petit piquet ; on la retrouve ainsi facilement et l'on peut la ménager lors des binages, qui doivent avoir lieu pendant toute la période d'été. En grande culture, la plantation des griffes d'asperge se fait dans de larges sillons, ouverts soit avec une charrue ordinaire, que l'on fait passer deux fois en sens inverse, de façon à tracer deux raies contiguës, soit à l'aide d'une charrue à double versoir.

Cette plantation a lieu en février dans le midi de la France, en mars-avril dans le centre et le nord. Les ados, inutilisés pour l'asperge pendant les deux premières années, sont employés à la production des haricots, des radis, des salades, des choux, parfois même des pommes de terre. Les tiges de l'asperge se développent peu après la plantation. Elles jaunissent et se dessèchent à l'automne. En octobre ou novembre, on les coupe à 15 ou 20 centimètres au-dessus du sol. On redresse les ados et on y rejette la terre entraînée par les pluies dans les tranchées. Dans les cultures où l'on fume annuellement, on répand à ce moment sur le sol une couche de 2 à 3 centimètres de fumier, qu'on enfouira à la sortie de l'hiver. On peut substituer avantageusement à cette fumure des engrais chimiques appliqués au printemps. A Argenteuil, sur les griffes, préalablement déchaussées, on dépose une petite quantité de terreau ou de gadoue, qu'on recouvre aussitôt après.

Au printemps de la seconde année, on remplace les griffes qui ont péri pendant la première, puis on donne au sol une légère façon (*béquillage*) à la fourche à dents plates ; des binages suivent. Les tiges atteignent alors

1 mètre et plus ; pour éviter qu'elles se brisent au niveau des griffes, dont cet accident pourrait provoquer la pourriture, on les tuteure ou bien ou en pince l'extrémité au-dessus de la vingtième branche ; ce dernier procédé est plus économique. En octobre, on enlève les tuteurs et l'on coupe à nouveau les tiges à 15 ou 20 centimètres, puis on applique une nouvelle fumure sur toute la surface de l'aspergerie.

Cette fumure est incorporée au sol, au printemps de la troisième année, par un labour, léger dans les tranchées, profond sur les ados. A la fin de mars ou au commencement d'avril, après suppression des tronçons de tiges mortes, on butte les pieds d'asperge, en accumulant sur chacun d'eux de 15 à 25 centimètres de terre prise sur les ados. Aux *taupinières* ainsi formées, avec l'aide de la houe, on donne souvent un diamètre de 50 centimètres à la base.

En grande culture, le buttage se fait à la charrue, chaque ados étant refendu deux fois dans chaque sens, pour accumuler contre les lignes de plantation une épaisseur de terre suffisante. On obtient un travail plus rapide avec la charrue à double versoir.

Quinze jours ou trois semaines après le buttage, la récolte peut commencer sur les pieds les plus vigoureux, auxquels on ne doit pas demander plus de deux ou trois turions, si l'on veut éviter de les épuiser prématurément. On épargne les griffes faibles pendant un an ou deux ans encore.

Les pieds soumis à une récolte trop hâtive ou trop prolongée ne produisent plus, par la suite, que de petites asperges.

Les asperges sont bonnes à cueillir dès que la pointe en apparaît au dehors. Cette première récolte doit être faite avec précaution, à la main. On risque, en employant les outils spéciaux, gouges ou couteaux, d'endommager les griffes.

La cueillette dure peu ; en mai elle est terminée. On procède à la mise en place des tuteurs auxquels on fixera les tiges, que l'on peut aussi pincer comme nous l'avons indiqué précédemment.

Des binages sont exécutés pendant l'été.

En octobre, on coupe de nouveau les tiges, on débutte en reformant les ados, puis on applique au sol une nouvelle fumure, qu'on enfouit par un bêchage à la fourche.

Les mêmes opérations se reproduisent tous les ans à partir de la quatrième année. La récolte, qui dure d'abord de trois semaines à un mois, se prolonge davantage les années suivantes ; à la sixième année, l'aspergerie est en pleine production et la cueillette s'effectue pendant un peu plus de deux mois, du milieu d'avril jusque vers la fin de juin. A partir de ce moment, on échelonne les fumures de deux en deux ans.

Conduite comme nous venons de l'indiquer, une aspergerie dure au moins quinze ans, parfois dix-sept ou dix-huit, sans cesser de fournir un produit satisfaisant.

Sur une aspergerie détruite il convient de n'en pas créer de nouvelle avant une assez longue période : vingt ans, disait M. Hardy. L'emploi de fortes fumures et la préparation soignée du sol permettent d'abréger beaucoup ce laps de temps.

Récolte et vente de l'asperge. — La cueillette de l'asperge se fait soit à la main, soit à l'aide d'outils spéciaux. La première méthode est celle qu'on emploie de préférence dans les cultures de faible étendue, quand le buttage se fait par *taupinières*. On déchausse le turion jusqu'à la base, puis, le saisissant avec la main, on lui imprime un mouvement de torsion, qui le décolle au point d'insertion sur la griffe.

Avec les cueille-asperges, le travail est plus rapide, plus facile aussi dans les terres mal divisées. Ces outils sont employés surtout dans les grandes plantations, où le buttage se fait en lignes. Avec les meilleurs *couteaux à asperges*, dont il existe des modèles variés, on risque d'endommager la griffe ou de couper le turion trop haut. La *gouge* (fig. 79) n'est pas non plus à l'abri de ce

reproche; elle donne cependant de meilleurs résultats. On s'en sert en la faisant glisser, sans vio-

Fig. 79. — Cueille-asperges.

lence, jusqu'à la base de l'asperge; on détache alors celle-ci en appuyant sur l'instrument.

Les asperges cueillies le matin, à la rosée, ou le soir sont moins sujettes à se faner que celles qu'on récolte pendant les heures chaudes de la journée. En les étalant entre deux lits d'herbes fraîches, mais non mouillées, dans une cave ou un local à l'ombre, on peut conserver les asperges pendant plusieurs jours sans qu'elles perdent leur belle apparence. Une autre méthode de conservation consiste à en ficher la tige dans du sable fin et frais déposé en cave ou en cellier. S'il est nécessaire de les laver pour les débarrasser de la terre qui les souille, après une immersion dans l'eau, qui doit être courte pour qu'elles ne perdent pas de leur qualité, on les place sur une claie pour les faire égoutter.

Pour la vente, on classe les asperges en grosses, moyennes et petites, puis on réunit celles d'une même catégorie en bottes de 2 à 3 kilos, en se servant de moules d'un modèle spécial (fig. 80) dont les dimensions varient avec la grosseur des bottes. Celles-ci sont maintenues à l'aide de deux liens d'osier; on en égalise la base à la serpette. On pare les bottes en plaçant les plus belles asperges à l'extérieur.

Le rendement de l'asperge est très variable. Dans les bonnes cultures, il oscille généralement entre 500 et 800 grammes par pied, soit, pour une plantation de

10 000 griffes à l'hectare, une récolte annuelle de 5 000 à
8 000 kilogrammes à partir de la sixième année. Les prix

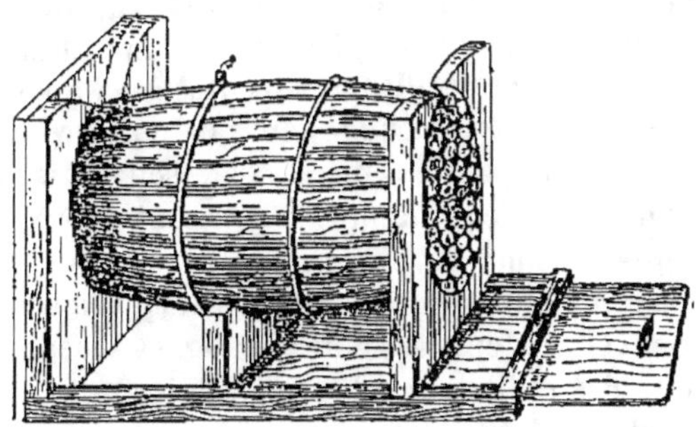

Fig. 80. — Botteleuse à asperges.

de vente diffèrent également beaucoup suivant la qualité des produits et l'époque à laquelle ils paraissent
sur les marchés. Il en résulte que s'il n'est pas exa-
géré de fixer de 2 000 à 3 000 francs par hectare le bénéfice net qu'il est possible de réaliser annuellement avec
cette plante dans des conditions favorables, ce bénéfice
se trouve souvent aussi beaucoup plus restreint.

L'entretien d'un hectare d'asperges revient en moyenne
à 1000 ou 1200 francs par an.

Culture forcée sur place. — Le forçage de l'asperge
sur place, pour l'obtention de produits de primeur, est
très usité chez les maraîchers parisiens.

L'asperge hâtive d'Argenteuil est celle qui convient le
mieux pour ce mode de culture.

Dans une terre riche et très meuble, on trace, en les
orientant de l'est à l'ouest, des planches d'une largeur de
1 mètre à 1^m,25, séparées par des sentiers de 50 à 60 centimètres. On leur donne une longueur correspondant à
un nombre exact de châssis placés bout à bout, 24 ou 30
le plus généralement pour une culture de quelque
importance. Ces planches, ameublies sur une profondeur

de 40 centimètres environ et soigneusement fumées, reçoivent quatre lignes d'asperges, plantées en quinconce à la distance de 30 ou 40 centimètres. On obtient ainsi de 12 à 16 griffes sur l'emplacement d'un châssis.

La plantation des griffes est exécutée de la même façon, avec les mêmes soins que dans la culture de pleine terre. On la fait soit en mars-avril, soit en septembre. Les plantations de printemps réussissent mieux; ce sont celles qu'on adopte le plus généralement. Des sarclages doivent être donnés aux planches pendant la période qui suit. Souvent on cultive, entre les lignes d'asperges, des carottes, des radis, des salades, parfois aussi des choux ou des choux-fleurs dans les sentiers, de façon à tirer du sol tout le parti possible.

En octobre-novembre, on coupe les tiges desséchées des asperges à quelques centimètres au-dessus du sol. On recouvre celui-ci d'une couche de fumier ou de terreau gras; cette fumure est enfouie, en mars suivant, par un labour léger, à la fourche, qui ameublit en même temps le terrain. Dans le cours de cette seconde année, on donne de nouveaux binages.

Si l'opération a été bien conduite, les griffes doivent alors être vigoureuses et porter des tiges dont les plus belles atteignent la grosseur du pouce. On peut, dans ce cas, commencer le forçage en novembre et le continuer jusque vers le milieu de février. Si les griffes sont faibles, il est préférable d'attendre à l'année suivante.

Pour forcer, on place les coffres sur les planches, puis on creuse les sentiers à une profondeur de 50 à 60 centimètres. La terre extraite, bien pulvérisée et mélangée de terreau, est répartie sur les planches, dont on exhausse ainsi le niveau. Les fosses sont remplies de fumier de cheval, frais ou additionné d'un peu de fumier consommé. On élève cette couche, tassée régulièrement et arrosée à mesure, jusqu'au bord supérieur des coffres, latéralement et à l'extrémité des planches. La fermentation se développe et, au bout de peu de jours, la température s'élève à l'intérieur des coffres. Pour éviter des déperditions de chaleur, on recouvre les châssis de paillassons. Tous les quinze ou vingt jours, on remanie les couches, en remplaçant une partie du fumier usé par du fumier frais.

La température, de 15 à 18 degrés au début, ne doit pas dépasser 25 à 26 degrés au moment de la pleine fermentation du fumier; une croissance trop rapide des turions ne leur permettrait pas de grossir.

Après trois semaines environ les asperges sortent de terre; on enlève alors les paillassons pendant les heures chaudes du jour, pour permettre aux turions de se colorer à l'extrémité. Trop blancs, ils subiraient une dépréciation sensible lors de la vente. On peut, au besoin, les faire verdir légèrement après la récolte, en les exposant à la lumière derrière une fenêtre ou sous un châssis.

On cueille les asperges quand elles atteignent une longueur de 3 à 4 centimètres hors de terre; si l'on attendait trop, les écailles du bourgeon terminal s'écarteraient et l'asperge perdrait de sa valeur. La cueillette a lieu tous les deux ou trois jours, pendant six semaines à deux mois; elle doit se faire à la main, avec précaution. Le rendement obtenu, très variable suivant les conditions de culture, atteint en moyenne de 1^{kg},5 à 2 kilogrammes par châssis. Malgré ce faible produit et les frais élevés que nécessite cette culture, elle est très rémunératrice dans certaines années, en raison des hauts prix qu'atteignent les asperges pendant la saison d'hiver.

Après la récolte, quand la température intérieure s'est suffisamment abaissée, on enlève les coffres et les châssis, on extrait le fumier des sentiers et on y replace la terre dont les planches avaient été chargées. Ce fumier n'a presque rien perdu de sa valeur fertilisante; il peut servir comme engrais ou pour la formation de couches tièdes.

L. Bussard. — *Culture potagère.* 14

Une plantation forcée tous les ans s'épuise rapidement, elle produit des récoltes médiocres et dure peu. Aussi vaut-il mieux ne la soumettre au forçage que tous les deux ans; exceptionnellement, quand les pieds sont très vigoureux, on peut lui demander deux récoltes consécutives. Pour obtenir des produits chaque année, il faut donc avoir deux plantations d'égale étendue, que l'on chauffe alternativement.

Dans ces conditions, l'aspergerie peut durer une douzaine d'années, pendant lesquelles elle fournit six ou huit récoltes forcées. Dans l'intervalle elle produit des récoltes de plein air. Chaque année, pendant la période de repos de la plantation, on peut poursuivre des cultures intercalaires de la nature de celles que nous avons précédemment indiquées.

Culture forcée sur couche. — On fait emploi, pour cette culture, de griffes de trois ou quatre ans ou de vieilles griffes provenant d'anciennes plantations. Avec ces dernières le succès est incertain; elles donnent cependant parfois de bons résultats. Les griffes d'un an sont trop faibles pour se prêter à ce traitement.

Dans le courant de l'hiver, on construit une couche de 40 à 60 centimètres d'épaisseur, capable de donner de 25 à 30 degrés de chaleur; on la garnit de coffres, puis on la charge de 5 à 6 centimètres de terre ou de terreau. Après que la couche a jeté son feu, les griffes, arrachées à la fourche et nettoyées, sont placées dans le coffre, au nombre de quarante environ; les racines s'entre-croisent nécessairement, mais les têtes doivent être dégagées. On recouvre alors les griffes de 20 à 25 centimètres de terre ou de terreau, en prenant soin de bien remplir les intervalles. Des réchauds de fumier sont placés contre les parois des coffres et l'on couvre les châssis de paillassons; on enlève ceux-ci pendant quelques heures chaque jour quand les asperges apparaissent hors de terre. Un bassinage léger donné à ce moment empêche l'asperge de *filer*. La récolte peut commencer au bout de douze ou quinze jours ; elle se prolonge pendant un mois ou six semaines. On récolte, en moyenne, de 8 à 9 kilogrammes d'asperges par châssis. Ce mode de culture ne convient que dans le cas où l'on ne dispose pas d'une surface suffisante pour le forçage sur place ; il donne des produits beaucoup moins beaux.

Après le forçage sur couche, les griffes sont complètement épuisées et ne peuvent plus servir.

Culture forcée de l'asperge verte. — L'asperge verte est obtenue par la culture forcée sur couche ou au thermosiphon.

Dans le premier cas, on forme une couche de même nature que pour l'asperge blanche et l'on emploie des griffes de même âge. Après arrachage, on réunit ces griffes en faisceau, les collets au même niveau, on en égalise les racines, puis on les dresse dans le coffre en commençant par le haut où l'on place les plus fortes ; serrées les unes contre les autres, chaque coffre en contient de 400 à 500. On glisse un peu de terreau dans le faible intervalle qui les sépare.

La température de la couche ne doit pas dépasser 30 à 35 degrés, sinon il convient d'établir des ventouses pour la refroidir un peu. Quand cette température baisse au-dessous de 25 degrés, on la relève au moyen de réchauds placés sur les côtés des coffres.

Dès que la végétation se manifeste, il convient de découvrir les châssis pour que les asperges, largement éclairées, puissent verdir. On les ouvre aussi une ou deux heures chaque jour. De légers bassinages, donnés de préférence avec de l'eau tiédie, maintiennent dans les châssis une humidité favorable à la croissance de l'asperge.

Au bout de douze à quinze jours, les pousses atteignent une longueur de 25 à 30 centimètres ; on les cueille alors tous les deux jours, pendant six semaines environ. Par châssis, on récolte de 40 à 50 bottes de 200 à 250 grammes, soit 8 à 12 kilogrammes d'asperges vertes.

Dans la culture au thermosiphon, très rarement employée, l'asperge est placée dans les compartiments de bâches ou de serres dont le fond, sous lequel passent les tuyaux de chauffage, est revêtu d'une mince couche de terre. On élève graduellement la température jusqu'à 40 degrés et plus. Dans ces conditions, on obtient en une dizaine de jours des pousses bonnes à récolter.

Il va sans dire que le chauffage au thermosiphon peut être également substitué aux couches pour la production de l'asperge blanche.

Production de la graine. — Les pieds d'asperge en pleine vigueur, âgés de six à huit ans, sont les meilleurs porte-graines. Pour cette destination, on ne s'adressera qu'à ceux qui donnent des turions de belle venue. Sur les plantes choisies, on ne doit pas récolter d'asperges l'année où on leur demande de la graine. On peut soit les arracher et les planter à part, soit les laisser en place en les marquant. En réduisant le nombre des tiges, dont on ne conserve que celles provenant des turions apparus les premiers, on obtient des graines plus grosses, plus aptes à donner naissance à des plantes vigoureuses et productives. Ces tiges sont tuteurées pour les maintenir dressées.

Les baies d'asperge commencent à rougir en octobre; elles sont mûres en novembre. Les oiseaux en sont très friands et il faut exercer une active surveillance pour empêcher leurs déprédations. Les fruits les plus gros sont seuls réservés pour la reproduction. On les cueille sur la partie médiane des rameaux. Écrasés dans l'eau avec les doigts, ils laissent échapper les graines, qu'on lave soigneusement pour les débarrasser de la pulpe qui les entoure; elles sont ensuite séchées à l'ombre.

Après récolte de la semence, on coupe les tiges et l'on

donne aux porte-graines les soins ordinaires d'une culture pour la production de turions.

Maladies. — *Rouille*, déterminée par un champignon parasite, *Puccinia Asparagi*, qui apparaît en été sur les rameaux. Couper et brûler à l'automne toutes les tiges atteintes.

La *Rhizoctone violette* (*Rhizoctonia violacea*) cause parfois des dégâts sérieux dans les cultures d'asperge. Elle forme sur les racines un lacis de filaments, de couleur pourpre foncé, facilement reconnaissable. Le mycélium persistant très longtemps dans le sol, il faut renoncer à cultiver l'asperge pendant une longue période, dix ans au moins, dans les parcelles contaminées.

Ennemis. — En dehors de ceux qui s'attaquent à toutes les plantes potagères, l'asperge a deux ennemis spéciaux, d'espèces très voisines, le *criocère de l'asperge* et le *criocère à douze points*, dont les larves, petites et gluantes, apparaissent en mai et dévorent les jeunes pousses. Secouer les plantes au-dessus d'un large entonnoir recouvrant soit un vase à demi plein d'eau de savon, soit l'ouverture d'un sac qu'on plonge ensuite dans l'eau bouillante. On peut aussi répandre sur le sol de la cendre de bois fraîche et passer légèrement un balai sur les tiges d'asperge; les larves tombent, s'engluent dans la cendre et périssent.

CHOUX

Brassica oleracea L. (Famille des *Crucifères*).

Origine. Caractères de la plante. — Tous nos choux cultivés dérivent d'une même espèce, *Brassica oleracea*, que l'on rencontre encore à l'état spontané sur les côtes de France, d'Angleterre et d'Italie; c'est, sous sa forme sauvage, une plante essentiellement maritime. Elle est vivace.

Le type botanique présente les caractères suivants. Tige vigoureuse, haute de 50 centimètres à 1 mètre et

plus, épaisse, charnue, peu ramifiée, portant de larges
feuilles lobées, glabres et de couleur glauque, revêtues à
la surface d'un enduit cireux; les feuilles inférieures
sont pétiolées, les supérieures sessiles, embrassantes,
entières. Au sommet de la tige, apparaît une inflorescence
en grappe composée, avec de petites fleurs cruciformes,
jaunes ou blanchâtres, auxquelles succèdent des siliques
allongées, à valves faiblement convexes, marquées d'une
seule nervure longitudinale. La graine est ronde, noire
ou rougeâtre, d'un diamètre qui diffère un peu avec les
races.

La culture du chou pour l'alimentation de l'homme
est l'une des plus anciennes qu'enregistre l'histoire des
peuples civilisés. Le séjour séculaire de cette plante dans
les champs et les jardins, la facilité avec laquelle elle se
prête aux modifications qu'on en veut obtenir suivant
l'usage auquel on la destine, lui ont valu de donner
naissance à plusieurs races très distinctes. Les unes
appartiennent à l'agriculture : choux fourragers, colza;
les autres, à la culture potagère. Parmi ces dernières,
nous avons examiné déjà celles qui présentent un
renflement de la racine ou de la tige : chou-navet,
chou-rave. Les autres ont été développées en vue de la
consommation des feuilles ou des inflorescences. Le
tableau suivant permet d'en embrasser l'ensemble.

Choux cultivés pour leurs feuilles.

Choux pommés.
— A pomme unique.
— Choux cabus.
— Choux frisés ou de Milan.
— A pommes multiples. — Choux de Bruxelles.

Choux sans pomme.
— Choux verts.
— Choux à grosses côtes.

Choux cultivés pour leur inflorescence.

Choux-fleurs.
Choux brocolis.

Nous indiquons plus loin les caractères spéciaux de chacune de ces races, l'usage qu'on en fait et le mode de culture qu'il convient de leur appliquer.

Exigences. — Les climats doux et humides sont ceux qui conviennent le mieux aux choux. En France, c'est dans les régions maritimes de l'Ouest qu'ils trouvent les conditions les plus favorables à leur végétation.

Les variétés présentent une très inégale résistance au froid; il en est de rustiques, qui se prêtent à la culture sous des latitudes et à des altitudes assez élevées. Cependant, dans le nord de l'Europe, celles-là mêmes peuvent difficilement passer l'hiver sans être abritées.

Les choux redoutent par-dessus tout la sécheresse. Dans le Midi, les semis d'automne sont préférables à ceux de printemps; avec ces derniers, le succès de leur culture dépend essentiellement des arrosages qu'ils reçoivent. C'est avec une extrême difficulté que le chou pomme dans les contrées chaudes.

Les choux réussissent dans toutes les terres suffisamment fraîches ; celles qui présentent quelque compacité leur sont favorables en raison surtout de l'humidité qu'elles retiennent. Les terrains tourbeux assainis, les sols récemment défrichés peuvent être avantageusement utilisés pour leur culture.

Très exigeants sous le rapport des fumures, ils réclament surtout de l'azote et de la potasse. Les fumiers, les gadoues, l'engrais flamand employés à fortes doses leur conviennent. Ils atteignent un développement remarquable sous l'influence des arrosages au purin ou à l'eau d'égout.

M. Garola conseille de leur appliquer la fumure minérale suivante : 6 kilogrammes de superphosphate et 3 kilogrammes de chlorure de potassium, qui seront enfouis par le dernier labour, puis 5 kilogrammes de nitrate de soude, dont la moitié après le repiquage des plants et l'autre moitié un mois plus tard. Avec 200 kilogrammes de fumier par are, il recommande l'emploi de 3 kilogrammes de superphosphate, 1 kilogramme de chlorure de potassium et 2ᵏᵍ,5 de nitrate de soude en deux fois.

Le sulfate de chaux exerce une heureuse action sur le chou ; dans les jardins, on se trouvera bien de l'application de 2 à 3 kilogrammes de plâtre par are.

Maladies. — *Hernie du chou*, causée par un champignon parasite, le *Plasmodiophora brassicæ*. La maladie se manifeste par la production, sur les racines, d'excroissances dont les plus volumineuses se trouvent sur le pivot, au voisinage du collet de la plante. Arrêté dans son développement, le chou peut périr si les tumeurs sont nombreuses et se produisent de bonne heure. S'abstenir de cultiver, pendant au moins deux ans, des choux, navets ou radis dans les terres où la maladie a fait son apparition. En outre, lors du repiquage, écarter et brûler tous les plants présentant des renflements sur les racines. Le dépôt d'une poignée de chaux récemment éteinte dans le trou de repiquage est une excellente précaution. M. Seltensperger, qui a fait connaître ce mode de traitement, conseillait de placer au pied de chaque plant une poignée de chaux vive dans une petite cuvette pratiquée à cet effet.

La *rouille blanche* est due à un autre champignon, le *Cystopus candidus*, qui se développe sur les crucifères peu de temps après les semis. Peu épidémique, — les pieds atteints restent isolés, — cette maladie ne cause que des dégâts restreints.

Pour éviter la *pourriture des semis*, déterminée par l'*Olpidium brassicæ*, supprimer et brûler le semis dans lequel on la constate et en refaire un nouveau sur un autre sol.

La *pourriture des pieds* (*Phoma brassicæ*) n'a, croyonsnous, été constatée jusqu'à présent que sur les choux fourragers.

Ennemis. — *L'altise, puce de terre* ou *tiquet,* petit coléoptère sauteur, dévore les jeunes plants de crucifères et détruit parfois complètement les semis. Les insectes n'apparaissent en grand nombre que dans les périodes de sécheresse; des bassinages ou des arrosages les éloignent. On conseille aussi l'épandage sur le sol de cendres de bois, de chaux ou de suie fraîche, ou l'emploi de toiles ou de planches goudronnées, qu'on promène sur les plantes; l'altise vient s'engluer contre elles en sautant.

Le *ver gris,* larve de la *noctuelle des moissons,* ronge les racines des jeunes choux; le rechercher et le détruire.

Les larves de la *piéride* et de la *noctuelle du chou* s'attaquent aux feuilles. Les recueillir à la main, ou seringuer sur les plantes soit une émulsion à 10 p. 100 de sulfure de carbone dans l'eau, soit une solution de savon noir.

On peut détruire les pucerons, qui se multiplient surtout sur le chou-fleur, par des aspersions avec du jus de tabac dilué dans vingt-cinq fois son volume d'eau.

CHOUX CABUS

Brassica oleracea capitata DC.

Caractères. — Dans les choux *pommés* ou *capités,* les feuilles sont réunies en un énorme bourgeon terminal, *tête* ou *pomme,* porté sur un pied court. Celles des choux cabus sont lisses, sans bulles ou cloques, simplement ondulées.

Usages. — Les pommes du chou cabus, soumises à la cuisson, constituent un mets savoureux, qu'on accommode de façons extrêmement variées. Divisées en minces lanières, auxquelles on fait subir une fermentation appropriée, elles forment la choucroute. Les choux rouges se consomment en salade.

D'après M. Denaiffe, les choux cabus renfermeraient en moyenne :

	P. 100.
Eau	90,970
Matières azotées	1,671
— grasses	0,232
Cellulose	1,494
Matières hydrocarbonées	1,217
— minérales	4,446
	100,000

Cette composition leur assigne une valeur nutritive assez élevée. Mais ils ne conviennent pas à tous les estomacs ; la présence dans leurs tissus d'une assez forte proportion de produits sulfurés en rend la digestion pénible aux personnes délicates. Les variétés les plus précoces sont les plus riches en principes azotés et, par conséquent, les plus alibiles.

Variétés. — Elles sont extrêmement nombreuses et la facilité des croisements en rend la multiplication singulièrement aisée. Nous ne pouvons énumérer ici que les plus importantes de celles qu'on cultive en France.

Variétés précoces. — *Chou d'York nain hâtif.* — Pomme petite, ovale, serrée, vert foncé. Très cultivé. Peu résistant au froid.

Chou d'York gros. — Pomme plus arrondie. Moins hâtif.

Chou pain de sucre. — Pomme allongée. Précoce ; lent à monter. Variété très ancienne.

Chou cœur de bœuf petit. — Son nom lui vient de la forme de sa pomme, courte et terminée en pointe obtuse. Très hâtif.

Les choux *Express* et *hâtif d'Etampes*, tous deux extrêmement précoces, se rapprochent du précédent.

Chou cœur de bœuf de la Halle (fig. 81). — Précoce et productif. Très estimé des maraîchers parisiens.

Chou cœur de bœuf gros. — Pomme développée. Variété

rustique, productive, de précocité moyenne, excellente pour la grande culture potagère.

Chou Bacalan hâtif. — Pomme grosse, oblongue, serrée. Très estimé dans l'ouest et le sud-ouest de la France. Le *chou Bacalan gros* n'en diffère guère que par le volume de sa pomme. Le *chou hâtif de Rennes* ressemble également aux précédents, mais il est plus petit et plus précoce.

Chou petit joanet ou chou nantais. — Pomme déprimée, très dure, se formant très près du sol. Très

Fig. 81. — Chou Cœur de bœuf.

répandu en Bretagne et dans la vallée de la Loire ; on l'y sème à l'automne. Résiste mal au froid sous le climat de Paris.

Variétés tardives ou gros choux. — *Chou de Saint-Denis, d'Aubervilliers* ou *de Bonneuil.* — Pomme ronde, déprimée, d'un rouge violacé au sommet. Pied assez haut. Très cultivé dans la banlieue parisienne. Semé au printemps, on le récolte à l'entrée de l'hiver. Excellente variété, rustique et très productive.

Chou joanet gros. — Pomme plus arrondie, serrée ; se forme presque au niveau du sol. Convient à la grande culture pour l'approvisionnement des marchés. Le *chou de Hollande à pied court* a beaucoup d'analogie avec le précédent.

Chou de Vaugirard. — Pomme dure, déprimée, rouge violacé au sommet. Variété très rustique. Résiste surtout au froid quand il est incomplètement développé. Très cultivé aux environs de Paris.

Le *chou de Hollande tardif* se recommande également par sa rusticité.

Chou quintal d'Alsace ou *de Strasbourg.* — Pomme large et très grosse, dont le poids atteint et dépasse même 8 kilogrammes. Tardif, très rustique, très productif. Tient une place considérable, en grande culture, dans l'est de la France, l'Alsace et une partie de l'Allemagne. C'est la variété préférée pour la fabrication de la choucroute.

Le *chou quintal d'Auvergne* est plus gros encore et plus arrondi.

Celui de *Schweinfürt* développe rapidement une pomme lâche, mais énorme. Plus tardif, le *chou de Brunswick* est large, porté sur un pied très court.

Le *chou de Poméranie,* tardif, à pied élevé et pomme cônique, est très répandu dans le nord de l'Allemagne.

Choux rouges.

Chou rouge hâtif d'Erfürt. — Très petite pomme ronde, d'un rouge noirâtre extérieurement.

Chou rouge petit et *chou rouge gros.* — Ce dernier, à peine plus tardif et beaucoup plus volumineux que le premier, convient bien à la grande culture.

Chou rouge de Deuil ou *de Saint-Leu.* — Pomme grosse, déprimée. Très productif.

Culture. — Suivant l'époque à laquelle s'effectue la récolte, on distingue les choux de printemps et les choux d'automne et d'hiver. Plusieurs variétés : le chou de Saint-Denis, par exemple, peuvent être semées à différentes époques et appartiennent à la fois aux deux catégories.

Choux de printemps. — Les variétés précoces : *chou d'York, chou pain de sucre, chou cœur de bœuf*, se sèment en pépinière, à la fin d'août ou au commencement de septembre, à raison de 100 grammes environ de graines par are ; les semis trop drus donnent naissance à des plants faibles et mal formés. On enterre la graine par un hersage léger, puis on répand sur le sol un ou deux centimètres de terreau. On bassine ensuite pour hâter la levée, d'ailleurs très rapide.

Dès que les jeunes plants ont deux ou trois feuilles, cotylédons non compris, on les repique dans une nouvelle pépinière, sur une planche parfaitement ameublie et terreautée. L'arrachage se fait à la bêche ou à la fourche à dents plates, après mouillage préalable du sol ; les plants sont placés dans des trous ouverts au plantoir, en lignes distantes de 10 à 15 centimètres ; on laisse entre eux le même écartement. On a soin de les enfoncer en terre jusqu'à la base des premières feuilles, puis on les *borne* en comprimant la terre à l'aide du plantoir.

Lors de cette transplantation, on rejette les choux *borgnes*, c'est-à-dire ceux dont le bourgeon terminal est avorté. Le repiquage fait, on donne au sol quelques arrosages copieux dans le but de favoriser la reprise.

Au lieu de repiquer en pépinière d'attente comme nous venons de l'indiquer, on plante parfois directement en place à la même époque ; avec cette méthode, beaucoup de plants montent à graine prématurément. La mise en place des plants de pépinière se fait depuis la fin de novembre jusqu'au milieu de décembre, soit en plein carré, soit en côtière exposée au midi ou à l'est. Le terrain a été préalablement ameubli et fumé. On y trace, à l'écartement de 25 à 40 centimètres — suivant le développement des variétés cultivées — des rayons profonds de 8 à 10 centimètres. C'est dans ces rayons qu'on plante les choux au plantoir, en les espaçant de 35 à 40 centimètres s'il s'agit du *chou d'York hâtif,* de 50 à 60 centimètres s'il s'agit des choux *cœur de bœuf, pain de sucre* ou *de Saint-Denis.* On borne vigoureusement, en donnant le coup de plantoir du côté du midi, puis on arrose au pied de chaque plant. Pour la transplantation, on choisit un temps couvert ; le plant se fane aisément par les journées claires. Pendant les hivers rigoureux, quand la température menace de descendre au-dessous de 10 degrés, il est prudent de recouvrir les choux d'un peu de litière.

En mars-avril, les rayons sont comblés par un léger binage ; cette opération, exécutée à l'époque où la terre se crevasse sous l'influence des vents desséchants, permet de rechausser les plantes. On donne à ce moment quelques bassinages si la terre est trop sèche. Dans les terres humides, ou sous les climats froids ou très pluvieux, au lieu de mettre les choux en place à l'automne, on n'effectue quelquefois cette plantation qu'au printemps, en février-mars ; la récolte se fait alors un peu plus tardivement.

La récolte des choux de printemps plantés sur côtière commence en avril ; en planches, elle a lieu vers la fin du même mois et se poursuit jusqu'en juin. Pour obtenir des pommes blanches et tendres à l'intérieur, trois semaines ou un mois avant la récolte on en rapproche les feuilles extérieures, qu'on lie avec un peu de paille. Quand les choux ont atteint un développement suffisant, on les coupe un peu au-dessous de la pomme, en laissant un tronçon de la tige adhérente à celle-ci. Avec le chou d'York, de petites dimensions, on obtient, par are, de 650 à 700 pommes pesant en moyenne 1 kilogramme ; plus développées, les autres variétés hâtives donnent un rendement d'environ 800 kilogrammes par are.

Les mêmes variétés se sèment parfois aussi au printemps, de mars à mai, pour mettre ensuite les plants directement en place. Ce mode de culture est rare et sans intérêt.

Culture des choux d'automne et d'hiver. — Les gros choux *de Vaugirard, Gros Joanet, Quintal,* etc.; sont semés à des époques différentes, depuis mars jusqu'en juin, pour la récolte d'automne ou d'hiver. Le chou de Vaugirard, très répandu dans les cultures maraîchères des environs de Paris, se sème tardivement, en mai-juin. On le repique en place en juillet, en espaçant les plants de 70 à 75 centimètres sur des lignes distantes de 50 centimètres. Les précautions à prendre pour le repiquage sont les mêmes qu'avec les variétés de printemps. A cette saison, des arrosages copieux sont nécessaires pour assurer la reprise du plant. La récolte commence en décembre et se prolonge jusqu'en avril. Le rendement obtenu est voisin de 700 kilogrammes par are.

Avec le chou Quintal, on obtient des récoltes bien supérieures (900 à 1000 kilogrammes par are). Rustique et vigoureuse, cette variété appartient surtout à la grande culture ; on l'introduit rarement dans les jardins, en raison du volume considérable de ses pommes. Elle occupe de grandes surfaces en Alsace et dans les régions voisines, où on lui consacre de préférence les terres fortes et humides des vallées. On sème cette variété dans la première quinzaine de mars ; les plants sont mis en place à la fin d'avril ou au commencement de mai, sur des lignes distantes de 75 à 80 centimètres et à ce même écartement. Quelques binages sont donnés aux choux pendant l'été. La récolte a lieu à la fin d'octobre ou au commencement de novembre. Le même mode de culture s'applique aux choux *Quintal d'Auvergne, de Brunswick, de Winnigstadt, de Poméranie,* etc.

Conservation. — Les choux redoutent les froids prolongés et les dégels brusques ; ceux qui sont destinés à la consommation d'hiver ne peuvent être conservés en place que sous des climats doux.

Pour les soustraire aux intempéries, on les arrache à
l'automne, puis on les rentre en cave, après les avoir
débarrassés des feuilles trop nombreuses qui entourent
la pomme. On peut également, après arrachage, mettre
les choux en jauge le long d'un mur exposé au nord.
On creuse, pour les y placer, une série de jauges parallèles ; pendant la période des grands froids on les
recouvre d'un peu de paille. Souvent les jardiniers se
contentent d'arracher les choux et de les coucher sur
place, la pomme tournée vers le nord. Dans quelques
contrées, on conserve les choux en les replantant
dans un talus en terre jusqu'à la base des premières
feuilles.

Production de la graine. — Comme porte-graines
des choux pommés, on choisit de préférence, dans les
cultures, des pieds de type pur, à pomme dure et à tige
courte. On peut soit conserver des choux entiers, soit
récolter la pomme pour la consommation. Dans ce
dernier cas, on laisse quelques feuilles au trognon ; sur
celui-ci se développent des bourgeons qui donneront
naissance à des rameaux feuillés ; on le met habituellement en jauge pendant l'hiver, pour le planter à
demeure au printemps. Quand on a conservé comme
porte-graines des pieds entiers, il faut, au printemps,
fendre la pomme en quatre pour que l'inflorescence se
dégage plus facilement ; on évitera de faire cette opération avant l'hiver, car elle déterminerait la pourriture
du pied.

A mesure que la tige s'allonge, on supprime les feuilles
qui jaunissent. On tuteure cette tige, et, quand les
rameaux floraux sont suffisamment développés, on en
pince l'extrémité, de façon à n'en conserver que la
base, sur laquelle se trouvent les graines les plus précoces et les meilleures. La graine est mûre en juillet.
On cueille les siliques sans trop attendre, autrement
on pourrait craindre l'égrenage ; elles sont ensuite se-

chées à l'ombre, puis battues pour en extraire la graine.

Un autre mode de production consiste à traiter les rameaux nés sur les trognons comme de véritables boutures ; il s'applique surtout aux choux de printemps. Ces rameaux sont détachés du pied vers la fin d'août, puis repiqués au plantoir dans un terrain mi-ombragé. Au printemps suivant, on les transplante, en les distançant de 75 centimètres environ. Les graines sont mûres en juillet comme dans le premier cas.

On doit éviter avec le plus grand soin de cultiver au voisinage l'une de l'autre plusieurs variétés de choux, les hybridations se produisant entre elles avec une extrême facilité.

CHOUX DE MILAN

Brassica oleracea bullata DC.

Caractères. — Les *choux de Milan* ou *choux frisés* (fig. 82) présentent, comme les choux cabus, une pomme terminale ; mais leurs feuilles, par suite du développement du parenchyme entre les nervures, sont cloquées et plus ou moins crispées.

Usages. — Les mêmes que les choux cabus, mais les choux de Milan sont plus tendres, plus délicats, à saveur plus fine.

Variétés. — *Chou de Milan très hâtif* ou *de la Saint-Jean*. — Même forme que le chou *Cœur de bœuf*. Se forme très promptement.

Chou de Milan petit hâtif. — Pomme ronde, très petite.

Chou de Milan de Paris. — Le plus précoce des choux de Milan. Petite pomme arrondie.

Chou de Milan court hâtif. — Très cultivé dans la région de Paris pour la vente d'hiver aux Halles.

Chou de Milan ordinaire. — Très répandu. Rustique et peu exigeant.

Chou pancalier de Touraine. — Pomme arrondie, lâche. Précoce. Cultivé dans la vallée de la Loire.

Chou de Milan de Limay. — Pomme peu. Très résistant au froid.

Chou de Milan des Vertus. — Très grosse pomme, large

Fig. 82. — Chou de Milan.

et aplatie, entourée de feuilles nombreuses, peu cloquées. Tardif. Produit en grand dans la banlieue de Paris, pour l'approvisionnement du marché pendant l'automne et l'hiver.

Le *chou de Milan d'Aubervilliers* est plus précoce et moins rustique ; le *chou de Milan de Pontoise*, plus tardif, au contraire, et assez résistant au froid.

Chou de Milan de Norvège. — Feuilles à peine cloquées. Le plus tardif et le plus rustique des choux de Milan.

Culture. — La culture des choux frisés se fait de la même façon que celle des choux cabus d'automne. Les semis précoces de mars ne réussissent qu'en côtière ou sous châssis, ils ont, en outre, l'inconvénient de donner naissance à des pieds sujets à monter à graine dès la première année. Il est préférable de n'effectuer les premiers semis qu'en avril ; ils peuvent être poursuivis ensuite jusqu'en juin.

Les plants sont mis directement en place, cinq à six semaines après le semis. On les écarte de 60 à 70 centimètres sur des lignes distantes de 60 centimètres.

Pour obliger les choux à pommer, les jardiniers ont coutume de les *cerner*, en supprimant sous terre une partie du pivot de la racine à l'aide d'un coup de bêche donné obliquement. On obtient le même résultat en pratiquant dans la tige, immédiatement au-dessous de la pomme, une légère entaille.

Pendant les étés chauds et humides, la pomme du chou de Milan se crevasse parfois ; on la couvre d'une feuille pour la préserver de la pourriture.

Les premiers semis donnent leur récolte en septembre ; les derniers à l'entrée de l'hiver. Le chou de Milan passe pour plus tendre et plus savoureux quand il a subi une légère gelée. Moins élevés qu'avec les choux cabus, les rendements obtenus avec les choux de Milan ne dépassent guère 600 à 650 kilogrammes par are. Mêmes procédés de conservation que pour les autres choux.

Certaines variétés, telles que le chou de Milan court hâtif et le chou frisé de Limay, résistent parfaitement au froid et conservent longtemps leur pomme intacte. Ce sont celles qui conviennent le mieux à la production en grand dans les terrains de plaine ou de plateau. Le chou de Milan des Vertus, ceux de Pontoise et de Norvège sont très appréciés pour la culture en plein champ dans les vallées fraîches.

CHOUX A GROSSES CÔTES

Les feuilles des choux à grosses côtes présentent des nervures larges, épaisses et charnues.

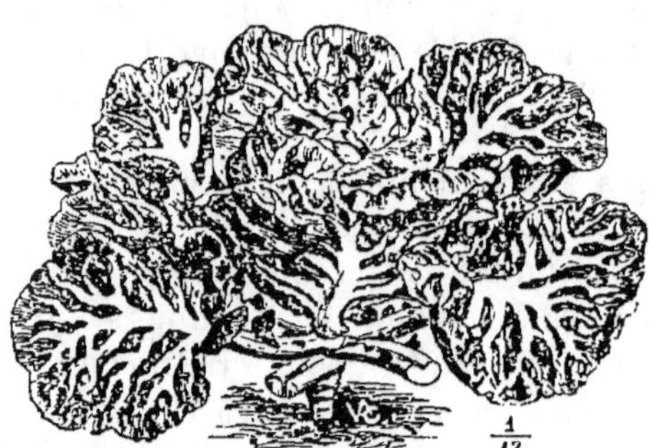

Fig. 83. — Chou à grosses côtes ordinaire.

Deux variétés seulement trouvent nettement place dans cette catégorie, le *chou à grosses côtes ordinaire* (fig. 83), qui produit à l'automne une petite pomme lâche, et le *chou à grosses côtes frangé* ou *fraise de veau* (fig. 84), dont les feuilles, frisées et ondulées, présentent des côtes moins développées. A cette dernière semble se rattacher le chou *Brocoli*, variété rustique, à feuillage très crispé, assez recherchée l'hiver sur le marché parisien. Elle établit la transition entre les choux de Milan et les choux verts.

Fig. 84. — Chou à grosses côtes frangé.

Lés choux à grosses côtes se cultivent de la même façon que les choux frisés.

CHOUX VERTS

Caractères. — Les choux verts ne pomment pas ; les feuilles en sont nettement séparées, étagées sur une tige souvent assez haute. Ils se rapprochent davantage du type botanique que les choux cabus.

Variétés. — Plusieurs variétés de choux verts appartiennent à la grande culture comme plantes fourragères : *chou moellier, branchu du Poitou, caulet de Flandre*, etc.

Les variétés potagères sont beaucoup moins cultivées qu'autrefois. Les plus intéressantes sont : *le chou frisé vert grand* (fig. 85), dont on consomme les feuilles pendant l'hiver; le *chou frisé demi-nain vert*; le *chou frisé vert à pied court*; le *chou frisé rouge grand*; le *chou frisé rouge à pied court*; le *chou frisé de Mosbach* (fig. 86). A l'exception de la dernière, toutes ces variétés sont d'une très grande rusticité. On en consomme les feuilles pendant tout l'hiver.

Culture. — La culture des choux verts est sensiblement la même

Fig. 85. — Chou frisé vert grand.

que celle des gros choux pommés. Semés en mars-avril, en pépinière, on les repique en mai pour les mettre en place dans le cours de l'été. Les choux verts

Fig. 86. — Chou frisé d'hiver.

se prêtent bien à la production en plein champ. Ils tiennent une place à part dans la culture ornementale.

CHOU DE BRUXELLES

Caractères. — A l'extrémité d'un pied élevé, le chou de Bruxelles présente une rosette de grandes feuilles formant une sorte de pomme lâche. Sur la tige naissent, à l'aisselle des feuilles, et successivement de bas en haut, une série de bourgeons dont le développement donne naissance à de petites pommes arrondies; le volume en dépasse rarement celui d'une forte noix. Ce sont ces pommes latérales, dont la production se poursuit pendant tout l'hiver, que l'on consomme après cuisson. En France, on accepte volontiers les pommes moyennes et ce sont, en Angleterre, les très grosses que l'on recherche; celles qui sont petites et fermes ont pourtant une saveur plus délicate.

Variétés. — Les variétés de chou de Bruxelles se réduisent à trois.

Le *chou de Bruxelles ordinaire* ou *chou de Bruxelles grand*. Sa tige, mince, atteint de 75 centimètres à 1 mètre de hauteur; elle porte des pousses allongées, de faible grosseur. C'est une variété rustique, très répandue dans la région de Paris, où on la cultive en plein champ.

Le *chou de Bruxelles nain*, à tige forte, haute de 50 centimètres. Ses pommes sont grosses et très serrées sur la tige.

Le *chou de Bruxelles moyen* (fig. 87) ou *demi-nain de la*

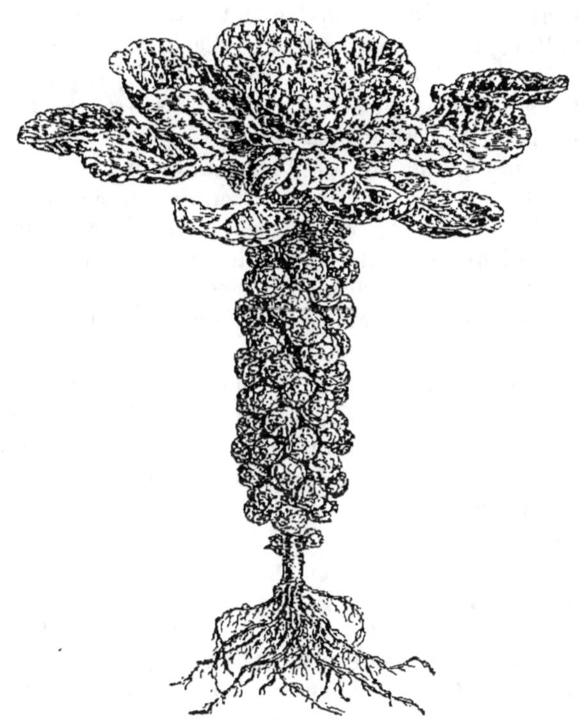

Fig. 87. — Chou de Bruxelles moyen.

Halle, dont la tige, de 50 à 75 centimètres de hauteur, est régulièrement garnie de jets très arrondis, de faible volume. Variété très rustique convenant parfaitement à la culture en grand.

Culture. — Les exigences du chou de Bruxelles sont, d'une façon générale, les mêmes que celles des autres choux. Cependant, dans les terres très riches, sa tige s'élève, ses feuilles se développent et il ne produit que des pommes lâches, très espacées. Il convient donc de lui réserver des sols de fertilité plutôt moyenne, qu'on ne fumera pas trop abondamment. Pour cette raison, les terres de jardin conviennent assez rarement à sa culture, qui trouve surtout sa place en plein champ.

On sème le chou de Bruxelles en pépinière, depuis la fin de février jusqu'en mai, à raison de 80 grammes environ de graines par are. Les plants obtenus sont repiqués en pleine terre, au plantoir, un mois après le semis. La plantation se fait en lignes, en écartant les pieds de 50 à 60 centimètres en tous sens. On borne fortement les plants. Quand la tige atteint une hauteur suffisante, qui diffère avec les variétés, on supprime la pomme terminale en vue de favoriser le développement des bourgeons latéraux ; le cassement des feuilles inférieures de la plante est effectué, dans le même but, sur les pieds jugés trop vigoureux ; sur des pieds faibles, cette opération serait nuisible. La récolte peut commencer en octobre et se prolonger pendant tout l'hiver, jusqu'à la fin de mars. Le chou de Bruxelles redoute peu les gelées.

On obtient, en moyenne, par are, de 300 à 350 litres de pommes.

La cueillette des choux de Bruxelles se fait successivement, en enlevant chaque fois les jets les plus fermes et les plus développés ; elle est longue et exige beaucoup de main-d'œuvre.

Production de la graine. — Comme porte-graines, on choisit de préférence les pieds francs et sains, à rejets nombreux, fermes. Marqués avant la récolte, on évite

de cueillir les pommes qu'ils produisent. On les laisse
en place pendant l'hiver, puis, en avril, on les transplante,
en les espaçant de 70 à 80 centimètres. La suppression
du bourgeon terminal, et des pommes incomplètement
développées de la base et du sommet de la tige, favorise
la croissance des rameaux nés sur la partie moyenne, qui
produisent les graines les plus précoces et les meilleures ;
les siliques sont récoltées en juillet, un peu avant
complète maturité pour éviter l'égrenage.

CHOU-FLEUR

Brassica oleracea Botrytis DC.

Caractères. — La partie comestible du chou-fleur est
une monstruosité végétale ; elle est constituée par l'inflorescence tout entière, qui forme une masse compacte,
tendre et charnue, à la surface de laquelle se trouvent
les fleurs, presque toutes avortées et réduites à de petites
aspérités. Suivant l'opinion rapportée par Naudin,
quelques botanistes auraient cru y voir une espèce
distincte du chou commun, rapportée d'Orient en Europe
vers le xvie siècle.

Variétés. — Les variétés de chou-fleur sont assez
nombreuses ; voici les plus intéressantes.

Chou-fleur nain hâtif d'Erfürt. — Plante petite, pomme
très blanche, mais prenant une teinte rougeâtre
lorsqu'elle est trop exposée au soleil. Très précoce.
Convient spécialement à la culture sous châssis.

Chou-fleur nain hâtif de Chalon (fig. 88). — Variété très
naine, à grosse pomme ferme. Précoce et rustique. Se
prête à la culture en plein champ.

Chou-fleur Alleaume nain hâtif (fig. 89). — Pied très
court, pomme se formant rapidement, mais sujette à
s'écailler. Bonne variété pour la culture sur couche.

Chou-fleur tendre de Paris ou *Petit Salomon.* — Pied assez
élevé. Précoce, mais la pomme se conserve peu. Variété
de primeur.

Chou-fleur demi-dur de Paris. — Pomme volumineuse,

Fig. 88. — Chou-fleur nain hâtif de Chalon.

Fig. 89. — Chou-fleur Alleaume nain hâtif.

très blanche, se conservant longtemps ferme. Convient aux semis de printemps et d'été.

Le *chou-fleur Lemaître à pied court* dérive du précédent.

Chou-fleur de Chambourcy. — Pomme volumineuse. Variété très rustique, très employée dans la région de Paris pour la culture d'automne en pleine terre.

Chou-fleur demi-dur de Saint-Brieuc. — Plante forte, à pomme serrée. Rustique. Cultivée en pleine terre dans les environs de Saint-Brieuc pour l'approvisionnement du marché parisien et l'exportation en Angleterre.

Chou-fleur Lenormand à pied court. — Pomme très grosse, ferme et blanche, se conservant longtemps. Excellente variété d'été, précoce, rustique et productive.

Chou-fleur d'Alger. — Tête grosse, bien blanche. Variété rustique, précoce et productive. Convient à la culture de pleine terre dans le Midi.

Chou-fleur dur de Hollande. — Variété demi-tardive, rustique. Cultivée en plein champ dans les environs de Leyde pour l'exportation en Angleterre.

Chou-fleur géant d'automne ou *chou-fleur géant de Naples hâtif.* — Pomme grosse, ferme, très blanche. Bonne variété méridionale, médiocrement rustique, exigeante sous le rapport du sol.

Culture forcée. — On n'emploie pour cette culture que des variétés précoces, tendres ou demi-dures. On sème dans la première moitié de septembre, en pépinière, à raison de 80 à 100 grammes de graines par are. Après un léger hersage, on recouvre le sol d'un à deux centimètres de terreau. On donne ensuite des bassinages fréquents, pour hâter la levée et favoriser la croissance du plant. Quand celui-ci a deux feuilles, non compris les cotylédons, on l'arrache à la bêche après mouillage préalable du sol, puis on le repique en pépinière, sur ados placés à une exposition chaude. Le repiquage a lieu sous châssis ou sous cloches, à raison de 10 à 15 plants par cloche ou de 130 environ par châssis. On borne soigneusement les plants. Ceux-ci sont laissés à l'air libre jusqu'aux premières gelées ; c'est seulement alors qu'on place les cloches ou les châssis.

Quelques jardiniers procèdent à un second repiquage en novembre, en vue d'obtenir des plantes plus ramassées, à racines plus nombreuses.

On commence à forcer à la fin de décembre ou au début de janvier. A ce moment, on construit une couche capable de donner environ 20 degrés de chaleur. Après y avoir placé les coffres, on la revêt de 20 centimètres de terreau, dans lequel, le coup de feu passé, le plant, arraché avec précaution, est replanté à la main. On a soin d'éliminer tous les individus *borgnes*, c'est-à-dire dont le bourgeon terminal est avorté. Chaque châssis reçoit trois ou quatre pieds, suivant le développement de la variété. La végétation des choux-fleurs étant assez lente, on utilise la couche en intercalant entre eux des radis ou des carottes, plus souvent encore des laitues. On donne autant d'air qu'il est possible. Pour la nuit, les châssis sont couverts de paillassons. On relève les châssis et on les cale avec des tampons de paille au moment où les plantes sont sur le point de toucher le verre. A la fin de mars ou au commencement d'avril, si le temps est suffisamment doux, on peut supprimer les coffres et les châssis et les remplacer, s'il y a lieu, par des paillassons tendus horizontalement sur des gaulettes. La pomme du chou-fleur apparaît dans le courant d'avril. Quand elle atteint la grosseur du poing, I devient nécessaire, pour lui conserver sa blancheur et sa finesse, de la recouvrir d'une feuille, qu'on renouvelle. Vers la fin de la végétation, on casse les feuilles du tour, qu'on rabat sur la pomme.

La récolte du chou-fleur de première saison se fait à la fin d'avril ou dans les premiers jours de mai, quand la pomme commence à s'écailler. On coupe la tige au-dessous de trois ou quatre feuilles.

On peut obtenir plusieurs saisons consécutives de

choux-fleurs de primeur en renouvelant les plantations de quinze en quinze jours.

Culture de pleine terre. — La culture de pleine terre du chou-fleur se pratique sur de grandes surfaces pour l'approvisionnement des marchés urbains, où ses produits affluent pendant la plus grande partie de l'année. On distingue, suivant l'époque à laquelle se fait la récolte, les choux-fleurs de printemps, ceux d'été et ceux d'automne.

Pour les choux-fleurs de printemps, une terre légère convient particulièrement ; les autres saisons réclament un terrain plus consistant, mais cependant jamais compact. Sous le rapport de la fertilité du sol, les exigences du chou-fleur sont les mêmes que celles des autres races de choux. Il demande beaucoup de fraîcheur et, dans les régions méridionales, des irrigations lui sont nécessaires. C'est un légume qui bénéficie largement des arrosages à l'eau d'égoût.

Pour obtenir des choux-fleurs au printemps, on sème vers le milieu de septembre, en pépinière de plein air ; la graine est légèrement recouverte et l'on maintient le sol frais par des arrosages répétés. Les plants, repiqués dès qu'ils ont deux feuilles, sont hivernés sous cloches ou sous châssis ; on prend soin de les aérer chaque fois qu'il est possible. Quand des froids rigoureux sont à craindre, on place des paillassons sur les cloches ou les châssis, qu'on entoure, en outre, d'accots de feuilles ou de fumier. La mise en place se fait en mars, après avoir progressivement habitué les plants à la température extérieure. On les espace de 70 à 75 centimètres, sur des lignes distantes de 60 à 80 centimètres. Les grands écartements permettent la culture intercalaire de carottes, de laitues, de romaines, etc. On ouvre les trous au plantoir et on enterre les plants jusqu'à la base des premières feuilles ; un arrosage suit la plantation. Quand il s'agit de cultures de peu d'étendue, on peut, pour hâter la reprise des plants, les couvrir au début de coffres et de châssis. Pendant le cours de la végétation, on procède a des arrosages et à des binages. Pour conserver la pomme fine et blanche, on la couvre comme nous l'avons indiqué pour la culture forcée.

La récolte commence vers la fin de mai pour les pieds placés en côtières; en juin seulement, pour ceux qui se trouvent en plein carré. Cette culture est essentiellement du domaine du jardinage. Le chou-fleur *demi-dur de Paris* s'y prête bien.

Les halles de Paris reçoivent, au printemps, des choux-fleurs de primeur provenant de semis faits sur couche chaude en janvier-février; les plants, repiqués sur une nouvelle couche, sont mis en pleine terre en mars-avril.

La culture des choux-fleurs d'été est assez aléatoire, la plante devant traverser une période de sécheresse dont elle a souvent fort à souffrir. Lorsqu'elle ne dispose pas d'une terre assez consistante, riche et fraîche, et de fréquents arrosages, elle ne fournit que des pommes de faible volume et souvent même fleurit sans pommer. Le *chou-fleur Lenormand à pied court* est celui qui convient le mieux pour cette saison. On sème du milieu d'avril jusqu'en mai, soit en plein carré, soit de préférence en côtière ou sur vieille couche usée. Le semis doit être clair (60 à 70 grammes de graines par arc), le jeune plant n'étant pas destiné à subir de repiquage avant sa mise en place définitive. Celle-ci se fait un mois ou cinq semaines plus tard, quand le plant est pourvu de quatre ou cinq feuilles. On arrose abondamment; une petite cuvette circulaire, formée autour de chaque pied, reçoit l'eau qu'on lui destine. Des binages répétés peuvent, dans une certaine mesure, suppléer aux arrosages.

Il est très important de couvrir la pomme dès son apparition; frappée par les rayons solaires, elle jaunirait et s'écaillerait promptement. Par les temps d'orage, le chou-fleur a tendance à monter; pour prévenir cet inconvénient, on mouille copieusement à l'eau froide aussitôt après la pluie ; la production de la pomme se trouve un peu retardée par cette opération.

On récolte successivement les choux-fleurs d'été depuis la fin de juillet jusque dans les premiers jours de septembre. Il faut couper les pommes sans différer dès qu'elles ont atteint leur volume normal ; arrivées à ce point, elles perdent en peu de jours leur belle apparence.

La culture des choux-fleurs d'automne est la plus facile et la plus productive, par conséquent aussi la plus répandue. C'est celle qu'on adopte pour la production en plein champ. Au potager, les variétés demi-dures se sèment dans la première quinzaine de juin ; les dures, quinze ou vingt jours après. On sème clair, en lieu frais et mi-ombragé pour mieux éviter les ravages de l'altise, dangereux à cette saison ; on donne aussi des bassinages fréquents, pour hâter la germination de la graine et faire croître rapidement le plant.

Les choux-fleurs demi-durs sont mis en place dans la première quinzaine de juillet, les choux-fleurs durs à la fin du même mois. Dans les marais, on fait souvent trois rangs de choux-fleurs, distants de 80 centimètres, sur des planches de 2 mètres de largeur, ou bien on cultive sur ces mêmes planches deux rangs de choux séparés par des laitues, des chicorées ou des épinards. Sur les lignes, on espace les plants de 70 à 80 centimètres. On paille le sol pour entretenir l'humidité ; avec des binages répétés et des arrosages fréquents, le paillage est superflu.

On récolte les choux-fleurs demi-durs de la seconde quinzaine de septembre jusqu'en octobre, les choux-fleurs durs de la fin d'octobre jusqu'à la fin de novembre. Quand les choux-fleurs ne *marquent* pas encore lors des premières gelées, on les arrache avec leur motte, après suppression des plus grandes feuilles de la base, puis on les plante dans des coffres, à raison de 12 à 15 par châssis ; on aère le plus possible. Dans ces conditions, on obtient de petites pommes dont la production se prolonge jusqu'en janvier.

Le rendement normal d'un are de choux-fleurs est de 120 à 150 têtes, du poids de 700 grammes à 1^{kg},500.

Culture en plein champ. — La culture du chou-fleur à la charrue se fait dans plusieurs régions de la France, surtout dans l'Ouest (mont Saint-Michel, Bretagne, Anjou et Touraine) et dans le Midi, mais aussi dans le Centre (Allier, Cher) et le Nord. Voici comment elle se pratique à Chambourcy, petite localité de Seine-et-Oise dans laquelle cette culture a pris naissance et depuis est restée prospère. La méthode suivie, devenue classique, constitue le type de celles qu'on applique dans la région de Paris.

Le chou-fleur est planté sur des terres ayant fourni soit une récolte d'hiver : oseille, épinards, etc., soit une récolte de printemps, pomme de terre hâtive par exemple. Dans le premier cas, on commence la plantation dans la première quinzaine de juin ; dans le second, à la fin du même mois seulement. Le terrain a été préalablement fumé avec des gadoues, dont on emploie d'énormes quantités, parfois cent mètres cubes à l'hectare. Quand on fait usage du fumier, c'est également à dose massive. Depuis quelques années, on a recours aussi aux engrais minéraux et au sang desséché. Le terrain destiné à recevoir les choux-fleurs est parfaitement ameubli par plusieurs labours assez profonds. On plante sur labour à la charrue, récemment exécuté et suivi d'un coup de herse. Le plant employé n'est généralement pas obtenu par le cultivateur lui-même ; des producteurs spéciaux le lui fournissent. Il provient de semis effectués dans le courant de mai.

Les plants doivent être repiqués le plus promptement possible après l'arrachage. On les distance, en plaine, de 90 centimètres à 1 mètre en tous sens, et dans les terres de coteau, de 80 à 85 centimètres seulement ; ces grands écartements permettent d'obtenir des produits plus volumineux qui, sur les marchés, bénéficient d'une plus-value sensible. Après la plantation, on arrose les choux-fleurs deux ou trois fois le premier jour, si la température est élevée, puis ensuite une fois par jour jusqu'à la reprise. Chaque mouillage exige de 20 à 25 000 litres d'eau par hectare. Ces arrosages abondants constituent l'une des plus grosses difficultés de cette culture.

Pendant le cours de la végétation, trois binages au moins sont nécessaires. La houe à cheval sert souvent à l'exécution des deux premiers. On achève chaque fois le travail par un binage à bras autour des pieds. C'est un binage de ce genre qui constitue la troisième opération, le feuillage des plantes se trouvant à ce moment trop développé pour permettre le passage de la bineuse mécanique.

Quand l'inflorescence commence à se former, on la couvre. Dans ce but, on prélève à la base du chou deux feuilles propres, que l'on applique exactement sur la pomme, en les introduisant entre celle-ci et les feuilles centrales. La couverture doit être renouvelée dès que les feuilles commencent à sécher ou à pourrir. La récolte commence en octobre et se prolonge jusqu'à la fin de novembre.

Cette culture, jadis très rémunératrice, en raison des prix élevés qu'atteignaient les choux-fleurs, est devenue beaucoup moins lucrative, par suite de la baisse des cours résultant d'une concurrence très active et très étendue. Les cultivateurs sont loin de réaliser aujourd'hui les bénéfices de 2 500 à 3 000 francs par hectare qu'ils pouvaient accuser il y a quelques années encore.

Production de la graine. — La production de la graine de chou-fleur est assez chanceuse; étroitement soumise aux conditions climatériques du printemps et de l'été, elle ne réussit pas également bien tous les ans.

Aussi les jardiniers mettent-ils des graines en réserve dans les années propices.

Parmi les pieds issus des semis de septembre, conservés sous châssis et replantés en mars, on choisit, en mai-juin, ceux qui présentent les pommes les plus développées, les mieux formées, fermes et à grain serré. On les couvre d'une feuille, qu'on enlève dès que les pommes commencent à s'écailler. Après la floraison, on pince l'extrémité des rameaux florifères, de façon à ne conserver que la base de l'inflorescence. Les siliques sont récoltées en août ou septembre, un peu avant maturité, séchées à l'ombre et battues dans un sac pour en extraire la graine.

Abrités par des claies légères, des toiles ou des paillassons tendus horizontalement, les porte-graines ont moins à souffrir des intempéries, la fécondation des fleurs s'accomplit normalement, sans coulure ; la récolte de la semence se trouve donc plus assurée.

CHOU BROCOLI

Caractères. — Les choux brocolis (fig. 90) se distinguent difficilement des choux-fleurs proprement dits. Les feuilles sont cependant plus nombreuses, moins longues et plus raides, avec des nervures plus épaisses et plus blanches ; les pommes ont aussi ordinairement un volume un peu moindre. Mais le mode de végétation des deux races diffère essentiellement ; plus tardifs, les brocolis ne forment leurs têtes qu'à l'arrière-saison ou au printemps qui suit le semis.

Leur culture appartient surtout aux régions maritimes de l'ouest de la France. Cette race, d'origine italienne, serait, aux dires de certains, l'ancêtre de tous nos choux-fleurs.

Variétés. — *Brocoli blanc extra-hâtif*, le plus précoce de tous, pomme très blanche, à grain fin.

Brocoli blanc hâtif. — Un peu moins précoce, très cultivé.

Brocoli blanc de Roscoff. — Variété rustique, hâtive, très cultivée en Bretagne.

Brocoli blanc ordinaire. — Pomme serrée, se conservant longtemps. Variété rustique, de culture facile.

Fig. 90. — Chou-fleur brocoli.

Brocoli de Pâques. — Pomme blanche, à grain fin. Bonne variété précoce.

Brocoli blanc Mammouth. — Très grosse pomme blanche. Excellente qualité.

Brocoli violet. — Pomme violacée, de faible volume; se forme tardivement. Très rustique.

Brocoli branchu ou *Brocoli Asperge.* — Très différent de toutes les variétés qui précèdent par ses caractères et son mode d'utilisation. Tiges et feuilles violettes. Produit, à l'aisselle des feuilles, des pousses violettes, charnues, assez longues. On cueille ces pousses avant l'épanouissement des fleurs, pour les consommer comme les asperges vertes. Cette production est assez prolongée.

Culture. — Le brocoli a les mêmes exigences et réclame les mêmes soins généraux que le chou-fleur, mais on le sème à d'autres époques, Les premiers semis ont lieu à la fin de février, pour les variétés précoces, les derniers en juillet. En grande culture, c'est en avril qu'on les effectue généralement. On sème clair, en pépinière, à raison de 80 grammes de graines par are. Quand les plants sont suffisamment vigoureux, un mois environ après le semis, on les met en place en les espaçant de 75 à 80 centimètres. Comme pour le chou-fleur, les soins d'entretien consistent en arrosages fréquents et en quelques binages.

Suivant l'époque des semis, les récoltes se succèdent depuis le mois de septembre jusqu'au printemps.

Pour les dernières, on soustrait les plantes à l'influence des gelées suivies de dégels brusques en les couvrant de litières de feuilles ou de paillassons. Souvent aussi on les arrache pour les mettre en jauge, la tête tournée vers le nord et le pied recouvert de terre jusqu'à la base des feuilles.

La culture du brocoli se fait beaucoup en Bretagne. Dans cette région, où les hivers sont doux, la plante n'a besoin d'aucune couverture de protection. Les arrivages du littoral de la Manche, du Poitou et du Centre approvisionnent les marchés des villes, celui de Paris surtout, pendant toute la période d'hiver et de printemps, alors que les choux-fleurs font défaut.

PAK-CHOI

Brassica Sinensis L. (Famille des *Crucifères*).

Origine. Caractères de la plante. — Plante annuelle (fig. 91) originaire de Chine. Se rattache aux choux par ses caractères botaniques, mais présente une très grande ressemblance d'aspect avec la bette. Le limbe de la feuille, vert foncé, luisant, avec des nervures très nettes, est porté par un long pétiole blanc, charnu.

Fig. 91. — Pak-choi.

Inflorescences et graines semblables à celles du chou.

Usages. — Les pétioles sont employés à la façon de la bette ; les feuilles ont les mêmes usages que celles des choux verts.

Culture. — Le pak-choi peut être semé de février jusqu'en automne, mais les semis de printemps montent facilement à graine. On leur préfère, pour cette raison, ceux de juillet-août, qui donnent une récolte à l'entrée de l'hiver. On sème en place, en rayons écartés de 40 à 50 centimètres ; après la levée, on éclaircit à plusieurs reprises. Les soins d'entretien consistent en quelques binages et en arrosages copieux.

Plante peu rustique, le pak-choi ne peut passer l'hiver

en terre que dans le Midi ; encore convient-il de le
butter légèrement pour lui permettre de mieux résister
au froid.

Le pak-choi ne tient qu'une place extrêmement res-
treinte dans la culture potagère. Celle du *pe-traï*, autre
forme de la même espèce de chou, est moindre encore.

CRAMBÉ MARITIME

Crambe maritima L. (Famille des *Crucifères*).

Origine. Caractères de la plante. — Le *crambé maritime* ou *chou marin* (fig. 92) est une plante vivace, indigène
sur nos côtes. Cultivé depuis longtemps en Angleterre,
où il est très apprécié et très répandu, il se trouve con-
finé chez nous dans les jardins de quelques amateurs et
apparaît rarement sur les marchés; encore celui qu'on y
rencontre nous est-il expédié d'outre-Manche. Le crambé
présente une racine forte, des feuilles d'un vert glauque,
amples, larges à la base, charnues et découpées au sommet sur les bords ; des
tiges vigoureuses, ramifiées,
hautes de 50 centimètres
environ, portant des fleurs
blanches, cruciformes, disposées en grappe composée.
Le fruit est une silicule
globuleuse, blanchâtre, in-
déhiscente, ne renfermant
qu'une graine, assez grosse.
Les semences du crambé ne
conservent guère leur fa-
culté germinative au delà
d'un an.

Fig. 92. — Crambé maritime.

Usages. — On con-
somme, à la façon de l'asperge ou du cardon, les pétioles des feuilles, blanchis par étiolement. Leur saveur

rappelle celle de la noisette, avec une légère amertume.

Culture. — Les terres légères, sablonneuses, bien fumées sont celles qui conviennent le mieux au crambé.

On assure qu'un peu de sel marin, employé comme amendement, favorise la végétation de la plante. Dans les terrains un peu compacts, un labour profond doit précéder la plantation.

On multiplie le crambé par semis ou par boutures de racines. Le premier mode de multiplication est lent et incertain. Les graines doivent être employées peu après la récolte, ou stratifiées dans du sable fin si le semis immédiat n'en est pas possible. On les sème soit en place, par poquets, soit en pépinière ; sur couche, au printemps, la réussite est plus assurée. On met les jeunes plants en place quand ils ont quatre ou cinq feuilles. Des arrosages fréquents sont nécessaires pour éloigner l'altise, et des binages doivent maintenir le sol propre et meuble à la surface.

La multiplication par fragments de racines donne des résultats meilleurs et plus rapides. On arrache les vieux pieds en mars, et l'on en divise toutes les racines dont le diamètre est supérieur à 6 ou 7 millimètres en tronçons de 8 à 10 centimètres de longueur. Ceux-ci sont plantés en planches, à l'écartement de 50 ou 60 centimètres, dans des sillons d'une profondeur de 10 centimètres environ. On arrose copieusement pour assurer la reprise, facile d'ailleurs. On peut, dans ces conditions, commencer à récolter des feuilles dès le printemps suivant; en attendant un an encore, on obtient des produits plus abondants sur des plantes plus vigoureuses. Avec le semis, la récolte n'est possible que la seconde ou la troisième année seulement.

L'étiolement est nécessaire pour que les pousses du crambé deviennent tendres et que leur saveur, naturellement forte, se trouve suffisamment atténuée. On le réalise, à la sortie de l'hiver, en plaçant sur les pieds de grands pots à fleurs renversés dont on ferme les ouvertures ; on ramène ensuite la terre autour ou bien on les recouvre de fumier ou de feuilles sèches.

Quand les rosettes de feuilles ont atteint 12 à 15 centimètres, on les coupe aussi près de terre que possible ; de cette façon, la souche, qui a tendance à sortir du sol, reste basse. On a soin de réserver, sur chaque plante, au moins un bourgeon intact.

La récolte terminée, les pieds sont débarrassés de leur couverture et laissés à l'air libre. On apporte alors du terreau sur les planches, en vue tout à la fois de fumer le sol et de rechausser les plantes. Pour éviter l'affaiblissement de celles-ci, on supprime les tiges florales lors de leur apparition. A l'automne, on enlève les feuilles mortes et l'on pince, s'il y a lieu, les pousses en excès. Une plantation de crambé peut durer une dizaine d'années, pendant lesquelles elle ne cesse pas de produire.

Culture forcée. — On force le crambé sur couche ou sur place. Dans le premier cas, on forme, en janvier-février, une couche chaude, revêtue de 20 centimètres de terreau dans lequel on plante environ 100 pieds par coffre. Les châssis sont remplacés par des panneaux en bois ou bien recouverts soit de doubles paillassons, soit d'une épaisse couche de feuilles. Ils restent fermés pendant toute la durée du forçage.

La récolte commence au bout d'une vingtaine de jours.

Le forçage sur place se fait en couvrant les planches de crambé de coffres dans lesquels on maintient l'obscurité comme précédemment. On creuse les sentiers et on y dépose une couche de fumier chaud, qu'on remanie lorsqu'il est nécessaire. La récolte a lieu un mois environ après le début du forçage ; on obtient de 2 à 3 kilogrammes de crambé par châssis.

Production de la graine. — Elle se fait rarement, en

raison de l'infériorité des semis sur la multiplication par boutures et du peu de durée de la faculté germinative des semences. Celles-ci sont recueillies sur des pieds vigoureux, qu'on laisse monter. Quand les siliques sont devenues jaunes, on coupe les tiges pour les faire sécher à l'ombre.

Ennemis. — L'*altise* s'attaque souvent aux jeunes pousses de crambé. Procéder comme dans le cas des autres crucifères.

Détruire les limaces et les escargots, dont cette plante a fort à souffrir.

CRESSON DE FONTAINE

Nasturtium officinale R. Brown (Famille
des *Crucifères*).

Origine. Caractères de la plante. — Le *cresson de fontaine* (fig. 93) croît à l'état spontané dans les ruisseaux,

Fig. 93. — Cresson de fontaine.

au bord des rivières, fossés ou mares de toute l'Europe tempérée ; il est particulièrement abondant dans le nord de la France.

16.

Les plantes sauvages ont suffi longtemps à la consommation. Ce n'est qu'en 1811 que la culture du cresson, tentée d'abord en Allemagne, a été introduite par M. Cardon dans la vallée de la Nonnette, auprès de Senlis, où elle est restée depuis des plus prospères. Par la suite, elle s'est propagée dans toutes les régions, mais c'est au voisinage des grandes villes qu'elle a pris son développement maximum. Autour de Paris elle est très répandue dans les vallées de l'Oise, de la Bièvre, de l'Yvette, de l'Orge, de l'Essonne. La seule localité de Gonesse possède plus de trois cents cressonnières (1).

Le cresson de fontaine est une plante vivace, essentiellement aquatique. Ses longues tiges vont, à travers la couche d'eau où elles plongent, jusqu'au sol dans lequel elles s'enracinent; elles émettent, dans l'eau même, des racines blanches qui concourent à la nutrition de la plante. Ses rameaux, charnus, sont garnis de feuilles profondément divisées, à segments arrondis, faiblement sinués, d'un vert foncé. A ses petites fleurs blanches, cruciformes, succèdent des siliques allongées renfermant des graines très fines, aplaties, d'un jaune rougeâtre.

Le cresson n'a donné naissance à aucune variété distincte, mais une sélection judicieuse a permis d'en obtenir des races plus vigoureuses, à feuilles plus amples, différant notablement de la plante sauvage sous le double rapport de l'aspect général et de la productivité.

Usages. — Les jeunes pousses de cresson, tiges et feuilles, se mangent quelquefois cuites dans les soupes ou hâchées comme les épinards, plus souvent crues, en salade ou avec les viandes, autour desquelles elles forment des garnitures de plats très employées. Riche en iode, le cresson de fontaine entre dans la composition des médicaments antiscorbutiques. Il doit à ses

(1) Ch. Baltet. — *L'horticulture dans les cinq parties du monde.*

propriétés dépuratives le qualificatif de « Santé du corps » qu'on lui attribue communément.

Culture. — La culture en grand du cresson de fontaine, telle qu'on la pratique pour la vente dans les localités que nous avons précédemment citées, exige des conditions qui ne peuvent être réalisées partout.

La qualité des eaux est d'une grande importance. Sont-elles stagnantes, par exemple dans les mares où les fossés sans écoulement, le cresson prend un goût de vase fort désagréable. Les cressonnières reçoivent-elles des eaux polluées par des matières de vidanges, des substances organiques contaminées ; la question de saveur n'est plus seule en jeu, celle d'hygiène intervient, car la plante peut devenir le véhicule de germes dangereux pour la santé publique.

Avec les eaux chargées de carbonate ou de sulfate de chaux, le cresson réussit mal ; ses tiges et ses feuilles se couvrent de dépôts calcaires, qui nuisent à sa végétation et le déprécient, en outre, sur les marchés.

Seules les eaux courantes, limpides et potables conviennent parfaitement à cette culture. Celles dont la température se maintient à peu près constante et qui ne tarissent pas — eaux de sources profondes — sont les meilleures ; elles permettent une récolte ininterrompue du cresson pendant l'hiver, impossible avec des eaux froides. On évite les variations de température qui résulteraient de leur exposition à l'air libre, en les conduisant jusqu'au point d'utilisation dans des canalisations fermées.

La culture du cresson se fait en fosses, disposées de telle façon qu'on puisse les submerger et les assécher à volonté. On donne à ces fosses une largeur en rapport avec le débit de l'eau ; elle est souvent comprise entre 2 et 4 mètres. Quant à la longueur, elle varie avec l'importance de la culture, mais atteint rarement plus de 75 mètres ; exposée à l'air sur un long parcours, l'eau subirait des variations de température trop accentuées. Au lieu d'une fosse unique de grande étendue, on établit donc, quand la production l'exige, une série de fosses parallèles, séparées soit par des berges étroites, qui restent inutilisées, soit par des plates-bandes de 3 à 4 mètres de largeur, sur lesquelles on cultive différents légumes aimant les terres fraîches : choux, artichauts, poireaux, etc. Aujourd'hui, cette dernière disposition est rarement adoptée.

On donne aux fosses une profondeur de 40 à 50 centimètres ; la pente doit en être légère pour que l'eau, amenée dans chacune d'elles par une rigole ou une conduite branchée sur le canal principal, y circule lentement ; parvenue à l'extrémité, elle s'écoule dans des canaux de reprise.

Ces fosses sont établies sur des terrains assez compacts pour ne pas présenter trop de perméabilité. Le fond en est labouré et fumé avec du terreau ou du fumier à demi décomposé. L'addition à la fumure organique de 3 ou 4 kilogrammes de superphosphate, 1 kilogramme de chlorure de potassium et 2 à 3 kilogrammes de plâtre par are est des plus recommandables.

En août généralement, sur le sol préalablement nivelé, puis mouillé, on pique au plantoir des tiges de cresson choisies parmi les plus belles dans les fosses voisines ; souvent aussi ces tiges sont simplement déposées de place en place, quelquefois maintenues par de petites fourches de bois. On commence la plantation en tête de la fosse, en espaçant les plants de 10 centimètres environ en tous sens. La reprise du cresson est rapide ; quelques jours après la plantation, on submerge les fosses, en n'y faisant couler tout d'abord qu'une mince couche d'eau, dont on augmente ensuite progressivement l'épaisseur.

La multiplication du cresson par semis, qui donne des résultats un peu plus lents et des produits moins beaux, peut être nécessaire lors de l'établissement de cressonnières dans des lieux où il n'en existe pas encore. Elle se fait en répandant les graines sur le sol des fosses peu après en avoir retiré l'eau ; on ramène celle-ci peu à peu, à mesure que la plante se développe.

Quel que soit le mode de multiplication employé, la récolte du cresson peut commencer au bout de peu de temps, dès que les plantes sont bien établies. Pour l'exécuter, on jette en travers de la fosse une planche sur laquelle l'ouvrier se place à genoux ; il coupe le cresson à l'aide d'une serpette et en forme des bottes maintenues par un lien d'osier. Dans les très petites cultures, la récolte se fait en coupant les tiges avec l'ongle ; en les arrachant on risquerait de déchausser les pieds.

Après chaque récolte, on fume la fosse, préalablement mise à sec, avec du bon fumier d'étable qu'on répand sur toute la surface. A l'aide d'une planche longuement emmanchée, on comprime ce fumier pour le faire adhérer au sol et l'on rechausse en même temps les pieds de cresson.

Bien conduite, une cressonnière peut durer très longtemps ; néanmoins, dès que les pieds paraissent s'affaiblir, il convient de refaire la plantation. Dans les cultures commerciales on la renouvelle tous les ans ou tous les deux ans, après curage des fosses.

Pendant la durée de la cressonnière, il faut en empêcher l'envahissement par les plantes aquatiques étrangères : lentilles d'eau, véronique beccabonga, berles, etc. A l'aide d'un râteau, on attire ces plantes sur le bord des fosses pour les arracher à la main.

Si l'altise fait son apparition, la détruire en submergeant complètement la cressonnière pendant quelques jours. Pendant l'hiver, cette submersion peut être utile pour protéger la plante contre les gelées.

Des cressonnières plus modestes que celles dont nous venons de parler peuvent être établies partout où l'on dispose d'un ruisselet quelconque. Il suffit même d'eau renouvelée par intermittence pour obtenir des résultats satisfaisants. Un baquet à demi plein de terre, placé à l'ombre et arrosé fréquemment, permet d'obtenir du cresson. Au lieu de terre, le baquet peut être rempli d'eau, à la surface de laquelle on place une claie en osier; sur celle-ci on dépose des rameaux de cresson; ces bassins improvisés se couvrent de verdure en quelques semaines. On en maintient la production en ajoutant à l'eau un peu de sulfate d'ammoniaque, de phosphate de potasse et de sulfate de fer.

Expédition. - Produit. — Pour l'expédition aux halles de Paris, les bottes de cresson, de 300 grammes environ, sont disposées, au nombre de 200 à 240, dans de grands paniers en osier dont elles tapissent la paroi intérieure, laissant au centre, où se trouvent les feuilles, une cavité qu'on garnit de paille. Transportées par voitures ou expédiées en grande vitesse, elles arrivent ainsi fraîches et parfaitement intactes sur les lieux de vente. Le rendement d'une culture de cresson est extrêmement variable et les bénéfices qu'on en tire difficiles à apprécier; ils sont très élevés au voisinage des grands centres de consommation, où le cresson se vend bien. A Fléchin, dans le Pas-de-Calais, suivant M. Brassart, le revenu brut annuel d'un are de cressonnière atteindrait 250 francs.

CRESSON ALÉNOIS

Lepidium sativum L. (Famille des *Crucifères*).

Origine. Caractères de la plante. — Plante annuelle, originaire de Perse, introduite au xvie siècle dans nos jardins. Sa rusticité, l'extrême rapidité de sa végétation, la facilité de sa culture lui assurent une place à part parmi les produits des potagers modestes. Elle présente des feuilles nombreuses, très découpées, disposées en rosette (fig. 94). Sa tige, lisse et ramifiée, apparaît très rapidement; elle porte de petites fleurs blanches, auxquelles succèdent des silicules arrondies, renfermant des graines oblongues, rougeâtres.

Usages. — Les feuilles du cresson alénois, à saveur piquante, sont employées soit en hors-d'œuvre, soit avec les rôtis ou dans les salades, à titre de condiment.

Variétés. — En dehors du *cresson alénois commun*, qui représente le type sauvage amplifié, on distingue le *cresson alénois frisé*, à feuilles profondément découpées et crispées ; le *cresson alénois nain très frisé*, à saveur forte ; le *cresson alénois à large feuille*, dont la feuille, entière, pré-

Fig. 94. — Cresson alénois à large feuille.

sente, au contraire, une saveur atténuée ; le *cresson alénois doré*, qui ne diffère du précédent que par sa coloration.

Culture. — Elle est des plus simples. Le cresson alénois s'accommode de tous les terrains. On peut le semer à peu près toute l'année, à l'ombre pendant les chaleurs de l'été pour éviter une trop rapide montée à graine. Pour avoir une production continue, on échelonne les semis de quinze en quinze jours.

La graine, semée dru, ne doit être que faiblement recouverte d'un peu de paillis ou de terreau. Elle germe avec une extrême rapidité, en moins de vingt-quatre heures à une température douce. On utilise parfois cette faculté, que bien peu d'espèces possèdent au même degré, pour obtenir promptement, dans les appartements, une verdure originale, en semant les graines, mucilagineuses et collantes, du cresson alénois, sur des objets variés.

Quelques semaines après le semis, on obtient une récolte de feuilles. Arroser fréquemment.

Production de la graine. — Les pieds qu'on a laissé monter fournissent des inflorescences, que l'on récolte en coupant la tige dès qu'elles jaunissent. On les fait sécher à l'ombre pour les battre ensuite.

Les graines vendues au commerce proviennent généralement des semis de printemps, qui fournissent leur produit en août-septembre.

CRESSON DE TERRE

Barbarea prœcox R. Brown (Famille des *Crucifères*).

Origine. Caractères de la plante. Usages. — Plante indigène, bisannuelle ; croît à l'état spontané dans

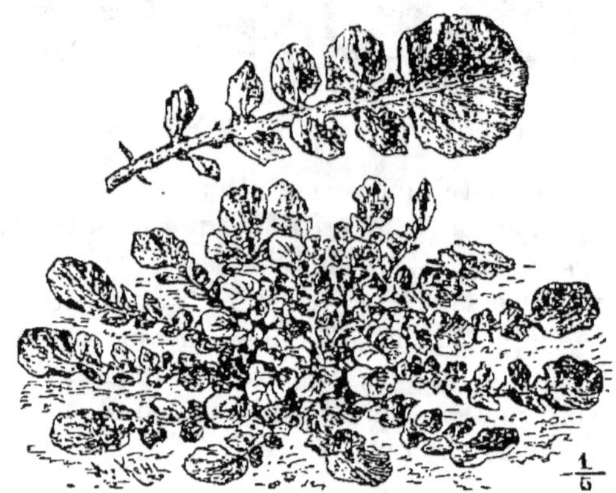

Fig. 95. — Cresson de terre.

les sols frais. Ses feuilles, découpées, sont disposées en rosette étalée (fig. 95), au centre de laquelle s'élève, la

seconde année, une tige portant des épis de fleurs jaunes,
bientôt remplacées par des siliques fines, renfermant de
petites graines grisâtres.

On mange les feuilles du cresson de terre en salade, en
mélange avec d'autres espèces; on s'en sert aussi pour garnir les plats. La saveur en est piquante, peu agréable.

Culture. — On peut semer le cresson de terre du
printemps à l'automne. Il vient partout dans les jardins,
mais surtout aux expositions fraîches. On cueille successivement les plus grandes feuilles, puis la plante entière
quand elle est suffisamment développée. Les graines se
récoltent sur des pieds qu'on laisse monter au cours de
la seconde année.

ROQUETTE

Eruca sativa Lam. (Famille des *Crucifères*).

Origine. Caractères de la plante. — Indigène ; croît
à l'état spon-
tané dans les
lieux secs, au
bord des che-
mins. Annuel-
le. Plante bas-
se, à feuilles
radicales un
peu épaisses,
divisées comme
celles du navet
(fig. 96). Tige
rameuse, por-
tant des fleurs
jaunâtres vei-
nées de brun
ou de violet.

Fig. 96. — Roquette cultivée.

Silique oblongue, cylindrique, renfermant des graines
petites, jaune brunâtre, un peu comprimées latéralement.

Usages. — Les jeunes feuilles de la roquette se mangent en salade, soit seules, soit en mélange avec d'autres espèces, de la laitue par exemple.

Froissées entre les doigts, elles exhalent une odeur forte, *sui generis*.

Culture. — La roquette figure aujourd'hui dans bien peu de jardins potagers. On la sème depuis la fin de mars jusqu'en septembre, en pleine terre, à la volée ou en rayons. Six semaines ou deux mois après, on peut avoir une première récolte de feuilles; celles-ci repoussent après la coupe. En été, pour conserver les feuilles tendres et retarder la montée à graine, il faut arroser fréquemment la plante.

Semée en septembre, la roquette passe l'hiver en terre et donne au printemps des feuilles bonnes à consommer. C'est sur les plantes de ces derniers semis qu'on récolte les graines, plus belles et mieux nourries.

MOUTARDES

(Famille des *Crucifères*).

La *moutarde blanche* (*Sinapis alba L.*) et la *moutarde noire* (*Brassica nigra Koch.*) sont cultivées toutes deux dans les jardins pour leurs parties vertes, que l'on consomme au début de la végétation de la plante. On les sème en bordure ou en petites planches dans un terrain meuble, quelquefois en pots. Les plantes sont bonnes à récolter une huitaine de jours après la levée.

La *moutarde de Chine à feuille de chou* présente de grandes feuilles cloquées, que l'on mange accommodées à la façon de l'épinard. On la sème en pleine terre en août. Quelques arrosages, au début, suffisent comme soins d'entretien. La récolte des feuilles peut commencer au bout de six semaines et se prolonger jusqu'à l'entrée de l'hiver.

ARTICHAUT

Cynara Scolymus L. (Famille des *Composées*).

Origine. Caractères de la plante. — Linné a fait de l'artichaut (fig. 97) une espèce à part; aujourd'hui, les auteurs se rangent plus volontiers à l'opinion de

Fig. 97. — Artichaut.

De Candolle, qui le considère comme une forme du cardon (*Cynara Cardunculus*). Cette dernière plante se rencontre à l'état spontané dans la région méditerranéenne : Europe méridionale et nord de l'Afrique.

L'artichaut est vivace. Il présente des feuilles longues de 1 mètre et plus, profondément découpées, d'un vert grisâtre à la face supérieure, garnies en dessous de filaments cotonneux. Sa tige, cannelée, haute de 1 mètre à

1ᵐ,50, porte un capitule terminal et plusieurs capitules latéraux volumineux, formés de très nombreux fleurons bleus implantés sur un réceptacle épais et charnu et entourés de bractées serrées, imbriquées, renflées et tendres à la base.

Ces fleurs donnent naissance à des fruits secs (akènes) qui jouent le rôle de graines. Assez grosses — un gramme n'en contient que 25 — ces pseudo-graines sont oblongues, comprimées, de couleur grisâtre avec des stries brunes.

Usages. — On mange, cuits ou crus, le réceptacle ou *fond* de l'artichaut et la base des bractées florales. Blanchies par étiolement, les feuilles de l'artichaut peuvent être consommées à la façon du cardon ; la nervure principale en est la partie comestible.

Variétés. — Elles sont nombreuses, mais pour la plupart étroitement localisées ; nous ne signalerons ici que celles dont la production est assez étendue pour qu'elles présentent de l'intérêt en dehors d'une région strictement limitée :

Artichaut gros vert de Laon ou *artichaut de Paris.* — Tiges de 75 à 80 centimètres, portant des têtes larges, à écailles écartées; fond épais, peu de *foin* (réunion des jeunes fleurs). Variété la plus estimée des cultivateurs des environs de Paris et du nord de la France; assez rustique, production soutenue.

Artichaut camus de Bretagne. — Tiges hautes de plus d'un mètre. Grosses têtes arrondies, à écailles serrées, souvent brunâtres ou violacées sur les bords. Variété précoce et productive, très répandue en Bretagne et dans la vallée de la Loire. Paris reçoit de grandes quantités d'artichauts de Bretagne.

Artichaut vert de Provence. — Pommes plus petites et plus allongées que celles de l'artichaut de Laon. Écailles peu charnues. Se consomme surtout jeune, à la poivrade. Variété hâtive, très cultivée en Provence et en Gascogne.

L'artichaut violet de Provence et *l'artichaut quarantain de*

Camargue sont également des variétés méridionales, précoces, mais sensibles au froid.

Artichaut gris ou *artichaut violet long*. — Pommes allongées, minces, à écailles écartées. Variété précoce, remontante, cultivée en grand dans les Pyrénées-Orientales et le Vaucluse. Contribue largement à l'approvisionnement des halles de Paris pendant l'hiver.

L'artichaut de Roscoff, à pommes ovoïdes, épineuses, *l'artichaut cuivré de Bretagne* et *l'artichaut violet de Saint-Laud* méritent également d'être mentionnés.

Exigences. — L'artichaut est peu rustique. Il supporte difficilement les hivers de la France septentrionale ; le froid n'y est pas son seul ennemi, car il y souffre également pendant la mauvaise saison de l'excès d'humidité, surtout dans les jardins où la couverture du sol l'entretient. C'est assez dire que les terres saines lui conviennent seules ; mais il exige, d'autre part, beaucoup de fraîcheur pour végéter normalement et produire des têtes suffisamment développées ; dans les terrains secs, il se montre précoce, mais ne donne que des produits coriaces et de faible volume. Aussi lui consacre-t-on de préférence les sols argilo-siliceux, argilo-calcaires ou humifères des plaines basses ou des fonds de vallées. Il vient admirablement dans les terres irriguées avec des eaux d'égout ou des eaux ménagères.

L'artichaut prélève pour son alimentation de fortes quantités d'azote. Il bénéficie largement de l'emploi des fumiers, gadoues, vidanges, etc., auxquels il convient d'associer des engrais phosphatés.

Peu d'expérimentateurs se sont attachés à l'étude des fumures minérales qui lui conviennent. M. de Paris conseille de lui fournir, par are : nitrate de soude, 8 kilogrammes ; superphosphate de chaux, 13 kilogrammes ; chlorure de potassium, 2 kilogrammes. C'est là une fumure très intensive, qu'on peut réduire de moitié dans les conditions ordinaires.

L'artichaut ne végète bien que dans les terres profondément ameublies, où le développement de ses racines lui permet de s'alimenter plus abondamment en eau et en substances minérales.

Multiplication. — On multiplie l'artichaut par semis ou par plantation *d'œilletons*. Les plantes issues de graines sont robustes et s'adaptent mieux aux sols peu fertiles, mais elles fleurissent tardivement et produisent peu. Beaucoup, en outre, présentent des écailles épineuses, médiocrement charnues ; elles perdent, en somme, les caractères propres à la variété cultivée pour se rapprocher du type sauvage. Aussi n'emploie-t-on le semis que pour l'obtention de variétés nouvelles, ou lorsqu'il est difficile de se procurer suffisamment d'œilletons pour garnir la surface à mettre en culture.

On sème l'artichaut sur place, en pépinière ou sur couche. Sur place, le semis se fait en avril-mai, en déposant 4 ou 5 graines dans des poquets distants de 80 centimètres environ.

On garnit souvent de terreau le fond des trous, auxquels on donne de 20 à 25 centimètres de diamètre. Les graines, soigneusement écartées les unes des autres, sont légèrement recouvertes ; on accélère leur germination par des bassinages. Après la levée, on ne conserve qu'un seul pied par poquet, le plus vigoureux parmi ceux qui répondent au type désiré ; les plants épineux doivent être détruits.

En pépinière, on sème également en avril, à raison d'une graine tous les 8 à 10 centimètres. Quand les plants sont pourvus de trois ou quatre feuilles, on les arrache avec précaution, autant que possible avec leur motte, on supprime l'extrémité du pivot, déjà très développé, puis on les met en place à la main, en les espaçant de 80 à 90 centimètres.

Les semis sur couche tiède se font en mars, en lignes écartées de 8 à 10 centimètres. On éclaircit après la levée.

Les plants, progressivement habitués à la température
extérieure, sont mis en place en mai, en procédant
comme nous venons de l'indiquer. Les pieds obtenus
dans ces conditions produisent dès l'automne de la première année; ceux qui proviennent des semis de pleine
terre ne fleurissent, sauf exceptions, que l'année suivante.

Dans tous les cas, les plants doivent, à l'entrée de
l'hiver, être protégés contre les gelées comme nous
l'indiquons plus loin.

La multiplication par œilletons est de beaucoup la
plus employée, elle donne des résultats plus prompts et
permet de conserver intégralement les variétés. L'œilletonnage n'a pas pour but exclusif l'obtention des rejetons
utilisés pour la reproduction de la plante. Les pieds
d'artichaut émettent chaque année, autour du collet, des
bourgeons trop nombreux pour pouvoir se développer tous
normalement et produire des têtes de belle venue; deux
seulement, trois au plus, les plus beaux et les mieux
placés pour se faire équilibre, doivent être conservés; sur
les plantes faibles il convient même de n'en laisser qu'un
seul. La suppression des autres se fait au printemps, de
mars à mai selon les régions, quelquefois à l'automne
dans l'Ouest et le Midi.

Dans le nord de la France, quand l'œilletonnage se fait
à l'automne, les œilletons doivent être conservés en pots
sous châssis pendant l'hiver, en les aérant toutes les fois
que la température le permet.

Sur les pieds, déchaussés à la base, on éclate les œilletons en s'aidant de la serpette ou d'un couteau; il faut
opérer avec précaution pour ménager la plante. Ceux qui
sont destinés à la reproduction doivent présenter un
talon (fragment de rhizome) portant quelques racines.
Les œilletons moyens pourvus de quatre ou cinq feuilles
sont les meilleurs; les gros, à base large et dure, s'enracinent difficilement; quant aux petits, ils produisent des
plantes débiles, fructifiant tardivement; on conseille,

quand on se trouve dans la nécesssité d'en faire usage,
de les planter dans des pots de 10 centimètres de diamètre, qu'on enfonce dans le terreau d'une couche tiède;
la transplantation n'a lieu qu'à la fin de mai, en mottes.

Avant la plantation, on habille les œilletons choisis, en
dressant à la serpette la plaie faite par l'éclatage, pour en
faciliter la cicatrisation; on raccourcit en même temps
un peu les racines et les feuilles et l'on supprime celles
qui sont gâtées. Ainsi préparés, les œilletons peuvent
être expédiés à quelque distance ou conservés en jauge
jusqu'à la plantation. On se procure assez facilement des
œilletons d'artichaut dans le commerce; il faut rejeter
ceux qui sont fanés, la reprise en est incertaine.

Le sol destiné à l'artichaut est labouré profondément,
à la charrue ou à la bêche, et préalablement fumé. On y
plante les œilletons en quinconce, en les écartant de
0ᵐ,80 à 1 mètre sur des lignes tracées aux mêmes distances. La plantation se fait au plantoir ou à la houe.
Avec des plants frais et vigoureux on peut n'en mettre
qu'un par place; très souvent, surtout lorsqu'ils sont
faibles, on les dispose par deux à quelques centimètres
d'écartement; après la reprise, le meilleur seul est conservé. Par crainte de la pourriture, il faut éviter de trop
enterrer les plants; on les borne en comprimant légèrement la terre autour, puis on forme au pied de chacun
une petite cuvette destinée à recevoir l'eau d'arrosage.

Pour mieux utiliser le terrain, on intercale souvent,
entre les pieds d'artichaut, des choux, des laitues, des
romaines, des oignons, etc. Le procédé qui consiste à
multiplier l'artichaut par éclats de pieds, formés de tiges
ayant cessé de produire qu'on détache à l'automne avec
la portion voisine de la souche, peut donner de bons
résultats.

Soins d'entretien. Récolte. — Un arrosage copieux
suit la plantation. Tant que le plant a peu de racines, il
faut lui ménager l'eau; des arrosages inconsidérés risque-

raient de le faire pourrir. Plus tard, au contraire, il y a
tout avantage à la lui fournir abondamment, dans le Midi
surtout. On multiplie les arrosages quand les pommes
commencent à paraître. Dans le cours de l'été, on bine à
deux ou trois reprises les cultures d'artichaut, parfois
on donne aux pieds un léger buttage pour les préserver
de la sécheresse.

Les pieds provenant des œilletons plantés à l'automne
ou hivernés sous châssis donnent une première récolte
en juin-juillet ; ceux nés des œilletons de printemps ne
produisent qu'en septembre-octobre. Les pieds qui fournissent des capitules dès la première année résistent
mieux à l'hiver.

Aux mêmes époques, on obtient deux récoltes consécutives sur les pieds des années précédentes. Les têtes sont
détachées, en coupant la tige, dès qu'elles ont atteint leur
complet développement, et avant que les écailles ne
commencent à s'écarter. Les petits artichauts, ou *ailerons*,
que l'on consomme crus, sont récoltés très jeunes.

Dès l'apparition des premiers froids, vers le milieu de
novembre sous le climat de Paris, on coupe les tiges et
les feuilles de l'artichaut à 25 ou 30 centimètres de hauteur, et l'on butte les touffes sans en couvrir le cœur.
Quand la température descend au-dessous de 5 degrés,
ou qu'on redoute la neige, il devient nécessaire de protéger toute la plante ; on place alors au sommet des
buttes de la paille, du vieux fumier ou des feuilles. La
présence constante de cette couverture pourrait déterminer la pourriture des pieds, surtout dans les terres
fortes ; aussi l'enlève-t-on dès que la température subit
une détente. En février-mars, on débutte les pieds par un
labour à la fourche ou à la bêche dans la petite culture,
à la charrue, puis à la houe autour des plantes, dans
la grande. On profite souvent de ce labour pour
enfouir des engrais, fumiers ou gadoues, dans les plantations. Les soins d'entretien à donner à celles-ci sont

les mêmes chaque année. Il n'y a pas intérêt à les conserver au delà de quatre ans, car les récoltes deviennent alors insuffisantes. Habituellement, on les renouvelle par parties, quart ou moitié, de façon à n'avoir pas d'interruption dans la production.

Une plantation de 10 000 à 12 000 pieds d'artichaut peut fournir annuellement près de 100 000 pommes, dont environ 10 000 grosses, 25 000 moyennes et le reste de petites.

La perforation ou l'incision longitudinale de la tige, au voisinage immédiat de la pomme, détermine le grossissement de celle-ci ; par ce moyen, on peut en obtenir d'énormes, surtout si l'on ne conserve que très peu de têtes sur chaque pied.

Le produit brut annuel d'un hectare d'artichaut, qui s'élevait à 4 000 francs et plus il y a peu d'années encore, ne dépasse guère aujourd'hui 2 500 à 3 000 ; le bénéfice net varie, en moyenne, de 1 500 à 1 800 francs.

Le marché parisien n'est presque jamais dépourvu d'artichauts. En hiver et au printemps, il reçoit ceux d'Algérie, de Provence et du Roussillon ; la Bretagne, l'Anjou, la vallée de l'Oise l'approvisionnent pendant l'été et l'automne. Dans les régions méridionales, la culture de l'artichaut est très avantageuse, par suite des prix élevés qu'atteignent les produits de primeur et ceux qu'on obtient tardivement à l'automne.

Production de la graine. — Comme porte-graines, on choisit au printemps les pieds les plus vigoureux, sur lesquels on ne conserve que la tête principale. Celle-ci s'épanouit en juillet-août sous le climat de Paris. Pour éviter la coulure sous l'influence des pluies, on protège les pommes à l'aide d'un cornet de papier huilé ou d'une cloche portée sur un échalas ; on peut aussi se contenter de les maintenir inclinées, l'eau coule ainsi à la surface des écailles. Cueillis en août-septembre, quand la semence est mûre, les capitules sont séchés à l'air, puis égrenés.

Maladies. — La *maladie des feuilles*, déterminée par le *Ramularia Cynaræ*, se manifeste par l'apparition de taches grisâtres qui envahissent le limbe. Les feuilles se dessèchent et la plante devient incapable de nourrir les têtes qu'elle porte. Cette maladie, heureusement rare, a causé des dégâts considérables dans le Roussillon en 1892. On ne connaît contre elle d'autre moyen de défense que la destruction par le feu des feuilles atteintes.

Les bouillies au sulfate de cuivre peuvent être employées contre le *mildiou* ou *meunier* (*Peronospora gangliformis*), à la condition de n'en pas asperger les têtes de l'artichaut.

Ennemis. — La larve noirâtre de la *Casside verte* ronge les feuilles de l'artichaut, qu'elle souille aussi de ses excréments. Les solutions de jus de tabac, qu'on a préconisées contre elle, paraissent avoir peu d'efficacité. La rechercher et l'écraser.

CARDON

Cynara Cardunculus L. (Famille des *Composées*).

Origine. Caractères de la plante. — Nous avons vu que le cardon appartient vraisemblablement à la même espèce que l'artichaut. Les caractères botaniques des deux plantes sont fort peu différents. La tige du cardon est plus haute (elle atteint de 1ᵐ,50 à 2 mètres) et les feuilles plus grandes, avec un pétiole et une nervure principale très développés ; par contre, il présente des capitules beaucoup plus petits et garnis de bractées épineuses.

Usages. — On consomme, après cuisson, les côtes des feuilles du cardon, blanchies par étiolement. Sa racine, tendre et charnue, est également comestible.

Variétés. — *Cardon de Tours.* — Plante relativement courte, à côtes épaisses, d'excellente qualité. Présente de nombreuses épines. Très apprécié des maraîchers parisiens et des cultivateurs de la vallée de la Loire.

Cardon plein inerme. — Feuilles allongées, presque sans épines. Côtes larges, mais moins épaisses que celles du cardon de Tours; sujettes à se creuser.

Cardon Puvis (fig. 98). — Plante robuste, inerme, à

Fig. 98. — Cardon Puvis.

côtes larges; cultivée surtout dans la région lyonnaise.

Cardon d'Espagne. — Variété méridionale, à grandes feuilles sans épines. Côtes larges et creuses.

Culture. — Comme l'artichaut, le cardon réclame des terres saines, fraîches, profondément ameublies, bien fournies d'engrais azotés. Dans les sols pauvres ses côtes se creusent.

On le multiplie exclusivement par graines. Le semis se fait quelquefois sur couche chaude, soit pour repiquer les plants en godets sur couche tiède, soit pour les mettre directement en place. De ces deux procédés le premier est le meilleur. Il permet d'obtenir des produits plus précoces que le semis en place ; c'est un médiocre avantage et ce dernier, de beaucoup le plus simple, est aussi le plus employé. Dans la première quinzaine de mai, sur le terrain, labouré et fumé d'avance, on trace des lignes distantes d'un mètre et, tous les mètres, on ouvre sur ces lignes, à l'aide de la bêche, des trous que l'on remplit de terreau. Chaque trou reçoit 3 ou 4 graines, que l'on recouvre de 2 centimètres de terre ou de terreau. Après la levée, on éclaircit, en ne laissant par place qu'un seul pied, le plus vigoureux.

Quand le cardon a été semé en pépinière, c'est dans des poquets de même nature, et au même écartement, que l'on repique les plants, en mai.

La végétation du cardon est extrèmement lente au début; pour utiliser le terrain, libre jusque vers la fin de juillet, on y cultive des radis, des laitues, des choux ou des haricots. Les soins d'entretien consistent en quelques binages et en arrosages copieux au pied des plantes, dans une cuvette formée pour recevoir l'eau. En paillant le sol, on le préserve de la sécheresse pendant les fortes chaleurs.

Le cardon n'est consommé qu'après avoir été blanchi par étiolement. On commence à le lier au début de septembre, en soumettant successivement les pieds les plus forts à cette opération, suivant les besoins de la vente ou de la consommation, car le cardon lié ne se conserve pas. La ligature se fait à l'aide de deux ou trois liens de paille de seigle, qu'on place à des niveaux différents, et qu'on laisse assez lâches pour que le cœur de la plante ne se trouve pas complètement privé d'air, ce qui en déterminerait la pourriture. Pour rapprocher les feuilles, très épineuses, du cardon, on se sert de deux bâtons reliés par une corde, entre lesquels on enserre ces feuilles ; deux hommes procèdent ensemble à la ligature.

Les cardons sont ensuite entourés de paille, maintenue par quelques liens, ou fortement buttés ; le buttage est plus simple et plus économique, mais moins efficace.

La récolte se fait un peu moins de trois semaines après la ligature ; il ne faut pas attendre, pour la raison que nous avons indiquée précédemment. La plante est arrachée et nettoyée ; on lui conserve un tronçon du pivot de quelques centimètres de longueur.

Enlevés avec leur motte, les cardons peuvent se garder jusqu'en février en cellier bien aéré et à l'abri des gelées ; ils résistent mal au froid, aussi faut-il avoir soin de les rentrer avant l'hiver.

Le blanchiment des cardons peut se faire après arrachage, en les disposant en jauge que l'on recouvre de paillassons ou de litière, ou bien en les plantant dans du sable, en cave.

Production de la graine. — Les pieds francs, vigoureux, à pétioles larges, épais et bien pleins, sont les meilleurs porte-graines. Ces pieds, laissés en place sans les lier, sont traités, à l'entrée de l'hiver, de la même façon que l'artichaut ; on les soumet à un buttage de protection, après avoir réduit d'un tiers environ la longueur des feuilles. Au printemps, on les débutte, puis on laboure le sol tout autour. La tige florale apparaît bientôt après ; parmi les capitules qu'elle porte on n'en conserve que deux ou trois des plus beaux. On procède ensuite comme pour l'artichaut.

Maladies et ennemis. — Les mêmes que ceux de l'artichaut.

LAITUES

Lactuca sativa L. (Famille des *Composées*).

Origine. Caractères de la plante. — L'espèce botanique à laquelle se rattachent les différentes laitues n'est pas connue sous sa forme primitive et l'origine en reste incertaine. La plante nous vient, pense-t-on, de l'Europe méridionale ou de l'Asie centrale, peut-être de l'Inde. Sa culture est très ancienne et c'est à son long séjour dans les jardins qu'il faut attribuer le grand nombre de variétés auxquelles elle a donné naissance. Les Grecs et les Latins auraient cultivé la laitue. Courtois-Gérard (1) fait remonter à 1540 son introduction en France; Rabelais, à cette époque, en aurait envoyé des graines de Rome au cardinal d'Estrées.

Les laitues présentent des caractères communs que l'on peut résumer ainsi : Feuilles allongées, spatulées, glabres, faiblement dentées sur les bords, lisses ou cloquées, disposées en une rosette d'abord presque étalée, puis formant une pomme plus ou moins serrée, au centre de laquelle s'élève plus tard une tige cylindrique, glabre, ramifiée vers le tiers de sa hauteur. Cette tige porte des feuilles embrassantes, de plus en plus étroites vers le haut, et se termine par une inflorescence de capitules nombreux, à fleurons jaunes. Le fruit, improprement désigné sous le nom de graine, est un petit akène oval, rétréci à l'extrémité où se trouve le hile; la couleur en est blanche, brune ou d'un noir grisâtre.

On groupe les laitues en trois races bien distinctes :

1° Les *laitues pommées* (*Lactuca sativa capitata DC*) à feuilles molles, arrondies, cloquées, réunies en une tête ronde ou déprimée.

2° Les *laitues romaines* (*Lactuca sativa Romana* ou *Lac-*

(1) Manuel pratique de culture maraîchère.

tuca sativa longæ), à feuilles fermes, longuement ovales, formant une pomme haute, ovoïde.

3° Les *laitues à couper*, qui ne pomment pas, mais fournissent plusieurs récoltes de feuilles.

Usages. — Les laitues tiennent une place considérable parmi les salades vertes. Cuites, elles constituent un légume délicat. Le suc de laitue (lactucarium) et l'extrait (thridace) doivent au principe narcotique qu'ils renferment d'entrer dans la composition d'un grand nombre de médicaments calmants. La parfumerie en fait également usage.

Variétés. — Les laitues pommées, comme les romaines, se divisent en variétés de printemps, d'été et d'hiver. La plupart, cependant, peuvent être cultivées à différentes époques de l'année.

Nous ne citerons que quelques-unes des plus importantes.

Laitues pommées de printemps.

Laitue crêpe à graine noire ou *petite crêpe.* — Petite pomme ronde; se forme rapidement, mais dure peu. Convient surtout à la culture forcée.

Laitue crêpe à graine blanche. — Feuilles très plissées, cloquées. Pomme molle.

Laitue gotte ou *laitue gau à graine blanche* (fig. 99). —

Pomme petite, assez serrée, tendre, vert blond. Moins précoce, mais plus productive et de culture plus facile que la crêpe, à laquelle on la préfère dans les cultures pour la vente.

Fig. 99. — Laitue gotte.

Laitue gotte à graine noire. — Moins estimée que la précédente. Pomme déprimée, assez lâche.

Laitue Georges. — Forme rustique, plus tardive et plus développée, de la laitue gotte à graine blanche.

Laitue gotte lente à monter. — Pomme moyenne, se

conservant longtemps ferme. Précoce, rustique et productive. Convient surtout pour la pleine terre.

Laitue à bord rouge. — Pomme assez grosse, serrée, rougeâtre au sommet. Moins hâtive que les autres laitues de printemps.

Laitues pommées d'été.

Laitue blonde d'été ou *Laitue royale.* — Pomme ronde, serrée, vert pâle. Précoce et rustique. Très répandue.

Laitue blonde de Versailles. — Grosse pomme pleine. Rustique, assez lente à monter.

Laitue grosse blonde paresseuse. — Pomme haute, aplatie au sommet; se maintient bien.

Laitue grosse brune paresseuse ou *Laitue grise maraîchère.* — Pomme haute, ferme, à feuilles cloquées, teintée de rouge au sommet. Très rustique et très productive; peut être cultivée en plein champ. Les maraîchers l'apprécient beaucoup.

Laitue palatine ou *Laitue rousse.* — Pomme moyenne, teintée de brun. De précocité moyenne, très rustique. Très cultivée dans la banlieue parisienne.

Laitue Merveille des quatre saisons. — Pomme arrondie, un peu déprimée, teintée de rouge foncé. Résiste à la sécheresse comme au froid et peut, par conséquent, être semée à différentes époques.

Laitue Batavia blonde. — Très grosse pomme, un peu lâche, légèrement rougeâtre au sommet. Rustique et peu exigeante. Cultivée souvent en plein champ pour l'approvisionnement des Halles de Paris.

Laitue chou de Naples. — Pomme grosse, aplatie, si résistante qu'on est souvent obligé de la fendre pour dégager la tige florale.

Laitues pommées d'hiver.

Laitue grosse blonde d'hiver. — Grosse pomme arrondie. Variété hâtive, rustique, lente à monter.

Laitue Morine. — Pomme moyenne, à feuilles très cloquées, plissées. Son mérite est surtout dans sa rusticité.

Laitue de la Passion. — Pomme moyenne, arrondie, teintée de rouge. Très rustique et très recherchée.

Fig. 100. — Laitue rouge d'hiver.

Laitue rouge d'hiver (fig. 100). — Pomme haute, teintée de rouge brun. Très rustique.

Romaines de printemps et d'été.

Romaine verte maraîchère. — Pomme moyenne, à trois faces nettement marquées. Précoce. Très employée pour la culture sous châssis.

Romaine blonde maraîchère (fig. 101). — Pomme volumineuse, allongée, anguleuse. Variété exigeante sous le rapport du sol et des arrosages, mais très productive et fort lente à monter. Convient particulièrement pour la production d'été et la culture sous les climats chauds. Extrêmement répandue.

Fig. 101. — Romaine blonde maraîchère.

Romaine grise maraîchère. — Pomme moins élevée que la variété précédente, grisâtre au sommet. Très appréciée des maraîchers parisiens pour la culture sous cloches. Ce mode de culture est également appliqué à la *romaine plate hâtive*.

Romaines d'été.

Romaines brunes anglaises, à graine blanche et à graine noire. — Pomme allongée, pointue. Rustiques. Production d'été et d'automne.

Romaines alphanges, à graine blanche et à graine noire. — Pomment difficilement sans l'intervention du jardinier.

Romaine ballon ou de Bougival. — Pomme volumineuse, arrondie. Résistante à la chaleur; monte tardivement. Très productive. Convient pour la production d'automne.

Romaines d'hiver.

Romaine verte d'hiver. — Pomme compacte, à feuilles renversées en arrière au sommet. Résiste bien au froid.

Romaine rouge d'hiver. — Pomme haute, teintée de brun. Variété rustique, productive, lente à monter.

Laitues à couper.

Laitue blonde à couper. — Feuilles courtes, arrondies; cœur plein. Monte rapidement à graine.

Laitue frisée à couper. — Feuilles découpées, gaufrées. Ressemble à une chicorée.

La *laitue chicorée* a plus nettement encore cette apparence. Elle est tendre et rustique.

La *laitue épinard* possède des feuilles plus amples. Elle résiste assez bien au froid.

Exigences. — Il existe des variétés de laitue adaptées aux différents climats, comme elles le sont chez nous aux différentes saisons. Les unes supportent les chaleurs de l'été sans monter trop rapidement à graine; les autres sont assez rustiques pour passer l'hiver en terre sous les climats tempérés. Dans les régions chaudes, cependant, elles ont tendance à durcir et prennent une saveur plus âcre.

Les laitues d'hiver sont cultivées de préférence en terre légère ; les sols un peu compacts conviennent mieux, au contraire, pour les laitues d'été.

Très aqueuses, les laitues consomment peu d'engrais, mais exigent beaucoup d'eau ; l'abondance des récoltes qu'on en obtient dépend plus des arrosages que de la richesse du terrain. Elles redoutent les fumures trop énergiques. Le terreau leur est utile, autant en raison du rôle physique qu'il joue dans le sol que des matières fertilisantes qu'il y apporte.

Comme fumure minérale, M. Wagner conseille, nous l'avons vu, pour les salades en général, l'enfouissement préalable de 4 kilos de superphosphate de chaux et de 1 kilo de chlorure de potassium par are, puis l'épandage de 1 kilo de sulfate d'ammoniaque immédiatement avant la plantation et, s'il y a lieu par la suite, l'emploi en couverture de 600 grammes de nitrate de soude en deux fois.

Culture des laitues de printemps. — Ces laitues naines, à croissance rapide, se prêtent fort bien à la culture forcée, pour laquelle on emploie surtout la laitue *crêpe à graine noire* et la laitue *gotte*. La première peut être semée dès le mois de septembre, sur une couche usée ou sur une planche bien ameublie et terreautée, qu'on recouvre ensuite de châssis ou de cloches. On ombre quand le soleil est trop ardent. La levée se produit après quatre ou cinq jours.

Quant le plant est pourvu de deux feuilles, outre les cotylédons, on le repique sous cloches, sur ados exposé au midi. Les ados des maraîchers reçoivent généralement trois rangs de cloches placées en quinconce. On dispose, par cloche, vingt-quatre ou trente plants, qu'on a soin d'écarter des bords, pour qu'ils ne touchent pas au verre. On bassine après le repiquage. Dans la première quinzaine d'octobre on procède à la mise en place, soit sur ados et sous cloches, à raison de quatre pieds par cloche, soit sur couche tiède ou froide et sous châssis, chacun d'eux recevant sept rangs de six ou sept laitues.

Pendant toute sa végétation la laitue crêpe n'est pas aérée, mais elle doit se trouver largement éclairée, pour éviter l'étiolement et prévenir le *blanc*. On l'abrite contre les froids à l'aide de paillassons et d'accots de fumier. La récolte a lieu à la fin de novembre ou au commencement de décembre.

Une seconde saison de laitue crêpe se fait dans les mêmes conditions, en semant vers le milieu d'octobre pour repiquer les plants une dizaine de jours après, et les mettre en place sur couche tiède vers le 15 novembre. On récolte à la fin de janvier ou au début de février. Les dernières laitues crêpes sont obtenues en février-mars.

La laitue gotte, plus tardive et plus productive, se sème vers le milieu d'octobre. On la cultive comme la laitue crêpe, avec cette différence toutefois qu'il est nécessaire de l'aérer de temps en temps. Du milieu de décembre à la fin de février, la mise en place se fait sur couche tiède ; en mars, on peut planter en pleine terre, en sol léger, sous cloches ou sous châssis. La récolte a lieu de six semaines à deux mois après la plantation.

Les autres laitues de printemps sont semées, repiquées et récoltées plus tardivement encore. La laitue Georges, plantée sur côtière vers le 15 mars, se récolte au milieu de mai.

On évalue, en moyenne, à 70 grammes le poids d'une tête de laitue *crêpe*, à 80 celui d'une laitue *gotte*, à 125 celui d'une laitue *Georges*.

Culture des laitues d'été. — Plus développées que les précédentes, les variétés d'été montent aussi moins rapidement à graine. Les semis se font quelquefois à la fin d'octobre pour la *laitue palatine*, en janvier pour la *laitue brune paresseuse*; on procède alors comme dans le cas des laitues de printemps. Le plus souvent on ne les commence qu'en mars, en pépinière, et on les échelonne de quinze en quinze jours jusqu'en juillet, pour avoir une production continue. On sème clair, les plants ne subissant pas de premier repiquage; ils sont mis directement en place quand ils ont trois ou quatre feuilles, en les écartant de 30 à 50 centimètres suivant les variétés, sur des lignes distantes de 25 à 35 centimètres environ.

Des arrosages abondants sont nécessaires pendant tout le cours de la végétation de la plante; on les renouvelle quotidiennement dans les cultures maraîchères. Le paillage du sol permet de lui conserver sa réserve d'humidité.

On récolte les laitues d'été de sept semaines à deux mois et demi après la plantation. Chaque tête de laitue palatine pèse 300 grammes en moyenne, et de laitue grosse brune, 400 grammes; la laitue Batavia dépasse souvent 600 grammes.

Culture des laitues d'hiver. — On sème les laitues d'hiver à la fin d'août ou dans la première quinzaine de septembre, en pépinière de pleine terre. Le semis doit être clair. Quand le plant a quatre ou cinq feuilles, on le plante à demeure dans une terre légère, saine, de préférence sur une côtière bien exposée.

Il n'est nécessaire de protéger les plantes que s'il survient des froids vigoureux. On les couvre alors d'un peu de paille longue ou bien l'on fait usage de paillassons, qu'on enlève dès que la température s'adoucit. La végétation reprend en février; on donne à ce moment aux cultures un binage énergique, pour rompre la croûte formée à la surface du sol. La récolte commence en avril et se poursuit pendant six semaines ou deux mois.

Culture forcée des romaines. — La *romaine verte maraîchère* et la *romaine plate* sont les plus employées pour la culture de primeur. On les sème dans la première quinzaine d'octobre, sur ados ou sur couche usée et sous cloches. Au bout de quinze à vingt jours, on repique dans les mêmes conditions, à raison de 24 à 30 plants par cloche. Il est nécessaire d'aérer beaucoup pour éviter l'étiolement des plantes; souvent même on se trouve dans l'obligation de les desserrer, en procédant à un second repiquage à la fin de novembre. Si des froids sont à craindre, on protège les cultures à l'aide de litière ou de paillassons.

Les plants sont mis en place du 15 décembre au 15 février, sur couche donnant environ 20 degrés de chaleur, chargée de 18 à 20 centimètres de terreau et recouverte de cloches. Chaque cloche reçoit une seule romaine, quelquefois une romaine et trois laitues gottes. Quand on fait emploi de châssis, on place souvent 10 romaines et 10 laitues sous chacun d'eux; la culture exclusive de la romaine sous cloche est préférable.

Un coup de plantoir, donné obliquement sur la couche, de l'extérieur de la cloche jusqu'au niveau des racines, permet de prévenir les fâcheux effets d'une température trop élevée. La *ventouse* souterraine ouverte ainsi, du côté du sud, est fermée avec un peu de terreau dès que les racines y pénètrent. On pratique souvent, en outre, une autre ventouse, en comprimant le terreau sur un point de la circonférence de la cloche pour livrer passage à l'air extérieur.

Pendant la végétation, ombrer s'il y a lieu, mais donner autant d'air et de lumière que possible.

Les jardiniers ont coutume de lier légèrement les romaines avec un brin de paille quand elles sont à peu près *coiffées*, c'est-à-dire formées. De cette façon, elles ne s'ouvrent pas et les feuilles intérieures blanchissent et restent tendres. L'opération doit se faire par un temps sec, autrement on pourrait craindre la pourriture des têtes.

La récolte a lieu deux mois environ après la plantation.

Culture de la romaine en pleine terre. — Les
romaines plantées au début du printemps, dans la
seconde quinzaine de février, sur côtière, proviennent de
semis faits en octobre comme pour la culture de primeur.
Les plants sont conservés sous cloches jusqu'au moment
de l'emploi, en les habituant progressivement à l'air
libre.

Généralement, la plantation se fait dans un semis de
radis ou de carotte hâtive, en lignes distantes de 30 centimètres et en laissant de 35 à 40 centimètres entre les
plants. Souvent aussi on intercale des choux-fleurs entre
les rangs. On lie les pommes comme dans le cas de la
culture de primeur.

La récolte commence en mai.

On sème les romaines d'été et d'automne soit en
octobre-novembre, en conservant les plants sous cloches
ou sous châssis, soit sur couche au début de février. La
plantation commence dès les premiers jours de mars. On
écarte les plants de 50 centimètres sur des lignes distantes
de 35 à 40 centimètres. Des arrosages fréquents sont nécessaires; on donne aussi quelques binages. La ligature
des pommes se fait comme précédemment. Les premières
récoltes ont lieu à la fin de mai. En échelonnant convenablement les plantations, — que l'on fait souvent alternativement, à raison d'un rang sur deux, — jusque dans le
courant d'août, on peut obtenir des romaines pendant
tout l'été. Les récoltes se font six ou sept semaines après
la plantation.

Les romaines pèsent, en moyenne, de 600 à 700 grammes par tête.

Culture des laitues à couper. — La laitue gotte et la
laitue crèpe, semées très dru en janvier-février, sous
cloches ou sous châssis, fournissent des feuilles que l'on
coupe dès qu'elles sont au nombre de 5 ou 6 par pied. La

laitue blonde se cultive aussi sous châssis; les autres variétés se font en pleine terre, dans d'autres légumes, choux notamment.

Production des semences de laitue. — Choisir comme porte-graines des pieds répondant bien au type de la variété, à pomme pleine. Ceux des laitues de printemps sont replantés en mars, à 50-60 centimètres d'écartement; on les abrite parfois au début à l'aide de cloches. Ils montent à la fin d'avril; le tuteurage des tiges est généralement nécessaire. Les graines sont mûres en juillet; on coupe alors les tiges, que l'on fait sécher à l'ombre avant de les battre. On procède parfois aussi par récoltes successives, au fur et à mesure de la maturité des graines, en secouant les tiges au-dessus d'une toile ou d'une cloche renversée; les premières semences recueillies sont les meilleures.

Les porte-graines des laitues d'automne et d'hiver, protégés pendant les froids à l'aide de paille ou de feuilles, sont replantés au printemps, en les espaçant davantage. Pour les romaines, on préfère, comme porte-graines, les pieds plantés au printemps sur côtière. On leur donne les mêmes soins qu'aux laitues.

Les oiseaux sont très friands de graines de laitue. On évite leurs déprédations, en même temps qu'on prévient la coulure des fleurs, en abritant les inflorescences à l'aide d'une cloche placée sur un échalas.

Maladies. — Le *mildiou* ou *meunier des laitues*, produit par le *Peronospora gangliformis*, se développe surtout dans les cultures forcées, où il cause souvent de grands ravages. Les feuilles se couvrent, à la face inférieure, d'efflorescences blanchâtres; elles jaunissent, se dessèchent ou pourrissent. Les remèdes préconisés jusqu'à ce jour contre cette affection n'ont aucune efficacité. La plante est trop délicate pour pouvoir être traitée au sulfate de cuivre qui, d'ailleurs, ne saurait être employé sur des feuilles livrées à la consommation. Détruire par le feu les débris de feuilles malades et changer les laitues de sol pour éviter la propagation de la maladie. Dans les cultures sous cloches ou sous châssis, l'aération diminue l'intensité du mal.

Ennemis. — Le ver blanc, le ver gris, les limaces semblent avoir une prédilection marquée pour la laitue, au point qu'on utilise cette salade comme plante-piège dans d'autres cultures. Leur faire la chasse.

Les pucerons, ceux des racines comme ceux des feuilles et des tiges, ne se multiplient qu'à la faveur de la sécheresse. Des arrosages fréquents et copieux les font disparaître.

CHICORÉE ENDIVE

Cichorium Endivia L. (Famille des *Composées*).

Origine. Caractères de la plante. — Espèce bisannuelle, originaire de l'Inde d'après certains auteurs, indigène dans toute la région méditerranéenne, s'il faut en croire De Candolle. Elle a donné naissance à deux races très distinctes : 1° la *chicorée frisée*, à feuilles finement et profondément divisées, crispées ; 2° la *chicorée scarole*, à feuilles larges, peu découpées, ondulées. L'une et l'autre présentent les caractères suivants :

Feuilles radicales nombreuses, glabres, disposées en rosette étalée. Tige creuse, haute de 1 mètre et plus, rameuse, portant des capitules sessiles de fleurons bleus. Les fruits, considérés comme graines, sont de petits akènes grisâtres, allongés, anguleux, pointus à une extrémité, terminés à l'autre par une collerette membraneuse.

Usages. — Les feuilles, très délicates, des chicorées endives sont recherchées comme salade. On les consomme également cuites.

Variétés. — Le nombre des variétés de chicorée endive est relativement restreint, les croisements se produisant difficilement seuls de l'une à l'autre. Voici les principales :

Chicorées frisées.

Chicorée fine d'été ou *chicorée d'Italie* (fig. 102). — Feuilles très découpées à la partie supérieure, réduites à

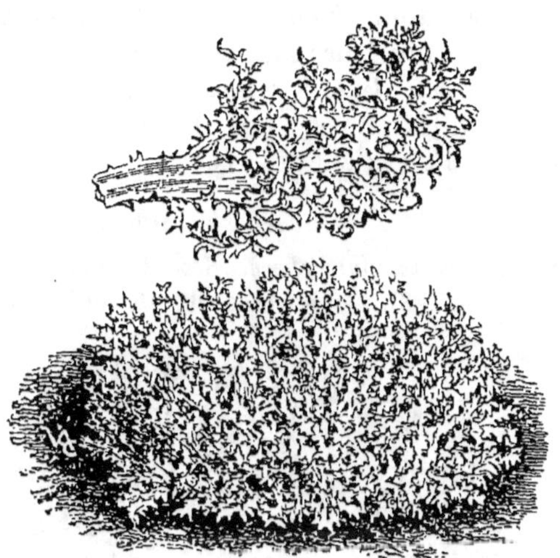

Fig. 102. — Chicorée frisée fine d'été.

la base à une côte fine, rosée. La sous-variété *d'Anjou* forme une rosette plus épaisse de feuilles très serrées. Convient à la fois pour la culture forcée et celle de pleine terre d'été. Pourrit souvent à l'arrière-saison.

Chicorée de Rouen. — Donne une large rosette de feuilles à divisions assez amples. Variété rustique, d'automne. Très cultivée dans toute la partie septentrionale de la France.

Chicorée de Meaux. — Ressemble à la précédente, avec un cœur moins plein. Présente les mêmes qualités.

Chicorée frisée grosse pancalière. — Plus précoce que la chicorée de Meaux, de laquelle elle diffère peu.

Chicorée de Louviers. — Probablement issue de la chicorée de Rouen, mais s'en distingue par une rosette moins large et plus pleine de feuilles plus pâles.

Chicorée de Picpus. — Variété rustique de pleine terre.

Chicorée de Ruffec: — Rosettes larges et touffues de feuilles épaisses et charnues. C'est peut-être la variété qui résiste le mieux au froid ; la *chicorée de la Passion* ne lui est pas supérieure sous ce rapport.

Chicorée bâtarde de Bordeaux. — Se rapproche des scaroles. Feuilles amples, peu divisées. La chicorée *Reine d'hiver* en dérive ; elle est très rustique.

Chicorées scaroles.

Scarole verte maraîchère, Scarole ronde ou *Scarole de Meaux* (fig. 103). — Large rosette de feuilles entières, on-

Fig. 103. — Scarole verte maraîchère.

dulées ; celles du cœur forment une sorte de pomme aplatie. C'est la variété de beaucoup la plus répandue.

Scarole grosse de Limay. — Volumineuse. N'est guère cultivée que dans la région parisienne.

Scarole blonde ou *Scarole à feuilles de laitue.* — Feuilles pâles, étalées ; pomment peu, mais blanchissent facilement. Moins rustique que la scarole verte ; se fait surtout en première saison.

Scarole en cornet. — Assez rustique, à feuilles amples, peu nombreuses, roulées en cornet.

Exigences. — Les variétés, même les plus rustiques, de chicorée endive ne peuvent passer l'hiver sans abri que dans les régions chaudes de la France. La scarole résiste un peu mieux au froid que la chicorée frisée ; cette raison la fait préférer pour la culture d'automne, la seule, d'ailleurs, qui lui permette de se développer suffisamment sans monter à graine.

Sous le rapport du sol et des fumures, les chicorées ont les mêmes exigences que les laitues.

Culture forcée de la chicorée frisée. — La chicorée de Rouen et la chicorée fine d'été sont les plus employées pour cette culture. Les semis peuvent commencer en janvier et se poursuivre jusqu'en mars. On les fait sur une couche de fumier neuf dont la température atteint parfois, au début, 30 à 35 degrés et se maintient ensuite au voisinage de 20 degrés ; il importe beaucoup, en effet, que la germination soit très rapide pour que, par la suite, le plant ne fleurisse pas trop facilement. La graine, déposée à la surface du terreau qui couvre la couche, n'est pas enterrée, mais plombée légèrement, puis bassinée ; on place ensuite les châssis, qu'on couvre de paillassons. Dans des conditions satisfaisantes, la levée ne demande pas plus de trente heures ; quand elle s'est produite, on éclaire et l'on répand sur les plantules un centimètre environ de terreau. On aère un peu si la température de la couche est trop élevée.

Quand les plants ont trois ou quatre feuilles, dix à quinze jours après le semis, on les repique sur une nouvelle couche chaude, chargée de 15 centimètres de terreau. La plantation se fait au doigt, à 6 ou 8 centimètres d'écartement ; chaque châssis reçoit ainsi de 250 à 300 plants. Après arrosage, on couvre les châssis de paillassons, qu'on laisse pendant deux ou trois jours. La reprise faite, on aère progressivement.

La mise en place a lieu trois semaines plus tard, dans le terreau d'une dernière couche donnant environ 18 degrés de chaleur. On dispose, par châssis, 20 pieds de chicorée de Rouen ou 30 de chicorée d'Italie. Pendant trois ou quatre jours les châssis doivent rester fermés et couverts de paillassons; on donne ensuite autant d'air et de lumière que possible.

Souvent, entre les rangs de chicorée, quand celle-ci est à moitié développée, on repique de nouveaux plants pour une seconde saison. Quelquefois aussi on plante, par châssis, quatre choux-fleurs qui croissent après l'enlèvement des salades.

Quand on juge que les plantes sont suffisamment fortes et pleines, on en rapproche les feuilles, qu'on lie vers le haut; le cœur blanchit rapidement et les salades sont bonnes à consommer cinq à six jours après.

Il s'écoule à peu près trois mois entre le semis et la récolte des chicorées de primeur.

Culture de la chicorée frisée en pleine terre. — Les premiers semis se font en mars, sur couche chaude, dans les mêmes conditions que pour la culture forcée. Les plants, repiqués également sur couche, puis habitués progressivement à l'air jusqu'à suppression complète des châssis, sont mis en place à la fin d'avril, au plantoir. On les espace de 35 à 40 centimètres sur des lignes distantes de 25 à 30. Pendant le cours de la végétation, on procède à quelques binages et à des arrosages réitérés.

On lie les chicorées, en une ou en deux fois, quand elles sont suffisamment pleines. L'opération doit être exécutée par un temps sec et, quand des arrosages suivent, il faut avoir soin de ne pas projeter d'eau à l'intérieur des salades, que l'humidité ferait pourrir. La chicorée blanchie ne se conserve pas; on ne devra donc lier que le nombre de pieds prévu pour la vente ou la consommation. On récolte une douzaine de jours après la ligature, vers le 15 juin pour la première saison.

Celles qui suivent sont obtenues avec des plants issus des semis d'avril ou de mai sur couche à l'air libre, ou de juin-juillet en pleine terre. On les repique directement en place, quand ils ont 8 ou 10 centimètres pour les premiers, 15 centimètres pour les autres, en les espaçant de 40 à 45 centimètres sur des lignes distantes de 30 centimètres. Donner des arrosages fréquents pour prévenir la montée à graine.

A l'arrière-saison, les dernières chicorées peuvent être protégées contre les froids en les liant, puis en les couvrant de paille, de feuilles ou de paillassons. Parfois aussi on les arrache, pour les replanter, serrées, sous châssis ou dans du sable frais en cave.

On estime qu'une chicorée de Rouen de belle venue pèse environ 1 kilogramme, de Meaux, 700 grammes, d'Italie, 400 à 450 grammes.

Culture de la scarole. — Semée clair en juin, sur côtière ou sur couche donnant de 15 à 18 degrés de chaleur, ou en juillet-août en pleine terre, la scarole est mise en place vingt à vingt-cinq jours plus tard, en espaçant les plants de 50 à 60 centimètres sur des lignes distantes de 30 à 35 centimètres. Le sol a été préalablement paillé.

Les soins d'entretien sont exactement les mêmes que pour la chicorée frisée.

Les scaroles d'arrière-saison ne sont pas liées, mais blanchies en les couvrant de paille.

La récolte a lieu deux mois et demi ou trois mois après le semis. Chaque tête de scarole pèse au moins 1 kilogramme.

Les scaroles incomplètement développées lors des premières gelées, arrachées en motte et replantées en sol meuble sous châssis, en prenant soin de les aérer par la suite, peuvent être conservées jusqu'en février. Une simple couverture de paille ou de feuilles suffit pour les protéger quand l'hiver est clément.

Production de la graine. — Les semences de chicorée frisée et celles de scarole s'obtiennent de la même façon. Les porte-graines, choisis en octobre-novembre parmi les pieds francs les plus vigoureux, sont arrachés en mottes, conservés l'hiver sous châssis à froid, puis replantés en pleine terre en mai, à 60 ou 70 centimètres d'écartement.

Pour la production de quantités importantes de graines, on préfère semer sur couche chaude en février, pour repiquer ensuite les plants sur une nouvelle couche et les mettre définitivement en place en avril.

Après la floraison, on pince les sommités florales, qui ne produiraient que de petites graines au détriment de celles de la base de l'inflorescence. La récolte s'effectue en septembre, un peu avant complète maturité des semences, en coupant les tiges, que l'on fait ensuite sécher à l'ombre avant de les battre.

Maladies et ennemis. — Les mêmes qui s'attaquent aux laitues. Contre la *rouille* de la scarole (*Puccinia Hieracii*) on ne connaît d'autre moyen de défense que la destruction des feuilles atteintes.

CHICORÉE SAUVAGE

Cichorium Intybus L. (Famille des *Composées*).

Origine. Description de la plante. — La *chicorée sauvage* ou *chicorée amère* se rencontre à l'état spontané dans toutes les régions de la France. Sa culture est fort ancienne.

C'est une plante vivace. Ses feuilles radicales, vert foncé, à divisions aiguës et dentées, atteignent une longueur de 20 à 25 centimètres; la côte en est fine, velue, souvent rougeâtre. Du milieu de la rosette qu'elles forment s'élève, la seconde année, une tige cannelée, pubescente, haute de $1^m,50$ et plus, portant des capitules sessiles de fleurons bleus. La graine (akène) ressemble à celle de la chicorée endive, mais elle est plus petite, brune et luisante.

Usages. — Les feuilles vertes de la chicorée sauvage sont utilisées en salade, malgré leur amertume; blanchies par le forçage à l'obscurité, elles fournissent la *barbe de capucin*, tendre et délicate. La *witloof*, souvent impro-

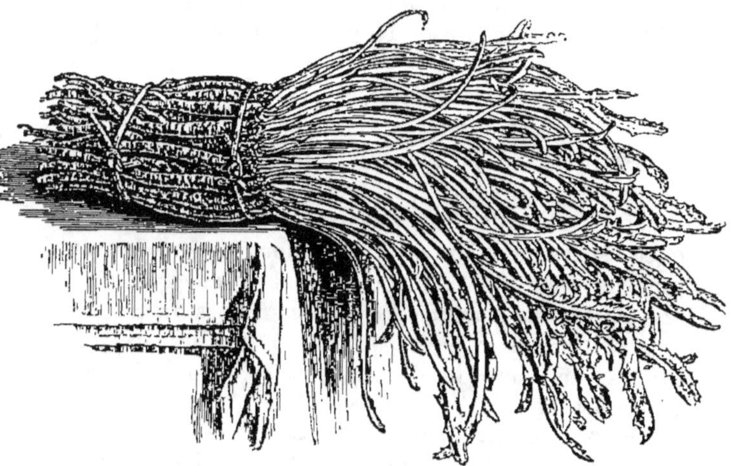

Fig. 104. — Barbe de Capucin.

prement désignée sous le nom d'*endive*, provient, comme nous le verrons, de la chicorée à grosse racine de Bruxelles; très appréciée en Belgique, elle a acquis chez nous une grande faveur dans ces dernières années.

La chicorée à café est obtenue par la torréfaction, suivie de broyage, des racines de plusieurs variétés de chicorée sauvage.

Le suc et l'infusion des feuilles de chicorée trouvent en thérapeutique un fréquent emploi comme dépuratifs et stimulants des fonctions stomacales.

Variétés. — *Chicorée amère de Paris*. — A tous les caractères de la plante type. Estimée pour la production de la barbe de capucin.

Chicorée sauvage à feuille rouge. — Ne diffère guère de la précédente que par ses taches, bronzées sur les feuilles vertes, rouges sur celles qui ont été blanchies.

Chicorée sauvage améliorée. — Feuilles larges, arrondies, ondulées, réunies en une sorte de pomme. Saveur douce.

Chicorée sauvage améliorée panachée. — Feuilles semblables à celles de la variété précédente, mais maculées de rouge.

Chicorée sauvage améliorée frisée. — Feuilles finement découpées, frisées. Paraît être un croisement de la chicorée sauvage avec la chicorée endive.

Chicorée à grosse racine ordinaire. — Sa racine, renflée au point d'atteindre 4 à 5 centimètres de diamètre au collet, est celle que l'on soumet à la torréfaction. Souvent employée pour la production de la barbe de capucin.

La *chicorée de Brunswick*, à feuilles étalées, très découpées, et la *chicorée de Magdebourg*, à feuilles dressées, entières, en sont deux sous-variétés employées aux mêmes usages.

Chicorée à grosse racine de Bruxelles. — Ses feuilles larges, épaisses et charnues, forment par leur réunion une pomme allongée, compacte et très tendre qui, blanchie par un traitement spécial, constitue la *witloof* (ce mot flamand signifie *feuille blanche*).

Exigences. — La chicorée sauvage est très rustique ; dans les terres profondes, où ses longues racines peuvent s'étendre, elle résiste aux froids rigoureux comme aux sécheresses prolongées. Aux sols compacts, elle préfère les terres légères ; elle croît même dans les plus mauvaises pourvu qu'elles ne soient pas humides. Les engrais à lui fournir sont les mêmes que pour les autres salades.

Culture de la petite chicorée. — Le semis se fait d'avril à juin, très dru, en planches ou en bordure. La graine est légèrement recouverte ou simplement plombée ; on arrose ensuite. Les feuilles, très nombreuses, qu'on obtient ainsi, sont récoltées au fur et à mesure des besoins, en les coupant un peu au-dessus du sol.

Quand on veut les faire blanchir, on répand sur les planches quelques centimètres de terre fine, de paille ou de feuilles. En bordure, on butte les plantes en formant des ados continus, ou bien on les recouvre de paillassons ou de litière. On coupe ensuite entre deux terres les pousses étiolées, quand elles ont 5 à 6 centimètres de longueur.

En commençant l'étiolement la seconde année, dès le départ de la végétation, on peut avoir une première récolte en mars, puis deux ou trois autres dans le cours de cette même année. Une culture de ce genre peut durer trois ans, mais on obtient des résultats meilleurs avec de nouveaux semis.

La petite chicorée se fait aussi sur couche donnant environ 20 degrés de chaleur et chargée de 15 centimètres de terreau. On sème très dru, puis on place les châssis, qu'on recouvre de paillassons. Après la levée, on donne de la lumière, mais pas d'air. La chicorée, qui, dans ces conditions, reste blonde, est coupée un peu au-dessus du collet quinze à vingt jours après le semis; on fait une deuxième récolte dix ou quinze jours plus tard, puis la couche est débarrassée pour servir à une autre production.

Culture de la barbe de capucin. — La *chicorée sauvage ordinaire*, la *chicorée améliorée* et la *chicorée à grosse racine* peuvent servir également pour la production de la barbe de capucin. La dernière de ces variétés est très employée par les cultivateurs de Montreuil-sous-Bois, où la production de la barbe se fait en grand; elle donne des pousses plus vigoureuses, des feuilles plus amples.

On sème la chicorée dans une terre légère, profonde, point trop riche; on obtient de cette façon des plantes présentant des racines droites et minces convenant bien pour le forçage. Les semis se font, les uns dans la seconde quinzaine d'avril, les autres au commencement de juin, en rayons distants de 20 à 25 centimètres. On répand environ 200 à 250 grammes de graines par are, un peu plus si le sol est riche que s'il est pauvre, pour éviter un trop grand développement des racines. Quelques binages et, dans les terrains secs, des arrosages sont donnés pendant le cours de la végétation. A la fin de l'été, on coupe les feuilles des plantes vigoureuses pour les utiliser comme salade, les vendre aux herboristes ou les livrer au bétail.

En octobre, on peut commencer l'arrachage des pieds issus des premiers semis pour les soumettre au forçage. Cet arrachage se continue jusqu'en février. Les racines, enlevées à la fourche, avec précaution pour ne pas les mutiler, peuvent être conservées quelque temps en jauge s'il est nécessaire.

Ce sont les racines droites, non ramifiées, à diamètre faible, présentant un bourgeon terminal bien marqué qu'on choisit pour la production de la barbe de capucin. On les nettoie, on supprime à la main les feuilles qui les garnissent, à l'exception de celles du cœur, ou bien on les coupe un peu au dessus du collet. On forme alors avec ces racines, placées au même niveau et réduites à une longueur uniforme, des bottes dont le diamètre varie suivant les régions, mais se trouve généralement compris entre 25 et 40 centimètres; les grosses bottes pourrissent souvent au centre. Chaque are de semis fournit environ 30 ou 40 bottes d'un diamètre moyen de 30 centimètres.

Dans un local obscur, cave ou cellier parfaitement clos, à température aussi constante que possible, on construit une couche donnant 20 à 25 degrés de chaleur. Après le coup de feu, les bottes sont dressées sur la couche, en les appuyant les unes contre les autres. Un premier bassinage, en pluie fine, suit la mise en place; d'autres sont donnés plus tard quotidiennement, et souvent même deux fois par jour, mais en employant toujours de faibles quantités d'eau.

Les feuilles se développent rapidement; on les récolte quand leur longueur atteint 20 centimètres au moins, soit une vingtaine de jours après la mise en cave. Elles sont d'un blanc jaunâtre, tendres, beaucoup moins amères que les feuilles vertes.

Quelquefois la récolte se fait en coupant les feuilles; les racines laissées en place peuvent alors donner une seconde récolte. Le plus souvent, les bottes, extraites de la cave sont ouvertes et réparties en bottillons pour la vente.

La même couche, simplement mouillée, ou remaniée en y ajoutant du fumier frais, peut servir pour une seconde saison de barbe de capucin. On obtient cette salade moins rapidement, mais avec autant de succès, en montant, en cave, une meule formée de sable ou de terreau dans laquelle les bottes sont placées latéralement, les racines à l'intérieur, le collet au niveau de la terre. Trois semaines suffisent pour la production des feuilles, qu'une même meule bien conduite peut fournir pendant tout l'hiver. En cave également, l'on fait parfois usage de tonneaux dressés, percés de trous sur toute leur hauteur, que l'on remplit de terre, en disposant à mesure, à l'intérieur, des racines de chicorée dont les collets affleurent les ouvertures, par lesquelles les feuilles sortent ensuite.

On traite quelquefois aussi les racines de chicorée sur place, sans les arracher, en les buttant fortement à la fin de l'hiver. On coupe entre deux terres, en mars, les feuilles étiolées.

Culture de la witloof. — La witloof est obtenue, avons-nous dit, avec la chicorée à grosse racine de Bruxelles. Le choix des pieds a pour cette production la plus grande importance. Ceux seuls qui présentent des racines développées, à collet large, et un bourgeon unique vigoureux produiront des pommes bien formées; cette race, mal fixée, a tendance à revenir au type primitif, à feuilles découpées et étalées.

L. Bussard. — *Culture potagère.*   19

Le premier point est donc d'avoir des racines fortes. Aussi sème-t-on clair, dans une terre riche, profondément ameublie. Ces semis se font en mai-juin, en lignes distantes de 20 à 25 centimètres. Quand les plants ont quatre ou cinq feuilles on les éclaircit, en les laissant espacés de 20 centimètres environ; on élimine à ce moment ceux dont les feuilles sont écartées et tombantes. Comme soins d'entretien, on donne des sarclages et quelques arrosages.

D'octobre-novembre jusqu'en avril, on arrache les pieds à la fourche et l'on procède parmi eux à une seconde sélection, qui consiste à rejeter ceux qui présentent des feuilles étroites et dentelées, des têtes multiples, un diamètre inférieur à 3 centimètres ou supérieur à 5; ceux-là peuvent être utilisés pour la production de la barbe de capucin. Les autres sont nettoyés; on coupe les feuilles extérieures à 3 ou 4 centimètres du collet, en prenant soin de laisser le cœur intact, puis on réduit à 20 ou 25 centimètres la longueur des racines. Les pieds peuvent alors être traités en cave comme pour la barbe de capucin. Un procédé plus usité consiste à les planter sur couche sourde, à raison de 150 par châssis, en les recouvrant de 20 centimètres de vieux terreau; les châssis sont placés ensuite et garnis de paillassons jusqu'au moment de la récolte, qui a lieu trois semaines plus tard.

En grande culture, on sème la witloof sur un sol préparé comme pour la betterave; lors de l'éclaircissage, on laisse de 15 à 20 pieds par mètre carré. En octobre, les racines, préparées comme nous l'avons dit, sont placées debout, l'une contre l'autre, dans une fosse creusée en plein champ, large de 1^m,20 à 1^m,50 et profonde d'un fer de bêche. On les recouvre de terre fine, puis d'une couche de fumier de cheval, dont l'épaisseur varie de quarante à quatre-vingt centimètres suivant que la température extérieure est plus ou moins élevée. Au bout de vingt à trente jours les pousses atteignent de 15 à 25 centimètres de longueur; on écarte alors le fumier pour les couper sous terre, en leur laissant une portion du collet de 3 à 4 centimètres de longueur. Ce légume, tendre et délicat, se présente sous la forme de pommes allongées (fig. 105) compactes, d'un blanc jaunâtre.

Le procédé de forçage que nous venons de décrire est également employé dans les jardins. Avec une simple couverture de terre, sans fumier, on obtiendrait également des pommes blanchies, mais plus tardivement.

Au voisinage de Bruxelles, à Schaerbeck et dans les communes voisines, on compte plus de 600 hectares affectés à la culture de la witloof pour la consommation locale et l'exportation. Dans la grande banlieue parisienne, à Coupvray, M. Jules Bénard a tenté avec succès cette culture en plein champ sur une surface de plusieurs hectares.

Fig. 105.
Chicorée Witloof.

Production de la graine. — On recueille la graine de chicorée sauvage sur des pieds laissés en place, qui fleurissent la seconde année; cette graine est mûre en septembre.

Les porte-graines de la witloof doivent être choisis parmi ceux qui présentent le mieux les caractères de la race; on les replante au printemps à 30 ou 40 centimètres d'écartement.

Maladies. — *Meunier de la laitue (Peronospora gangliformis).*

Le *minet*, causé par un champignon à sclérotes, exerce surtout ses ravages sur la barbe de capucin cultivée en cave. Lors de la préparation des bottes pour l'étiolement, il faut avoir soin de rejeter les racines présentant les symptômes du minet, c'est-à-dire amollies et gluantes au voisinage du collet.

M. Prillieux a préconisé l'emploi, contre cette maladie, de la bouillie au saccharate de cuivre dont nous avons donné la formule en traitant de la pomme de terre.

Le *Pleospora albicans* a été constaté sur les porte-graines de chicorée. Des taches gris-jaunâtre, bordées de brun, apparaissent d'abord sur les tiges, puis s'étendent à toute la plante, qui végète misérablement et peut même périr.

Ennemis. — Les mêmes que pour la laitue, mais la plante résiste mieux à leurs attaques.

PISSENLIT

Taraxacum Dens-leonis Desf. (Famille des *Composées*).

Origine. Caractères de la plante. — Plante indigène, le pissenlit croît à l'état spontané dans les prairies ou les champs, au bord des chemins, dans toutes les régions de la France. Sa culture date d'un siècle à peine et s'est répandue depuis moins de vingt-cinq ans; on se contentait auparavant de récolter le pissenlit sauvage pour la vente ou la consommation.

Cette plante vivace est trop connue pour que sa description présente quelque utilité. Les fruits secs (akènes) du pissenlit, employés comme semences, ne germent pas au delà de trois ans.

Usages. — On consomme en salade la plante entière, verte ou blanchie par étiolement. Dans ce dernier cas, elle est beaucoup plus tendre et moins amère.

Variétés. — *Pissenlit ordinaire.* — C'est le type spontané; on en récolte les graines dans les prés.

Pissenlit amélioré à cœur plein. — Feuilles très nombreuses, en touffe compacte.

Pissenlit amélioré très hâtif (fig. 106). — Présente une rosette de larges feuilles. Entre promptement en végétation au printemps.

Pissenlit vert de Montmagny. — Hâtif et très vigoureux.

Culture. — Rustique et peu exigeant sous le rapport

du sol, le pissenlit n'est cependant vigoureux et productif que dans les terres riches et fraîches.

On le sème en place ou en pépinière, en mars-avril.
Dans les jardins, les semis en place se font en planches
ou en bordure, en lignes distantes de 0m,25.

On emploie, par are, de 100 à 120 grammes de graines.
La semence, placée dans des sillons de 10 à 12 centimètres

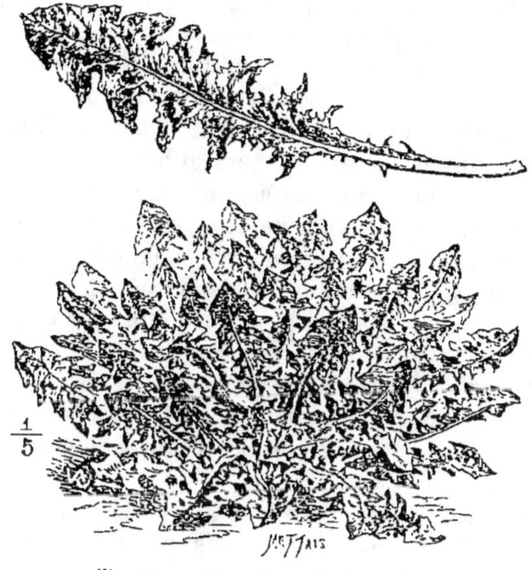

Fig. 106. — Pissenlit amélioré très hâtif.

de profondeur, est légèrement recouverte de terre. Des
arrosages facilitent la levée, après laquelle on éclaircit,
en laissant les plants espacés de 6 à 8 centimètres.

On procède ensuite à des sarclages et on maintient le sol
frais pendant tout l'été. En novembre, il suffit de combler
les sillons pour que les pousses, enterrées, blanchissent.

Dans des cultures de peu d'étendue, on réalise facilement l'étiolement des pieds en les couvrant simplement
de pots de jardin renversés.

Quand on sème en pépinière, les plants sont mis en place lorsqu'ils ont quatre ou cinq feuilles, en les écartant de 12 à 15 centimètres. On les butte à l'entrée de l'hiver pour en obtenir des pousses blanches.

La récolte se fait de janvier à mars en coupant entre deux terres le collet de la plante. De nouveaux bourgeons naissent sur les pieds ainsi traités ; en les laissant croître librement pour les butter à l'automne suivant, on peut, avec une même plantation, obtenir une récolte chaque année pendant trois ou quatre ans. Chaque are peut donner annuellement de 200 à 250 kilogrammes de feuilles.

Les cultivateurs de Saint-Denis et des localités voisines produisent depuis quelques années le pissenlit en plein champ. Le semis se fait sur une terre bien préparée, en sillons distants de 30 à 40 centimètres. Les touffes sont buttées à l'automne ; pendant tout l'hiver et au printemps les pissenlits étiolés fournissent une salade recherchée sur le marché parisien. Cette culture peut se faire entièrement à la charrue ; elle exige peu de frais et rapporte des bénéfices assez élevés.

Par la culture en cave, dans les mêmes conditions que la chicorée, le pissenlit fournit un produit analogue à la barbe de capucin.

Production de la graine. — On recueille la semence de pissenlit sur des pieds choisis parmi ceux à cœur large et bien plein ; laissés en place, ils montent au printemps. La récolte se fait à la fin de mai ou au commencement de juin, dès que les graines sont mûres ; il ne faut pas attendre, car le vent les emporte aisément.

ESTRAGON

Artemisia Dracunculus L. (Famille des *Composées*).

Origine. Caractères de la plante. — Plante vivace, originaire de l'Europe orientale ou de l'Asie septentrionale, peut-être de la Sibérie. Touffes formées de tiges annuelles nombreuses, d'une hauteur moyenne de 0ᵐ,75, garnies de feuilles linéaires, glabres, très aromatiques.

L'estragon fleurit souvent, mais ne produit pas de graines.

Usages. — Les feuilles et les sommités des rameaux de l'estragon sont très employées comme condiment. On en aromatise le vinaigre, la moutarde, les salades, etc.

Fig. 107. — Estragon.

Culture. — On multiplie l'estragon par division des touffes, que l'on plante au printemps sur côtière ou en bordure. Les pieds sont écartés de 0ᵐ,30 à 0ᵐ,40 et copieusement arrosés après la plantation. La récolte des extrémités feuillées peut commencer un mois ou six semaines après la reprise. Des coupes, pratiquées de temps en temps, favorisent l'émission de jeunes pousses tendres. Pendant la mauvaise saison, l'estragon redoute l'humidité plus que le froid; cependant on recommande de couper les tiges à l'entrée de l'hiver, et de protéger les souches contre les gelées en les couvrant de paille ou de feuilles sèches. Sous châssis entourés d'accots de fumier, on peut obtenir des pousses d'estragon pendant tout l'hiver.

Après la troisième année, les plantations deviennent insuffisamment productives et doivent être renouvelées.

ÉPINARD

Spinacia oleracea L. (Famille des *Chénopodées*).

Origine. Caractères de la plante. — Les botanistes ne sont pas d'accord sur la patrie de l'épinard. Il provient vraisemblablement de l'Asie centrale ou septentrionale. De Candolle le prétend originaire de Perse où, dans tous les cas, il est cultivé depuis des temps fort reculés. Son introduction chez nous ne remonte pas à plus de trois siècles.

L'épinard est une plante annuelle ou bisannuelle, à grandes feuilles hastées, glabres, formant une touffe vigoureuse, au centre de laquelle s'élève une tige cannelée, rameuse, atteignant près d'un mètre de hauteur. L'espèce est dioïque ; les fleurs, petites et verdâtres, sont disposées en grappes sur les pieds mâles, en glomérules sessiles sur les pieds femelles. Le fruit, né des fleurs femelles fécondées, qui sert de semence, présente une enveloppe tantôt lisse, tantôt garnie de 2 à 4 épines divergentes. D'après ce caractère, on distingue deux races d'épinards : l'*épinard piquant* ou *cornu* (*Spinacia oleracea spinosa*) et l'*épinard inerme* (*Spinacia olerea inermis*) à graine ronde.

Usages. — Soumises à la cuisson, les feuilles, épaisses et tendres, de l'épinard restent bien vertes et deviennent en quelque sorte fondantes. On sait combien ce légume, qu'on mange généralement haché, est apprécié et répandu ; il passe pour très sain et la proportion élevée de fer qu'il renferme lui a même fait attribuer quelque valeur thérapeutique.

Variétés. — Celles à graine piquante sont chaque jour plus délaissées par les cultivateurs, qui leur préfèrent avec raison les variétés inermes, plus faciles à semer et surtout plus améliorées. Ces dernières forment des touffes plus ramassées, moins étalées, de feuilles beaucoup plus amples.

Épinards à graine piquante.

Épinard commun. — Feuilles étroites et aiguës. Se rapproche du type sauvage. Rarement cultivé.

Épinard d'Angleterre (fig. 108). — Feuilles plus nom-

Fig. 108. — Épinard d'Angleterre.

breuses et plus larges. Vigoureux, lent à monter. Préféré des maraîchers pour les semis de printemps.

Épinards à graine ronde.

Épinard de Hollande. — Feuilles larges, cloquées. Variété rustique et vigoureuse, dont les suivantes paraissent issues.

19.

Épinard de Flandre. — Plus développé que le précédent. Sa rusticité et sa productivité, la facilité avec laquelle il réussit presque en toute saison, lui assurent une grande faveur auprès des cultivateurs.

Épinard monstrueux de Viroflay. — Touffes énormes de très grandes feuilles. Plus exigeant que le précédent.

Épinard à feuille de laitue. — Variété peu rustique et peu développée.

Épinard lent à monter. — Touffes ramassées de feuilles nombreuses et cloquées. La lenteur de sa montée à graine, qui se produit quinze à vingt jours plus tard que pour les autres variétés, est un avantage surtout appréciable dans le cas des semis de printemps.

Épinard paresseux de Catillon. — Feuilles arrondies, lisses. Variété tardive.

Épinard d'été vert foncé. — Très lent à monter. Recommandable pour les semis de printemps et d'été.

Exigences. — L'épinard réussit mieux dans le centre et le nord de la France que dans le midi ; il redoute, en effet, les sécheresses. Aussi convient-il de le placer pour l'été dans un terrain frais, à exposition un peu ombragée si possible, et de lui fournir beaucoup d'eau. Pendant l'hiver, au contraire, il a souvent à souffrir de l'humidité persistante quand on ne prend pas soin de le semer en sol léger, sain.

Sans être très rustique, il résiste cependant à des températures de 5 degrés au-dessous de zéro.

L'épinard est épuisant ; il réclame des sols fortement fumés et se montre particulièrement sensible à l'action des engrais azotés. Les fumiers, les gadoues, les tourteaux lui conviennent. Sous l'influence des arrosages à l'engrais flamand ou à l'eau d'égout, il produit d'abondantes récoltes de feuilles.

Le nitrate de soude, employé en couverture sur les jeunes plantes, à la dose de 2 à 3 kilogrammes par are, donne d'excellents résultats.

Comme fumure minérale très intensive, M. de Paris conseille l'emploi de 4 kilogrammes de nitrate de soude, de 12 kilogrammes de superphosphate de chaux et de 6 kilogrammes de chlorure de potassium par are. Ces doses peuvent être réduites de moitié dans les conditions ordinaires.

Culture. — Dans les jardins, on sème l'épinard au printemps ou à l'automne.

Les semis de printemps se font de février à la fin de mai, en les échelonnant tous les quinze jours ou tous les mois pour avoir une production continue.

L'épinard lent à monter, *l'épinard paresseux de Catillon* et *l'épinard d'Angleterre* sont les variétés qui conviennent le mieux pour cette saison, où les plantes ont tendance à fleurir promptement. On sème dru, en lignes espacées de 25 à 30 centimètres, ou à la volée, à raison de 350 à 400 grammes de graines par are.

La graine, assez grosse, est enterrée par un hersage au râteau ou à la fourche, puis on plombe le sol, qu'on recouvre ensuite d'un léger paillis. Des bassinages activent la levée. On arrose abondamment pendant la végétation. La récolte a lieu un mois environ après le semis. Si celui-ci a été effectué de bonne heure, on peut obtenir deux coupes d'épinard ; autrement on n'en a qu'une seule.

L'épinard de printemps est assez fréquemment semé en lignes ou en poquets dans d'autres cultures : choux, artichauts ou chicorée.

Cette culture printanière produit peu. On obtient de bien meilleurs résultats avec les semis d'automne, qu'on effectue de la fin d'août au milieu d'octobre. La quantité de graines employée dans ce cas est moindre ; elle varie de 250 à 300 grammes par are. On procède, après la levée, à un éclaircissage qui permet de régulariser l'espacement des plantes, qu'on tient écartées de 8 à 10 centimètres, et de leur assurer ainsi un développement plus égal. Des sarclages suivent.

Une première récolte a lieu quand les feuilles ont 8 à 10 centimètres de longueur ; elles sont alors cueillies à la main, une à une ; cette précaution assure la continuité de la production, qui se prolonge de septembre jusqu'en avril si les semis ont été convenablement échelonnés. La dernière récolte se fait en coupant les feuilles au couteau.

Si l'on prend soin de couvrir les planches de paille ou de paillassons tendus sur des gaulettes, la cueillette peut se continuer pendant les froids de l'hiver. Les feuilles gelées peuvent être utilisées en les faisant dégeler dans l'eau froide ou dans un local à température basse.

En plein champ, on produit généralement l'épinard en culture dérobée. Dans la région de Paris, aux environs de Versailles notamment, on le sème dès le mois d'août, après une céréale et sur labour de déchaumage ; il réussit mal après une betterave, plante de la même famille. La graine, répandue à la volée, est enterrée par un coup de herse. Quelques cultivateurs sèment en lignes, éclaircissent et binent ; le produit est alors plus abondant. Une première récolte a lieu en septembre-octobre, une seconde pendant l'hiver, quand la température le permet ; la dernière se fait en avril-mai, en coupant les plantes ; elle produit beaucoup plus que les deux précédentes.

Le rendement de l'épinard est très variable. Il atteint, en moyenne, 300 kilogrammes par are pour les semis d'automne, beaucoup moins avec la culture de printemps.

Production de la graine. — On réserve, pour cette production, la surface nécessaire dans un semis d'août-septembre. Après l'hiver, les pieds défectueux sont supprimés. La plante fleurit dans le courant de mai ; la fécondation a lieu aussitôt après. On arrache alors les pieds mâles, désormais inutiles. Les tiges, coupées en août, quand la graine est mûre, sont séchées à l'ombre, puis battues au fléau.

Maladies. — Les traitements cupriques, qui réussissent contre les *Peronosporées*, ne peuvent être employés contre le *mildiou de l'épinard* (*Peronospora effusa*); le sulfate de cuivre, répandu sur les feuilles, présenterait des dangers pour le consommateur. L'alternance des cultures est le seul moyen qu'on puisse opposer à sa propagation.

Ennemis. — Les arrosages font disparaître le *puceron vert*.

Le *ver blanc* et le *ver gris* s'attaquent à l'épinard comme aux autres plantes potagères.

ARROCHE

Atriplex hortensis L. (Famille des *Chénopodées*).

Origine. Caractères de la plante. — L'arroche, *belle-dame, bonne-dame* ou *épinard géant*, que l'on prétend originaire de Tartarie, était connue des Grecs et des Romains. C'est un de nos plus anciens légumes cultivés, aujourd'hui bien abandonné. Ses larges feuilles sagittées s'emploient cuites à la façon de l'épinard, auquel on les mélange quelquefois.

Variétés. — *Arroche blonde* (fig. 109). — Feuilles d'un vert jaunâtre. C'est la variété la plus répandue.

Arroche rouge. — Feuilles d'un rouge foncé.

Arroche verte. — Feuilles arrondies, vert foncé.

Culture. — On multiplie la plante par graines, que l'on sème au printemps, en lignes distantes de 30 à 35 centimètres. On éclaircit quand les plants ont trois ou quatre feuilles; des binages suivent. Quelques arrosages sont donnés à l'époque des sécheresses.

Le développement de l'arroche est très prompt; elle fournit des feuilles pendant les fortes chaleurs de l'été, alors que celles de l'épinard font souvent défaut. Pour en obtenir de plus larges, certains jardiniers pincent tous les huit jours l'extrémité des tiges.

Les graines sont recueillies sur des plantes vigoureuses,

auxquelles on ne demande pas de feuilles et qui montent l'année même du semis. On les récolte un peu avant

Fig. 109. — Arroche blonde.

complète maturité pour éviter qu'elles soient emportées par le vent.

Maladies et ennemis. — Les mêmes que ceux de l'épinard.

POIRÉE

Beta vulgaris L. (Famille des *Chénopodées*).

Origine. Caractères de la plante. — La *bette* ou *poirée* dérive de la même espèce que la betterave, dont elle diffère par des racines peu renflées et des feuilles à pétiole et nervure médiane larges et charnus. Ce sont ces pétioles que l'on consomme cuits et apprêtés de diverses façons. Les feuilles entières de la poirée blonde se mangent aussi cuites et hâchées comme l'épinard.

Variétés. — *Poirée commune* ou *poirée blonde*. —Feuilles abondantes, vert jaunâtre, à pétiole relativement peu développé.

Poirée ou *bette à carde blanche* (fig. 110). — Feuilles

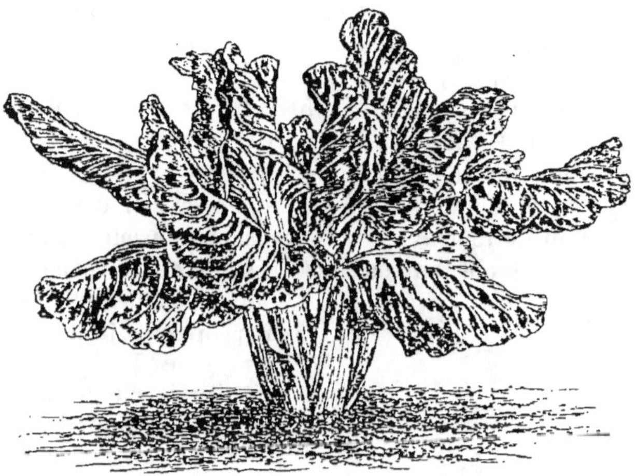

Fig. 110. — Poirée blanche.

courtes, bien vertes, à côtes larges. Variété rustique, à saveur médiocrement agréable, terreuse.

Poirée à carde de Lyon. — Feuilles blanches, à pétiole très large, couronné au sommet d'un limbe arrondi. D'excellente qualité.

Poirée à carde blanche frisée. — Feuilles blondes, cloquées et frisées. Côtes moins larges que dans la variété précédente.

Culture. — La bette réclame un sol riche et frais. On la sème en avril, mai ou juin, en lignes distantes de 40 centimètres. Après la levée, on éclaircit, en laissant un intervalle de 35 centimètres au moins entre les pieds. Des arrosages assurent le développement de la plante pendant l'été.

Un second mode de culture consiste à repiquer, quand ils ont quatre ou cinq feuilles, les plants issus d'un semis fait comme précédemment ou effectué sur couche en avril.

La récolte des bettes peut commencer en août-septembre, en coupant successivement les feuilles les plus développées. Elle se prolonge jusqu'à l'entrée de l'hiver. Pour la vente, on arrache le pied tout entier, dont on coupe le pivot à quelques centimètres au-dessous du collet.

Moins rustiques que la bette commune, les bettes à cardes, lorsqu'elles n'ont point été récoltées avant les premiers froids, doivent être abritées en les buttant et en les couvrant de paille ou de feuilles.

Pour la production de la graine, on choisit des pieds présentant nettement les caractères de la variété. Laissés en place en les abritant, ou conservés sous châssis pendant l'hiver pour les replanter au printemps, ils fleurissent dans le cours de l'été. On les écime comme ceux de la betterave et la récolte des semences se fait de la même façon.

Maladies et ennemis. — Les mêmes que ceux de la betterave.

BASELLES

(Famille des *Composées*).

Deux espèces de baselle sont cultivées, d'ailleurs assez rarement, dans les jardins : la *baselle blanche* (*Basella alba*, L.) (fig. 111) et la *baselle rouge* (*Basella rubra*, L.), toutes deux connues sous le nom d'*épinard du Malabar*.

Fig. 111. — Baselle blanche.

Ces plantes se sèment en mars-avril, sur couche chaude ; on les repique en mai-juin, sur côtière ou sur ados à bonne exposition. A la fin de mai, on peut semer directement en place, en lignes distantes de 35 à 40 centimètres. Des arrosages copieux permettent de récolter, pendant tout l'été, des feuilles que l'on consomme à la façon de l'épinard. Les semences sont recueillies, au fur et à mesure de leur maturité, sur des pieds qu'on laisse monter à graine.

CÉLERI A CÔTES

Apium graveolens L. (Famille des *Ombellifères*).

Origine. Caractères de la plante. — L'espèce qui a produit le céleri cultivé est indigène dans toute la région méditerranéenne, une partie de l'Europe septentrionale et de l'Asie occidentale. Elle croît dans les terrains frais, marécageux même. C'est une plante bisannuelle, à racine fibreuse, courte et forte, sur laquelle s'insèrent des feuilles composées, à folioles dentées, luisantes, portées à l'extrémité d'un pétiole large, cannelé, creusé en gouttière à la face interne. La tige, haute de 60 à 70 centimètres, apparaît au printemps de la seconde année ; elle porte des ombelles de fleurs verdâtres, auxquelles succèdent de petits akènes présentant 5 côtes longitudinales ; ce sont ces fruits, très odorants, qu'on emploie comme semences.

La culture du céleri remonte fort loin dans l'antiquité ; elle était, assure De Candolle (1), connue des Romains au temps de Pline.

Usages. — On consomme, cuits ou crus, les pétioles pleins et charnus du céleri, blanchis par étiolement. Les Anglais font usage de graines ou d'extraits de céleri pour aromatiser les potages ou les sauces. La plante renferme

(1) *Origine des plantes cultivées.*

un principe odorant antiseptique, l'*apiol*, entré depuis peu dans l'arsenal thérapeutique.

Nous avons étudié le céleri-rave, race distincte du céleri à côtes, parmi les légumes tubéreux.

Variétés. — Elles sont nombreuses et l'on en crée chaque année de nouvelles; mais de celles-ci bien peu subsistent.

Nos bonnes variétés de fonds, dont la valeur a été sanctionnée par un long usage, se réduisent à quelques-unes. Voici les principales.

Céleri plein blanc. — Plante haute de 40 à 50 centimètres, à côtes larges, tendres et bien pleines, vertes. Variété vigoureuse, convenant tout particulièrement pour la grande production.

Céleri doré ou *céleri Chemin.* — Plante naine, compacte, à feuillage blond doré. Côtes grosses, pleines, charnues. Malgré sa couleur, cette variété doit être soumise comme les autres à l'étiolement. Elle est très appréciée des maraîchers parisiens.

Céleri Pascal (fig. 112). — Variété vigoureuse, à côtes courtes, larges et épaisses, blanchissant rapidement. Ne drageonne pas. Très cultivée.

Céleri plein blanc d'Amérique. — Variété naine, à feuillage d'un blanc argenté. Précoce, mais sensible au froid.

Céleri plein blanc court hâtif. — Précoce. Blanchit facilement. Convient pour la culture de primeur.

Céleri plein blanc court à grosse côte. — Issu du précédent. Côtes extrèmement développées. N'émet pas de drageons.

Céleri plein blanc frisé. — Feuillage abondant, crispé, d'un vert pâle. La saveur en est douce. Se consomme en salade.

Céleri violet de Tours. — Plante forte, à côtes larges, pleines et tendres, teintées de violet.

Céleri à couper. — Variété vigoureuse, élevée, à côtes étroites, creuses et cassantes. Les feuilles sont employées

comme assaisonnement; elles repoussent après avoir
été coupées.

Exigences. — Le céleri est peu rustique. Dans le
Nord, il ne supporte les rigueurs de l'hiver que conve-

Fig. 112. — Céleri Pascal.

nablement abrité; dans le Midi, au contraire, les sécheresses lui sont préjudiciables; il n'y réussit et ne reste
tendre qu'à la condition d'être irrigué ou arrosé abondamment. Le besoin d'humidité est, d'ailleurs, la caractéristique de cette plante; il faut donc, quel que soit le climat,
la placer en terrain frais et ne pas lui ménager l'eau.

Le céleri ne se développe bien que dans les sols riches,

bien pourvus de terreau. Les bonnes terres de jardin, les terres humifères douces, amendées par le chaulage, sont celles qui lui conviennent le mieux. Les maraîchers le cultivent souvent sur de vieilles couches; il y donne des produits remarquables.

Culture. — En janvier-février, les semis de céleri se font sur couche chaude et sous châssis; en mars, sur couche tiède et à l'air libre. La graine doit être très légèrement recouverte; des arrosages en facilitent la germination, assez lente et capricieuse. Quand les plants ont deux ou trois feuilles, on les repique sur la même couche ou sur une autre semblable, en les espaçant de quelques centimètres seulement; ce passage par la pépinière d'attente, que certains jardiniers négligent, donne des pieds plus vigoureux.

La mise en place en pleine terre n'a lieu qu'à la fin d'avril ou au début de mai. On espace alors les pieds de 30 à 40 centimètres en tous sens. La disposition en carré facilite le buttage qui suivra. Les arrosages commencent aussitôt après le repiquage et se poursuivent pendant tout le cours de la végétation; on les restreint, par crainte de la rouille, au moment où le plant commence à se remplir.

La végétation du céleri est très lente au début; aussi faut-il avoir soin de procéder à des sarclages pour éviter l'envahissement du sol par les mauvaises herbes. Certains jardiniers profitent de cette lenteur pour associer le céleri à d'autres légumes de croissance rapide, salades ou radis par exemple.

Du milieu d'avril à la fin de mai, on sème le céleri en pleine terre, très clair. On recouvre la graine d'un peu de terreau, que l'on plombe ensuite. La levée n'est complète qu'après trois ou quatre semaines. On éclaircit quand le plant a deux ou trois feuilles. Le repiquage a lieu directement en place, au plantoir, après habillage du plant, dans les mêmes conditions que précédemment.

Quand les pieds de céleri sont presque complètement
développés, en août pour ceux provenant des premiers
semis, d'octobre à mars avec les derniers, il s'agit de les
faire blanchir. Plusieurs procédés peuvent être employés
dans ce but. Le plus simple consiste à recouvrir les
planches de paille, de feuilles ou de paillassons ; il réussit
avec le céleri d'automne, mais n'a pas l'efficacité du
buttage. Cette dernière opération se fait soit sur des
plantes préalablement liées aux trois quarts de leur hauteur, ou dont l'une des feuilles extérieures a été enroulée
autour de la touffe, soit sans aucune ligature. Elle a lieu
par un temps sec, pour prévenir la pourriture des pieds.
Généralement on butte en trois fois, en accumulant la
terre d'abord jusqu'au tiers de la hauteur des plantes,
puis, une huitaine de jours après, jusqu'aux deux tiers et
enfin presque jusqu'à l'extrémité. La terre qui sert au
buttage est prise dans les sentiers voisins, — ou dans les
intervalles des rangs de céleri, si d'autres légumes,
récoltés avant l'opération, se trouvaient contre-plantés
entre ces rangs, — parfois aussi dans des planches libres.

Quand la plantation du céleri se fait en fosses profondes
de 25 à 30 centimètres, comme c'est la coutume dans
certaines régions, c'est la terre extraite de ces fosses
qu'on utilise.

La récolte a lieu trois semaines environ après le buttage.
Le céleri blanchi pourrit facilement ; il faut donc n'étioler
que la quantité prévue pour la vente ou la consommation.

On étiole souvent le céleri d'hiver en le replantant en
mottes à la fin d'octobre, à l'écartement de 15 centimètres,
dans des tranchées larges de 1 mètre à 1^m,50 et de la profondeur que nous venons d'indiquer, soit un fer de bêche.
Après la reprise, on comble la tranchée avec du terreau
ou de la terre fine, en remplissant avec soin les vides
qui existent entre les pieds.

Pendant la mauvaise saison on protège le céleri contre

le froid en le recouvrant de paille, de feuilles ou de paillassons, qu'on enlève dès que le temps le permet. Le céleri doré de Chemin et le céleri plein blanc d'Amérique qu'on se contente, pour les faire blanchir, de lier sans les butter, ont surtout besoin de cette couverture de protection.

Planté dans du sable, en cave aérée et saine, le céleri peut être conservé pendant une grande partie de l'hiver. Si la cave est obscure, l'étiolement se produit sans autre intervention ; cependant le buttage est préférable.

Culture du céleri à couper. — Cette culture est des plus simples. On sème le céleri en avril-mai ; après la levée, on éclaircit à 15-20 centimètres en tous sens. Des arrosages favorisent la croissance de la plante, dont on peut couper les feuilles tous les quinze ou vingt jours, à partir du moment où les pieds ont atteint une hauteur de 20 centimètres environ.

Production de la graine. — Comme porte-graines, on choisit à l'automne les pieds vigoureux, à côtes fortes et pleines. Replantés en pleine terre, à 50 centimètres d'écartement, on les abrite contre le froid en les buttant sans en couvrir le cœur ; lors des fortes gelées, on dépose sur le sommet des buttes de la litière ou des feuilles, qu'on supprime dès qu'il est possible. A la fin de mars, les buttes sont détruites et les pieds, débarrassés de leurs feuilles gâtées, croissent librement. Quand les graines sont mûres, en août, on coupe les tiges, que l'on fait sécher puis que l'on égrène à la main ou par un léger battage.

Maladies. — *Rouille*, produite par un champignon parasite, *Puccinia bullata* ou *Puccinia Ombelliferarum* ; *taches jaunes des feuilles*, déterminées par un autre champignon, *Cercospora Apii.*

Le cultivateur est désarmé contre ces deux maladies, a bouillie bordelaise ne pouvant être employée dans ce cas, à cause de l'usage culinaire des feuilles de céleri.

Restreindre ou suspendre les arrosages et supprimer
les pieds atteints pour éviter l'extension de la maladie.

PERSIL

Petroselinum sativum Hoffm. (Famille des *Ombellifères*).

Origine. Caractères de la plante. — Le persil croît
à l'état spontané dans toute l'Europe méridionale. Vivace
sous son climat natal, il est bisannuel dans nos cultures.
Il donne, la première année, une touffe de feuilles radicales très divisées, à divisions incisées, glabres, luisantes,
vert foncé. La tige apparaît au printemps suivant; elle
est striée, rameuse, et porte des ombelles de petites fleurs
d'un vert jaunâtre, auxquelles succèdent des semences
(akènes) grisâtres, convexes sur l'une des faces, marquée
de cinq arêtes longitudinales.

Usages. — Cuites ou crues, les feuilles de persil, très
aromatiques, entrent comme condiment dans une foule
de préparations culinaires.

Variétés. — *Persil commun* (fig. 113). — A les carac-

Fig. 113. — Persil commun.

tères du type précédemment décrit, avec des feuilles plus
amplifiées. Sa ressemblance avec la *petite ciguë* (*Œthusa*

Cynapium), espèce très vénéneuse, a causé de funestes méprises. Cette dernière plante se distingue cependant aisément du persil par une couleur plus glauque et une odeur nettement désagréable, nauséeuse, quand on la froisse entre les doigts.

Persil frisé. — Folioles très divisées, crispées. Très décoratif ; on en garnit les plats.

Persil frisé vert foncé. — Diffère du précédent par la teinte de son feuillage.

Persil nain très frisé. — Plante très basse, à découpures remarquablement fines.

Persil à feuille de fougère. — Feuilles noirâtres, divisées en lanières filiformes.

Culture. — Le persil vient dans presque tous les sols ; les terres de jardin enrichies de terreau lui conviennent particulièrement.

On le sème de février jusqu'en août, en bordure dans les jardins bourgeois, en planches dans les cultures spéciales. Les premiers semis se font sur cotière exposée au Midi. Les graines, répandues à la volée, ou mieux, en rayons distants de 25 centimètres, doivent être très faiblement enterrées. La levée, très lente, n'est complète qu'au bout d'un mois ; encore faut-il l'activer par des bassinages fréquents. Des sarclages sont nécessaires pour détruire les mauvaises herbes, contre lesquelles le persil se défend mal. Il faut aussi maintenir le sol frais par des arrosages.

La récolte commence deux mois et demi ou trois mois après le semis. Elle se fait en détachant avec la main les feuilles les plus développées ; en coupant les touffes au couteau on sacrifie les récoltes futures.

On peut cueillir du persil pendant tout l'hiver en couvrant une portion de planche de châssis, qu'on entoure d'accots de fumier lors des grands froids, ou en replantant sur couche, parmi d'autres légumes, quelques pieds arrachés dans ce but.

Production de la graine. — On recueille la graine de persil sur des pieds abrités pendant l'hiver, qu'on laisse en place ou qu'on repique en mars. Il faut sélectionner avec soin les porte-graines des variétés frisées, sujettes à dégénérer.

Maladies. — Mêmes maladies que le céleri.

CERFEUIL

Anthriscus Cerefolium Hoffm. (Famille des *Ombellifères*).

Origine. Caractères de la plante. — Espèce annuelle, originaire de la Russie méridionale. Feuilles composées, à folioles incisées; tige haute de 50 centimètres environ, portant des ombelles de petites fleurs blanches, que remplacent des akènes allongés, pointus, de couleur noire, employés comme semences.

Usages. — Les feuilles aromatiques du cerfeuil entrent, à titre d'assaisonnement, dans les salades, les potages, les sauces, etc.

Variétés. — *Cerfeuil commun.* — Ressemble au type. Feuillage léger.

Cerfeuil frisé (fig. 114). — Feuillage court et crispé.

Culture. — Le cerfeuil réussit à peu près dans tous les sols, mais le terreau lui est surtout favorable. On le sème en février-mars sur côtière, à partir de cette époque, et jusqu'en septembre, en bordure ou en planches. Pendant les chaleurs il faut lui réserver de préférence un endroit ombragé, par exemple une côtière exposée au nord.

Les semis en lignes distantes de 20 centimètres sont les plus employés. Arroser et sarcler pendant la végétation.

La récolte des feuilles, faite comme pour le persil, peut, suivant la saison, commencer de six semaines à deux mois après le semis.

La plante dure peu et, pour avoir une production continue, il faut renouveler fréquemment les semis. Ceux

Fig. 114. — Cerfeuil frisé.

d'automne fournissent les porte-graines, qu'on laisse en place ou qu'on repique au printemps.

Maladies. — La *rouille du céleri* attaque également le cerfeuil.

FENOUIL

(Famille des *Ombellifères*).

On cultive dans les jardins trois espèces de fenouil : le *fenouil officinal* (*Fœniculum officinale All.*) (fig. 115) dont la tige, tendre et sucrée, se consomme crue, en hors-d'œuvre ; le *fenouil amer* (*Fœniculum vulgare Gœrtn.*) quelquefois employé comme condiment, et le *fenouil de Florence* (*Fœniculum dulce DC.*) ; les renflements qui se forment à la base des pétioles de cette dernière plante, blanchis par le buttage, se mangent cuits, dans les soupes ou en salade.

Les graines de ces trois espèces servent à la fabrication de liqueurs stimulantes.

Les fenouils se sèment au printemps ou à l'automne, en

rayons distants de 40 à 45 centimètres. On éclaircit après
la levée et l'on donne des arrosages copieux et fréquents.

D'une très grande rusti-
cité, le fenouil amer ne
réclame aucun soin
après le semis. Celui de
Florence doit subir un
buttage quand il est suf-
fisamment développé.

Légumes très rare-
ment usités en France,
les fenouils jouent, au
contraire, en Italie, un
rôle important dans l'alimentation.

ANGÉLIQUE

*Archangelica officinalis
Hoffm.* (Famille des
Ombellifères).

L'angélique (fig. 116)
n'est une plante pota-
gère que très accessoi-
rement. Cependant, la
tige et les pétioles, dont

Fig. 115. — Fenouil officinal.

on connaît l'emploi en confiserie, se consomment aussi,
cuits ou crus, comme légume dans quelques régions
septentrionales de l'Europe. Les graines entrent dans la
préparation de plusieurs liqueurs.

La plante, originaire des Alpes, est vivace et très
résistante au froid.

On la sème d'avril à juillet, en pépinière; mise en place
à l'automne, dans une terre riche, fraîche et meuble, elle
commence à produire la seconde année. A partir de la
troisième, elle fleurit tous les ans et donne alors moins

de feuilles ; aussi a-t-on l'habitude de renouveler les plan-

Fig. 116. — Angélique.

tations dès qu'elles ont atteint cet âge ; elles pourraient cependant subsister encore.

OSEILLE

Rumex acetosa L. (Famille des *Polygonées*).

Origine. Caractères de la plante. — L'oseille croît en France, à l'état spontané, dans les bois ou les prés humides. C'est une plante vivace dont les feuilles radi-

cales, hastées à la base, forment une rosette, au centre
de laquelle s'élèvent des tiges striées, de coloration rougeâtre, portant de petites fleurs dioïques disposées en
grappe. La graine est petite, triangulaire, de couleur
brune.

Usages. — Les feuilles de l'oseille, très acides, par
suite de la présence dans leurs tissus d'une forte proportion d'oxalate de chaux, sont employées cuites, souvent
hachées à la façon de l'épinard, auquel d'ailleurs on les
mélange pour en relever la saveur.

Variétés. — On en connaît plusieurs : *Oseille de Virieu,
oseille blonde de Lyon, oseille à feuille de laitue,* etc. En
réalité, elles sem-
blent toutes dériver
de l'*oseille de Belle-
ville* (fig. 117), va-
riété très distincte
de l'oseille sauvage
par l'ampleur et la
couleur blonde de
ses feuilles.

L'*oseille vierge*,
dont on a fait une
espèce à part
(*Rumex montanus
Desf.*), n'est peut-
être qu'une variété
de l'oseille ordi-

Fig. 117. — Oseille de Belleville.

naire. Les feuilles en sont plus grandes, à saveur plus
douce. Elle fleurit peu et donne très rarement des graines ;
aussi la multiplie-t-on par division des touffes.

Exigences. — Bien qu'elle s'accommode des sols les
moins fertiles, à l'exception des sols calcaires, qui lui
sont défavorables, l'oseille ne donne un produit abondant
et soutenu que dans les terres fraîches, récemment ameublies et riches en matières azotées.

20.

Elle est extrêmement résistante au froid. Les climats humides lui conviennent mieux que les climats secs.

Culture. — Quand il s'agit de simples bordures, comme on en fait dans les jardins particuliers, on multiplie l'oseille par division des touffes. Les brins sont plantés en mars-avril, à 15 centimètres les uns des autres. Cette méthode permet, en choisissant exclusivement des pieds mâles, d'éviter toute montée à graine.

Dans la culture en planches ou sur de grandes surfaces, c'est le semis qu'on emploie toujours. Il se fait également en mars-avril, soit à la volée, soit, de préférence, en lignes distantes de 20 à 25 centimètres.

On enterre la graine par un hersage au râteau ou à l'aide d'une herse légère. Après la levée, on éclaircit en laissant les plants espacés d'environ 20 centimètres, et l'on donne des arrosages répétés.

La récolte commence deux mois et demi à trois mois après le semis. Les maraîchers la font à la main, en cueillant successivement les feuilles les plus développées ; la production est ainsi plus régulière et se prolonge davantage. Dans la culture en grand, on coupe l'oseille au couteau ou à la faucille. L'oseille se prête fort bien à la production en plein champ, dans les mêmes conditions que l'épinard.

Une plantation d'oseille peut fournir pendant trois ou quatre ans des récoltes satisfaisantes ; il convient de la refaire dès que le rendement baisse. On estime à 250 kilogrammes environ par are le produit de chaque coupe d'été, à 80 kilogrammes seulement celui qu'on en obtient l'hiver.

Culture forcée. — Elle se fait très simplement, soit en transplantant des pieds d'oseille sur une couche chaude, soit en plaçant des châssis sur une planche en culture et en creusant les sentiers autour des coffres pour y placer des réchauds de fumier frais, qu'on remanie quand il est nécessaire.

On peut ainsi récolter des feuilles pendant tout l'hiver.

Production de la graine. — On recueille les semences sur des pieds vigoureux, à feuilles larges, qu'on laisse monter. Les tiges, coupées, sont séchées, puis battues légèrement.

Ennemis. — Les larves de la *mouche de l'oseille* et celles de la *chrysomèle* dévorent les feuilles de la plante. On conseille, pour leur destruction, l'emploi, en bassinages, d'une solution de sulfocarbonate de potasse à 1 p. 100.

Des arrosages éloignent les pucerons, redoutables surtout pour les porte-graines.

PATIENCE

Rumex Patientia L. (Famille des *Polygonées*).

Cette plante vivace, si commune dans les prairies et les lieux frais du nord de la France, est quelquefois cultivée dans les jardins, de la même façon que l'oseille. Ses feuilles, grandes, faiblement acides et un peu amères, servent aux mêmes usages. Elles apparaissent dès la sortie de l'hiver. On en fait peu de cas chez nous, mais elles sont assez appréciées en Allemagne et en Angleterre.

Fig. 118. — Patience.

RHUBARBE

Rheum hybridum (Famille des *Polygonées*).

Origine. Caractères de la plante. Usages. — La *rhubarbe hybride* (fig. 119) est une plante vivace originaire du Népaul, introduite en Europe depuis deux siècles à peine. Ce sont les volumineux pétioles et les côtes de ses énormes feuilles radicales que l'on consomme après

Fig. 119. — Rhubarbe hybride.

cuisson, sous la forme de mets sucrés, le plus souvent de confitures, car leur acidité a besoin d'être corrigée par un édulcorant. Le limbe des jeunes feuilles est utilisé parfois aussi comme l'oseille.

Les Anglais, friands de rhubarbe, se sont attachés à en obtenir des variétés améliorées.

Culture. — Il faut à la rhubarbe une terre riche, profonde et fraîche.

On la multiplie quelquefois par graines, semées en pleine terre vers le milieu de l'été, mais on obtient ainsi des plantes sujettes à varier. Aussi a-t-on, le plus souvent, recours à la plantation d'éclats de pieds, qu'on met en

place en mars-avril, en les espaçant de 90 centimètres à
1 mètre. La récolte des feuilles ne commence qu'au
printemps de la seconde année; elle peut se renouveler
sur les mêmes pieds pendant six ou sept ans, parfois
davantage. Les plantations doivent être fortement
binées chaque année, au printemps, et fumées tous les
deux ans au moins. La suppression des tiges florales, dès
leur apparition, a pour but d'éviter l'épuisement de la
plante.

La *rhubarbe ondulée* (*Rheum undulatum*) est moins
stimée comme plante potagère que la rhubarbe hybride.

MACHE COMMUNE

Valerianella olitoria Mœnch. (Famille des *Valérianées*).

Origine. Caractères de la plante. — Plante indigène
ou subspontanée, la *mâche* ou *doucette* se rencontre
communément dans les terres cultivées et surtout dans
les champs de céréales d'automne. La graine germe à
l'arrière-saison, et la plante développe avant l'hiver
une rosette de feuilles spatulées d'un vert légèrement
grisâtre. Les tiges, qui apparaissent au printemps suivant, se terminent en inflorescences dichotomes portant
de petites fleurs d'un blanc bleuâtre ou lilacé. La
semence est un très petit akène
arrondi, de couleur grisâtre.

Usages. — La mâche est très
appréciée comme salade d'hiver.

Variétés. — *Mâche ronde*
(fig. 120). — Feuilles courtes,
arrondies, en rosette compacte.
Variété productive; prompte à
se développer, d'excellente qua-

Fig. 120. — Mâche.

lité. De beaucoup la plus cultivée, surtout dans la banlieue parisienne.

Mâche verte d'Étampes. — Feuilles serrées, assez étroites, vert foncé. Très résistante au froid. Supporte bien le transport.

Mâche verte à cœur plein. — Feuilles rondes, en rosette fournie, plus petite que celle de la mâche ronde. Très tendre.

Mâche à grosse graine. — Variété rustique, vigoureuse, très productive, mais molle. Cultivée surtout en Hollande et en Allemagne.

La *mâche d'Italie* appartient à une espèce distincte de la précédente : *Valerianella eriocarpa.* Elle monte plus lentement à graine, mais est peu résistante au froid. On la cultive de la même façon.

Culture. — La mâche s'accommode de tous les sols, mais préfère les terres fraîches, plutôt un peu fortes, ameublies et fumées d'avance.

On la sème de la fin d'août jusqu'en octobre, à la volée, à raison de 100 grammes environ de graines par are, ou en rayons distants de 10 centimètres. Après un léger coup de râteau suivi d'un plombage, on paille ou l'on terreaute le sol. Quelques bassinages facilitent la levée, d'ailleurs rapide. On sarcle ensuite.

Il arrive assez fréquemment que les eaux d'arrosage ou les pluies entraînent les graines de mâche dans les parties basses du terrain, où elles s'accumulent; pour régulariser les cultures, il convient alors d'arracher, quand ils ont 4 ou 5 feuilles, des pieds dans les endroits où ils sont en excès et de les repiquer sur les places dénudées.

Les premiers semis fournissent en octobre des pieds que l'on récolte en les coupant au niveau du sol. Ceux de septembre-octobre produisent pendant l'hiver et au début du printemps. La mâche résiste fort bien aux gelées, mais, pour que la récolte en soit possible pendant les froids rigoureux, on couvre les planches de litière ou de paillassons.

Dans les petits jardins, on associe souvent la mâche à d'autres légumes : navets, radis, poireaux, etc.

Production de la graine. — Les pieds les plus beaux, à rosette large et bien pleine, provenant des semis d'automne, sont laissés en place en supprimant les plantes voisines, ou bien arrachés en motte au printemps pour les replanter à 30 ou 35 centimètres d'écartement. Ils fleurissent en mai et les graines sont mûres en juin. Elles tombent très facilement; aussi arrache-t-on les pieds un peu avant complète maturité, pour les faire sécher à l'ombre et les battre ensuite.

Les graines de mâche âgées de deux ou trois ans germent mieux que les semences nouvelles. Est-ce défaut de maturité physiologique ou imperméabilité du tégument conférant aux semences le caractère de graines *dures*, qu'elles perdent avec le temps? Les deux causes interviennent peut-être. Dans tous les cas, la préférence accordée par les jardiniers aux graines surannées s'explique.

Maladies. — En hiver, dans les sols humides, surtout quand le semis est trop dru, la mâche est sujette à une *rouille* dont la nature n'a pas été déterminée.

Desserrer les pieds en supprimant ceux qui sont atteints.

PIMPRENELLE

Poterium Sanguisorba L. (Famille des *Rosacées*).

Cette plante, indigène et vivace, présente des feuilles radicales à folioles ovales et dentées, des tiges portant un épi terminal de fleurs, femelles au sommet, mâles ou hermaphrodites à la base. La graine, assez grosse et jaunâtre, est quadrangulaire et réticulée.

On sème la pimprenelle soit en mars-avril, soit en septembre, en rayons distants de 30 centimètres. Quelques sarclages constituent les seuls soins d'entretien à lui donner.

Les feuilles, coupées jeunes, sont consommées

Fig. 121. — Pimprenelle petite.

salade. On prolonge leur production en supprimant les tiges dès leur apparition.

POURPIER

Portulaca oleracea **L.** (Famille des *Portulacées*).

Origine. Caractères de la plante. — Originaire de l'Inde, le *pourpier* croît aujourd'hui chez nous à l'état subspontané. C'est une plante très anciennement cultivée dans les jardins. La tige et les feuilles en sont épaisses et charnues, à saveur acidulée. On les mange cuites ou en salade.

Aux petites fleurs jaunes du pourpier succèdent des capsules renfermant des graines noires, très fines.

Variétés. — *Pourpier vert* (fig. 122). — Plus développé que le type sauvage.

Pourpier doré. — Feuillage de teinte jaunâtre.

Pourpier doré à large feuille. — Le meilleur pour la culture.

Culture. — On sème cette plante à partir de mai, quand les gelées ne sont plus à craindre, dans une terre

Fig. 122. — Pourpier vert.

légère de préférence. On plombe la graine sans l'enterrer, puis on bassine avec précaution.

La récolte des sommités feuillées commence deux mois plus tard. Le pourpier peut donner deux ou trois coupes si les arrosages ne lui sont pas ménagés.

Les semis se continuent jusqu'en août. Faits de janvier à mars sur couche et sous châssis, ils permettent d'obtenir du pourpier au printemps.

TÉTRAGONE

Tetragonia expansa Ait. (Famille des *Mésembrianthémées*).

Cette plante annuelle (fig. 123) nous a été apportée de la Nouvelle-Zélande à la suite des voyages de Cook. Ses

Fig. 123. — Tétragone.

feuilles peuvent remplacer l'épinard pendant les sécheresses de l'été.

La tétragone végète même dans les sols arides, pourvu qu'elle reçoive assez de chaleur.

On la sème en mai, soit sur couche, pour la repiquer ensuite, soit en pleine terre, en poquets distants de $0^m,80$ à 1 mètre.

Ses graines, cornues, germent difficilement. Joigneaux conseillait de les immerger dans l'eau pendant huit ou dix jours avant de les employer; on se contente généralement d'un trempage de vingt-quatre heures. Avec quelques arrosages, la plante devient énorme et fournit

pendant tout l'été une abondante récolte de feuilles.
Sa graine mûrit parfaitement sous nos climats.

THYM

Thymus vulgaris L. (Famille des *Labiées*).

Origine. Caractères de la plante. Usages. — Plante
vivace, indigène dans le Midi de la France. Forme
des touffes naines de
rameaux nombreux, li-
gneux, grêles, garnis de
petites feuilles étroites et
terminés par des verti-
cilles de fleurettes lilas.
Graines très petites, ar-
rondies, brunâtres. Les
rameaux du thym servent
à aromatiser les ragoûts
et les sauces.

Variétés. — *Thym français.* — Plante petite, à
feuilles grisâtres. Très
aromatique.

Fig. 124. — Thym.

Thym allemand ou *thym d'hiver.* — Plante plus développée dans toutes ses parties, à saveur moins fine.

Culture. — Le thym croît dans toutes les terres saines,
même arides. On le plante en bordure dans les jardins,
en un endroit largement ensoleillé. La multiplication se
fait par éclats de pieds, qu'on met en place en mars ou
avril. Le semis donne des plantes plus vigoureuses ; on
l'effectue en avril, soit en place soit en pépinière ; dans
le second cas, on transplante les brins en juin-juillet ;
placés en lignes, on les distance de 7 à 8 centimètres.

Les bordures de thym doivent être renouvelées tous les
trois ou quatre ans.

SARRIETTE

Satureia hortensis L. (Famille des *Labiées*).

Origine. Caractères de la plante. Usages. —
Plante annuelle, indigène dans le Midi de la France
(fig. 125). Tige rameuse de 25 à 30 centimètres de hauteur ;

Fig. 125. — Sarriette annuelle.

porte des feuilles linéaires et des glomérules de petites
fleurs rosées. Graines brunes, finement chagrinées.

Très odorantes, les pousses de la sarriette servent à aromatiser différents mets, notamment les pois et les fèves.

Culture. — Semée à la fin d'avril, en terre légère
chaude, la sarriette fournit des tiges dont les sommités
peuvent être cueillies en juin. Elle produit pendant
plusieurs semaines, et se ressème naturellement sur place
quand on la laisse venir à graine.

Une espèce très voisine, la *sarriette vivace* (*Satureia montana L.*) est employée aux mêmes usages. Elle est un peu plus développée. Dans le nord de la France, on la couvre de paille ou de feuilles sèches pendant l'hiver pour lui permettre d'échapper à l'action des gelées.

SAUGES

(Famille des *Labiées*).

Plante indigène vivace, la *sauge sclarée* (*Salvia Sclarea L.*) (fig. 126) est traitée en culture comme annuelle ou

Fig. 126. — Sauge Sclarée.

bisannuelle. Elle fleurit la seconde année; la plantation doit être refaite ensuite.

On sème la sauge en avril, en lignes distantes de 40 centimètres. La récolte des feuilles, utilisées comme condiment, commence en août et se poursuit jusque dans le cours du second été.

La *sauge officinale* ou *grande sauge* (*Salvia officinalis L.*), également indigène et vivace, peut être semée au printemps ou à l'automne, sur côtière ou en bordure. On la multiplie aussi par bouture des tiges. Mêmes usages que le thym.

MENTHES

(Famille des *Labiées*).

Plusieurs menthes sont cultivées au potager : la *menthe verte* (*Mentha viridis L.*), la *menthe poivrée* (*Mentha piperita L.*) (fig. 127), la *menthe pouliot* (*Mentha Pulegium L.*), la *menthe de chat* (*Nepeta Cataria L.*). Toutes sont indigènes et vivaces ; elles se rencontrent à l'état spontané dans les terres fraîches. Les trois premières se multiplient par division des tiges au printemps ; la dernière, par semis, au printemps ou à l'automne.

Fig. 127. — Menthe poivrée.

Les feuilles et les jeunes pousses des menthes sont utilisées comme condiment et pour la préparation de liqueurs.

MÉLISSE

Melissa officinalis L. (Famille des *Lubiées*).

La *mélisse officinale* ou *mélisse citronnelle* (fig. 128) est
une plante vivace, originaire de l'Europe méridionale ;
elle est assez sensible au froid sous nos climats. La

Fig. 128. — Mélisse citronnelle.

placer sur côtière exposée au midi, en sol sain, car,
elle redoute l'humidité. Se multiplie par division des
touffes, au printemps ou à l'automne. A l'entrée de
l'hiver, on coupe les tiges et l'on couvre la souche de
feuilles ou de paille.

Les feuilles de la mélisse sont utilisées comme condiment et pour la préparation de liqueurs.

GRAND BASILIC

Ocimuin Basilicum L. (Famille des *Labiées*).

Plante annuelle, originaire de l'Inde (fig. 129). Ses

Fig. 129. — Grand Basilic.

feuilles, très aromatiques, s'emploient comme condiment. On sème le basilic en mars ou avril, sur couche, pour le repiquer en pleine terre ou en pots dans le courant de mai. Le placer à une exposition chaude et donner de fréquents arrosages pendant les périodes de sécheresse.

On distingue plusieurs variétés de basilic : le *basilic grand vert*, le *basilic grand violet*, le *basilic à feuille de laitue*, le *basilic frisé*, le *basilic à feuille d'ortie*, le *basilic anisé*.

BASILIC FIN

Ocimum minimum L. (Famille des *Labiées*).

La plante est plus réduite dans toutes ses parties que l'espèce précédente. Elle sert aux mêmes usages et se cultive de la même façon. On en connaît plusieurs variétés : le *basilic fin vert* ou *petit basilic*, le *basilic fin vert nain* et le *basilic violet*.

HYSSOPE

Hyssopus officinalis L. (Famille des *Labiées*).

L'*hyssope* ou *hysope* (fig. 130) est une plante vivace ; elle forme des touffes de tiges ligneuses, garnies de feuilles lancéolées et de fleurs bleues, blanches ou rosées.

On emploie comme condiment les sommités des rameaux feuillés de la plante, dont toutes les parties sont très aromatiques.

On multiplie l'hyssope par semis ou par division des touffes. La première méthode est celle qu'on préfère dans les contrées septentrionales. Le semis se fait au printemps, en lignes; la graine, très fine, doit être à peine recouverte. Les plants sont mis en place en juillet, le plus souvent en bordure, de préférence dans une terre chaude un peu calcaire. Des binages sont donnés dans le cours de l'été.

L'hyssope est assez rustique pour résister aux hivers ordinaires du nord de la France. Les plantations restent productives pendant trois ou quatre ans.

Fig. 130. — Hyssope.

MARJOLAINES

(Famille des *Labiées*).

On cultive deux marjolaines pour leurs feuilles condimentaires : la *marjolaine vivace* ou *origan* (*Origanum vulgare L.*) et la *marjolaine à coquille* (*Origanum Majorana L.*) (fig. 131), traitée comme annuelle dans les jardins. On multiplie ces plantes par semis en place au printemps, plus rarement à l'automne. Elles redoutent l'humidité et réussissent surtout aux expositions chaudes ou sous les climats méridionaux.

21.

La marjolaine vivace dure fort longtemps sans autres

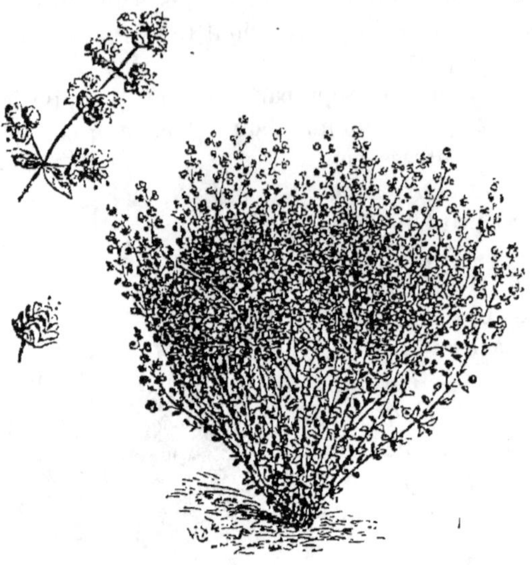

Fig. 131. — Marjolaine à coquille.

soins que la suppression annuelle des tiges mortes.

ROMARIN

Rosmarinus officinalis L. (Famille des *Labiées*).

Cette plante ligneuse, vivace, indigène dans le Midi de
la France (fig. 132), croît naturellement dans les lieux secs
et ensoleillés. Les feuilles en sont utilisées comme assaisonnement.

Dans les jardins, on la multiplie par division des
touffes ou par semis, effectués en avril-mai ; dans ce dernier cas, les plants sont repiqués en place dès qu'ils sont
assez forts.

Le romarin réclame une terre saine et chaude,

de préférence une côtière exposée au midi. Une fois

Fig. 132. — Romarin.

en possession du sol il persiste de longues années.

III. — Légumes fruits.

POIS

Pisum sativum L. (Famille des *Légumineuses*).

Origine. Caractères de la plante. — Cultivé de temps immémorial, le pois n'est pas connu sous sa forme spontanée. Provient-il des régions montagneuses de l'Asie occidentale ou faut-il y voir une plante indigène de l'Europe tempérée? Sa rusticité, qui lui permet de résister aux hivers de la France septentrionale, s'accorde avec ces deux hypothèses.

Le pois est annuel. C'est une plante à tiges grêles,

creuses, grimpantes, dont la hauteur, réduite à 25 ou 30 centimètres dans les variétés très naines, atteint jusqu'à 2 mètres dans les grandes variétés à rames. Ses feuilles, composées de deux ou trois paires de folioles, se terminent par des vrilles accrochantes; au point où le pétiole s'insère sur la tige, une large stipule entoure celle-ci à la façon d'une collerette. Les fleurs, papilionacées, naissent à l'aisselle des feuilles, tantôt solitaires, tantôt groupées par deux ou par trois. Les variétés à fleurs blanches sont à

Fig. 133. — Pois.

peu près les seules usitées dans la culture potagère; celles à fleurs violacées trouvent leur emploi comme plantes fourragères ou ornementales. Les gousses du pois sont droites ou légèrement arquées, revêtues intérieurement d'une membrane parcheminée chez les *pois à écosser*, tendres et sans parchemin chez les pois *mange-tout*. Elles renferment de six à douze graines arrondies, lisses ou ridées à la surface, de couleur blanc jaunâtre ou verte.

Usages. — Le grain du pois, féculent et riche en matières azotées digestibles (environ 53 p. 100 d'amidon et 22 p. 100 de protéine assimilable) constitue un aliment de haute valeur nutritive, des plus répandus, d'ailleurs. On le consomme soit sec et débarrassé de sa pellicule, sous la forme de *pois cassés*, soit avant maturité et à l'état frais, comme *petits pois*. Dans les pois *mange-tout*, la gousse tout entière est utilisée, avec les grains jeunes qu'elle renferme.

Les jeunes pousses du pois, tendres et sucrées, servent, dans le Nord, à la préparation de certains potages.

Variétés. — La présence ou l'absence de parchemin dans les gousses, la hauteur des plantes, la forme et la couleur du grain servent de bases pour la classification des variétés de pois, extrèmement nombreuses. Les subdivisions dans lesquelles ces variétés trouvent place se groupent ainsi :

Pois à écosser	nains	grain rond	blanc. vert.
		grain ridé	blanc. vert.
	demi-nains	grain rond	blanc. vert.
		grain ridé	blanc. vert.
	à rames	grain rond	blanc. vert.
		grain ridé	blanc. vert.
Pois sans parchemin	nains. demi-nains. à rames.		

Nous résumons les caractères principaux des variétés les plus connues dans le tableau suivant, dont nous empruntons en grande partie les éléments à une étude de M. Denaiffe (1).

(1) *Les pois potagers.* Paris, J.-B. Baillière, 1901.

Pois à écosser.

NOMS	HAUTEUR de la PLANTE	PRÉCOCITÉ.	LONGUEUR ET FORME DE LA COSSE	GRAINS dans 100 grammes
POIS NAINS				
Grain rond blanc.				
Nain très hâtif à châssis (fig. 134).	0m,20.	Très hâtif.	0m,05 à 0m,06, droite.	428
— hâtif d'Annonay	0m,30 à 0m,35	Hâtif.	0m,05 à 0m,06, droite.	430
— Couturier	0m,40	1/2 hâtif.	0m,05, légèrement courbée.	690
Très nain de Bretagne	0m,35	1/2 tardif.	0m,04 à 0,m05, légèrement courbée.	614
Grain rond vert.				
Orgueil du marché	0m,40	1/2 hâtif.	0m,09, droite.	250
Gros bleu nain	0m,45	Hâtif.	0m,07, droite.	370
Grain ridé blanc.				
Serpette nain blanc	0m,30 à 0m,35	Hâtif.	0m,07, en serpette.	498
Grain ridé vert.				
Merveille d'Amérique	0m,25	Hâtif.	0m,06, droite.	422
Serpette nain vert	0m,30	Hâtif.	0m,07, en serpette.	446
Stratagème	0m,40	1/2 tardif.	0m,09, droite.	268
POIS DEMI-NAINS				
Grain rond blanc.				
Nain hâtif	0m,55	1/2 hâtif.	0m,07, droite, assez large.	436
— ordinaire ou de Hollande	0m,60	1/2 hâtif.	0m,05, droite, carrée du bout.	680
— Bishop	0m,60	1/2 hâtif.	0m,07, droite, carrée du bout.	334
Clamart demi-nain	0m,70	1/2 tardif.	0m,07, presque droite, carrée du bout.	362
Grain rond vert.				
Plein le panier ou Fillbasket	0m,80	1/2 tardif.	0m,09, droite.	305
Roi des serpettes	0m,80	1/2 tardif.	0m,09, en serpette.	270
Nain vert gros	0m,70	1/2 tardif.	0m,07, faiblement recourbée, carrée du bout.	250
Grain ridé blanc.				
Ridé nain blanc hâtif	0m,60 à 0m,80	1/2 hâtif.	0m,06 à 0m,07, légèrement recourbée, assez pointue.	436
Grain ridé vert.				
Ridé nain vert hâtif	0m,60 à 0m,80	1/2 hâtif.	0m,06 à 0m,07, légèrement recourbée, un peu pointue.	426
Wilson	0m,65 à 0m,75	1/2 tardif.	0m,09, droite, carrée du bout.	296
Prodige de Laxton	0m,60 à 0m,75	1/2 tardif.	0m,07 à 0m,09, assez en serpette pointue.	355
POIS À RAMES				
Grain rond blanc.				
Prince Albert (fig. 135)	0 m70	Très hâtif.	0m,05 à 0m,06, droite, carrée du bout, solitaire, étroite.	410
Caractacus (fig. 136)	0m,80	Hâtif.	0m,05 à 0m,06, droite, carrée du bout, par deux, étroite.	400
Daniel O'Rourke	0m,70	Hâtif.	0m,05 à 0m,06, droite, carrée du bout, solitaire, étroite.	410
Michaux de Hollande	1 mètre	1/2 hâtif.	0m,06 à 0m,07, droite, carrée du bout, par deux.	532
Michaux ordinaire, ou pois de la Sainte-Catherine	1 mètre	1/2 hâtif.	0m,06 à 0m,07, droite ou légèrement courbée, carrée du bout, par deux, assez étroite.	424
De Clamart hâtif	1m,30 à 1m,40	1/2 hâtif.	0m,07, légèrement courbée, carrée du bout.	370
De Clamart ou carré fin	1m,50 à 1m,80	1/2 tardif.	0m,05 à 0m,06, droite, brusquement rétrécie aux extrémités.	320
Michaux de Ruelle	1m,20	1/2 hâtif.	0m,07 à 0m,08, droite, carrée du bout, assez large.	

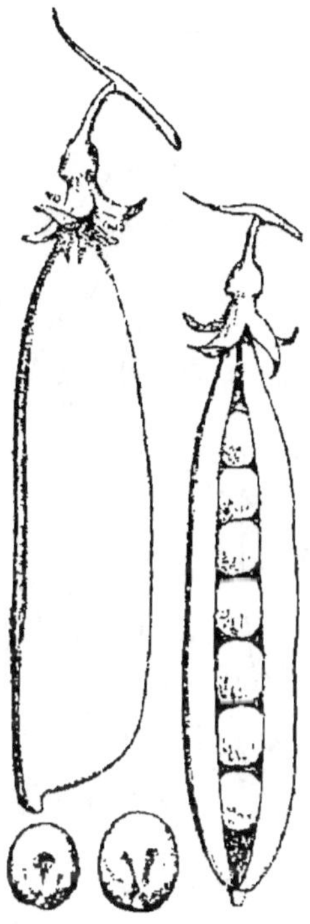

Fig. 134. — Pois nain,
très hâtif à châssis.

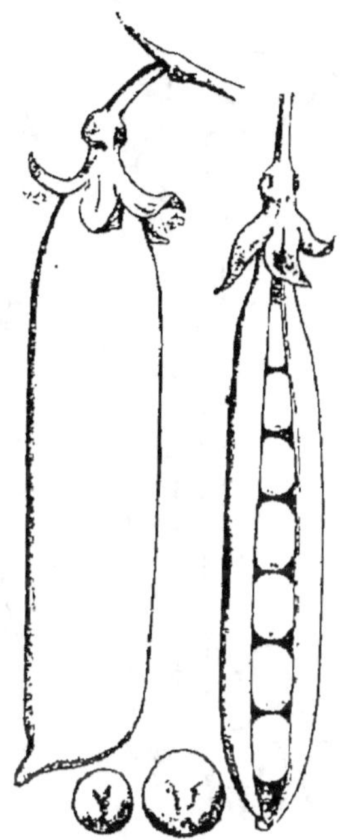

Fig. 135.
Pois Prince Albert.

Les cosses figurées ici sont de grandeur naturelle ainsi que les grains représentant celui se gauche, le grain sec, et celui de droite le même grain au maximum de son développement en vert.

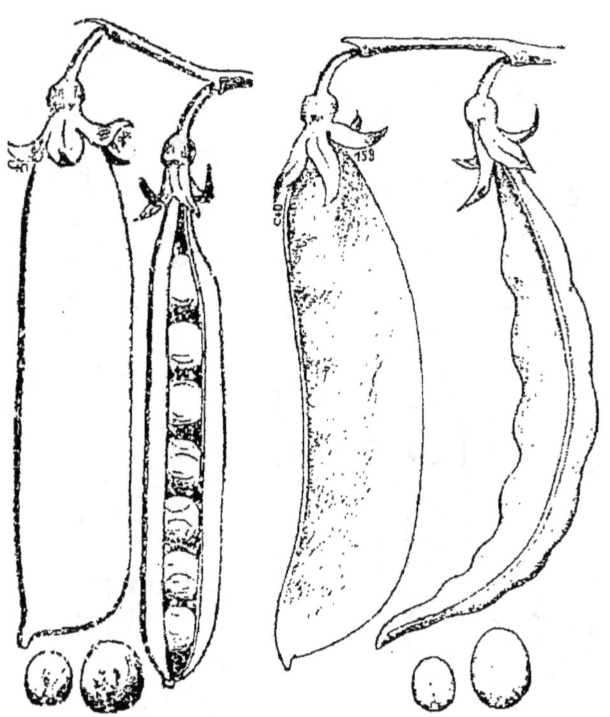

Fig. 136.
Pois Caractacus.

Fig. 137. — Pois sans parchemin
très nain hâtif à châssis.

Les cosses figurées ici sont de grandeur naturelle ainsi que
les grains représentant celui de gauche, le grain sec, et celui
de droite le même grain au maximum de son développement
en vert.

NOMS	HAUTEUR de la PLANTE.	PRÉCOCITÉ.	LONGUEUR ET FORME DE LA COSSE	GRAINS dans 100 GRAMMES
Pois à écosser à rames (*suite*).				
Grain rond blanc (suite).				
Sabre	1m,30	1/2 tardif.	0m,09, recourbée en sens inverse, assez pointue, par deux.	330
Merveille d'Étampes	1m,10	1/2 tardif.	0m,09 à 0m,10, pointue en serpette, par deux.	448
D'Auvergne	1m,30	1/2 tardif.	0m,08 à 0m,09 en serpette, très pointue, par deux.	308
Victoria marrow	1m,80 à 2 m.	Tr. tardif.	0m,08 à 0m,09, droite ou légèrem. courbée, large, carrée du bout.	290
Grain rond vert.				
Express	0m,70	Tr. hâtif.	0m,06 à 0m,07, droite, carrée du bout.	420
William hâtif	0m,70	Hâtif.	0m,07 à 0m,08, bien en serpette, pointue, assez étroite.	370
Serpette vert	0m,40	1/2 hâtif.	0m,09, assez en serpette, assez pointue, largeur moyenne.	360
Vert normand	1m,50 à 2 m.	Tr. tardif.	0m,07 à 0m,08, droite ou très légèrem. incurvée, large et carrée du bout.	214
Grain ridé blanc.				
Shah de Perse	0m,60 à 0m,80	Tr. hâtif.	0m,05 à 0m,07, droite, car. du bout.	460
Téléphone	1m,10 à 1m,30	1/2 tardif.	0m,10 à 0m,11, droite, à pointe légèrem. recourbée en serpette.	270
Ridé gros blanc	1m,80 à 2 m.	Tardif.	0m,08 à 0m,09, droite, carrée du bout.	256
Pois de Knight	1m,80 à 2 m.	Tr. tardif.	0m,08 à 0m,10, droite, ou légèrem. incurvée, carrée du bout.	276

NOMS	HAUTEUR de la PLANTE.	PRÉCOCITÉ.	LONGUEUR ET FORME DE LA COSSE	GRAINS dans 100 GRAMMES
Grain ridé vert.				
Loxton's Alpha	0m,70 à 0m,80	Tr. hâtif.	0m,06 à 0m,07, assez incurvée, assez pointue.	364
Ridé vert à rames	1m,70 à 1m,80	1/2 tardif.	0m,08, droite ou très faiblemen[t] recourbée, carrée du bout.	314
Serpette ridé vert à rames	1m,50 à 1m,70	1/2 hâtif.	0m,08 à 0m,10, en serpette pointue	330
Ridé gros vert à rames	1m,80 à 2 m.	Tardif.	0m,09 à 0m,11, droite, carrée du bout.	266
Duc d'Albany	1m,20 à 1m,40	1/2 tardif.	0m,10 à 0m,11, droite, à pointe légèrem. recourbée en serp.lle.	274
Pois sans parchemin. POIS MANGE-TOUT				
Nains				
Sans parchemin très nain hâtif à châssis (fig. 137)	0m,20	1/2 hâtif.	0m,05 à 0m,06, droite carrée du bout, pleine.	426
Demi-nains.				
Sans parchemin nain hâtif breton	0m,30	1/2 tardif.	0m,06 à 0m,07, recourbée, pleine, assez étroite.	462
— nain hâtif de Hollande	0m,30	1/2 hâtif.	0m,06 à 0m,07, un peu recourbée, très pleine.	370
A rames.				
Sans parchemin de quarante jours	1m,20	Hâtif.	0m,07 à 0m,08, pleine, légèrem. recourbée, ronde.	358
— hâtif à larges cosses	1m,50	1/2 hâtif.	0m,08 à 0m,09, aplatie, irréguliè-ment tourmentée.	299
Pois beurre	1m,50	1/2 hâtif.	0m,06 à 0m,08, très pleine, ronde en serpette.	290
Fondant de Saint-Désirat	1m,40	1/2 tardif.	0m,10 à 0m,12, très plate, très large, régulière.	326
Corne de bélier	1m,40	1/2 tardif.	0m,10 à 0m,12, très plate, très large, irrégulière, tourmentée.	320
Géant sans parchemin	1m,20 à 1m,40	Tardif.	0m,15, très plate, très large, tourmentée.	240

Exigences. — Il est peu de régions de l'Europe où le pois ne puisse venir ; cependant les climats tempérés, plutôt humides, sont ceux qui lui conviennent le mieux. Il souffre beaucoup des· sécheresses et ne réussit dans le Midi qu'avec la culture hivernale. Quelques variétés, qui résistent à des froids de 4 à 5 degrés au-dessous de zéro, supportent également cette culture sous le climat de Paris, mais elle est aléatoire et c'est, en général, la culture de printemps et d'été qu'on applique au pois dans le nord de la France.

Le pois a besoin de beaucoup d'air et de lumière et s'accommode mal d'être placé à l'ombre.

Les terres légères, fraîches et suffisamment fertiles, les sols de consistance moyenne, argilo-siliceux ou argilo-calcaires, les terrains tourbeux assainis et phosphatés peuvent être avantageusement employés à sa production. Dans les sols trop calcaires, il est atteint de chlorose et végète misérablement, en outre ses grains durcissent ; la pourriture le gagne dans les terres argileuses humides.

Comme les autres légumineuses, le pois puise dans l'atmosphère une partie de sa nourriture azotée par l'intermédiaire des bactéries de ses nodosités radiculaires. Dans les jardins et dans les champs en bon état de culture, qui renferment assez d'azote pour assurer son premier développement, les engrais azotés non seulement n'augmentent pas ses rendements, mais, trop abondants, exercent une action fâcheuse, en provoquant une végétation foliacée exubérante, au détriment· des gousses et des grains. Aussi évite-t-on de le cultiver sur fumure organique récente.

Dans les terres pauvres, l'efficacité des engrais azotés reparait ; celle des sels minéraux se manifeste même dans de bons sols, aux époques où la nitrification n'est pas assez active pour subvenir aux besoins de la plante ; M. Grandeau a signalé les heureux effets du nitrate de soude, à la dose de 100 à 150 kilogrammes à l'hectare, pour relever au printemps la végétation parfois languissante des pois de première saison.

L'influence des engrais potassiques et phosphatés sur les récoltes de pois est des plus marquées. Rappelons que M. Wagner recommande, pour les légumineuses, l'application, par are, de 5ᵏᵍ,5 de superphosphate et de 2 kilogrammes de chlorure de potassium, qu'on enfouit par un labour. L'efficacité du sulfate de chaux sur ces plantes nous engage à conseiller de compléter cette fumure par l'apport de 2 à 3 kilogrammes de plâtre, lorsqu'il s'agit de la production des petits pois ou des mange-tout; cet engrais passe pour provoquer le durcissement des grains secs, il sera donc prudent de s'en abstenir pour ceux-ci.

Envisageant la production du pois en grande culture, M. Garola s'exprime ainsi : « En réalité, la culture du pois ne demande pas l'emploi de fumures très élevées. Il lui suffit d'une petite fumure très assimilable. Comme pour les autres légumineuses, sauf dans des cas exceptionnels, on n'aura pas à recourir aux engrais azotés dans le cas où l'on vise la production de la graine. Avec eux, en effet, on obtient un développement herbacé trop considérable et trop prolongé. Les fleurs ne se forment pas ou coulent et l'on n'obtiendrait que de la paille. On se bornera donc à fournir, dans un sol moyen, 200 kilogrammes de superphosphate à 15 p. 100 d'acide phosphorique. On en doublera la dose dans les terres pauvres. En ce qui concerne la potasse, on répandra, dans les sols pauvres seulement, 100 kilogrammes de chlorure de potassium. »

Malgré les fumures, le pois se refuse à végéter normalement plusieurs années de suite sur un même sol; il faudra donc laisser un intervalle de deux ou trois ans entre deux cultures consécutives de cette plante.

Culture forcée. — Cette culture a perdu toute importance pour la vente, depuis l'invasion de nos marchés par les pois de primeur expédiés d'Algérie et du Midi. Elle se trouve aujourd'hui confinée dans quelques jardins bourgeois.

Les variétés naines, précoces, sont les seules qui conviennent pour la culture forcée. Voici celles qui s'y prêtent le mieux : *pois nain très hâtif à châssis, pois nain hâtif d'Annonay, pois serpette nain vert, pois Merveille d'Amérique, pois sans parchemin très nain hâtif à châssis.*

Les semis se font de novembre à février, dans le terreau qui revêt une couche tiède. On dispose les graines en lignes distantes de 30 centimètres et en les écartant de 5 centimètres environ sur les lignes. On aère beaucoup, surtout à l'époque de la floraison pour éviter la coulure. Si de fortes gelées surviennent, on couvre les châssis de paillassons. Quand les tiges s'élèvent trop, on les couche vers le haut du coffre ; on les pince ensuite au-dessus de la troisième ou de la quatrième fleur, pour en arrêter le développement et hâter la fructification. Cette culture donne ses premiers produits vers le milieu de mars.

On en obtient de moins précoces en semant aux mêmes époques sur côtière recouverte de châssis ; les coffres sont entourés d'accots de fumier à l'époque des grands froids.

On peut encore semer le pois en pépinière pour le repiquer soit sur couche, soit en pleine terre sous châssis.

Culture de pleine terre. — Les semis d'automne sont la règle dans les régions méridionales, où le pois ne supporterait pas les chaleurs de l'été. On les commence en septembre-octobre. Les variétés hâtives fournissent, de février jusqu'en avril, les petits pois de primeur expédiés sur les grands marchés du Nord.

Sous le climat parisien, la culture hivernale ne réussit que dans les terrains sains, bien exposés et avec les variétés rustiques. Le pois *Michaux* ou *de la Sainte-Catherine* est celle qui s'y prête le mieux. On le sème à la fin de novembre. Sur côtière orientée au midi, on peut semer à la même époque des variétés précoces telles que les pois *Prince Albert, Caractacus, Express, Merveille d'Amérique, nain à châssis.*

Le semis se fait en rayons profonds de 12 à 15 centimètres, dont on rabat la paroi du côté du sud pour faciliter l'accès des rayons solaires, celle du côté nord servant d'abri. Les graines sont recouvertes de 2 à 3 centimètres de terre ou de terreau. Quand les plantes ont environ 15 centimètres de hauteur, en comblant les rayons par un binage on les protège contre le froid. Lors des fortes gelées on les couvre de litière, qu'on enlève dès que le temps s'adoucit. La récolte a lieu au printemps, à une époque qui varie suivant les conditions climatériques.

La culture de printemps s'adapte mieux à la production du pois dans le nord de la France ; c'est la seule possible dans les terrains froids et humides. Les semis commencent en février et se poursuivent jusqu'en juin pour la récolte des pois verts ; on les échelonne pour avoir une production continue. Un dernier semis fait à la fin d'août peut donner encore avant les froids ; les pois tardifs sont très appréciés à Paris et leur production pour l'approvisionnement des Halles est souvent plus avantageuse que celle des pois précoces.

Pour la récolte des grains secs, on sème le pois en mars-avril.

Les variétés naines sont semées les premières, en rayons distants de 40 à 50 centimètres et en espaçant les graines de 3 à 4 centimètres sur les lignes, ou bien en poquets disposés en quinconce, à 35-40 centimètres d'écartement. Les variétés plus développées suivent. Les demi-naines se sèment en planches de deux lignes, — espacées de 40 à 50 centimètres, — séparées par des sentiers de 60 centimètres ou par des planches de légumes nains. Avec celles à rames, l'écartement des lignes atteint de 60 à 80 centimètres. Cette disposition facilite les travaux et permet aux pois de recevoir l'air et la lumière dont ils ont besoin.

Il faut de 2 à 4 litres de graines pour l'ensemencement d'un are.

On donne un premier binage peu de temps après la levée, un second quand les plantes atteignent 25 à 30 centimètres de hauteur ; on rechausse en même temps les pieds. C'est à ce moment que l'on place les rames pour les variétés qui le comportent. Les branchages utilisés à cet effet — souvent des rameaux de châtaignier — sont fichés par la base à l'intérieur des lignes et contre celles-ci, et appuyés les uns contre les autres au sommet, de façon à se soutenir mutuellement ; on les lie au point où ils se rejoignent pour leur assurer plus de solidité.

Quand la floraison est suffisamment avancée, les jardiniers pincent les pois de première saison au-dessus de la quatrième ou de la cinquième maille (étage de fleurs), les suivants au-dessus de la sixième ou de la huitième. Les variétés de grande taille, comme le *pois de Clamart* et les pois ridés à rames, tout particulièrement appréciés pour les semis tardifs en vue de la production d'automne, ne s'accommodent pas de ce traitement.

La grande culture du pois est très répandue dans la région de Paris, une partie de la Bretagne, la vallée de la Loire, le sud-ouest et le Midi. La consommation des villes en pois verts, la fabrication des conserves de légumes frais, celle des pois cassés absorbent leur production.

Les pois nains se prêtent parfaitement à la culture en plein champ, où il serait difficile et coûteux de ramer les plantes. Les variétés rustiques telles que le *nain hâtif*, le *nain anglais*, le *Serpette nain vert* sont les plus appréciées. Mais elles sont moins productives et de récolte moins facile que les pois à rames, que cette double raison fait préférer des cultivateurs. C'est aux variétés de taille moyenne que s'adressent ces derniers : *pois Prince Albert, Caractacus, Michaux de Hollande, Michaux ordinaire, Express,*

Serpette vert, ridé blanc et *ridé vert nains.* Ces plantes forment, en s'enchevêtrant, une masse compacte qui se soutient sans le secours des rames. En pinçant la tige au-dessus du cinquième ou du sixième nœud à fleur, comme le font les maraîchers parisiens, on active la production des cosses en même temps qu'on la restreint. La récolte des pois verts commence trois mois et demi à quatre mois après le semis, vers la fin de mai sous le climat de Paris, avec les variétés précoces de première saison; elle est un peu plus tardive avec les autres. La cueillette se fait tous les deux ou trois jours, d'abord à la base, puis au sommet des pieds, en détachant les pousses à la main avec précaution. On obtient, en moyenne, par are, de 9 à 12 décalitres de cosses donnant 12 à 18 litres de grains frais.

Les pois mange-tout sont cueillis à moitié de leur développement.

Pour la récolte du grain sec, la grande culture s'adresse surtout aux pois *nain vert gros, vert de Noyon, carré vert normand,* qu'on sème de bonne heure au printemps sur labour d'automne. On arrache les pieds quand les dernières gousses sont mûres.

Le rendement moyen est de 25 à 30 hectolitres de grains par hectare.

Récolte de la semence. — Les premières gousses mûres fournissent les meilleures semences; on peut les récolter à la main sur une partie de planche réservée à cet effet, quand il s'agit d'obtenir seulement une petite quantité de graines. Pour la production en grand, on sème à la fin de mars ou au commencement d'avril, on écime comme nous l'avons indiqué et l'on récolte la graine à complète maturité; la sélection des premières gousses apparues se fait naturellement ici par l'écimage.

Maladies. — *Mildiou (Peronospora Viciæ),* rouille *(Uromyces Pisi),* se manifestent sur les feuilles, *Anthracnose (Ascochyta Pisi);* produit des taches rongeantes sur les feuilles et les fruits. Contre ces maladies, employer des pulvérisations préventives à la bouillie bordelaise.

Les insufflations à la fleur de soufre réussissent contre le *blanc* ou *oïdium* (*Erysiphe communis*).

On prévient l'extension du *noircissement du collet*, causé par le *Thielavia basicola Zopf.* en arrachant, pour les brûler, les plantes atteintes et en alternant les cultures.

Ennemis. — Un charançon, la *bruche du pois* (*Bruchus pisi*) dévore les grains; c'est sa larve qu'on rencontre dans les pois véreux. Immergées dans l'eau, les semences attaquées surnagent; il convient de les éliminer par ce moyen pour ne pas introduire avec elles l'insecte dans les cultures. On peut aussi détruire les bruches en exposant les grains pendant quelques heures à l'action du sulfure de carbone dans un tonneau parfaitement clos.

Les très petites chenilles des *sitones* s'attaquent aux jeunes pois. La chaux ou les cendres répandues sur les plantes les détruisent.

POIS CHICHE

Cicer arietinum L. (Famille des *Légumineuses*).

Origine. Caractères de la plante. — Le *pois chiche*, *garvance* ou *pois cornu*, est originaire du Midi de l'Europe. C'est une plante annuelle, à tige rude, rameuse, haute de 50 centimètres, portant des feuilles velues, à folioles arrondies, et de petites fleurs blanches ou rougeâtres, auxquelles succèdent des gousses courtes, renflées, renfermant deux grains assez gros et pourvus au niveau du germe d'une sorte de bec, en saillie dans une dépression. Ce sont ces grains que l'on consomme cuits, entiers, en purée ou dans les potages. Très appréciés en Espagne, où l'alimentation des classes pauvres en absorbe de grandes quantités, ils sont à peine connus chez nous.

Culture. — Le *pois chiche blanc* est le seul cultivé dans nos régions. On le sème au printemps, — en février-mars dans le Midi, en avril ou mai dans le Nord, — en lignes distantes de 40 à 50 centimètres et à 25 centimètres d'écartement sur les lignes. Les soins d'entretien se réduisent à quelques binages. La plante redoute peu les sécheresses, même prolongées.

FÈVE

Faba vulgaris Mœnch (Famille des *Légumineuses*).

Origine. Caractères de la plante. — On croit la fève originaire de l'Asie occidentale ou du nord de l'Afrique. Sa culture était répandue dans ces régions dès les temps préhistoriques, assure De Candolle.

C'est une plante annuelle à tige simple, dressée, haute de 30 centimètres à 1 mètre et plus, portant des feuilles composées de deux à quatre paires de folioles ovales, épaisses, d'un vert grisâtre. Ses fleurs, blanches ou faiblement violacées, avec des macules noires sur les ailes, sont groupées, au nombre de 2 à 8, en grappes courtes, auxquelles succèdent des gousses dressées ou pendantes, garnies intérieurement de filaments duveteux. Ces gousses prennent une teinte noire à la maturité. Les graines qu'elles renferment diffèrent de grosseur et de couleur suivant les variétés.

Usages. — Les grains de la fève se mangent cuits, le plus souvent frais, parfois secs; dans ce dernier cas, on les dépouille du tégument résistant qui les enveloppe. C'est un aliment très riche en matières protéiques et la farine qu'on en tire est des plus nourrissantes.

Variétés. — *Fève de marais.* — Plante haute de 80 centimètres environ, à gousses dressées ou pendantes, réunies par 2 ou par 3 et renfermant de 2 à 4 gros grains.

Fève à longue cosse. — Plus tardive, productive. Gousses dressées ou horizontales. Grains blancs.

Fève de Windsor. — Plante forte. Gousses généralement isolées, pendantes, renfermant seulement 2 ou 3 grains larges. Rustique, productive, mais tardive. La *fève de Windsor verte* diffère de la précédente par la couleur de son grain, vert foncé à la maturité.

Fève de Séville. — Variété hâtive, un peu délicate. La fève d'*Agua dulce* (fig. 138) en dérive.

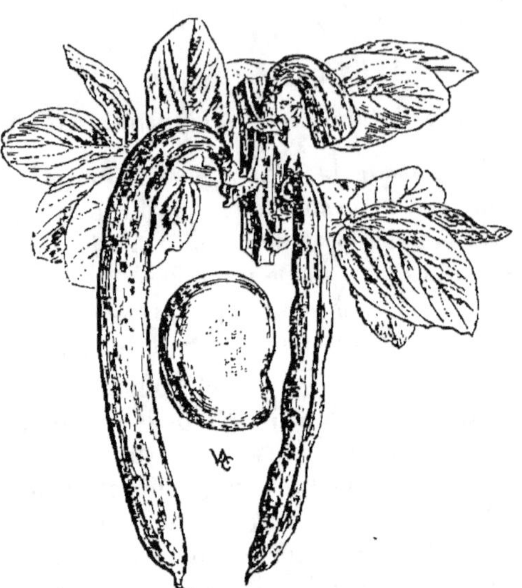

Fig. 138. — Fève d'Agua dulce.

Fèves Julienne et *Julienne verte*. — Cosses dressées, renfermant des grains allongés. Rustiques, assez résistantes à la sécheresse.

Fève naine hâtive à châssis. — Plante atteignant moins de 40 centimètres de hauteur. Cosses dressées, groupées par 2 ou par 3 ; renferment de 2 à 4 grains carrés, renflés. Convient à la culture forcée.

Fève naine verte de Beck. — Plus courte encore que la précédente. Nombreuses petites cosses contenant 3 ou 4 grains arrondis, vert foncé.

Culture. — La fève est accommodante sous le rapport du sol, mais les terres meubles, fraîches et bien fumées, plutôt un peu compactes que trop légères, sont celles qui lui conviennent le mieux.

Elle supporte sans en souffrir des gelées de 3 à 4 degrés.

Dans le Midi, on sème la fève en septembre-octobre pour en récolter les gousses de mars à mai. Sous le climat de Paris, dans les terres saines bien exposées, les semis d'octobre-novembre peuvent réussir avec les variétés naines, que l'on abrite de châssis pendant l'hiver. Mais ce mode de culture est exceptionnel et c'est généralement à la sortie de l'hiver, en février ou mars, que l'on effectue les semis. Ils se font en rayons distants de 30 à 40 centimètres, sur lesquels on espace les graines de 15 à 20 centimètres; on les recouvre ensuite de 3 ou 4 centimètres de terre.

Pendant la végétation, on donne au sol un ou deux binages. Les arrosages sont généralement superflus, en raison de la rapidité de croissance de la plante, qui lui permet d'atteindre son développement complet avant les chaleurs.

Les jardiniers ont coutume de pincer l'extrémité des tiges, au moment de la floraison, au-dessus de la dixième ou de la douzième feuille. Cette opération a pour but de hâter le développement des gousses et de prévenir les attaques des pucerons.

Les grains frais sont récoltés quand ils ont atteint les trois quarts environ de leur volume normal. Pour l'obtention des grains secs, on arrache les pieds quand les feuilles se fanent. Les semences sont recueillies sur les plus vigoureux.

Maladies. — *Mildiou* (*Peronospora Viciæ*), *rouille* (*Uromyces Fabæ*) : les pulvérisations à la bouillie bordelaise détruisent les champignons parasites qui causent ces maladies.

Maladie des sclérotes (Voy. *Haricot*).

Ennemis. — Le *puceron noir* peut être détruit par des bassinages avec une solution de nicotine (deux litres et demi à trois litres de jus de tabac par hectolitre d'eau). Le pincement des tiges met obstacle aux dégâts que cause son invasion.

22.

LENTILLE

Ervum Lens L. — *Vicia Lens* Cos. et G. de S. P.
(Famille des *Légumineuses*).

Origine. Caractères de la plante. Usages. — Plante annuelle, indigène, formant des touffes de 30 à 40 centimètres de hauteur. Ses tiges menues, anguleuses, portent des feuilles composées de petites folioles ovales et terminées par une vrille accrochante. A ses petites fleurs blanches succèdent des gousses plates renfermant deux graines brunes, lenticulaires.

On connaît la faveur dont jouissent ces grains pour la consommation en soupes ou en purées.

Variétés. — *Lentille commune* (fig. 139), *lentille large blonde* ou *lentille de Lorraine.* — Très répandue, surtout dans l'est et le centre de la France. Grain large, aplati, de coloration pâle.

Lentille verte du Puy. — Grain petit, épais, maculé de vert.

Lentillon d'hiver. — Grain petit, rougeâtre, très estimé. Variété rustique, qu'on sème à l'automne dans le nord et l'est de la France.

Fig. 139. — Lentille commune.

Lentillon de printemps. — Très petit grain, à saveur fine et pellicule mince.

Culture. — La lentille appartient à la grande culture ; sa présence dans les jardins est fort rare. On lui réserve de préférence les terrains légers, secs, suffisamment riches en calcaire ; dans les terres argileuses, compactes, son développement peut être considérable, mais elle grène peu. Les variétés d'hiver souffrent beaucoup d'un excès d'humidité.

La lentille a des exigences restreintes en ce qui concerne la fertilité du sol. Les fumures organiques récentes exercent une influence défavorable sur la production des graines. Dans l'assolement, on lui fait souvent suivre une céréale.

On sème la lentille commune au printemps, dès que les fortes gelées sont passées, sur un sol ameubli par un ou deux labours suivis de hersage. Le semis s'effectue en lignes distantes de 25 à 30 centimètres, ou en poquets ouverts toutes les deux raies de charrue et écartés de 30 à 40 centimètres sur la raie. On emploie de 100 à 150 litres de graines par hectare ; celles-ci doivent être peu enterrées, au râteau ou à la herse. Des binages sont nécessaires pour défendre la plante contre les mauvaises herbes et maintenir l'ameublissement superficiel du sol ; dans la pratique courante, le nombre en est souvent réduit à deux ; le dernier, donné au moment de la floraison, s'accompagne parfois d'un buttage.

La récolte de la lentille a lieu généralement vers la fin de juillet, un peu avant maturité complète pour éviter l'égrenage. On arrache les plantes, que l'on réunit en bottillons maintenus par un lien de paille ; on les laisse ainsi sur le sol pendant quelques jours, jusqu'à dessiccation suffisante, puis on les rentre. On les bat ensuite au fléau et les graines, nettoyées au tarare, sont livrées au commerce dans le plus bref délai possible, par crainte des pertes que pourrait causer la bruche. On obtient, par hectare, de 12 à 15 hectolitres de graines, pesant chacun de 78 à 80 kilogrammes.

Ennemis. — La *bruche*, petit coléoptère de l'ordre des charançons, dont la larve ronge le grain, est pour la lentille un ennemi des plus dangereux, et son extension dans certaines régions, notamment en Lorraine, est la cause principale de l'abandon progressif d'une culture cependant avantageuse. L'élimination des semences bruchées et le traitement par le sulfure de carbone, précédemment indiqués pour le pois, conviennent également pour la lentille.

HARICOT

Phaseolus vulgaris L. (Famille des *Légumineuses*).

Origine. Caractères de la plante. — Le type sauvage du haricot commun est inconnu et l'origine de la plante très incertaine. Les auteurs des traités modernes de culture potagère se sont tous élevés contre cette opinion, reçue jadis, que le Phaseolus des Latins est l'ancêtre de notre haricot. Ils font observer avec raison que, dans la légumineuse citée par Columelle et Virgile, qui se semait à l'automne, on ne saurait voir l'espèce qui nous occupe, beaucoup trop sensible au froid pour supporter l'hiver, même en Italie. De Candolle a démontré, d'autre part, le peu de vraisemblance d'une origine indienne, également attribuée au haricot. L'illustre botaniste admet que la plante nous vient de l'Amérique du Sud, d'où elle aurait été importée en Europe au xvi° siècle.

Le haricot est annuel. Sa tige, cannelée et rugueuse, est grêle, longue, volubile dans les variétés à rames, courte et raide, au contraire, dans les variétés naines. Elle porte des feuilles composées de folioles terminées en pointe, souvent gaufrées ou cloquées, rudes au toucher. Les fleurs du haricot, blanches, rosées ou violacées, sont réunies, au nombre de 2 à 8, rarement 10, en grappes lâches. Mal enfermé dans la fleur, dont la carène est ré-

duite à deux petites lames séparées, le pistil peut recevoir
le pollen du dehors et des cas de croisement spontané se présentent assez fréquemment. Les gousses ou cosses, allongées et pendantes, diffèrent de forme, de dimensions et
de couleur suivant les variétés ; toutes sont terminées en
pointe. Dans les *haricots à parchemin* ou *haricots à écosser*,
la gousse est revêtue intérieurement d'une membrane
dure, parcheminée, qui n'existe pas dans les *haricots sans
parchemin* ou *haricots mange-tout*. On a fait observer que
certaines variétés sont classées tantôt dans l'une tantôt
dans l'autre de ces catégories, parce que la lignification
des cellules scléreuses se fait tardivement dans leurs
cosses, qui restent par conséquent sans parchemin
jusqu'à une période avancée de leur développement.
Le grain du haricot, le plus souvent réniforme, parfois
ovoïde ou arrondi, présente à la maturité une couleur
blanche, jaune, grise, verte, rouge, violacée ou noire. La
grosseur en est très variable. En général, la pellicule qui
l'enveloppe, et qui se détache à la cuisson, est d'autant
plus épaisse qu'il est plus volumineux, mais cette épaisseur est moindre dans les haricots sans parchemin que
dans les autres.

Usages. — Le haricot tient une place considérable
dans l'alimentation ; on en consomme les jeunes gousses,
désignées sous le nom de *filets*, d'*aiguilles* ou de *haricots
verts* ; les fruits des *haricots mange-tout* sont utilisés de
la même façon, mais à un état plus avancé de développement, alors que les graines sont déjà formées. Les grains
se mangent frais, comme *haricots écossés*, ou secs. Sous
cette dernière forme, ils constituent une ressource précieuse pour les classes populaires. Leur richesse en
matières azotées digestibles, comparable à celle de la
viande, en fait un aliment de haute valeur nutritive.

La production de la France, que la dernière statistique
agricole décennale évaluait à plus de 1 500 000 hectolitres, ne suffit pas à la consommation nationale et nous

sommes obligés d'importer chaque année de grandes quantités de haricots. Les départements où la grande culture du haricot se trouve le plus développée sont ceux du sud-ouest : Dordogne, Haute-Garonne, Gers, Tarn, Lot-et-Garonne, Hautes-Pyrénées, puis la Charente, la Vendée, le Loir-et-Cher, le Nord, Seine-et-Oise. Elle est pratiquée depuis fort longtemps dans le Soissonnais et la Haute-Bourgogne.

Variétés. — Le nombre en est très élevé et s'accroît chaque jour, par suite de la facilité d'en produire de nouvelles. Voici quelques-unes des meilleures et des plus répandues.

Haricots à parchemin.

Variétés à rames. — *Haricot de Soissons à rames.* — Hauteur, 2 mètres. Gousse arquée. Grain blanc, en rognon ; très estimé sec. Tardif.

Haricot sabre. — Atteint souvent 3 mètres. Gousse droite. Grain blanc ; se consomme vert ou sec. Assez tardif.

Haricot de Liancourt. — Tige de 2^m,50 à 3 mètres. Gousse étroite et longue. Grain blanc, petit, un peu irrégulier ; s'emploie surtout sec. Rustique, demi-tardif.

Haricot riz. — Tige de 1^m,50 environ. Gousses nombreuses, étroites. Grain blanc, arrondi ; consommé sec ; se délite à la cuisson.

Haricot de Chartres. — Hauteur, 1 mètre à 1^m,25. Grain rouge vineux ; s'emploie sec. Hâtif. Appartient surtout à la grande culture.

Variétés naines. — *Haricot blanc plat commun.* — Variété de grande culture, un peu abandonnée. Rustique. Grain blanc.

Haricot flageolet blanc. — Plante courte, ne dépasse pas 0^m,30 à 0^m,35 de hauteur. Nombreuses gousses plates. Le grain, blanc, est celui qu'on emploie le plus communément à l'état frais (haricots écossés).

Il existe de nombreuses variétés de *haricots flageolets* ;

on en consomme les grains frais ou secs. Citons les suivantes : *flageolet jaune, flageolet rouge, flageolet à*

Fig. 140. — Haricot flageolet d'Étampes.

feuilles gaufrées, flageolet très hâtif d'Étampes (fig. 140), *flageolet à grain vert.*

Haricot Chevrier. — Son grain, vert foncé, conserve en partie sa teinte à l'état de maturité incomplète où on le récolte. Apprécié, mais un peu délicat à cultiver.

Haricot de Bagnolet. — Ne file pas. Très répandu dans la région parisienne pour la production du haricot vert.

Haricot noir de Belgique. — Variété très naine (sa hauteur ne dépasse pas 25 à 30 centimètres). Gousse droite, verte à l'état jeune, plus tard panachée de violet. Exclusivement employé pour l'obtention de haricots verts. Précoce ; convient parfaitement à la culture forcée.

Haricot Shah de Perse. — Excellent pour la production de haricots verts en pleine terre.

Haricot de Soissons nain. — Plante courte, précoce, peu productive. Grain blanc.

Haricot nain hâtif de Hollande. — Variété basse, précoce, appréciée pour la culture forcée sous châssis. Grain blanc.

Haricots sans parchemin (Mange-tout).

Variétés à rames. — *Haricot Prédome à rames.* — Hauteur, 1ᵐ,50 environ. Excellente variété à cosses droites, nombreuses, charnues, pouvant être consommées presque jusqu'à complet développement du grain ; d'ailleurs de très bonne qualité. Demi-tardif. Très répandu, surtout en Normandie.

Haricot Princesse à rames. — Tige de 2 mètres et plus. Rustique, productif, de précocité moyenne. Très cultivé dans le nord de la France et en Belgique.

Haricots de Prague blanc, marbré, rouge.

Fig. 141. — Haricot blanc géant sans parchemin.

Haricots coco blanc et bicolore.

Haricot d'Alger ou *Haricot beurre noir.* — Le plus connu des *haricots beurre.* Tige de 2 mètres au plus. Gousses charnues, d'un jaune de cire à la maturité ; peuvent être consommées presque jusqu'à complet développement.

Haricot beurre blanc. — Précocité moyenne. De même qualité que le précédent. Le grain peut en être consommé sec.

Haricot beurre du Mont d'Or. — Très précoce. Gousses nombreuses.

Haricot blanc géant sans parchemin (fig. 141). — Variété vigoureuse, demi-tardive. Grandes cosses charnues. Grain blanc.

Variétés naines. — *Haricot Prédome nain.* — Ressemble au *Prédome à rames* sauf la taille.

Haricot jaune du Canada. — Rustique, un peu tardif. Convient à la culture en plein champ.

Haricot d'Alger noir nain. — Très cultivé. Plante courte, précoce et productive.

Haricot beurre blanc nain. — Recherché pour ses cosses transparentes et son grain sec.

Haricot beurre nain du Mont d'Or. — Très précoce. Grain brun noirâtre.

Haricot nain mange-tout extra-hâtif. — Plante basse, extrêmement précoce. Grain blanc.

Haricot nain blanc hâtif sans parchemin. — Variété productive, assez précoce, propre à la grande culture.

Exigences. — Sensible aux plus faibles gelées et n'entrant en végétation que quand la température atteint 8 à 10 degrés, le haricot ne se prête pas aux semis hâtifs de printemps en pleine terre. On ne confie la graine au sol qu'en avril dans le midi, vers le milieu de mai sous le climat de Paris, du 20 au 25 dans le nord et l'est de la France.

Le haricot s'accommode de tous les sols meubles et sains, à l'exception de ceux où le calcaire domine ; il redoute les argiles compactes, humides. Ce sont les terres siliceuses un peu fraîches et suffisamment riches en matières organiques qu'il préfère. A l'égard d'une récolte normale de haricots secs en grande culture, M. Garola s'exprime ainsi : « Ses exigences sont, pour l'azote, semblables à celles d'une bonne récolte de froment ; elles sont un peu plus élevées pour la chaux ; pour la potasse, elles sont inférieures de 50 p. 100 et enfin elles sont moitié moindres pour l'acide phosphorique. » Les grandes variétés à rames sont plus exigeantes que les variétés naines envisagées ici.

On peut considérer qu'avec une faible fumure de fumier très décomposé, 200 à 300 kilogrammes de superphosphate de chaux et 150 kilogrammes de chlorure de potassium suffisent pour obtenir une excellente récolte. Comme fumure exclusivement minérale, dans les sols de fertilité moyenne on emploiera 400 à 500 kilogrammes de superphosphate, 200 kilogrammes de chlorure et, suivant les besoins, de 50 à 80 kilogrammes de nitrate de soude. On proscrit l'usage du plâtre, malgré l'action très marquée qu'il exerce sur les légumineuses, parce qu'on lui attribue la propriété de faire durcir les grains et d'en rendre la cuisson difficile ; ce durcissement des grains est général dans les terrains calcaires ou gypseux.

Culture forcée. — Elle n'a plus d'intérêt que dans les potagers bourgeois, car ses produits, coûteux à obtenir, ne peuvent lutter avec ceux qui nous viennent d'Algérie et d'Espagne dès le mois de février.

C'est un procédé de luxe que celui qui consiste à semer le haricot, dès le mois de novembre, en pots que l'on dispose ensuite sur les tablettes d'une bâche ou d'une serre. La culture forcée sur couche exige moins de frais. On ne la commence généralement qu'à la fin de janvier, ou même en février, les haricots ayant besoin de beaucoup d'air et de lumière pour ne pas pourrir.

Les graines sont semées dans le terreau d'une couche chaude, en lignes distantes de 5 centimètres et à 2 centimètres de profondeur. Quand les plants sont assez forts, douze à quinze jours après le semis, on les repique sur une nouvelle couche, en les enfonçant jusqu'aux cotylédons. On les espace alors de 15 à 20 centimètres sur des lignes distantes de 25 centimètres. Les châssis sont couverts de paillassons au début, mais on doit éclairer largement et aérer deux ou trois jours après le repiquage. Six ou sept semaines après le semis on peut cueillir les premiers haricots verts ; la récolte se prolonge pendant un mois au moins. On réserve parfois les dernières pousses pour la production de grains frais. Les haricots *noir de Belgique, flageolet très hâtif d'Étampes, flageolet à feuilles gaufrées, nain hâtif de Hollande* sont les variétés les plus propres à cette culture.

En avril, on peut repiquer sous cloches ou sous châssis à froid des plants issus d'un semis sur couche, ou semer directement en place. Les châssis sont supprimés en mai et la récolte peut commencer vers le milieu de juin.

Culture de pleine terre. — Nous avons indiqué précédemment l'époque des premiers semis de haricot en pleine terre. Les derniers ont lieu en août, sous le climat de Paris, pour la production des aiguilles, vers le milieu de juin pour celle des grains secs. Ces semis se font sur un sol bien ameubli. Les haricots nains sont semés en poquets distants de 40 à 50 centimètres, à raison de 5 à 6 graines par trou, ou en rayons écartés de 40 à 60 centimètres; les variétés à rames, en planches séparées par des sentiers de 50 à 60 centimètres ou d'autres planches de légumes nains; chaque planche ne porte que deux lignes de haricots, espacées de 70 à 80 centimètres. Avec cette disposition, les plantes reçoivent autant d'air et de lumière qu'il est nécessaire et les travaux d'entretien et de récolte peuvent être exécutés sans difficulté.

Il faut, suivant les variétés, de 1 litre et demi à 2 litres de graines pour l'ensemencement d'un are. La levée est rapide; on peut l'activer encore en faisant tremper les graines dans l'eau pendant quelques heures avant de les semer en sol frais.

Pendant le cours de la végétation on donne ordinairement deux binages, le premier peu de temps après la levée, le second un peu avant la floraison. On profite souvent de ce dernier pour butter les pieds. On place ensuite les rames à l'intérieur et contre les rangs, en les croisant dans le haut où on les lie pour leur assurer plus de solidité.

Dans les périodes de sécheresse, quelques arrosages sont utiles au haricot; entre autres avantages ils permettent d'éviter la chute des fleurs.

On récolte les premiers haricots verts deux mois et demi ou trois mois après le semis, un peu plus tôt ou un peu plus tard suivant la saison, le sol et les variétés. La cueillette doit se faire tous les deux ou trois jours pour que la floraison se prolonge; elle cesserait si des grains venaient à se développer dans les gousses. Sur les haricots à rames, les dernières gousses apparaissent à la partie supérieure de la plante; on l'arrache pour les en détacher.

La récolte des grains frais commence 10 à 15 jours plus tard que celle des aiguilles. Celle des grains secs a lieu quand les gousses jaunissent. On arrache alors les plantes par un beau temps, on en forme des bottes qu'on laisse se ressuyer sur le sol, puis on les rentre dans un grenier ou sous un hangar aéré pour leur permettre de se dessécher complètement. On extrait ensuite les graines des gousses par le battage au fléau ; les variétés à gros grains sont écossées à la main. Les haricots conservent en gousses plus de fraîcheur qu'égrenés; aussi recommande-t-on de ne les écosser qu'au fur et à mesure des besoins.

En culture jardinière, on peut obtenir par are jusqu'à 50 kilogrammes de haricots verts et 12 à 15 litres de grains frais ou secs.

Culture champêtre. — Elle s'adresse seulement aux variétés naines, pour la production des grains secs, parfois aussi pour celle des haricots verts ou des mange-tout. Les haricots verts supportent assez bien le transport pour qu'on puisse en expédier à Paris de Provence et d'Espagne.

Les variétés à cultiver pour leurs grains sont nombreuses ; leur choix doit être basé sur les préférences de l'acheteur, variables suivant les régions. Celles à grain blanc sont d'un usage beaucoup plus répandu ; parmi les meilleures, il convient de citer le *flageolet blanc*, le *flageolet hâtif d'Étampes*, le *flageolet à feuilles gaufrées*; le *haricot de Soissons nain*, le *haricot riz*. Au nombre des haricots de couleur les plus appréciés figurent le *flageolet rouge*, les *haricots nains de Chartres* et *d'Orléans*. Ceux à grain vert: *Chevrier*, *Bagnolet vert*, jouissent d'une faveur qui leur assure des prix élevés, mais ils demandent des soins particuliers.

En plein champ, on sème souvent le haricot après une avoine de printemps. Le terrain est déchaumé, puis labouré, à l'entrée de l'hiver, à 20 centimètres de profondeur; on donne un coup de herse au printemps et l'on enterre les engrais par un nouveau labour, peu profond, qu'on fait suivre d'un hersage et d'un roulage. On sème aux époques que nous avons indiquées, en poquets ou en lignes distantes de 0ᵐ,40 à 0ᵐ,50. Les semis à la main sont longs et dispendieux; l'emploi du semoir est bien préférable. La quantité de semence à répandre varie avec la grosseur du grain; elle est généralement comprise entre 150 et 200 litres par hectare.

On donne un premier binage, à la houe à cheval ou à la houe à main, peu de temps après la levée; un second un mois plus tard.

Le haricot peut être avantageusement cultivé comme plante d'été entre une récolte hâtive de printemps: pommes de terre précoces, épinard, trèfle incarnat, et une céréale d'automne, à laquelle il laisse, dès octobre, un sol en excellent état de propreté et de fertilité. Dans la grande culture du midi de la France, il succède souvent à la pomme de terre; on le fait aussi en culture intercalaire dans les vignes ou le maïs.

La récolte des grains secs a lieu cinq mois au plus après le semis. Celle des haricots à grain vert (Chevrier, Bagnolet) se fait avant complète maturité. Les pieds, arrachés dès que les feuilles commencent à tomber, subissent sur le sol un commencement de dessiccation; ils sont ensuite disposés en petits tas, qu'on recouvre d'un peu de paille pour les soustraire à l'action de la lumière; les grains achèvent ainsi de mûrir en restant verts.

Le rendement moyen en grains secs du haricot est de 20 à 25 hectolitres par hectare. Le poids de l'hectolitre varie de 70 à 85 kilogrammes.

Production des semences. — Les observations faites au sujet du pois s'appliquent également au haricot.

Maladies. — La *graisse* du haricot, due à une bactérie, se manifeste surtout sur les gousses, sous la forme de taches chancreuses d'où s'exsude un liquide visqueux; la maladie s'étend par places pendant les étés humides; elle sévit surtout sur les variétés sans rames et plus particulièrement sur le haricot Chevrier. « Elle se transmet dans une culture, dit le Dr Delacroix, par l'intermédiaire des graines malades semées avec les saines. Les plants fournis par les graines malades sont envahis, pourrissent très jeunes, tombent sur le sol et infectent par contact la pointe des gousses. D'où la nécessité : 1° d'un assolement au moins triennal ; 2° d'une sélection rigoureuse des graines et même de l'emploi de graines étrangères à la région où sévit la maladie. »

L'anthracnose (*Colletotrichum Lindemuthianum*) détermine la formation de taches rongeantes sur les feuilles et sur les fruits. On la combat avec la bouillie bordelaise, applicable seulement aux variétés dont on consomme les grains. Cette bouillie est également indiquée pour le traitement de la *rouille* (*Uromyces Phaseoli*).

Contre le *blanc* (*Erysiphe communis*) on fait emploi d'insufflations de fleur de soufre.

La *maladie des sclérotes* (*Sclerotinia Libertiana*) attaque surtout les haricots cultivés sous châssis. La plante se couvre d'un lacis de filaments blancs et ne tarde pas à périr. Le traitement consiste dans l'arrachage et la destruction par le feu des plantes atteintes et l'abandon pendant plusieurs années du sol contaminé pour la culture du haricot.

Ennemis. — La *bruche du pois* attaque aussi, mais plus rarement, le haricot. La *grise*, acarus microscopique dont les succions épuisent la plante, n'apparaît que dans les périodes de sécheresse ; des seringages à l'eau fraîche, surtout à la face inférieure des feuilles, suffisent pour la détruire.

DOLIQUES.

Famille des *Légumineuses*.

Les *doliques* ou *dolics* sont des plantes extrêmement voisines du haricot. Elles appartiennent aux climats

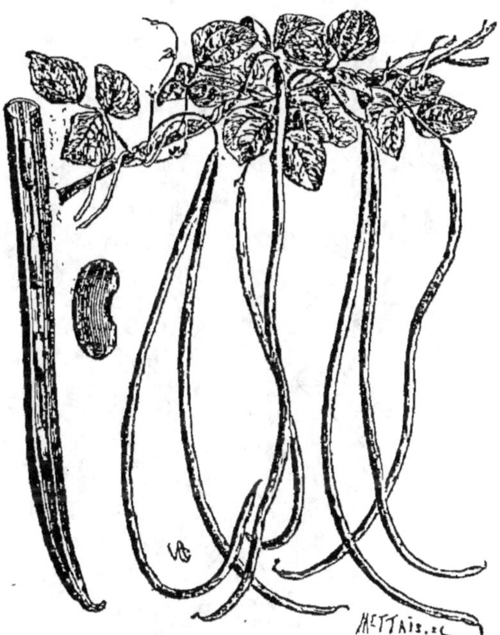

Fig. 142. — Dolique de Cuba.

chauds et ne mûrissent qu'exceptionnellement leurs graines dans le centre et le nord de la France. En Provence et dans le sud-ouest on en cultive deux espèces : le *dolique asperge* (*Dolichos sesquipedalis* L.), et le *dolique mongette* (*Dolichos unguiculatus* L.), dont on consomme les gousses à la façon des haricots verts. La culture des haricots nains s'applique au dolique mongette, celle des variétés tardives de haricots à rames au dolique asperge. Ce sont des plantes peu exigeantes et résistantes à la sécheresse.

SOJA

Soja hispida Mœnch. (Famille des *Légumineuses*).

Origine. Caractères de la plante. — Le *soja* (fig. 143)

Fig. 143. — Soja.

est une plante annuelle, originaire de Chine où sa culture est fort ancienne. Elle y a donné naissance à de très nombreuses variétés, différentes par la durée de végétation, la hauteur des tiges, la couleur des grains. Les variétés naines, précoces, sont les seules appréciées chez nous ; encore ne tiennent-elles qu'une place des plus restreintes dans la culture. Le *soja d'Étampes*, vigoureux et productif, est plus répandu que le *soja ordinaire à grain jaune*, plus court et plus hâtif, et le *soja à grain noir*.

Sur une tige forte, rameuse, d'une hauteur de 30 à 50 centimètres chez le soja ordinaire, de 60 à 80 centimètres chez celui d'Étampes, la plante présente des feuilles composées de trois folioles ovales-acuminées. A l'aisselle de ces feuilles naissent des fleurs verdâtres ou faiblement violacées, auxquelles succèdent des gousses velues renfermant des grains assez semblables à de petits haricots, mais plus arrondis.

Usages. — Les grains du soja se consomment à la façon du haricot, frais ou secs ; ils ne perdent leur dureté, dans ce dernier cas, que s'ils subissent un trempage prolongé dans l'eau avant d'être soumis à la cuisson. On en confectionne aussi un pain spécial, recherché pour l'alimentation des diabétiques.

Ils sont beaucoup plus riches encore en matières azotées que ceux des autres légumineuses alimentaires : pois, fèves, haricots ou lentilles ; ils renferment aussi deux ou trois fois autant de matières grasses.

Voici, d'après M. Lechartier (1), la composition des grains de deux variétés différentes :

	Soja d'Étampes. P. 100.	Soja noir. P. 100.
Eau	11,80	12,14
Substances azotées alimentaires	30,80	32,23
Matières grasses	16,78	15,47
— saccharifiables	24,25	19.27
Extractifs non azotés	4,67	9,69
Ligneux	5,92	5,90
Cendres	5,73	5,22

(1) *Annales de la Science agronomique*, 1902-1903.

La haute valeur nutritive du soja, supérieure à celle de la viande, ressort de ces chiffres.

Culture. — Le mode de culture des haricots nains s'applique de tous points au soja. On en récolte les gousses au fur et à mesure de leur maturité; la floraison se prolonge assez longtemps.

Le soja ordinaire est mûr de trois à quatre mois après le semis; celui d'Étampes, de quatre à cinq mois seulement.

GOMBO

Hibiscus esculentus L. (Famille des *Malvacées*).

Cette plante annuelle, originaire de l'Amérique du Sud, appartient essentiellement à la culture des régions chaudes. Elle est acclimatée dans la plupart de nos colonies, notamment à la Guadeloupe et à la Martinique, où on l'apprécie beaucoup; elle vient facilement aussi dans le midi de l'Europe : Turquie, Espagne, Italie méridionale. Dans ces pays sa culture est des plus simples : on multiplie la plante par graines semées en place en plein air. Chez nous elle réclame le secours de la chaleur artificielle.

On sème le *gombo* ou *ketmie* sur couche chaude, en février-mars ; on repique le plant sur une nouvelle couche quand il est pourvu de deux feuilles, et on le met en place en pleine terre en mai, de préférence à une exposition chaude. Les soins d'entretien consistent en binages répétés et en arrosages copieux.

Les fruits du gombo, récoltés avant complet développement, servent à la préparation de sauces ou de potages ; ils sont doux et très mucilagineux. Ses graines, qui mûrissent dans le midi de la France, sont parfois employées, au même titre que celles du lupin, du pois, etc., pour la préparation, par torréfaction, d'un pseudo-café de fort médiocre qualité.

Le *gombo à fruit long* (fig. 144) est plus répandu que le

Fig. 144. — Gombo à fruit long.

gombo à fruit rond, plus précoce, mais plus nain et moins
productif.

TOMATE

Lycopersicum esculentum Dun. (Famille des *Solanées*).

Origine. Caractères de la plante. — La tomate est
originaire du Mexique ou du Pérou. C'est une plante
annuelle à tige grosse, ramifiée, semi-ligneuse, velue.
Ses feuilles composées, à folioles lobées, souvent crispées, grisâtres, portent des poils glanduleux; froissées,
elles répandent une odeur vireuse. A ses fleurs jaunâtres,

disposées en cymes ramifiées, succèdent des baies charnues, parfois énormes, globuleuses ou côtelées, le plus
souvent rouges, jaunes ou violacées dans quelques
variétés. Ces fruits renferment, noyées dans leur pulpe,
des graines blanches, aplaties, réniformes, qui ressemblent beaucoup à celles de la pomme de terre.

Usages. — Soumis à la cuisson, les fruits acidulés de
la tomate servent à la préparation de différents mets,
notamment de sauces condimentaires très appréciées.
Crus, on les consomme en salade ; dans le midi de la
France, on les utilise volontiers sous cette forme.

La fabrication des conserves de tomates, fruits entiers
ou jus, a pris une grande extension dans ces dernières
années et absorbe une bonne part de la production méridionale.

Variétés. — Il en existe un grand nombre ; la facilité
avec laquelle la plante joue fait qu'elles se multiplient
aisément. Beaucoup de nouvelles variétés nous viennent
d'Amérique ; quelques-unes seulement de ces dernières
ont une valeur réelle et peuvent être comparées aux suivantes, répandues dans nos cultures où elles ont fait
leurs preuves.

Tomate rouge grosse. — Plante forte, à fruits volumineux, irrégulièrement côtelés. Très productive, mais
tardive. Cultivée en grand dans le midi de la France,
pour l'approvisionnement des marchés et la fabrication
des conserves.

Tomate rouge hâtive (fig. 145). — Fruits nombreux,
côtelés, de moindre volume que la tomate *rouge grosse*.
Plus précoce d'au moins quinze jours. Très répandue
dans la région de Paris.

Tomate rouge naine hâtive (fig. 146). — Plante basse,
à fruits près de terre, ressemblant beaucoup à ceux de
la variété précédente. Se prête bien à la culture forcée.

Tomate très hâtive de pleine terre. — Plante assez basse, à
fruits écarlates, à peine côtelés. Excellente variété précoce.

Fig. 145. — Tomate rouge hâtive.

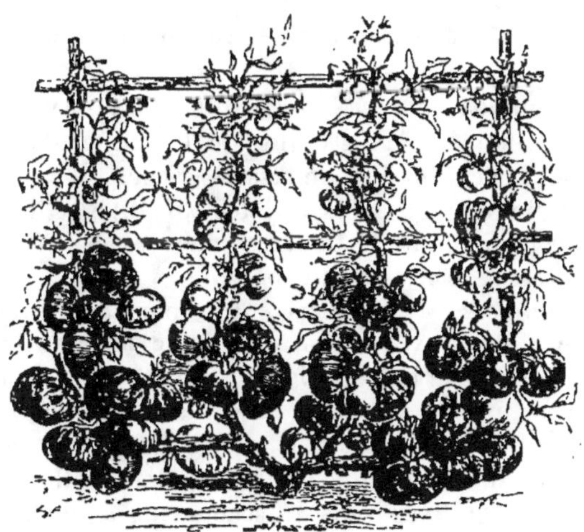

Fig. 146. — Tomate rouge naine hâtive palissée.

Tomate Reine des hâtives. — Variété récente, rustique, extrèmement précoce. Fruits lisses, d'un rouge écarlate.

Tomate Chemin rouge hâtive. — Plante vigoureuse, de précocité moyenne. Fruits lisses, presque sphériques, de belle apparence. Variété très productive. S'est rapidement répandue ; très appréciée aux halles de Paris ; convient bien pour la production des fruits de conserve.

Tomate Champion. — Tige courte, forte. Fruits lisses, d'un rouge violacé. Assez rustique ; précocité moyenne.

Tomate à tige raide de Laye. — Tige très courte, résistante, se soutenant seule. Feuillage frisé, d'un vert noirâtre. Variété tardive, à gros fruits côtelés.

Tomate rouge grosse lisse ou *Trophy.* — Très beaux fruits, gros, déprimés ; ont tendance à redevenir côtelés. Variété très tardive.

Tomate pomme rouge. — Fruits lisses, sphériques, de précocité moyenne.

Tomate Perfection. — Fruits lisses, rouge écarlate, assez semblables à ceux de la tomate *rouge grosse lisse*, mais plus précoces.

Tomate Mikado écarlate. — Fruits énormes, lisses. Précocité moyenne.

Tomate Roi Humbert. — Fruits nombreux, écarlates, de la dimension et presque de la forme d'un œuf de poule. Variété productive, assez précoce.

Mentionnons aussi les variétés suivantes, d'importance beaucoup moindre : tomates *jaune ronde*, *jaune grosse lisse*, *cerise*, *pomme violette*, *poire*.

Exigences. — Pour accomplir normalement le cycle complet de sa végétation, la tomate réclame beaucoup de chaleur ; en outre, elle ne résiste pas au froid : une température de 2 degrés au-dessous de zéro lui est funeste. Dans le centre et le nord de la France, et à plus forte raison en Belgique et en Angleterre, elle ne saurait donc être cultivée sans le secours de la chaleur artificielle. Même dans nos régions méridionales, où il ne s'écoule que six mois entre les dernières gelées printanières et les premières gelées d'automne, c'est seulement en avançant l'époque de sa production par le semis sur couche qu'on en obtient des récoltes suffisamment rémunératrices.

Toutes les terres saines et meubles conviennent à la tomate; mais elle ne se développe vigoureusement et ne donne des fruits de belle venue que dans les sols riches en terreau. L'adjonction d'engrais minéraux phosphatés et potassiques aux fumures organiques qu'on lui fournit est des plus avantageuses ; en dehors des accroissements de rendement qu'ils déterminent, on reconnaît à ces engrais la propriété d'accélérer la maturation des fruits et de restreindre les dommages causés par la pourriture. On conçoit toute l'importance d'une récolte hâtive pour des légumes de vente auxquels une avance de quelques jours, au début de la saison, permet d'atteindre sur les marchés des prix notablement plus élevés, souvent doubles ou triples.

Si, prenant pour base la composition moyenne de la tomate établie par M. R. Dumont, nous calculons les quantités de principes fertilisants que renferment 50 000 kilogrammes de fruits, nous trouvons :

	Kil.
Azote	115
Acide phosphorique	37
Potasse	77

Pour établir les prélèvements faits dans le sol par une récolte de cette importance, normale en grande culture, il faudrait ajouter à ces chiffres ceux qui se rapportent à la masse foliacée correspondante ; on arriverait ainsi à des totaux très supérieurs à ceux qui représentent les exigences minérales de la pomme de terre potagère. Cependant on préconise volontiers les mêmes formules d'engrais pour les deux plantes. A la suite de ses essais de fumures potagères, M. Vilcoq, professeur d'agriculture à Montargis, recommande pour la tomate, comme pour les autres solanées (1), l'emploi, par are, de 1 kilogramme de nitrate de soude, de 7 kilogrammes de superphosphate de chaux et de 3 kilogrammes de chlorure de potassium dans les sols de fertilité moyenne.

La tomate réclame beaucoup d'eau ; des arrosages copieux lui sont utiles. En les donnant au pied des plantes, on évite la chute des fleurs que déterminent les aspersions sur les sommités ; celles-ci favorisent aussi, assure-t-on, le développement de la maladie. Dans le Midi, la tomate bénéficie largement des irrigations.

Culture ordinaire. — On sème la tomate sur couche chaude, en janvier-février dans le midi de la France, dans le courant de mars sous le climat de Paris. La couche, chargée de 10-12 centimètres de terreau, doit développer une température d'environ 25 degrés au moment du semis. Les graines sont enterrées à un centimètre au plus. On tasse ensuite le terreau, on arrose et l'on couvre les châssis de paillassons.

La levée se produit au bout de peu de jours, 5 ou 6 dans les meilleures conditions ; pour qu'il ne s'allonge pas en restant grêle et sans force, il faut donner de la lumière au jeune plant dès qu'il apparaît hors du sol.

Quand le plant est pourvu de quatre ou cinq feuilles, trois semaines ou un mois après le semis, on le repique sur une nouvelle couche, dans un mélange de terre et de terreau. Le repiquage se fait au plantoir dans les cultures de peu d'importance, à la houe dans celles de grande étendue. Les plants sont espacés de 12-15 centimètres en tous sens. On les enterre jusqu'aux cotylédons pour en diminuer un peu la hauteur et accroître en même temps la partie souterraine de la tige sur laquelle se développent les racines adventives. On arrose

(1) *Bulletin de la Société des Agriculteurs de France*, 1902.

et l'on couvre les châssis de paillassons pour faciliter la reprise ; dès qu'elle a eu lieu il faut aérer aussi largement que la température le permet. Malgré cette précaution, il arrive assez souvent que les plants s'étiolent et s'allongent démesurément, *fusent* suivant l'expression des jardiniers. On remédie à cet inconvénient en les transplantant sur la même couche ou sur une autre semblable ; on a soin, lors de ce repiquage, d'augmenter la profondeur à laquelle ils sont enterrés. On réduit aussi les chances d'étiolement en restreignant les arrosages.

La mise en place a lieu à la fin d'avril ou au commencement de mai dans le midi de la France, dans la seconde quinzaine du même mois sous le climat de Paris. Dans les régions septentrionales, il importe beaucoup de planter la tomate à une exposition chaude ; sur côtière orientée au sud ou à l'est, elle mûrit mieux et plus rapidement. Les résultats sont meilleurs encore lorsqu'on la palisse contre un mur bien ensoleillé. Les carrés du jardin, ou les parcelles en plein champ qu'on lui consacre dans les cultures importantes, doivent répondre aux mêmes conditions d'exposition.

Le terrain destiné à la tomate est préalablement labouré et fumé. La plantation se fait, dans les jardins, à un écartement de 50 à 60 centimètres, sur des lignes distantes de 80 centimètres. En grande culture, on espace souvent les lignes d'un mètre pour permettre le travail du sol à l'aide des instruments attelés. Quand on plante à la charrue, les plants, arrachés avec leur motte, sont placés dans les sillons à la profondeur convenable et enterrés à la houe. Un arrosage abondant suit la plantation. Les jardiniers ont coutume de ménager au pied de chaque plante une petite cuvette destinée à recevoir l'eau. Ils paillent aussi le sol pour le maintenir frais.

Il est nécessaire de soutenir la tomate en la tuteurant ou en la palissant ; autrement les branches traîneraient sur le sol et les fruits pourriraient sans mûrir. Cette opération est utile même pour les variétés à tige raide. Les maraîchers fixent, à l'aide de brins de paille, les branches de la plante à des échalas de 1ᵐ,50 environ; ceux de l'Aude et de l'Hérault se servent de roseaux ou de bambous de 2 mètres à 2ᵐ,50, qu'ils réunissent par groupes de quatre en les attachant au sommet. Parfois aussi l'on conduit la tomate en cordons sur des fils de fer tendus sur des piquets de 50 à 60 centimètres de hauteur; on peut enfin la palisser sur un treillage (fig. 145), en former même contre les murs de véritables espaliers.

La tomate doit être soumise à une taille appropriée au climat et à la variété. Cette opération a pour but, en réduisant la hauteur des pieds et le nombre des rameaux, de substituer à la production tardive de fruits trop abondants, petits et mûrissant mal, une fructification rapide et régulière permettant d'obtenir des produits normalement développés. Il faut conserver d'autant moins de ramifications que le climat est plus froid, la variété plus tardive et plus fructifère.

Les systèmes de taille en usage sont nombreux. La taille Hardy convient bien aux variétés vigoureuses. Elle consiste a étêter la tige dès l'apparition du premier bouquet de fleurs; parmi les ramifications qui se développent ensuite, on ne laisse subsister que les deux plus vigoureuses et les mieux placées. On les tuteure et l'on ne conserve sur ces branches que les inflorescences et le bourgeon terminal, en supprimant tous les bourgeons latéraux.

Un autre procédé, très répandu, consiste, après suppression de la première inflorescence, à choisir quatre branches latérales de belle venue, sur lesquelles on laisse seulement deux ou trois bouquets de fleurs.

La taille *en gobelet* n'est applicable qu'aux variétés naines ou à tige raide. On pince la tige au-dessus des premières fleurs, dès leur apparition; parmi les bourgeons latéraux qui se développent ensuite, on n'en conserve que trois ou quatre, convenablement espacés. Les branches auxquelles ils donnent naissance sont pincées quand elles fleurissent, de façon à les faire bifurquer. Si l'opération a été bien conduite, on obtient un gobelet régulier à 6 ou à 8 branches.

Dans la taille *en cordon*, on laisse la tige s'allonger, en supprimant tous les bourgeons latéraux. En l'arquant à la hauteur voulue, on la conduit sur un fil de fer horizontal et, quand son extrémité atteint le pied voisin, on l'arrête par un pincement. La tomate en cordon mûrit bien ses fruits, en avance de plusieurs jours sur ceux qu'on obtient avec les autres systèmes de taille. On lui reproche de donner sur un même pied des fruits de grosseur trop inégale.

La suppression des bourgeons adventifs qui naissent sur les rameaux après la taille est le complément de celle-ci; elle doit avoir lieu à mesure que ces bourgeons se développent. Dans les cultures méridionales, on la pratique régulièrement tous les quinze jours au moins pendant les mois de juin et de juillet.

Les soins d'entretien consistent en quelques binages et en arrosages donnés à propos.

Quand les fruits commencent à se colorer, on enlève les feuilles qui les masquent pour leur permettre de recevoir librement les rayons solaires.

La récolte commence vers le milieu de juin dans le Midi, à la fin de juillet ou dans les premiers jours d'août sous le climat parisien. Elle se fait successivement, au fur et à mesure de la maturité des fruits. On attend qu'elle soit complète pour ceux qui seront vendus ou consommés sur place; ceux, au contraire, qui doivent supporter de longs transports sont cueillis au début de la véraison, en prenant grand soin de ne pas les meurtrir.

Lorsqu'il reste des fruits sur pied lors des premiers froids, on les cueille pour les rentrer; placés sur un lit de paille, sous châssis incomplètement fermés, ils achèvent de mûrir.

Dans les environs de Paris et l'Orléanais, on consacre d'importantes surfaces à la production de la tomate, mais la grande culture de cette plante pour l'approvisionnement des marchés français, l'exportation et la fabrication des conserves se fait surtout dans les régions méridionales : littoral méditerranéen, vallées du Rhône et de la Garonne. Les départements de Vaucluse et de Tarn-et-Garonne notamment expédient, chaque année, d'énormes quantités de tomates en Angleterre.

Les tomates *très hâtive de pleine terre*, *Chemin rouge*, *Perfection*, *rouge grosse*, *Mikado* sont les variétés qui conviennent le mieux pour la grande production.

Les rendements et les bénéfices fournis par la culture de la tomate sont assez variables. Dans la région parisienne, on évalue à 3 kilogrammes la récolte moyenne d'un pied. M. Zacharewicz, professeur départemental d'agriculture, estime que, dans le Vaucluse, chaque plante peut fournir 4 kilogrammes de fruits; le rendement par hectare atteindrait ainsi 80 000 kilogrammes au moins, vendus 0 fr. 10 en moyenne; les dépenses de production sont d'environ 3 000 francs.

M. Baudouy, chef jardinier à la ferme-école de l'Aude, dans l'intéressante étude qu'il a publiée sous le titre : *Observations sur la culture de la tomate dans le midi de la France*, fixe, pour sa région, le rendement moyen à 50 000 kilogrammes seulement, donnant un produit brut de 5 000 francs et un bénéfice net de 2 400 francs.

M. J. Durand (1) a examiné les conditions de production de la tomate dans la partie méridionale des départements de l'Aude et de l'Hérault. Il indique, pour les bonnes cultures, un rendement de 60 000 kilo-

(1) Notes sur la culture de la tomate dans le midi de la France, in *Bulletin de l'Association des anciens élèves de l'École nationale d'horticulture de Versailles*, 1901.

grammes par hectare et un revenu net de 2800 francs.

En adoptant même les plus modérés de ces chiffres, la culture de la tomate apparaît comme extrêmement rémunératrice. Malgré l'extension qu'elle a prise dans ces dernières années, elle peut se développer encore ; de larges débouchés lui sont ouverts. La fabrication des jus de tomate assure l'écoulement des produits en excédent pour la vente en nature. Très facile, la transformation des fruits en « confiture » peut être opérée par le cultivateur lui-même. 100 kilogrammes de fruits donnent 12 kilogrammes de pâte, que l'on vend sous cette forme 1 franc environ le kilogramme.

Culture forcée. — Les produits méridionaux font une victorieuse concurrence aux tomates de primeur obtenues en culture forcée ; aussi cette culture n'est-elle plus guère pratiquée que dans les jardins particuliers.

On l'applique exclusivement à des variétés naines, précoces. Celles-ci sont semées, en janvier-février, sur couche chaude et sous châssis. Quand le plant a trois ou quatre feuilles, on le repique en pépinière sur une nouvelle couche. En mars, on le met à demeure sur une dernière couche, chargée de 20 à 25 centimètres de terreau. Chaque panneau reçoit habituellement 9 pieds. On relève les coffres à mesure que la plante se développe.

Aux tomates forcées on ne conserve, lors de la taille, que deux branches et, sur chacune d'elles, deux bouquets de fleurs seulement. Ces branches sont fixées sur des gaulettes horizontales soutenues par des piquets ou sur des fils de fer tendus en travers des coffres, aussi près que possible du vitrage. On aère toutes les fois que la température le permet ; l'aération est particulièrement nécessaire à l'époque de la floraison, pour éviter la coulure. On obtient en mai les premiers fruits mûrs ; chaque pied fournit de 6 à 8 fruits.

Le plus souvent, pour mieux utiliser les couches, on associe aux tomates d'autres cultures forcées.

En Belgique et en Angleterre, la tomate se cultive en serres chauffées au thermosiphon.

Production de la graine. — Les variétés améliorées dégénèrent facilement; pour les conserver pures, il importe de sélectionner soigneusement les porte-graines. On choisira ceux-ci parmi les pieds vigoureux, sains et fertiles, présentant bien les caractères recherchés. Sur ces pieds on ne conservera que les plus beaux fruits, les premiers formés, qui seront récoltés à parfaite maturité; on les ouvrira pour en extraire les semences qui, débarrassées de la pulpe adhérente par un lavage, seront ensuite séchées à l'ombre.

Maladies. — Le mildiou de la pomme de terre, causé par le *Phytophthora infestans*, s'attaque également à la tomate; il provoque la désorganisation des feuilles et la pourriture des fruits. La bouillie bordelaise à 2 pour 100 de sulfate de cuivre, employée préventivement, met les plantes à l'abri de la maladie. Trois traitements suffisent généralement; le dernier est donné quelques semaines avant la maturité des premiers fruits. Quand il est nécessaire d'en opérer un nouveau peu de temps avant la véraison, on substitue avantageusement à la bouillie une solution de verdet gris à 1 pour 100; elle laisse moins de traces sur les fruits.

Sur les tomates cultivées en serre, le *Cladosporium fulvum* détermine une maladie grave, étudiée et décrite en 1890 par MM. Prillieux et Delacroix (1). Les feuilles jaunissent, se couvrent à la face inférieure d'un revêtement velouté, gris verdâtre; les rameaux se dessèchent et meurent. Les traitements à la bouillie bordelaise sont efficaces contre ce champignon.

L'orobanche rameuse peut vivre et se multiplier sur la tomate; il faut donc éviter de cultiver celle-ci sur des terrains ayant porté du tabac envahi par la plante parasite.

Ennemis. — On a signalé récemment les ravages

---

(1) Ed. Prillieux, *Maladies des plantes agricoles.*

causés dans quelques cultures méridionales par une
chenille jusqu'à présent imparfaitement déterminée. S'il
s'agit, comme on l'a dit, d'une noctuelle, les lanternes-
pièges employées pour la capture des papillons de cette
espèce pourront rendre des services pour sa destruction.

AUBERGINE

Solanum Melongena L. (Famille des *Solanées*).

Origine. Caractères de la plante. — L'aubergine est
une plante annuelle, originaire de l'Inde, à tige forte,
rigide, ramifiée, portant des
feuilles larges, oblongues, grisâtres, dont les nervures sont
souvent pourvues d'épines.
Ses fleurs, violacées, plus
grandes, mais semblables à
celles de la pomme de terre,
ont un calice qui persiste après
la fécondation et coiffe la partie supérieure du fruit. Celui-
ci est une baie volumineuse,
oblongue, charnue, renfermant de petites graines jaunâtres, déprimées, réni-
formes.

Usages. — Le fruit de l'aubergine se mange cuit; cru,
la pulpe en est cotonneuse, à
saveur âcre, désagréable. Très
apprécié dans le Midi, où l'on
en fait une grande consommation, il l'est moins dans le

Fig. 147. — Aubergine violette
longue.

Nord. En Provence, les paysans coupent l'aubergine en
tranches, qu'ils font sécher au soleil pour les employer
ensuite à la garniture des ragoûts.

Variétés. — Plusieurs sont cultivées pour l'ornementation ; les suivantes appartiennent à la culture potagère.

Aubergine violette longue (fig. 147). — Fruit de 15 à 20 centimètres de longueur, plus renflé à l'extrémité libre qu'au point d'attache avec le pédoncule ; violet noir, lisse et comme vernissé. Variété tardive, fertile, convenant surtout à la culture méridionale.

L'aubergine violette longue hâtive en est une sous-variété, que sa précocité fait préférer des maraîchers parisiens.

Aubergine violette ronde. — Fruit très gros, court, d'un violet moins foncé, plus terne. Variété très tardive.

Aubergine violette naine très hâtive. — Plante courte, ramifiée, à fruits nombreux, petits, ovoïdes, violet foncé. En raison de sa grande précocité elle se prête bien à la culture dans les régions septentrionales de la France.

L'aubergine rouge de Châteaurenard est estimée dans le Midi pour sa productivité et la finesse de sa chair.

Exigences. — Plus encore que la tomate, l'aubergine est une plante de culture méridionale ; les maraîchers parisiens l'ont à peu près complètement abandonnée.

Ses exigences, sous le rapport du sol et des engrais, sont sensiblement les mêmes que celles de la tomate. M. Zacharewicz indique (1) que, dans les terres de composition moyenne, la fumure suivante donne d'excellents résultats :

	Kil. à l'hectare.
Fumier de ferme	30.000
Nitrate de soude	300
Chlorure de potassium	200
Superphosphate de chaux	400

Le fumier, le chlorure et le superphosphate, répandus sur le sol, sont enterrés par un labour profond, qui sert en même temps au défoncement du terrain. Le nitrate de soude n'est employé que lorsque les plantes com-

(1) *Revue de Viticulture*, 28 juin 1902.

mencent à entrer en végétation ; on le place dans des sillons tracés à 15 centimètres des lignes d'aubergines.

Culture. — Dans le midi de la France, l'aubergine se sème en janvier sur couche chaude et sous châssis. Après la levée, on aère quelques heures pendant les belles journées. Vers la fin de mars, les plants sont repiqués sous châssis, sur un sol fortement fumé, à la distance de 12 à 15 centimètres. On aère les bâches pendant le jour, et, la nuit, on recouvre les châssis de paillassons. Quelques arrosages sont donnés aux plantes.

La mise en place a lieu à la fin d'avril ou au commencement de mai, en pleine terre. Le sol est défoncé et fumé comme nous l'indiquons plus haut. Les pieds, arrachés avec leur motte, sont replantés à 75 centimètres les uns des autres, sur des lignes distantes d'un mètre. On les tuteure aussitôt après, souvent avec un roseau. Pendant la végétation, on arrose copieusement au pied des plantes et l'on supprime les œilletons qui naissent sur celles-ci, auxquelles on laisse seulement deux ou trois bras. La récolte commence à la fin de juin. M. Zacharewicz estime qu'en Vaucluse, le produit brut de cette culture atteint 6 500 francs par hectare et les frais nécessaires, 2 775 francs ; le bénéfice net serait donc de 3 725 francs. Beaucoup des aubergines produites sont expédiées en Angleterre ou sur les marchés du Nord.

Cultivée complètement sous châssis, l'aubergine donne sa récolte dès la fin de mai.

Sous le climat de Paris, on sème l'aubergine sur couche chaude en février-mars. Trois semaines après, le plant est repiqué sur une nouvelle couche, moins épaisse ; on aère dès que la reprise a eu lieu. La plantation à demeure se fait un mois plus tard, sur couche tiède, généralement à raison de quatre pieds par châssis, et en cultivant dans les intervalles des légumes de primeur : salades, radis, etc. Les plantes sont progressivement habituées à l'air, et, dans le courant de mai, l'on supprime complètement les châssis. Au lieu de deux repiquages, on peut aussi n'en faire qu'un seul, six semaines environ après le semis. Les variétés hâtives supportent d'être plantées en pleine terre, à bonne exposition, vers la fin de mai.

La taille de l'aubergine consiste à supprimer les rameaux qui naissent à la base de la tige; on ne conserve sur celle-ci que deux branches, qu'on pince, après la floraison, de façon à ne laisser que six à huit fruits sur chaque pied. On tuteure les plantes s'il est nécessaire.

Les fruits sont récoltés un peu avant complète maturité, de la fin de juin jusqu'en octobre.

Pour l'obtention de la graine, il convient de prendre les mêmes soins que dans le cas de la tomate.

Maladies. — L'aubergine est sujette aux atteintes du *Phytophthora infestans*. On l'en préserve comme la tomate. M. Zacharewicz a toujours, dit-il, obtenu de bons résultats en traitant préventivement les plantes avec une bouillie renfermant 2 kilos de sulfate de cuivre et 2 kilos de poudre de savon pour 100 litres d'eau. Le premier traitement doit être fait quelques jours après le repiquage des plantes, le second en juin, le troisième en juillet.

Le même auteur recommande, dans le cas de la culture sous châssis, de traiter l'aubergine tous les quinze ou vingt jours à la sulfostéatite à 8 p. 100 de sulfate de cuivre; la poudre est répandue sur les plantes, en quantité modérée, à l'aide d'un soufflet spécial.

PIMENT

Capsicum annuum B. (Famille des *Solanées*).

Origine. Caractères de la plante. — Il existe plusieurs espèces de *Capsicum*, originaires de l'Amérique méridionale. Les variétés cultivées dans nos régions semblent se rapporter toutes à celle dont nous donnons

ci-dessus le nom botanique. C'est une plante annuelle
en culture, à tiges ramifiées, semi-ligneuses, d'une hauteur de 50 à 75 centimètres, portant des feuilles oblongues
lancéolées et des fleurs blanches, rotacées, solitaires à

Fig. 448. — Piment Cardinal.

l'aisselle des feuilles. Les fruits du piment sont des baies
de formes variées, allongées ou arrondies, rouges, jaunes
ou violacées à la maturité ; ils renferment des graines
jaunâtres, discoïdes.

Usages. — Verts ou mûrs, les petits piments, à saveur
brûlante, sont employés comme condiment. On les confit

au vinaigre, avec les cornichons par exemple. Séchés et broyés, ils constituent le poivre de Cayenne ou poivre rouge. On consomme à la façon de l'aubergine les fruits, volumineux et charnus, des variétés douces.

Variétés. — *Piment rouge long.* — Fruit mince, pendant, irrégulièrement conique, plissé, à saveur assez forte. Très répandu.

Piment de Cayenne. — Sous-variété du précédent, à saveur cuisante.

Piment Cardinal (fig. 148). — Fruit très allongé, un peu courbé, rouge vif. Plante naine.

Piment jaune long. — Ressemble au piment rouge long, sauf la couleur. Cultivé dans le Midi.

Piment du Chili. — Fruit rouge, mince, dressé, à saveur brûlante. Très précoce et très productif. Convient bien à la culture dans les régions septentrionales de la France.

Piment violet. — Fruit allongé, à saveur très forte ; plante vigoureuse.

Piment cerise. — *Piment airelle.* — Fruits ronds, à saveur brûlante.

Piment gros carré doux. — Fruit quadrangulaire, aussi long que large, charnu, à saveur très douce. Tardif.

Piment carré doux d'Amérique (fig. 149). — Fruit plus gros, plus arrondi que le précédent, auquel sa précocité le fait souvent préférer.

Piment carré doux d'Ampuis. — Variété assez récente, de bonne qualité.

Piment doux d'Espagne. — Fruit gros, allongé, sucré. Estimé dans le Midi.

Piment monstrueux. — Fruit rouge, tourmenté, à saveur douce.

Piment tomate. — Fruit arrondi, côtelé, généralement doux. Variété peu productive.

Culture. — Les méthodes de culture précédemment indiquées pour l'aubergine conviennent également pour le piment. On le sème sur couche chaude, en février-

mars; le plant est repiqué sur une nouvelle couche
quand il a trois ou quatre feuilles et mis en place, en
pleine terre, en avril sous les climats méridionaux, en

Fig. 149. — Piment carré doux d'Amérique.

mai dans le nord de la France. Le repiquage en pépinière
n'est pas indispensable.

La mise en place des piments doux se fait sur couche
tiède ; les châssis sont supprimés au commencement ou
à la fin de mai suivant le climat, après avoir habitué
progressivement les plantes à l'action de l'air.

En restreignant le nombre des fruits par une taille qui
n'en laisse que douze ou quinze sur chaque pied, les
piments doux deviennent plus gros et mûrissent mieux.

Il faut au piment des arrosages répétés. On donne aussi quelques binages au sol.

La récolte des fruits se fait au fur et à mesure de leur développement.

Celle des graines demande les mêmes soins que dans le cas de la tomate.

ALKÉKENGE

Physalis pubescens L. (Famille des *Solanées*).

Origine. Caractères de la plante. Usages. — L'alkékenge jaune doux ou *coqueret comestible* (fig. 150), origi-

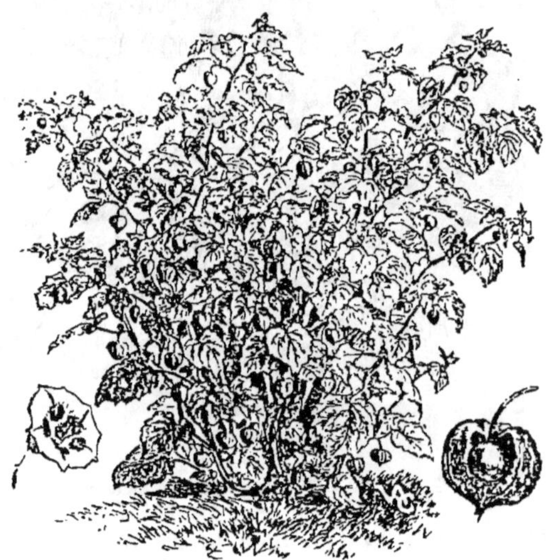

Fig. 150. — Alkékenge.

naire de l'Amérique du Sud, appartient à une espèce très voisine de l'*alkékenge officinal* (*Physalis Alkekengi L.*), plante vivace indigène, assez répandue chez nous dans les terrains secs, dans les vignobles surtout. Sa tige, anguleuse et rameuse, d'une hauteur de 80 centimètres environ, porte des feuilles cordiformes, velues, et de petites fleurs jaunâtres dont le calice s'accroît après la fécondation, devient vésiculeux et enveloppe complètement le fruit. C'est celui-ci, baie charnue d'un jaune rougeâtre, de la grosseur d'une cerise, que l'on mange cru, confit au vinaigre ou sous la forme de confitures ; sa saveur est acidulée. Il renferme des graines petites, lenticulaires, jaunâtres.

Culture. — On applique à l'alkékenge le même mode de culture qu'à la tomate. Un semis fait sur couche, au printemps, fournit des plants qu'on repique sur une nouvelle couche dès qu'ils ont quelques feuilles ; mis en place en mai, on les tuteure et l'on en pince les tiges pour assurer le développement et la maturation des fruits conservés. On cueille ceux-ci dès que l'enveloppe se dessèche.

Dans le Midi, l'alkékenge peut être cultivé complètement en plein air.

Quelques fruits, choisis parmi les plus beaux et récoltés à parfaite maturité, fournissent les semences d'alkékenge, qu'on débarrasse par un lavage de la pulpe qui les entoure.

MELON

Cucumis Melo L. (Famille des *Cucurbitacées*).

Origine. Caractères de la plante. — Les melons étaient classés naguère dans plusieurs espèces botaniques distinctes ; leur étude approfondie a conduit Naudin à les rattacher tous au *Cucumis Melo* de Linné, espèce originaire de l'Inde dont le type primitif, assure-t-on, existerait également en Guinée.

Cette plante annuelle revêt dans les cultures des formes extrêmement variées ; celles-ci présentent néanmoins un ensemble de caractères communs que l'on peut résumer ainsi.

Tiges sarmenteuses, flexibles, pourvues de vrilles accrochantes, rampantes ou grimpantes suivant qu'elles rencontrent ou non des supports convenables à proximité. Feuilles de formes et de dimensions très variables : tantôt quinquelobées, ou même profondément découpées, tantôt réniformes, arrondies, à bord entier ou denté ; garnies de poils abondants, comme les rameaux eux-mêmes, elles sont rudes au toucher. Le melon est monoïque ; chaque plante porte à la fois des fleurs mâles, généralement groupées par trois ou par quatre, et des fleurs femelles, solitaires. Ces dernières apparaissent plus tardivement ; elles présentent à la base un ovaire ovoïde assez volumineux. La corolle de ces fleurs est jaune, à cinq divisions.

Le fruit du melon est tantôt sphérique plus ou moins déprimé, tantôt allongé, cylindrique ou contourné ; parfois il ne dépasse pas le volume d'une petite pomme, il atteint dans d'autres cas celui d'un potiron moyen. La surface en est ou régulièrement arrondie ou plus ou moins nettement côtelée ; quelquefois lisse, elle présente le plus souvent des rides sinueuses, saillantes, de nature subéreuse (*broderies*) ou des aspérités verruqueuses (*gales* ou *verrues*).

Sa couleur est blanche, jaune, grise, verte, noirâtre ou panachée ; celle de sa chair, blanche, verte ou orangée. Au centre du fruit, noyées dans un lacis de filaments qui les alimentent, se trouvent des graines nombreuses, aplaties, lisses, oblongues acuminées, jaunâtres.

Usages. — Le melon se mange généralement cru ; la chair en est tendre, sucrée, juteuse et très parfumée dans les bonnes variétés. On en prépare aussi des confitures.

Les fruits verts, supprimés peu après leur formation sur les pieds où ils sont trop nombreux, peuvent être confits au vinaigre comme les cornichons ; plus développés, on les utilise à la façon du concombre.

Variétés. — Les très nombreuses variétés de melon se classent toutes en deux groupes : 1° les *melons cantaloups*, à fruit sphérique, oblong ou déprimé, divisé par des sillons profonds en côtes larges, verruqueuses ; la chair, généralement d'un rouge orangé, en est tendre, agréablement parfumée, très estimée ; 2° les *melons brodés* dont les fruits, de formes variées, présentent, à la surface, les lignes sinueuses décrites précédemment sous le nom de broderies ; la chair, moins épaisse que dans les cantaloups, est tantôt rougeâtre, tantôt blanche ou verdâtre, sucrée, mais de qualité un peu inférieure. On range quelquefois certaines variétés, à surface à peu près unie, dans une troisième catégorie, celle des *melons lisses* ; presque toutes peuvent trouver place dans la précédente.

Nous signalerons ici quelques-unes des variétés de fonds les plus importantes ; le melon se prête à de si multiples modifications qu'il est peu de jardiniers spécialisés dans sa culture qui n'en possèdent une forme obtenue par eux, distincte par quelque caractère secondaire et qu'ils préfèrent à toutes les autres.

Melons cantaloups.

Melon cantaloup Prescott petit hâtif. — Fruit sphérique faiblement déprimé, côtes peu verruqueuses, tachées de vert foncé. Pèse en moyenne de 800 à 1000 grammes. Très hâtif, d'excellente qualité ; l'un des meilleurs melons pour la culture sous châssis.

Fig. 151. — Melon cantaloup Prescott à fond blanc.

Melon cantaloup Prescott à fond blanc ou *cantaloup gris Prescott* (fig. 151). — Fruit très déprimé, à côtes larges, couvertes de grosses verrues ; pèse de 2 à 4 kilogrammes. Sa chair, orangée, est remarquablement succulente. Très apprécié des maraîchers, surtout de ceux de la banlieue parisienne.

Melon cantaloup Prescott à fond blanc argenté. — Un peu plus gros et plus luisant que le précédent.

Melon cantaloup noir des Carmes. — Fruit sphérique, à sillons peu profonds; peu verruqueux ; pèse de 1 kilogramme à 1ᵏ,500. Chair savoureuse. Variété hâtive, de production facile; convient parfaitement pour la culture forcée.

Melon cantaloup d'Alger. — Demi-hâtif, rustique ; très recommandable pour la production d'été.

Melon cantaloup de Bellegarde. — Fruit oblong, à chair sucrée et parfumée. Très précoce.

Melon cantaloup de Vaucluse. — Fruit petit, déprimé, à côtes saillantes. Cultivé en plein champ dans le Midi.

Melon cantaloup sucrin. — Très bonne variété de pleine terre, à fruit sphérique un peu déprimé, grisâtre, pesant de 1 kilogramme à 1ᵏ,500.

Melon cantaloup à chair verte. — Fruit petit, sphérique, à saveur fine.

Melon cantaloup noir de Portugal. — Fruit énorme, mais de qualité médiocre.

Melons brodés.

Melon de Cavaillon à chair verte. — Fruit oblong, vert foncé. Variété essentiellement méridionale.

Melon jaune de Cavaillon. — Variété rustique de pleine terre, un peu délaissée au profit de la précédente.

Melon de Malte d'hiver à chair verte ou *Melon d'hiver de Valence.* — Fruit oblong, à peu près complètement lisse. Très cultivé dans le Midi pour la récolte d'automne et la consommation d'hiver.

Melon de Malte d'hiver à chair rouge (fig. 153). — De pleine terre dans les régions méridionales.

Melons ananas d'Amérique à chair rouge et à chair verte.

Fig. 152. — Melon brodé.

Fig. 153. — Melon de Malte d'hiver.

— Fruits petits, légèrement brodés, pointillés de vert noir; chaque pied peut en porter six ou huit.

Melon de Honfleur. — Fruit très gros, allongé, à côtes marquées, d'un jaune rosé. Très rustique, demi-tardif. Qualité médiocre.

Melon maraîcher ou *Melon commun*. — Fruit globuleux, sans côtes, couvert de broderies fines; pèse de 2 à 3 kilogrammes. Rustique.

Melon sucrin de Tours. — Fruit sphérique, presque sans côtes; broderies larges et saillantes. Bonne variété demi-hâtive.

Melon sucrin à chair verte. — Fruit oblong, côtelé. Variété d'été.

Melon d'Antibes. — Fruit ovoïde, blanc, lisse. Vient en pleine terre en Provence. D'hiver.

Melon olive d'hiver. — Fruit oblong, lisse, vert bronzé. Cultivé en Algérie et dans le midi de l'Europe; apparaît à l'arrière-saison sur les marchés du Nord.

Melon vert à rames. — Petits fruits oblongs, vert foncé, à chair fine. La plante peut en porter plusieurs; on la palisse fréquemment.

Exigences. — Le melon ne résiste pas au froid; les moindres gelées lui sont nuisibles et compromettent sa production. Il ne végète qu'à une température élevée, 10 à 12 degrés centigrades au moins, et réclame beaucoup de chaleur pour donner des fruits mûrs et de bonne qualité. Aussi la culture en plein air n'en est-elle possible que dans le Midi, à l'époque où les gelées blanches ne sont plus à redouter; elle réussit trop rarement sous le climat parisien pour qu'il soit avantageux d'y recourir; *a fortiori* l'emploi des couches s'impose-t-il dans les régions plus septentrionales.

Les terres riches et meubles sont les seules qui conviennent au melon; celles qu'on lui consacre sont généralement, d'ailleurs, de première qualité. Aux sols légers, trop perméables, il préfère ceux qui présentent quelque consistance. Il se développe mieux dans un mélange de terreau et de bonne terre de jardin que dans le terreau seul. Le melon aime la fraîcheur, mais redoute l'humidité.

Dans le plus grand nombre des cultures, le fumier très décomposé est le seul engrais qu'on fournisse au melon; quelquefois cependant on lui substitue, au moins partiellement, d'autres substances organiques, notamment des tourteaux, très employés en Provence. Comme complément de ces fumures organiques, l'emploi des engrais minéraux phosphatés et potassiques est recommandable. Sous ce rapport, on peut considérer que les exigences du melon sont sensiblement les mêmes que celles du concombre.

Culture forcée. — La production des melons de haute primeur se fait sur couche chaude ou, plus rarement, dans des bâches chauffées au thermosiphon. Pour cette production, les maraîchers parisiens s'adressent de préférence au *cantaloup Prescott petit hâtif* et au *cantaloup noir des Carmes*; par sa précocité, sa vigueur et l'excellente qualité de sa chair, le *cantaloup de Bellegarde* mériterait de partager la faveur dont jouissent les deux variétés précédentes.

Les premiers semis ont généralement lieu vers le milieu de janvier; il n'est pas avantageux de les effectuer plus tôt, les dépenses de chauffage augmentant alors et, d'autre part, les plantes ayant à souffrir du défaut de lumière pendant les journées courtes et sombres de l'hiver. On donne à la couche une épaisseur de 0^m,60; sa température doit atteindre 25 à 30 degrés au moment du semis. Plus la levée est rapide, plus le plant obtenu sera vigoureux et de reprise facile; il convient donc d'employer des graines jeunes et de bonne germination. La couche est chargée de 10 centimètres d'un mélange de terre fine et de terreau dans lequel on enterre les graines, en rayons, à 1 centimètre environ de profondeur. On recouvre les châssis de paillassons, que l'on enlève pendant le jour aussitôt que la levée s'est produite.

Les semis se font aussi en pots ou en terrines, sous châssis.

Dès que les plants ont développé leur première feuille au-dessus des cotylédons, on les repique sur une couche semblable à celle du semis, en les écartant de 12 à 15 centimètres en tous sens, ou bien en godets de 8 à 10 centimètres de diamètre, remplis d'un mélange de terre et de terreau, qu'on enfouit dans le terreau d'une couche. A ce dernier procédé, qui a l'inconvénient de mettre obstacle au développement normal des racines de la plante, arrêtées par les parois du vase quand la transplantation définitive est un peu tardive, les maraîchers parisiens préfèrent le repiquage dans des godets en litière, obtenus en moulant celle-ci sur des pots à fleurs; dans ce cas la mise en place se fait avec la motte entourée de litière ; la reprise du plant est ainsi facilitée.

La première taille du melon a lieu en pépinière. Quand le plant est pourvu des trois premières feuilles, on procède à l'*oreillage* en supprimant, à l'aide d'un greffoir, les feuilles cotylédonaires et les bourgeons qui se trouvent à l'aisselle de celles-ci. Quelques jours plus tard, on coupe la tige au-dessus des deux feuilles de la base; cette opération a reçu le nom d'*étêtage*.

La mise en place est effectuée quatre ou cinq jours après, sur une nouvelle couche donnant environ 25 degrés de chaleur, chargée de 15 à 20 centimètres d'un mélange de terre fine et de terreau par parties égales. On entoure la couche de réchauds de fumier; dans les cultures importantes, les couches sont construites en lignes parallèles et les sentiers qui les séparent sont remplis de fumier frais jusqu'au bord supérieur des coffres. Ces réchauds sont remaniés fréquemment, souvent tous les quinze jours, en y ajoutant chaque fois un peu de nouveau fumier.

Chaque châssis reçoit soit deux pieds de melon placés
sur la ligne médiane, soit trois pieds disposés en un
triangle dont la base est vers le haut du coffre. Les pieds,
transplantés avec leur motte, sont enfoncés jusqu'au
niveau des cotylédons. On couvre les châssis de paillassons jusqu'à la reprise. Quand il y a nécessité d'arroser,
ce qui est assez rare à cette époque, on choisit un beau
temps pour le faire ; il convient aussi d'éviter l'emploi
d'eau trop froide ; en paillant le sol on économise les
arrosages.

La première taille du melon consiste, avons-nous vu,
dans l'étêtage du plant ; à l'aisselle de chacune des deux
feuilles conservées se développe un bourgeon. Les deux
bras opposés obtenus ainsi sont dirigés en sens inverse
dans le châssis, de façon qu'ils ne se gênent pas mutuellement. Chacun de ces bras, taillé au-dessus de la troisième
ou de la quatrième feuille, donne naissance à autant
de *branches* ; le nombre de celles-ci est donc de 6 ou de
8 par pied. Des fleurs mâles apparaissent sur ces branches,
qu'on coupe encore au-dessus de trois feuilles. Les
rameaux de quatrième génération se développent alors ;
ils portent simultanément des fleurs des deux sexes.

Le transport du pollen des fleurs mâles sur les fleurs
femelles se fait par l'intermédiaire des insectes, particulièrement des abeilles ; pendant la saison froide, à
l'époque où s'effectue la culture forcée, et pour des
plantes abritées sous verre, l'intervention des insectes
se produit rarement et l'on ne peut compter sur elle ; il
faut donc avoir recours à la fécondation artificielle. On la
pratique très simplement en cueillant, au moment où
elles sont épanouies, des fleurs mâles qui, dépouillées de
leurs pétales pour en mettre les étamines à nu, sont
introduites dans la corolle des fleurs femelles en les
secouant un peu pour faire tomber le pollen. On peut
aussi recueillir le pollen et le déposer sur le stigmate des
fleurs femelles avec un pinceau.

L'ovaire des fleurs femelles fécondées (*mailles*) se renfle bientôt. Quand les fruits noués ont atteint la grosseur d'un œuf de pigeon, on en choisit généralement un, exceptionnellement deux, sur chaque pied et l'on supprime tous les autres; en ne conservant qu'un seul fruit par pied il se développe et mûrit beaucoup mieux. Il convient de donner la préférence aux fruits les mieux formés et placés à la partie inférieure des rameaux; ces rameaux sont pincés ensuite à une ou deux feuilles au-dessus du fruit. Des bourgeons adventifs apparaissent, on les supprime au fur et à mesure; on enlève en même temps les feuilles jaunes s'il s'en produit. Fréquemment on peut obtenir un « regain » en conservant un nouveau fruit noué quand le premier a atteint les deux tiers au moins de sa grosseur.

Quand les fruits sont formés et que, par conséquent, la coulure n'est plus à craindre, il convient de donner au melon des bassinages répétés, avec de l'eau suffisamment tiédie, à une température voisine de celle de l'atmosphère intérieure des coffres, en prenant soin de n'en pas trop répandre au pied des plantes, qu'un excès d'humidité ferait pourrir.

Pour que le melon mûrisse uniformément et ne présente pas sur sa face inférieure une coloration défectueuse, pour le soustraire aussi à l'influence de l'humidité, au lieu de le laisser reposer directement sur le sol, les jardiniers soigneux le placent sur une tuile ou sur une planchette, en l'asseyant autant que possible sur la partie voisine du pédoncule.

Suivant la température de la couche et les conditions climatériques, il s'écoule un peu moins ou un peu plus d'une quarantaine de jours entre le moment où la maille est nouée et celui où l'on peut récolter le fruit. Sous le climat de Paris, les premiers melons forcés dans les conditions que nous venons d'indiquer peuvent être obtenus à la fin d'avril; mais, le plus souvent, c'est en mai seulement qu'ils parviennent à maturité.

Pour en avoir dès la fin de mars, on sème quelquefois dans la seconde quinzaine de novembre, mais cette culture prématurée est coûteuse et de réussite très incertaine.

Les melons de simple primeur proviennent de semis faits en février ; les opérations de culture sont les mêmes que précédemment, mais on emploie des couches de moindre épaisseur. Un éclairement meilleur et des froids plus atténués rendent cette production moins aléatoire que celle de première saison.

Culture ordinaire. — Elle a pour but la production des melons dits *de saison.*

Dans le nord de la France, les procédés qu'on y applique diffèrent peu de ceux de la culture forcée. Les premiers semis ont lieu au commencement de mars, sur couche chaude comme précédemment ou sur couche sourde. Les jardiniers donnent ici la préférence aux graines de deux ou de trois ans sur celles d'un an ; elles produisent, disent-ils, des plantes un peu moins vigoureuses, mais plus fertiles. Le repiquage se fait sur la même couche ou sur une couche semblable, dans le terreau qui la revêt ou dans les godets de litière dont nous avons parlé. On procède à la mise en place sur couche sourde une vingtaine de jours après le semis. Cette couche est formée en déposant dans une tranchée, de 0^m,30 environ de profondeur et de 1 mètre de largeur, un lit de fumier qui n'atteint pas tout à fait au niveau du sol ; on le recouvre, après avoir placé les coffres, de 15 à 20 centimètres de bonne terre de jardin. Chez les maraîchers où cette culture se fait en grand, on donne aux couches jusqu'à 15 ou 20 mètres de longueur ; placées parallèlement, elles occupent souvent tout un carré ; cette disposition facilite les soins de culture.

On plante généralement deux pieds par châssis, quelquefois trois quand il s'agit de variétés à faible développement. Le mode de taille que nous avons indiqué à propos de la culture forcée est ici encore l'un des plus fréquemment usités; dans l'un et l'autre cas cependant d'autres systèmes peuvent être employés avec succès. Dans le choix à faire entre eux, il faut tenir compte du climat, de la variété cultivée, de la vigueur de la plante. En culture ordinaire, au lieu de ne conserver qu'un seul fruit par pied, on en garde le plus souvent deux; avec les variétés à petits fruits on peut même en laisser quatre. Un « regain » est presque toujours possible.

Pendant le cours de la végétation, on donne à la plante les arrosages dont elle a besoin, en prenant les mêmes précautions qu'en culture forcée. On ombre quand le soleil est trop ardent et l'on aère, à l'opposé du vent, toutes les fois que la température le permet.

La culture du melon se fait également sous cloches, en mai. Dans une tranchée de 25 à 30 centimètres de profondeur, on forme une couche de fumier, disposée en dos d'âne, dont l'épaisseur à la crête atteint 0^{m},60 environ. On la charge de 20 à 25 centimètres de terre meuble, et l'on plante au sommet de cet ados, en les distançant de 1 mètre à 1^{m},20, des pieds de melon qu'on recouvre d'une cloche. Il convient d'aérer largement les plantes, en soulevant les cloches dès que les branches se développent; on se sert pour cela de trois piquets ou de crémaillères. Les soins de culture sont les mêmes que sous châssis. Disposé sur une planchette ou sur trois bâtonnets en triangle, le fruit reste plus propre et plus sain et mûrit mieux.

Pendant les journées chaudes de l'été, du milieu de juin à la fin d'août, les melons peuvent rester à l'air libre sans cloches ni châssis. Ces abris redeviennent nécessaires s'il survient une période froide et pluvieuse et pour les dernières saisons de culture.

Du semis à la récolte du melon, on compte en moyenne quatre mois à quatre mois et demi; la durée de végétation est d'ailleurs loin d'être uniforme pour des pieds plantés simultanément: elle diffère parfois de près d'un mois. En échelonnant convenablement les semis de variétés différentes, les maraîchers spécialistes obtiennent des melons de saison depuis le milieu de juillet jusqu'à la fin d'octobre. On est souvent dans l'obligation de cueillir un peu prématurément les derniers fruits; en les plaçant dans une pièce à température douce ou sur la tablette d'une serre, ils achèvent de mûrir.

Dans le midi de la France, et *a fortiori* dans les régions plus méridionales, la culture du melon se fait en pleine terre. Elle est très développée en Provence, dans l'Aude, l'Hérault, la Haute-Garonne, le Lot-et-Garonne, la Gironde, etc. En Vaucluse, dans la plaine de Cavaillon surtout, son importance est considérable; le melon entre couramment, avec le blé, la pomme de terre, la luzerne, etc., dans les assolements de grande culture; plusieurs types de ceux-ci figurent à la page 115 de cet ouvrage. Une bonne partie des produits obtenus dans ces cultures prend le chemin des grandes villes du Nord; Paris notamment leur offre un large débouché.

Voici comment s'effectue cette production.

En mai, on ouvre des trous de 0^m,40 de diamètre, écartés de 1^m,50, dans lesquels on dépose du fumier, qu'on recharge ensuite de bonne terre meuble. C'est dans ces trous qu'on plante les pieds de melon, provenant d'un semis sur couche suivi de repiquage également sur couche. Si la température l'exige, on abrite les plantes pendant les premiers jours, à l'aide de cloches ou de papier huilé tendu sur des baguettes courbées en arceaux.

Quelques cultivateurs sèment le melon directement en place dans les trous dont nous venons de parler.

Dans la culture de pleine terre, la taille est quelquefois très rudimentaire: elle se borne à l'étêtage du plant; dans d'autres cas elle se réduit à deux pincements; la méthode que nous avons indiquée à propos de la culture forcée donne de meilleurs résultats. Sous les climats méridionaux, chaque pied de melon nourrit facilement deux ou trois fruits jusqu'à leur parfaite maturité. On en laisse même souvent davantage avec certaines variétés à fruits brodés, de faible volume.

Récolte. — Trop vert, le melon est insuffisamment sucré et parfumé; trop mûr, au contraire, il devient aqueux et perd de sa qualité. Le moment précis où il atteint son maximum de valeur pour la consommation est délicat à saisir; il est cependant préférable de cueillir le fruit un peu avant maturité complète, car il peut, nous l'avons dit, *se faire* dans un local à température douce. Cette récolte hâtive est nécessaire quand il doit supporter le transport.

Un bon melon se reconnaît aux caractères suivants : 1° *couleur* : elle diffère avec les variétés, mais la teinte aune est la plus générale chez le melon *frappé*; 2° *poids* élevé; 3° *consistance* : le fruit présente, au voisinage de l'œil, une certaine élasticité; choqué avec le doigt il rend un son mat; 4° le pédoncule est *cerné*, c'est-à-dire entouré de fissures très nettes; 5° *odeur* : le fruit dégage un parfum agréable, manifeste surtout auprès de ces fissures. Les melons qui mûrissent brusquement sont inférieurs à ceux dont la maturation est progressive.

Refroidi par un séjour de quelques heures dans une cave, le melon est plus ferme et plus savoureux; il se conserve mieux et supporte mieux aussi le transport; ce refroidissement est donc à conseiller avant l'expédition comme avant la consommation.

Production de la graine. — Comme porte-graines, on choisira des pieds vigoureux, fertiles, à fruits bien francs et de beau volume. Les variétés se croisant avec une extrême facilité, il faut avoir grand soin de n'en pas cultiver plusieurs au voisinage les unes des autres. Les fruits, cueillis à parfaite maturité, sont ouverts et les graines qu'on en extrait, soumises à un lavage, sont séchées ensuite.

Maladies. — La *nuile*, causée par un champignon para-

site, le *Scolecotrichum melophthorum Prill. et Delacr.*, apparaît le plus souvent en juin, quand le temps est humide
et froid. Les tiges, les feuilles et les fruits présentent des
taches brunâtres, qui s'élargissent et gagnent en profondeur, amenant la décomposition des tissus atteints ; la
pourriture du fruit, et même la mort de la plante, en
résultent. Sous le même nom de *nuile*, on a confondu
avec cette maladie une autre affection, déterminée par le
Colletotrichum oligochætum Cav., qui produit des lésions
de nature semblable. Dans l'un et l'autre cas, la suppression et la destruction par le feu des parties atteintes est
le seul mode de traitement d'une efficacité certaine.

Les feuilles et les inflorescences du melon ont souvent
à souffrir du *blanc*, qui résulte du développement du *Sphæroteca Castagnei*. On traite la maladie par des soufrages.

L'*Alternaria Brassicæ* détermine le *grillage des feuilles*,
qui se dessèchent et brunissent. Des essais de traitement
à la bouillie bordelaise ont donné de bons résultats.

Un champignon très voisin, l'*Alternaria Cucurbitæ*, cause
la coulure des fleurs et la mort des très jeunes fruits.

On a enfin signalé tout récemment les dégâts occasionnés,
en Angleterre, dans les cultures de melons et de concombres par le *Cercospora Melonis*. Sous l'influence de cette
maladie, les feuilles se dessèchent et tombent. On conseille
de traiter préventivement les plantes par des pulvérisations
à l'aide d'une solution faible de sulfure de potassium et
de savon noir. Enlever avant leur chute et brûler les
feuilles atteintes.

Ennemis. — Un très petit acarien, l'*Acarus cucumeris*,
connu des jardiniers sous le nom de *grise*, vit à la face inférieure des feuilles du melon ; sa multiplication entraîne
l'épuisement de la plante. On le combat par des seringages répétés à l'eau nicotinée ou avec une émulsion légère de savon noir et de pétrole. On emploie les mêmes
traitements contre le *puceron noir* (*Aphis papaveris*).

25.

PASTÈQUE

Citrullus vulgaris Schrad. (Famille des *Cucurbitacées*).

D'origine africaine, la *pastèque* ou *melon d'eau* appartient essentiellement à la culture des pays chauds, où sa production est des plus simples. On apprécie beaucoup son fruit en Amérique et les variétés y sont nombreuses. En Europe, la pastèque réussit en plein champ dans les régions méridionales; elle est très répandue dans le sud de la

Fig. 154. — Pastèque Seikon.

Russie, de l'Espagne et de l'Italie. Ses fruits mûrissent bien en Provence; ceux qu'on obtient, sous le climat de Paris, de la *pastèque à graine rouge* ou de la *pastèque à graine noire*, — par un mode de culture sur couche semblable à celui du melon, sauf la taille, superflue·sinon nuisible — se développent incomplètement et restent insipides. Plus précoce, la *pastèque Seikon* (fig. 154),.d'origine japonaise, vient à maturité complète dans le nord de la France.

La pastèque sert aux mêmes usages que le melon.

CONCOMBRE

Cucumis sativus L. (Famille des *Cucurbitacées*).

Origine. Caractères de la plante. — Dans l'Inde, patrie de cette plante, la culture du concombre remonte à une très haute antiquité, plus de trois mille ans, prétend-on ; les Grecs et les Latins semblent l'avoir connue. Le long séjour du concombre dans les jardins lui a permis de produire des variétés assez différentes du type primitif, tel qu'on croit l'avoir trouvé au pied de l'Himalaya.

Le concombre présente les caractères suivants : Plante annuelle, à tige herbacée, rampante, anguleuse, garnie de poils rudes et pourvue de vrilles. Feuilles alternes, grandes, à cinq lobes dentés, grisâtres à la face inférieure. Fleurs jaunes, unisexuées ; les mâles, généralement fasciculées, naissent les premières ; les femelles, solitaires, plus rarement géminées, se reconnaissent à leur ovaire infère, très apparent. Après la fécondation, cet ovaire se renfle en un fruit oblong, irrégulièrement cylindrique, lisse ou couvert de petits tubercules épineux, blanc, jaune ou vert à la maturité ; la chair en est épaisse, ferme, aqueuse, blanche ou verdâtre. Des graines nombreuses, longuement ovales, aplaties, blanchâtres, semblables à celles du melon, se trouvent noyées dans la pulpe qui remplit les trois loges centrales du fruit.

Usages. — Cueillis très jeunes et confits au vinaigre, les fruits du concombre constituent les *cornichons* ; certaines variétés conviennent plus particulièrement à ce mode de préparation. Parvenu à complet développement, le concombre se mange cru, en salade, quelquefois cuit, farci ou avec les viandes.

Variétés. — La facilité des croisements entre variétés a rendu celles-ci fort nombreuses. Les plus connues chez nous sont les suivantes :

Concombre blanc hâtif. — Fruit allongé, blanc crème à la maturité. Précoce ; se prête bien à la culture forcée.

Concombre blanc long parisien (fig. 155). — Fruit cylin-

Fig. 155. — Concombre blanc long parisien.

drique, lisse, atteignant facilement 0ᵐ,50 de longueur

Concombre blanc gros ou *blanc de Bonneuil*. — Très gros fruit ovoïde; sert en parfumerie et en pharmacie. Culture de pleine terre.

Concombre jaune hâtif de Hollande. — Fruit allongé, lisse. Précoce.

Concombre jaune gros. — Fruit ovoïde, aminci vers le pédoncule, faiblement épineux. Précocité moyenne.

Concombre de Russie. — Fruit jaune, lisse, de la grosseur d'un œuf de poule. Très précoce.

Concombre vert long fin hâtif ou *Concombre Fournier*. — Fruit long, peu épineux. Variété précoce, productive.

Concombre vert long parisien. — Fruit cylindrique pouvant atteindre 0^m,40 de longueur.

Concombre vert long ordinaire. — Fruit mince, pointu aux extrémités, garni d'excroissances épineuses. On le consomme avant complet développement.

Concombre vert long maraîcher. — Fruit lisse. Variété vigoureuse et productive.

Concombre vert géant de Quedlimbourg. — *Concombre vert long d'Athènes*. — *Concombre vert plein de Toscane*.

Les Anglais cultivent en serres ou en bâches un grand nombre de variétés améliorées de concombres verts : *vert long de Cardiff, Rollison's Telegraph, Duc de Bedford, Duc d'Edimbourg, Docteur Livingstone, Marquis of Lorne, King of ridge, Gladiator*, etc.

Les variétés suivantes sont plus spécialement réservées à la production des cornichons :

Concombre vert petit de Paris ou *Concombre à cornichons*

Fig. 156. — Concombres à cornichons.

(fig. 156). — Plante vigoureuse, productive, à petits fruits oblongs, épineux, bien verts. Variété très cultivée.

Cornichon fin de Meaux. — Fruits longs, lisses au voisinage du pédoncule. Très productif, de croissance rapide et d'excellente qualité.

Cornichon amélioré de Bourbonne. — Fruits longs, minces, couverts d'épines nombreuses, fines. Production prolongée, soutenue.

Cornichon vert gros. — Variété d'origine américaine, propre à la culture de pleine terre. Très productive.

Exigences. — Sous le rapport du sol comme sous celui du climat, elles diffèrent peu de celles du melon.

Le concombre redoute le froid et l'humidité, mais il exige moins de chaleur que le melon, — d'autant qu'on le récolte généralement avant maturité, — et se prête mieux à la culture en pleine terre dans les régions septentrionales de la France ; les variétés à cornichons sont particulièrement propres à cette culture.

Les fumures organiques abondantes conviennent au concombre. Rappelons que M. Wagner préconise pour cette plante, dans les sols de fertilité moyenne, la fumure minérale suivante : nitrate de soude, 250 kilogrammes à répandre en trois fois, immédiatement avant le semis, quinze jours après la levée et quinze jours plus tard ; superphosphate de chaux, 550 kilogrammes ; chlorure de potassium, 200 kilogrammes.

Culture forcée. — En Angleterre, la culture forcée du concombre se fait en grand pour la consommation nationale, très développppée, et l'approvisionnement des marchés du continent à partir de décembre ; à cette époque le prix de ces fruits est très élevé. Cette production se poursuit dans des serres, à un ou à deux versants, dont les compartiments, chauffés au thermosiphon, reçoivent la terre mélangée de terreau dans laquelle les plantes se développent ; les tiges sont conduites sur des treillages, à peu de distance du verre.

La culture sur couches est plus répandue en France ; c'est celle qu'emploient les maraîchers parisiens. Les premiers semis ont lieu vers le milieu de décembre, plus souvent en janvier ou février, sur une couche donnant 20 à 25 degrés de chaleur. Dès qu'apparaissent les premières feuilles au-dessus des cotylédons, on repique le plant sur une nouvelle couche, soit dans le terreau même qui la revêt, soit en godets de 10 centimètres de diamètre. On bassine, puis on recouvre les châssis de paillassons. Après la reprise, on pince la tige au-dessus des deux feuilles de la base, cotylédons non compris.

La mise en place a lieu six semaines environ après le semis, sur une troisième couche de même nature, chargée de 20 à 25 centimètres d'un mélange de terre et de terreau. La transplantation se fait en motte, en disposant, sur une ligne médiane, deux ou trois pieds par châssis; on enfonce les plants jusqu'aux cotylédons. On ombre pendant les premiers jours, mais il faut ensuite éclairer largement.

Le sol étant paillé, on conduit les deux branches, nées des bourgeons placés à l'aisselle des feuilles conservées, l'une vers le haut, l'autre vers le bas du coffre. Quand le développement de ces branches est suffisant, on les taille au-dessus de la quatrième ou de la cinquième feuille, quelquefois de la deuxième ou troisième seulement. Les ramifications qui se produisent alors portent à la fois des fleurs mâles et des fleurs femelles; après fécondation de ces dernières, on choisit successivement, parmi les fruits noués, 8, 10 ou 12 des plus beaux et des mieux placés et l'on supprime tous les autres. On pince chaque prolongement à une ou deux feuilles au-dessus du fruit. Il faut donner aux plantes, pendant leur végétation, autant d'air que possible et des arrosages modérés.

Si les fruits ont été judicieusement choisis, ils doivent mûrir les uns après les autres. La récolte commence trois mois environ après le semis.

Lors de chaque cueillette, on enlève les feuilles jaunissantes, en prenant soin de ménager les feuilles nouvelles, qui se développent ainsi plus facilement et prolongent la végétation de la plante.

Les concombres *Rollison's Telegraph, vert long hâtif, blanc hâtif,* sont ceux qui se prêtent le mieux à la culture forcée. La première de ces variétés est particulièrement appréciée pour l'obtention de produits très précoces.

Culture de pleine terre. — Elle se fait en grand dans le Midi, la vallée de la Loire et les environs de Paris. C'est celle que l'on applique à la production des cornichons, et particulièrement du *cornichon vert de Paris,* que l'on cultive en plein champ. Les concombres *blanc hâtif, blanc long, blanc de Bonneuil, jaune gros* sont aussi très employés.

Les semis se font soit sur couche tiède, soit directement en place. Sur couche, on sème à la fin d'avril ou au commencement de mai; le plant, repiqué, peu après la levée, sur une couche de même nature, en godets ou dans le terreau de la couche, est définitivement transplanté, en motte, vers le milieu ou la fin de mai. La mise en place a généralement lieu sur côtière ou sur couche sourde. On espace les pieds de 60 à 70 centimètres. En les abritant à l'aide de cloches pendant quelques jours on facilite leur reprise.

Sur côtière, on peut également semer en place, sous cloches dans la première quinzaine de mai, à l'air libre vers la fin du même mois.

La méthode la plus usitée pour les semis en plein carré consiste à ouvrir des tranchées distantes de $1^m,20$, larges de $0^m,30$ à $0^m,40$ et profondes de $0^m,30$, qu'on remplit de fumier à demi consommé ou de feuilles, puis qu'on recouvre de terre, disposée en ados. Au milieu de ces ados, on sème le concombre soit en ligne, soit en poquets espacés de $0^m,60$, à raison de quatre ou cinq graines par poquet. Dans ce dernier cas, on peut hâter la levée en recouvrant chaque poquet d'une cloche; dès qu'elle s'est produite on éclaircit, en ne conservant par places qu'un ou deux plants vigoureux.

Au lieu d'une tranchée continue, on se contente souvent d'ouvrir, sur l'emplacement de chaque poquet, des trous de 0^m,30 à 0^m,40 de diamètre, dans lesquels on dépose du fumier frais, qu'on recouvre ensuite d'un peu de terre.

Les semis en sol ordinaire, sans abri, couche ni tranchée, sont la règle dans le Midi. Sous le climat de Paris, on les emploie surtout pour les variétés à cornichons, dont les graines sont mises en terre, en plein champ, au commencement de mai, en poquets disposés sur des lignes distantes de 2 mètres ; entre ces lignes on cultive ordinairement d'autres légumes, notamment des haricots verts. Dans les terrains secs, il convient d'arroser fréquemment les cultures ; il faut aussi donner à celles-ci quelques binages.

Pour l'obtention des gros concombres, on taille la plante comme en culture forcée. S'il s'agit de cornichons, on ne lui donne aucune taille ; les fruits sont récoltés dès qu'ils ont la grosseur du petit doigt ; les cueillettes doivent être très fréquentes pour que la production ne s'arrête pas : elles ont souvent lieu tous les deux jours. La récolte commence à la fin de juin ou en juillet et se prolonge jusqu'en septembre.

On estime qu'un hectare peut produire pour 2 000 francs de cornichons. Il est rare que les cultures aient cette étendue, à cause de la main-d'œuvre que nécessite la cueillette.

Production de la graine. — On procède comme pour le melon.

Maladies et ennemis. — Les mêmes que ceux du melon.

COURGES

(Famille des *Cucurbitacées*.)

Les courges affectent les formes les plus diverses et les variétés en sont, pour ainsi dire, innombrables. Une incroyable confusion régnait à leur sujet à l'époque où M. Ch. Naudin entreprit de les classer. Cet auteur a rattaché toutes celles qu'on trouve dans les cultures à quatre espèces distinctes : le *potiron* (*Cucurbita maxima*), la *courge musquée* ou *melonnée* (*Cucurbita moschata*), la *citrouille* ou *courge pépon* (*Cucurbita Pepo*), la *courge de Siam* ou *courge à graines noires* (*Cucurbita melanosperma*). Cette dernière ne se rencontre qu'exceptionnellement dans nos jardins, à titre de curiosité.

POTIRON

Cucurbita maxima Duch. (Famille des *Cucurbitacées*).

Origine. Caractères de la plante. — Decaisne et Naudin attribuent au potiron une origine indienne; on l'a, d'autre part, retrouvé en Guinée à l'état spontané. Sa culture en Europe ne paraît pas remonter au delà du xve siècle.

Le potiron est une plante annuelle, vigoureuse, à tiges sarmenteuses de plusieurs mètres de longueur; ces tiges, rampantes, émettent aux nœuds des racines adventives qui les fixent au sol. Ses feuilles, cordiformes, à lobes arrondis, sont garnies de poils rudes, comme les pétioles et les tiges; mais ces poils ne prennent jamais la consistance d'épines. Ses fleurs sont grandes, jaunes, unisexuées. Son fruit, volumineux, généralement sphérique plus ou moins déprimé, côtelé, quelquefois oblong, se trouve à l'extrémité d'un pédoncule arrondi, non cannelé; l'épaisseur et la qualité de la chair en sont très variables. Ses graines, blanches ou brunes, rappellent celles du melon par leur forme générale; elles ont des dimensions très différentes suivant les variétés.

Usages. — La chair du fruit se consomme cuite, en soupes ou en purées.

Variétés. — *Potiron jaune gros.* — Plante très vigoureuse, à fruit énorme, très déprimé, côtelé, jaune sau-

moné ; son poids dépasse souvent 50 et quelquefois
80 kilogrammes. La chair en est jaune, un peu sèche,
d'excellente qualité ; elle se conserve bien. Cette variété
est très appréciée des cultivateurs de la région parisienne,
pour la vente aux fruitiers, qui débitent le fruit en tranches.

Potiron blanc gros. — Fruit arrondi, presque aussi gros
que le précédent, blanc jaunâtre. Peu répandu.

Potiron rouge vif d'Étampes. — Fruit moyen, à côtes
larges, jaune orangé ; chair ferme, excellente, se conservant bien. Variété rustique. Ce potiron est de vente
courante aux halles de Paris.

Potiron gris de Boulogne (fig. 157). — Fruit gros,

Fig. 157. — Potiron gris de Boulogne.

déprimé, vert foncé, couvert de broderies fines et
courtes, grisâtres. Chair jaune. Variété précoce ; répandue
dans les cultures de la banlieue parisienne.

Potiron vert gros. — Gros fruit déprimé, vert foncé. Chair jaune. Variété rustique.

Potiron vert d'Espagne. — Fruit apprécié pour sa qualité et pour son volume relativement restreint, qui en rend la consommation plus facile. Cultivé surtout dans le Midi.

Au *Cucurbita maxima* se rattachent des courges de formes, de dimensions, d'aspect très différents : *courge brodée galeuse, courge de l'Ohio, courge de Valparaiso, courge verte de Hubbard, courge marron, courge prolifique hâtive,* etc. Les *giraumons* (fig. 158) appartiennent égale-

Fig. 158. — Giraumon turban.

ment à cette espèce. La forme très caractéristique de leur fruit leur a fait donner les noms de *turban, bonnet turc, bonnet de prêtre* ; la chair en est farineuse, sucrée, à saveur agréable.

Exigences. — Le potiron est sensible au froid et ne peut être mis en pleine terre que quand les gelées sont passées. Il s'accommode de sols médiocres, secs et cailloux-teux, et vient jusque sur les plâtras de démolition, mais il donne des fruits d'autant plus beaux que le terrain est meilleur, riche, frais et meuble. Les fortes fumures organiques conviennent à cette plante vigoureuse ; c'est grâce à elles qu'on obtient d'énormes potirons de 60, 80 et même 100 kilogrammes. Elle réussit fort bien sur les tas de compost ou d'ordures ménagères et souvent on l'y cultive. L'engrais flamand, le purin dilué et additionné de superphosphate, les arrosages à l'eau d'égout lui sont très favorables. Jusqu'à présent on s'est peu préoccupé des fumures minérales à lui fournir; sous le rapport de l'équilibre à établir entre les divers éléments fertilisants, on peut considérer que leurs proportions doivent être sensiblement les mêmes que pour le melon et le concombre.

Culture. — Les semis sur couche chaude, en mars, avec repiquage également sur couche, en avril, et plantation à demeure en mai sont l'exception.

On procède, au contraire, plus fréquemment ainsi : en avril, on sème sur couche tiède, généralement dans le terreau même qui la revêt, plus rarement en godets. Les plants sont repiqués sous châssis dès qu'ils développent leurs premières feuilles au-dessus des cotylédons; la mise en place a lieu dans la seconde quinzaine de mai. Cette méthode permet d'obtenir plus rapidement des fruits mûrs. Certains jardiniers ne repiquent pas en pépinière d'attente les plants obtenus, et les conservent jusqu'à la mise en place dans les godets de semis; les pieds sont alors plus grêles, moins vigoureux.

Le procédé de beaucoup le plus simple et le plus usité consiste à semer le potiron directement en pleine terre, en avril dans le Midi, à la fin de mai sous le climat de Paris. Pour activer la végétation et fournir plus abondamment à l'alimentation de la plante, on ouvre, à 2 ou 3 mètres d'écartement suivant les variétés, des trous de 0^m,40 à 0^m,50 de profondeur et de même diamètre, qu'on remplit de fumier consommé, tassé, puis arrosé. Avec la terre de couverture, les cultivateurs ont coutume de former une petite butte, au sommet de laquelle ils déposent deux ou trois graines dans une cuvette ménagée à cet effet; après la levée, on ne laisse qu'un seul plant par poquet.

L'utilité de cette disposition sur buttes, adoptée pour toutes les courges, et souvent aussi pour le concombre, se manifeste surtout dans les sols humides ou quand les arrosages sont donnés en excès.

On applique au potiron des systèmes de taille variés. Le plus souvent on se contente, après fécondation des fleurs femelles, portées par les rameaux de troisième génération, de choisir quelques fruits bien formés, — un seul pour les gros potirons, trois ou quatre pour les variétés moins développées, giraumon par exemple, — et de supprimer tous les autres. Les branches fructifères sont ensuite pincées à deux feuilles au-dessus du fruit, et les autres raccourcies de quelques centimètres. Certains jardiniers préfèrent couper la tige du potiron au-dessus des deux premières feuilles, et arrêter à cinq ou six feuilles les deux branches qui se développent ensuite.

Le potiron se marcotte facilement; en couvrant ses tiges de terre au niveau des nœuds voisins du fruit, elles émettent des racines adventives qui, en assurant à la plante une alimentation plus abondante, permettent au fruit d'atteindre un volume plus considérable ; des arrosages favorisent aussi son développement.

Une bonne précaution pour éviter qu'il se déforme consiste à l'asseoir sur la partie voisine du pédoncule au moment où il est encore de faible dimension; il restera plus net et plus sain s'il repose sur un paillis.

La récolte des fruits a lieu quand ils ont pris la teinte caractéristique qui en annonce la maturité, dans tous les cas avant les gelées d'automne. Cueillis avec un fragment de la branche qui les porte, on les rentre dans un local sain, pour les conserver jusqu'au moment de la vente ou de la consommation. Les fruits entamés ne se gardent pas ; ceux de gros volume ne conviennent donc que pour les marchands au détail ayant un débit important de ce produit.

Depuis quelques années, la culture maraîchère a fait
à peu près complètement abandon du potiron, dont la
production pour la vente, de faible rapport, s'est transportée en plein champ au voisinage des villes.

Production de la graine. — Mêmes observations que
pour le melon.

Maladies. — Le potiron est sujet à contracter le *blanc*,
causé par le *Sphæroteca Castagnei* (Voir *Melon*).

COURGE MUSQUÉE

Cucurbita moschata Duch. (Famille des *Cucurbitacées*).

Origine. Caractères de la plante. — La courge musquée nous vient de l'Asie méridionale ou de l'Extrême-
Orient. Tiges traînantes, s'enracinant aux nœuds comme
celles du potiron; feuilles à lobes anguleux, marbrées de
taches blanchâtres, revêtues de poils nombreux qui leur
donnent un aspect velouté lorsqu'elles sont jeunes; ces
poils, assez raides sur les pétioles, ne deviennent jamais
spinescents. Fleurs de mêmes dimensions et de même
couleur jaune que celles du potiron, mais avec un tube
du calice très réduit. Fruit le plus souvent allongé,
renflé à l'extrémité libre, piriforme, sphérique ou
discoïde dans quelques variétés; généralement lisse. Le
pédoncule, pentagonal, s'élargit au point d'insertion sur
le fruit, en formant 5 lobes très nets. Graines, d'un blanc
grisâtre, marginées, pelucheuses, de grosseur variable,
mais inférieure à celle des semences du potiron.

Usages. — Les mêmes que ceux des autres courges.
Sa saveur musquée, plus marquée dans les variétés à
chair rouge que dans celles à chair jaune, déplaît généralement aux gens du Nord.

Variétés. — Quelques-unes seulement méritent d'être
mentionnées : la *courge pleine de Naples*, à gros fruit
irrégulièrement piriforme, et ses sous-variétés, *courge
pleine d'Alger* et *courge des Bédouins*; la *courge Caraba-*

cette ou *Portemanteau hâtive*, plus précoce ; la *courge de Yokohama* ou *du Japon*, en forme de melon cantaloup ; la *courge melonette de Bordeaux*, à fruits nombreux, cylindriques.

Culture. — La courge musquée est essentiellement une plante des régions chaudes ; sous nos climats, les variétés hâtives seules réussissent ; elles s'y cultivent comme le potiron. Ces variétés tiennent au potager une place des plus restreintes.

CITROUILLE.

Cucurbita Pepo L. (Famille des *Cucurbitacées*).

Origine. Caractères de la plante. — L'origine de la citrouille est incertaine, asiatique ou américaine suivant les auteurs. Cette plante, cultivée dans toutes les régions du globe, a donné naissance aux variétés les plus dissemblables. Elle présente des tiges tantôt longues et volontiers grimpantes, tantôt courtes et dressées ; des feuilles à lobes souvent aigus, vertes ou marbrées de blanc, garnies de poils rudes qui, sur les pétioles et les nervures principales, deviennent parfois spinescents ; des fleurs à calice cupuliforme, marqué de cinq côtes à la partie inférieure. Le volume, la forme, la couleur, la dureté du fruit varient dans des limites extrêmes ; sa chair est presque toujours fade et filandreuse. La forme de son pédoncule, cannelé, à cinq côtes longitudinales saillantes, est considérée comme un excellent caractère spécifique ; ce pédoncule devient souvent ligneux à la maturité. Les graines de la citrouille sont marginées, de dimensions variables, mais généralement beaucoup plus petites que celles du potiron.

Usages. — Les fruits des citrouilles se mangent cuits, apprêtés de différentes façons : en soupes, en purées, frits ou farcis. Cueillis très jeunes, on peut les confire au vinaigre comme les cornichons.

Variétés. — Beaucoup sont cultivées exclusivement pour l'ornementation ; quelques-unes, la *citrouille de Touraine* par exemple, pour la nourriture du bétail ; les véritables variétés potagères sont peu nombreuses.

Courge à la moelle. — Fruit oblong, relativement petit, deux ou trois fois plus long que large. Se consomme à moitié de son développement ; la chair, blanchâtre, en est alors assez tendre ; elle perd beaucoup de sa qualité en mûrissant. Très appréciée en Angleterre.

Courge d'Italie ou *Coucourzelle.* — Fruit long, vert foncé, marbré de jaune ; cueilli dès qu'il est formé, comme on le fait en Italie, il est très délicat.

Courge blanche non coureuse. — Plante à tiges courtes, fortes. Fruit long, blanc, à cinq côtes.

Courge sucrière du Brésil. — Fruit oblong, faiblement verruqueux, orangé à maturité ; très sucré. Précoce.

Courge des Patagons. — Fruit allongé, volumineux, vert foncé ; chair médiocre. Variété rustique, coureuse.

Courgeron de Genève. — Fruits nombreux, petits, arrondis, déprimés, vert bronzé, puis orange. Se consomment jeunes.

A cette espèce appartiennent aussi les *patissons* et les *coloquintes*, ces dernières botaniquement distinctes de la véritable coloquinte (*Cucumis Colocynthis* L.) sans usage culinaire.

Les *patissons* (fig. 159) se reconnaissent à leur fruit, entouré de dents obtuses, courbes, auquel sa forme singulière a valu les noms de *bonnet d'électeur*,

Fig. 159. — Patisson jaune.

couronne impériale, artichaut de Jérusalem ; sa chair est un peu sèche, farineuse. Les patissons *jaune, vert, orange, panaché*, *galeux*, sont les plus cultivés, plutôt comme curiosités que pour leur valeur culinaire.

Fig. 160. — Coloquinte galeuse.

Les coloquintes *poire blanche*, *poire rayée*, *pomme hâtive*, *orange*, *oviforme*, *galeuse* (fig. 160), etc., ont encore moins d'importance en culture potagère.

Des variétés précédentes, on pourrait rapprocher celles qui dérivent de la *Courge bouteille* ou *Calebasse* (*Cucurbita Lagenaria L.*) : courge pèlerine (fig. 161), courge siphon, etc. Ce sont des plantes curieuses, ornementales, dont on utilise très rarement les fruits pour la table.

Culture. — Tout ce que nous avons dit du potiron s'applique à la citrouille. La culture est la même, avec les différences que comportent les variétés quant au mode de taille et à l'écartement des pieds. Les dissemblan-

Fig. 161. — Courge pèlerine.

ces profondes qui existent entre elles ne permettent de formuler à cet égard aucune règle générale.

FRAISIERS

(Famille des *Rosacées*).

Origine. Caractères de la plante. Espèces. — Les innombrables variétés de fraisier cultivées dans les jardins ou dans les champs proviennent, par voie de sélection ou d'hybridation, de plusieurs espèces du genre *Fragaria*. Ce sont des plantes vivaces, herbacées, dont le type commun présente les caractères suivants :

Feuilles composées, trifoliolées, dentées sur les bords, glabres ou velues, accompagnées de deux stipules à la base ; elles forment une rosace presque au niveau du sol. La tige, développée en rhizome, émet des branches rampantes, les *stolons*, vulgairement *filets* ou *coulants*, qui s'enracinent aux nœuds, où des bourgeons se déploient en bouquets de nouvelles feuilles ; la plante se marcotte ainsi naturellement.

Les hampes, qui naissent à l'aisselle des feuilles, portent, réunies en grappes, des fleurs (fig. 162) constituées par un calice à cinq sépales libres, précédé d'un verticille supplémentaire, le *calicule*, une corolle à cinq pétales blancs, indépendants, un androcée formé de vingt-cinq étamines et des carpelles en nombre indéterminé ; quelquefois (*fraisier capron*) la fleur est unisexuée, par suite de l'avortement des organes mâles ou femelles. Après

Fig. 162. — Fleur de fraisier.

fécondation des ovules, chaque carpelle se transforme en un petit fruit sec (akène) à enveloppe résistante ; au-dessus du calice, qui persiste, le réceptacle de la fleur se développe, se gorge de substances sucrées et parfumées, devient charnu et succulent. C'est ce réceptacle hypertrophié, improprement désigné sous le nom de *fruit*, qui constitue la fraise ; on le consomme à maturité, cru ou sous forme de confitures ; sa grosseur, sa forme et sa couleur diffèrent avec les variétés ; la surface en est garnie des akènes dont nous venons de parler ; ceux-ci, les pseudo *graines* du fraisier, constituent les semences de la plante.

M. de Vilmorin (1) décrit sept espèces usuelles de fraisier, quatre indigènes en Europe et trois d'origine américaine. Les premières comprennent :

1° Le *fraisier des bois* (*Fragaria vesca* L.), commun à l'état spontané dans tous les lieux boisés de notre hémisphère, et plus particulièrement dans les régions montagneuses ;

2° Le *fraisier des Alpes* (*Fragaria alpina* Pers., *F. semperflorens* Duch.) auquel se rattachent les *fraisiers des quatre saisons* ou *fraisiers perpétuels* ; il paraît constituer, en réalité, non pas une espèce distincte, mais une simple forme du *Fragaria vesca* ;

3° Le *fraisier étoilé* (*Fragaria collina* Ehrh.), qui a produit les variétés dites *breslinges* ou *craquelins* ; il ne diffère guère des deux premiers que par les caractères du fruit ;

4° Le *fraisier capron* (*Fragaria elatior* Ehrh.), dont on a tiré les fraises, à saveur musquée, désignées sous les noms de *capitons* ou de *caprons*.

Parmi les variétés, à petits fruits, issues de ces espèces, les fraises *des quatre-saisons* tiennent seules encore une place importante dans la culture ; les autres sont à peu près complètement abandonnées.

Les fraisiers *à gros fruits* ou *macrocarpes* proviennent d'hybridations multiples entre les espèces américaines suivantes : *fraisier écarlate* ou *de Virginie* (*Fragaria virginiana* Ehrh.), *fraisier du Chili* (*Fragaria chilensis* Duch.), *fraisier ananas* (*Fragaria grandiflora* Ehrh.), et, pour

____

(1) Les plantes potagères.

quelques-uns, entre ces espèces et celles d'Europe. Le fraisier ananas, dont on ignore l'origine exacte, et qui n'est peut-être lui-même qu'un hybride, aurait joué le principal rôle dans la production des milliers de variétés connues.

Exigences. — Rustiques, les fraisiers à gros fruits, comme ceux des quatre saisons, résistent bien aux rigueurs des hivers ordinaires de la France septentrionale. Si, dans le Midi même, les récoltes ont parfois à souffrir des gelées tardives de printemps, qui se produisent à une époque où le fraisier est en pleine végétation, ce n'est qu'exceptionnellement que leurs atteintes compromettent l'existence de la plante.

Le fraisier du Chili est plus délicat. Robuste et vigoureux sur le littoral breton, où sa culture est à peu près exclusivement localisée pour l'exportation en Angleterre, — les fraises de Plougastel, près de Brest, s'expédient par bateaux entiers, — il végète mal et fructifie difficilement sous le climat de Paris.

Dans le centre et le nord de la France, l'eau des pluies suffit amplement aux besoins du fraisier, même sur les plateaux secs, et ce fait est pour beaucoup dans l'extension prise par sa culture ; dans le Midi, des arrosages lui sont utiles, sinon nécessaires. La résistance des variétés à la sécheresse est, d'ailleurs, assez inégale ; il convient, à cet égard, de faire un choix entre elles suivant les circonstances.

En ce qui concerne la nature du sol, le fraisier est très accommodant et les terres où l'eau séjourne sont à peu près les seules vraiment impropres à sa culture ; encore le fraisier des quatre-saisons pousse-t-il même dans des prairies humides. On considère que les sols d'alluvions, argilo-siliceux ou argilo-calcaires, riches, frais et meubles, sont ceux qui conviennent le mieux aux fraisiers à gros fruits. Cependant, dans la région parisienne, la grande culture de la fraise, abandonnée dans la banlieue nord et est de la capitale, s'est concentrée à peu près exclusivement sur les terres légères, siliceuses, profondes et perméables qui appartiennent à la formation dite des *sables de Fontainebleau*; elle occupe de vastes surfaces sur les coteaux qui bordent les vallées de la Bièvre, de l'Yvette et de l'Orge. Dans le choix du terrain, les cultivateurs de cette zone tiennent plus de compte de ses propriétés physiques que de sa richesse en éléments fertilisants; ils apprécient par-dessus tout les défriches récentes de bois, qu'ils considèrent comme le type des terres convenant le mieux au fraisier.

Dans le département de Vaucluse, où la culture du fraisier s'étend sur près de 700 hectares, elle occupe des sols variés.

« L'élan, dit M. Zacharewicz, a été donné par Carpentras, qui a trouvé moyen d'acclimater cette culture dans des terrains rocailleux, incultes depuis longtemps, et cela grâce au canal de Carpentras qui, en permettant de les irriguer, a pu les rendre cultivables et productifs.

« Dans les différents endroits affectés à la culture des fraises, les sols sont d'origine et de constitution diverses ; à Carpentras, Sorgues, Pernes et Monteux, le terrain, formé par le diluvium des terrasses, remonte à l'époque quaternaire ; il est caillouteux, argilo-calcaire et ferrugineux ; à Loriol et à Aubignan, il est formé par des dépôts alluviens de l'époque moderne et est sablonneux; dans les alluvions de la Durance, l'argile domine ; aussi la même diversité se fait-elle remarquer dans la qualité des fraises ; dans les terrains semblables à ceux de Carpentras, elles acquièrent plus de fermeté à cause de l'élément ferrugineux et elles supportent mieux l'expédition que les autres, qui sont plus juteuses. »

Le fraisier puise dans le sol des quantités élevées d'éléments fertilisants.

Dans la remarquable étude qu'il a consacrée aux exigences du fraisier (1), M. Coudon résume ainsi les prélè-

(1) Recherches expérimentales sur la culture de la fraise dans les environs de Paris (*Annales de la science agronomique*, t. II, 1899).

vements faits par cette plante dans une terre de Châtenay,
très peu pourvue d'éléments nutritifs :

DÉSIGNATION des PARCELLES.	MIS EN ŒUVRE PAR HECTARE.					
	AZOTE.		ACIDE PHOSPHORIQUE.		POTASSE.	
	En 1897.	En 1898.	En 1897.	En 1898.	En 1897.	En 1898.
	kgr.	kgr.	kgr.	kgr.	kgr.	kgr.
Nº 3 Témoin sans engrais.	77	98	29	37	151	193
Nº 1 Avec engrais complet.	114	184	43	70	225	361
Nº 2 Engrais sans azote...	94	143	34	54	184	281
Nº 4 Engrais sans acide phosphorique......	99	149	37	57	196	292
Nº 5 Engrais sans potasse.	95	139	36	53	186	273

« Ces chiffres, dit-il, nous montrent à quel haut degré
le fraisier peut utiliser les réserves foncières du sol,
même lorsque celui-ci est très pauvre, pourvu toutefois
que ses propriétés physiques lui conviennent. »

Les exigences minérales des diverses variétés sont
d'ailleurs très différentes. On en jugera par les chiffres
suivants, tirés de la même étude :

*Matières fertilisantes mises en œuvre pour la production
de 1000 kilogr. de fraises.*

VARIÉTÉS.	AZOTE.	ACIDE PHOSPHO- RIQUE.	POTASSE.	RENDEMENTS en fraises à l'hectare à l'état frais.
	kilogr.	kilogr.	kilogr.	kilogr.
Quatre-saisons....	10,290	4,440	14,480	10,650
Président Thiers..	7,889	2,881	12,273	13,037
Héricart.........	4,719	1,945	7,957	16,523

M. Coudon conclut de ses recherches :

« Le fraisier est une plante très exigeante, surtout en azote et en potasse. Les petites fraises des quatre-saisons paraissent être les plus exigeantes. Comparées aux variétés hybrides à gros fruits, elles mettent en œuvre, pour la production d'un poids déterminé de fruits, des quantités d'éléments fertilisants beaucoup plus élevées. Aussi leur culture est-elle presque complètement abandonnée. (Il s'agit ici de la production pour la vente dans la région parisienne.)

« Dans les grosses fraises, les exigences sont différentes suivant les variétés. Celles que nous avons étudiées peuvent se classer, à ce point de vue, par ordre décroissant : *Président Thiers*, *Jucunda*, *Eléanor*, *Sir Joseph Paxton*, *Héricart de Thury*.

« Il est à remarquer que la variété la plus cultivée est l'Héricart de Thury, c'est-à-dire la plus rustique, celle qui, à égalité de végétation, donne les plus forts rendements en fruits.

« Dans les terres de Châtenay, le fraisier est extrêmement sensible à l'action des engrais chimiques mis au printemps en couverture. Chacun des trois éléments fertilisants fondamentaux, azote, acide phosphorique, potasse, a une action très marquée sur la production des fraises.

« Avec une fumure au nitrate de soude, superphosphate et chlorure de potassium représentant une dépense annuelle de 330 francs par hectare, on a augmenté la récolte de fraises de 47,8 p. 100 en 1897 et de 85,7 en 1898. Cette fumure complémentaire a procuré une augmentation de bénéfices nets, par hectare, de 3 000 francs en 1897 et de 2 940 francs en 1898.

« On peut généraliser ces résultats et dire que, dans toute la région des *sables de Fontainebleau*, l'addition d'engrais chimiques, mis au printemps en couverture, est susceptible d'élever dans de grandes proportions les rendements en fraises ; avec une faible dépense, on peut, sans nuire à la qualité des fraises, obtenir une surproduction importante se traduisant, tout compte fait, par un bénéfice net très élevé.

« Il est en outre possible, par l'addition d'engrais chimiques, de prolonger (d'un ou deux ans) la durée d'une fraiseraie au delà des limites adoptées par la pratique culturale. »

M. Zacharewicz, envisageant la culture du fraisier dans le Midi, déclare : « Nos expériences nous ont conduit à ce fait que les engrais azotés ont peu d'action sur le fraisier au point de vue de la fructification et que ce sont surtout les engrais phosphatés et potassiques qui agissent. De là, la fumure employée consiste à répandre, au mois de novembre, un mélange de sulfate de potasse avec du superphosphate de chaux, à des doses qui varient suivant la composition du sol ; à la fin du même mois, on répand sur les fraisiers ainsi traités une demi-fumure au fumier de ferme qui, tout en préservant les plantes des froids de l'hiver, apporte assez d'azote pour soutenir leur végétation. »

Les cultivateurs de fraises de la banlieue parisienne ont coutume d'enfouir dans le sol, après un défoncement énergique, de 20 000 à 25 000 kilogrammes de fumier, provenant le plus souvent d'anciennes meules à champignons. Cette fumure, à laquelle s'ajoutent les éléments fertilisants, fort peu abondants, apportés par le paillis qu'on étend sur le sol chaque année à partir de la deuxième, doit exercer son action pendant les quatre ans que dure la fraiseraie. Elle est généralement insuffisante pour répondre aux exigences de trois récoltes normales ; de là, un épuisement du sol qui suffirait à expliquer les mauvais résultats que l'on obtient en faisant revenir trop souvent le fraisier sur un même terrain.

Les gadoues et les tourteaux peuvent être avantageusement utilisés pour la fumure des fraiseraies.

La production des fraises des quatre-saisons et celle des grosses fraises diffèrent par plusieurs points. Nous examinerons séparément les deux types de culture qui y correspondent.

FRAISIER DES QUATRE-SAISONS.

Le fraisier des *quatre-saisons* ou *perpétuel* doit son nom à sa faculté de *remonter*, qui lui permet de fournir des fruits pendant toute la période comprise entre le commencement de mai dans le Midi, de juin dans le Nord, et le mois d'octobre ; dans l'intervalle, un ralentissement marqué dans la fructification se manifeste pendant les fortes chaleurs, en juillet et août.

Cette production prolongée d'une part et, de l'autre, le peu de volume des fruits rendent la récolte des petites fraises longue et minutieuse, coûteuse par conséquent ; ce n'est pas la moindre raison de l'abandon dont elles sont l'objet dans les cultures en vue de la vente. Chez les particuliers, au contraire, on apprécie le fraisier des quatre-saisons pour la finesse et le parfum de son fruit, en même temps que pour les cueillettes multiples auxquelles il se prête jusqu'à l'automne.

Variétés. — Voici quelques-unes des plus recommandables :

Fraise Belle de Meaux (fig. 163). —Tiges et filets rouge foncé. Fruits gros, rouge noirâtre.

Fraises Belle de Montrouge, La Généreuse, Janus améliorée.

Fig. 163. — Fraise Belle de Meaux.

Fraise améliorée Duru. — Fruit conique, très rouge.
Fraise Gilbert. — Fruit brun.

Fraisier Gaillon ou *sans filets*. — Ne produisant pas de coulants, convient particulièrement pour la culture en bordures.

Culture. — Le fraisier des quatre-saisons se multiplie par semis ou par marcottage des stolons. Si les conditions de culture ne sont pas absolument favorables, le fraisier constamment reproduit par filets s'affaiblit rapidement. Le semis permet de le régénérer; il fournit des pieds plus vigoureux; si l'on a soin de sélectionner les semences, non seulement par leur emploi on conserve à la variété ses caractères propres, mais on l'améliore.

La reproduction par graines ou par division des souches est seule applicable au fraisier sans filets.

On sème le fraisier des quatre-saisons soit en mars-avril, sur couche tiède, soit en pleine terre en avril, mai ou juin suivant le climat. Dans le premier cas, on mélange généralement le terreau de la couche de sable fin ou de terre de bruyère usée, et c'est du même mélange qu'on recouvre très légèrement la graine, semée dru. On bassine légèrement, puis on place les châssis, qu'on couvre de paillassons jusqu'à la levée; celle-ci se produit après douze ou quinze jours. Dès l'apparition des jeunes plantules, on aère progressivement jusqu'à suppression complète des châssis.

En pleine terre, les semis doivent avoir lieu suffisamment tôt pour que le plant puisse acquérir de la vigueur en pépinière avant sa mise en place. Le sol qui reçoit les semences aura été préalablement aplani avec soin et battu; la graine est faiblement recouverte, au râteau ou en répandant un peu de terreau, qu'on plombe légèrement. Des bassinages fréquents doivent suivre; pour les ménager, on couvre quelquefois le sol de paillassons, qu'on enlève dès que la levée commence. La germination demande, pour s'accomplir, à peu près une vingtaine de jours.

Quand le plant est pourvu de trois ou quatre feuilles,

au bout de six semaines environ, on le repique en pépinière dans une terre bien exposée, parfaitement ameublie et fumée. Arrachés avec une petite motte, après un arrosage qui ramollit le sol dans lequel ils se trouvent, les plants vigoureux sont replantés au plantoir, à 15 centimètres d'écartement. Souvent on en place deux ensemble pour avoir de plus fortes touffes. On enfonce le plant jusqu'au collet, en prenant soin de n'en pas recourber les racines dans le trou, et l'on tasse la terre autour.

On donne ensuite des arrosages fréquents. Si le soleil est ardent, on ombre pendant quelques jours avec des paillassons. La pépinière reçoit les binages nécessaires pour la maintenir propre et meuble. Les plants y restent jusqu'au moment de leur mise en place, ou bien ils sont soumis, en août, à un second repiquage en vue d'obtenir des pieds plus ramassés, à chevelu plus développé; on les écarte alors de 0^m,25. Les hampes florales et les filets qui naissent sur les pieds en pépinière doivent être supprimés dès leur apparition.

La plantation à demeure se fait soit à la fin de septembre ou en octobre, soit en mars de l'année suivante. Les plantations d'automne sont les plus fréquentes; on peut les combiner avec celles de printemps pour égaliser les récoltes ultérieures du début et de la fin de la saison.

Le terrain destiné au fraisier a reçu les fumures nécessaires. On le divise en planches, sur lesquelles on trace trois ou quatre lignes, distantes de 30 à 35 centimètres; sur chacune d'elles on place les fraisiers, levés en mottes, à 40 ou 45 centimètres d'écartement, de façon qu'ils se trouvent disposés en quinconce. On paille le sol, puis on arrose.

Les soins d'entretien de la plantation consistent en quelques binages, dont un plus énergique à la sortie de l'hiver, et en arrosages lorsqu'il est nécessaire; on supprime en outre les filets à mesure qu'ils apparaissent. Un peu avant la floraison, on paille le sol pour maintenir les fruits propres en leur évitant le contact de la terre.

Pour la multiplication par coulants, moins usitée que la précédente, on procède comme suit. De jeunes plants de semis sont replantés, soit à l'époque du premier repiquage, soit à l'âge d'un an, en lignes distantes de 50 à 60 centimètres ou au milieu d'une planche d'un mètre de largeur. Les filets, conduits sur la surface libre du terrain, s'enracinent ; les rosettes ainsi obtenues sont repiquées en pépinière en juillet et fournissent des plants qu'on traite comme ceux provenant directement de semis. Les pieds mères de cette *fabrique de filets* peuvent produire, l'année suivante, de nouveaux coulants pour la multiplication du fraisier ; ils deviennent ensuite impropres à et usage.

La récolte des fruits du fraisier des quatre-saisons commence dans les premiers jours de mai dans le Midi, vers le milieu de juin sous le climat de Paris. Les fraises sont cueillies à maturité, le matin ou le soir pour qu'elles aient tout leur parfum et s'altèrent moins rapidement. On les détache avec précaution, en coupant le pédoncule avec l'ongle.

Dans la région d'Hyères, la production des petites fraises se fait en grand, pour la vente sur les marchés du Nord au printemps. Les fruits sont expédiés en paniers ou en caissettes, quelquefois dans des pots en grès.

Les rendements du fraisier des quatre-saisons sont extrêmement variables. Dans les cultures importantes, ils n'atteignent que très exceptionnellement 200 kilogrammes par are ; dans les jardins, ils dépassent souvent 300. Les plantations ne restent productives que pendant trois années au plus ; souvent on les détruit à l'automne qui suit la seconde récolte.

Récolte des semences. — Les graines doivent être recueillies sur des pieds fertiles, à production abondante et continue, pas trop feuillés, mais pourvus de hampes florales fortes et nombreuses. Les fruits les plus beaux, récoltés à parfaite maturité, sont écrasés à la main ; on en laisse la pulpe se dessécher, puis, par frottement, on la sépare des graines, qu'on nettoie.

Les semences détachées de la pulpe par un lavage conservent moins longtemps leur faculté germinative.

FRAISIERS A GROS FRUITS

Les *fraisiers hybrides*, dits *fraisiers anglais*, ont supplanté tous les autres dans les cultures commerciales et, dans les jardins même, ils se sont substitués un peu partout aux fraisiers des quatre-saisons. Ils doivent la faveur dont ils jouissent à leur productivité, à leurs exigences restreintes, à la beauté de leurs fruits et à la facilité de leur récolte. Sauf quelques variétés, obtenues récemment par semis, les fraisiers à gros fruits ne remontent pas ; ils fournissent une seule récolte dans l'année.

Variétés. — Elles sont, avons-nous dit, au nombre de plusieurs milliers. En raison même de leur diversité d'origine, ces variétés présentent des différences considérables, tant au point de vue de la végétation qu'à celui des caractères de la plante et de la qualité du fruit. Le cultivateur de fraises doit faire entre elles un choix basé sur les conditions de son exploitation. L'adaptation au sol et au climat, la vigueur et la productivité de la plante, sa précocité, les préférences du consommateur, la facilité avec laquelle le fruit supporte le transport, s'il doit être expédié à quelque distance, sont autant de points à considérer. Sous ce dernier rapport, les fruits les plus résistants sont ceux à surface tourmentée plutôt que trop régulière, garnie de graines saillantes.

En cultivant simultanément plusieurs variétés de précocité différente, le producteur avisé échelonne ses récoltes, les soustrait plus aisément aux risques de perte résultant des intempéries et bénéficie des prix supérieurs qu'atteignent les fruits au début et à la fin de la saison.

Les quelques variétés ci-dessous indiquées sont parmi les plus connues et les meilleures :

May Queen (*Reine de mai*). — Fruit petit, arrondi, rouge foncé, d'excellente qualité. Très précoce.

Fig. 164. — Fraise Docteur Morère.

Docteur Morère (fig. 164). — Fruit gros, souvent tourmenté, bien rouge, à graines saillantes. Chair rose, fondante, sucrée et parfumée ; sujette à se creuser. Variété très répandue, très appréciée pour la culture forcée et très cultivée encore en pleine terre dans la banlieue parisienne, pour la vente aux Halles. Supporte bien le transport.

Vicomtesse Héricart de Thury (fig. 165). — Connue à Paris sous le nom de *Ricart*. La plus populaire de toutes les variétés; l'une des moins exigeantes et des plus faciles à cultiver, tant en pleine terre que sous châssis. Fruit conique ou cordiforme, succulent et de belle couleur, mais de volume un peu faible.

Fig. 165. — Fraise Vicomtesse Héricart de Thury.

Jucunda. — Fruits nombreux, cordiformes, vermillon, à graines saillantes. Variété demi-tardive, vigoureuse et rustique. Excellente pour le marché.

Marguerite Lebreton. — Fruit très gros, allongé, de qualité un peu inférieure. Précoce; production soutenue. Convient à la culture forcée.

Noble (de Laxton). — Fruits nombreux, arrondis, écarlates et brillants. Précoce. Résiste bien à la coulure. Très appréciée en culture commerciale.

Princesse royale. — Variété ancienne. Très précoce, productive et rustique. Fruit conique, à cœur ferme et même un peu dur.

Sir Joseph Paxton. — Grosse fraise conique, écarlate, à chair blanche, fine et parfumée. Tardive. Se répand en grande culture.

Docteur Hogg. — Fruit gros, cordiforme, écarlate, à saveur un peu musquée. Variété demi-tardive.

Eléanor. — Fruit gros, oblong, rouge foncé, à chair de bonne qualité, mais un peu molle.

Lucie. — Variété très tardive, vigoureuse, à gros fruits vermillon, légèrement velus.

Victoria. — Fruit gros, court, rouge pâle, à graines très incrustées; chair rose, fondante et parfumée. Se transporte difficilement. Précoce et fertile.

Général Chanzy. — Fruit parfois énorme, rouge brun, à chair rouge, d'excellente qualité.

Belle de Cours. — Variété précoce et productive, à fruit long, d'un rouge intense et comme vernissé.

Reine des hâtives. — Variété très précoce, à fruit assez gros, un peu allongé, rouge foncé.

Fraisiers à gros fruits remontants : *Saint-Joseph* ou *Rubicunda*, *Jeanne d'Arc*, *Saint-Antoine de Padoue*, *Orégon*, *La Constante féconde.*

Les variétés suivantes sont particulièrement appréciées par les cultivateurs qui produisent en grand pour l'approvisionnement des marchés, aussi bien dans le Midi que dans la région de Paris : *Vicomtesse Héricart de Thury, Marguerite, Jucunda, Princesse royale, Noble, Docteur Morère, Sir Joseph Paxton, Eléanor.*

La culture forcée s'adresse surtout aux variétés : *Docteur Morère, Vicomtesse Héricart de Thury, Marguerite, Noble.*

Culture en pleine terre. — Les fraisiers à gros fruits sont des hybrides insuffisamment fixés pour transmettre intégralement leurs caractères aux plantes issues de graines. Par le semis, ils donnent naissance à des individus de types différents, parfois assez éloignés de celui de la plante-mère ; aussi n'emploie-t-on ce mode de multiplication que pour l'obtention de variétés nouvelles, qu'on s'attache ensuite à sélectionner.

C'est au marcottage des filets qu'on a recours dans la culture ordinaire. Au début de toute culture, on est dans l'obligation de demander au commerce les plants nécessaires. Ces plants sont mis en terre en septembre, à bonne exposition. A l'époque des froids, on les abrite, si possible, à l'aide de cloches ou de châssis. En mars suivant, on les transplante, en mottes, sur une planche parfaitement ameublie et fumée ; on laisse entre eux un écartement de 30 à 35 centimètres, sur des lignes distantes de 1^m,50 à 2 mètres ; on peut les planter aussi au milieu de planches d'un mètre de largeur. On arrose après la mise en place et l'on maintient le sol propre et meuble par un ou plusieurs binages ; quand des hampes florales apparaissent, on les supprime. Les filets qui naissent sur les pieds sont dirigés sur le terrain libre ; on facilite leur enracinement au niveau des bourgeons en les fixant contre le sol à l'aide de crochets en bois ou simplement d'un peu de terre. Pour obtenir des plants plus vigoureux, on peut restreindre le nombre des filets, en ne laissant qu'un ou deux bourgeons par coulant. Quelquefois on enterre dans le sol, en des points convenablement choisis, des godets dans lesquels se produit l'enracinement des stolons. Pendant toute la période de production des filets le sol doit être entretenu frais et meuble.

En juillet-août, on *sèvre* les plants, c'est-à-dire qu'on les sépare des pieds-mères ; on les arrache, on les débarrasse des feuilles jaunies, puis, après les avoir habillés légèrement en coupant les trop longues racines, on les replante en pépinière soit isolément, soit en les accolant par deux pour avoir de plus fortes touffes. Des bassinages répétés assurent la reprise des pieds.

On se dispense parfois de ce repiquage en pépinière, mais les plantes obtenues dans ces conditions sont beaucoup moins vigoureuses et fournissent des récoltes inférieures.

Dans le cas où la variété à multiplier existe déjà chez le cultivateur, il suffit à celui-ci de faire choix de fraisiers vigoureux, d'une vingtaine de mois, qu'il isole en supprimant ceux qui les entourent et dont il dirige les coulants sur la surface voisine, ameublie et maintenue fraîche par des arrosages, parfois simplement paillée.

Il peut aussi replanter au printemps, à grand écartement, les pieds qu'il possède, dans un sol meuble et frais. Les dispositions à prendre ensuite sont les mêmes que précédemment.

La mise en place des plants peut se faire à des époques très différentes. La plantation en septembre-octobre est la plus usitée ; les cultivateurs de la région parisienne plantent aussi souvent en mars. Dans les deux cas, au printemps qui suit la plantation la fructification est à peu près nulle, mais elle se montre d'autant plus abondante l'année d'après. Les fraisiculteurs du Midi adoptent assez fréquemment la fin de juin pour la mise en place des plants. En y procédant vers la fin de juillet, dans le centre et le nord de la France, on peut obtenir une récolte normale dès le mois de juin suivant. Les plantations d'été exigent des arrosages répétés.

Le sol destiné au fraisier ne doit pas avoir porté de cul-

ture de cette plante depuis quelques années. Après l'avoir
défoncé et fumé, puis soigneusement nivelé à la surface,
on le divise en planches séparées par des sentiers de 60 à
70 centimètres. Sur chaque planche on trace trois lignes
distantes de 35 centimètres. Arrachés avec leur motte,
les pieds de fraisier sont plantés sur les lignes, à 40 ou
50 centimètres d'écartement. Cette disposition en planches
facilite les travaux d'entretien et de récolte. Un arrosage
suit la plantation ; dans les jardins, on en donne d'autres
toutes les fois qu'on le juge utile. Dans le nord de la
France les cultures en plein champ n'en reçoivent aucun ;
il n'en est pas de même dans les cultures méridionales
où les arrosages commencent dès la fin de mars et se
répètent tous les huit jours pendant toute la saison des
fraises. On bine les planches aussi fréquemment que
l'état du sol l'exige.

Dans le midi de la France, la récolte commence dès la
fin d'avril pour les variétés hâtives ; sous le climat de
Paris, les fruits les plus avancés ne mûrissent qu'à la fin
de mai ou dans les premiers jours de juin.

Avec des variétés de précocité différente, la production continue jusqu'au 15 juin dans la première de
ces régions, jusque vers le 15 juillet dans la seconde.
La cueillette se fait comme celle des fraises des quatre-
saisons.

Les jardiniers accusent des rendements de 250 à
300 kilogrammes de grosses fraises par are ; si, dans les
conditions de la grande culture, des rendements semblables ont pu être obtenus sur des parcelles d'expériences,
avec des engrais chimiques abondants, dans la pratique
courante les récoltes se maintiennent le plus souvent
entre 10000 et 12000 kilogrammes par hectare ; elles
atteignent rarement 15 000.

Après la cueillette des fruits, on bine les planches de
fraisier et l'on supprime les filets et les hampes ; cette
suppression est répétée à l'automne ; on fume à ce moment

le sol en couverture. On bine à nouveau au printemps suivant, puis on paille le terrain.

Dans les conditions ordinaires de la culture, il n'est pas avantageux de conserver les plantations de fraisiers au delà de la troisième année de production; si ces conditions sont défectueuses, il est même préférable de les refaire après la seconde. Des fumures appropriées permettent, nous l'avons vu, de prolonger d'un ou deux ans la durée des fraiseraies.

Moins rémunératrice que jadis, en raison de la baisse des prix, la production des fraises procure cependant encore d'assez beaux bénéfices. M. Zacharewicz les évalue à un peu plus de 1 000 francs par hectare en Vaucluse; d'après M. Coudon, ils s'élèveraient à 2 500 francs au moins dans les bonnes cultures de la banlieue parisienne.

Culture forcée. — La culture forcée du fraisier se fait sur couches ou en bâches chauffées au thermosiphon.

Les plants destinés à cette culture sont plantés en pépinière en juillet. A la fin de septembre ou au commencement d'octobre, on les met en pots de 16 centimètres de diamètre, remplis d'un mélange, par parties égales, de terre franche et de terreau, parfois additionné de terre de bruyère siliceuse. En ajoutant à la terre de rempotage une petite quantité de superphosphate de chaux et de sulfate de potasse on favorise la fructification du fraisier. Chaque pot reçoit deux plants d'égale force, accouplés après l'arrachage en motte. Les pots sont enterrés et conservés sous châssis pendant l'hiver, en aérant toutes les fois que la température le permet.

Le forçage commence au plus tôt à la fin de janvier. Sur une couche de 0^m,60 d'épaisseur, formée d'une égale quantité de fumier frais et de feuilles ou de fumier à demi consommé, on dépose un lit de 20 à 25 centimètres de terre légère, dans lequel on enterre les pots; chaque châssis peut en recevoir 24. Les fraisiers vigoureux, à cœur développé, sont les seuls qui conviennent au forçage. La température de la couche devra se maintenir, au début, entre 10 et 12 degrés ; quand les plantes seront en pleine végétation et sur le point de fleurir, on la laissera s'élever à 15 ou 16 degrés, et même davantage après cette période.

Il faut aérer le plus possible et bassiner légèrement. Une température trop élevée, le défaut d'aération, un excès d'humidité provoqueraient l'étiolement et la pourriture des pieds.

Les arrosages doivent être très restreints, ou même complètement suspendus, au moment de la floraison, pour éviter la coulure.

La récolte commence environ deux mois et demi après le début du forçage ; elle se prolonge pendant une vingtaine de jours.

On peut également forcer le fraisier en déposant les pots, préparés comme précédemment, sur les tablettes de serres dont on élève progressivement la température, de 10 à 12 degrés au début, jusqu'à 20 et 25 au moment de la maturation. Les plantes doivent être assez près du vitrage pour recevoir beaucoup de lumière.

La fécondation artificielle, pratiquée en promenant un pinceau sur les fleurs épanouies, assure une meilleure fructification ; elle est particulièrement utile avec certaines variétés, telles que le fraisier *Docteur Morère*.

Les fraisiers qui ont subi une légère gelée se prêtent mieux au forçage. Commencé trop tôt, en décembre par exemple, celui-ci ne donne que de médiocres résultats : près de moitié des pieds ne fructifient pas. Dans de bonnes conditions de forçage, chaque pot fournit 10 à 12 fruits de grosseur variable.

On force encore le fraisier à demeure en plaçant, en février, des coffres couverts de châssis sur une planche en pleine terre. Dans les sentiers, creusés à 40 centimètres de profondeur, on dépose du fumier dont on élève le niveau jusqu'au bord supérieur des coffres. La récolte a lieu après deux mois et demi ou trois mois.

En couvrant simplement une planche de châssis, sans couche ni accots de fumier, on peut activer assez la végétation du fraisier pour récolter les premiers fruits au commencement de mai.

La culture forcée du fraisier est très importante aux environs de Versailles et de Saint-Germain, d'où l'on expédie en mars et avril des quantités élevées de fruits (Docteur Morère) aux halles de Paris. Elle s'est, depuis peu, répandue en Provence et en Vaucluse, où elle présente des facilités qu'on ne rencontre pas dans le nord de la France.

Maladies. — Un champignon parasite, le *Sphærella Fragariæ*, détermine l'apparition, sur les feuilles du fraisier, de taches arrondies, brun pourpre, dont la multiplication arrête le développement des fruits et peut même entraîner la mort de la plante.

Le traitement de cette maladie consiste à supprimer, au printemps, toutes les feuilles tachées et à pulvériser à la bouillie bordelaise les pieds ainsi nettoyés. On conseille aussi l'emploi préventif d'une solution de sulfure de potassium (foie de soufre), à raison de 1 partie au plus pour 150 ou 200 d'eau.

Ennemis. — L'*iule des fraises* ou *blaniule moucheté* (*Blaniulus guttatus*), plus connu des cultivateurs sous le nom de *mille-pieds*, est un myriapode très mince, brunâtre, de 2 centimètres de longueur au plus, qui se trouve fréquemment en grand nombre sur les fraisiers ; il s'introduit à l'intérieur des fruits arrivés à maturité et en dévore la pulpe. Il faut recueillir et brûler les fraises dans lesquelles il se trouve. Le ramassage et la destruction des blaniules sont facilités par le dépôt sur le sol de tranches de pomme de terre, de petits tas de mousse, etc., sous lesquels ils se rassemblent.

Le *ver blanc* du hanneton, le *ver gris* de la tipule potagère s'attaquent aux racines du fraisier ; les rechercher au pied des plantes flétries et les détruire.

Dans les cultures sous verre surtout, un petit acarien, la grise, se fixe sur les feuilles et épuise la plante. On le combat par des bassinages répétés.

ANIS

Pimpinella Anisum L. (Famille des *Ombellifères*).

L'*anis* (fig. 166) est une plante annuelle, d'origine asiatique ou africaine. Ses feuilles radicales sont lobées

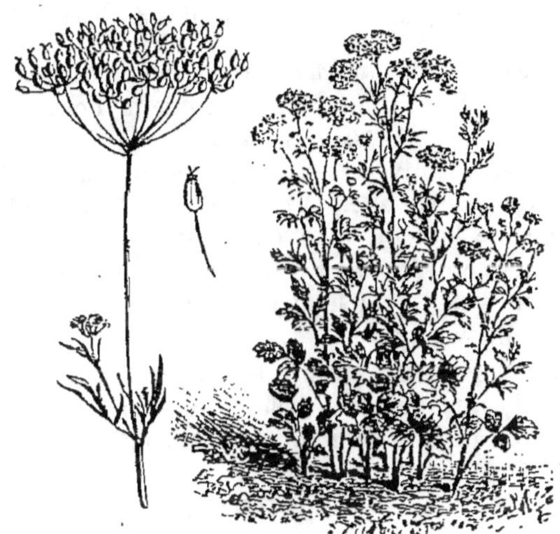

Fig. 166. — Anis.

et incisées, les supérieures très découpées, à divisions linéaires. Ses tiges, hautes de 50 à 60 centimètres, se terminent par des ombelles composées de petites fleurs blanches. Ses graines, petites, grisâtres, très aromatiques, sont employées comme condiment, — parfois mélangées aux pâtes dans les pays méridionaux, — ou servent à la préparation de liqueurs ou de confiseries.

On sème l'anis en avril-mai, quand les gelées ne sont plus à craindre, dans une terre légère, saine, exposée au midi. Les sols silico-calcaires sont ceux qu'il préfère. Les graines doivent être couvertes très légèrement au râteau ou simplement plombées; elles germent très lentement. Quelques sarclages sont les seuls soins à donner aux cultures.

La récolte des graines a lieu dans la seconde quinzaine d'août, en plusieurs fois car les ombelles mûrissent successivement.

ANETH

Anethum graveolens L. (Famille des *Ombellifères*).

L'*aneth* ou *fenouil bâtard* est indigène dans le midi de l'Europe. C'est une plante annuelle dont les tiges, hautes de 60 à 70 centimètres, portent des feuilles extrêmement divisées et de petites fleurs jaunâtres, en ombelles, auxquelles succèdent des fruits aplatis. Les graines de l'aneth, à saveur chaude et amère, servent, dans les contrées du Nord, pour aromatiser les conserves, celles de cornichons notamment. Dans l'Inde, c'est un condiment apprécié.

On sème l'aneth au printemps, après les gelées, dans un sol sain, meuble, exposé au midi. La récolte des ombelles à maturité a lieu dans le courant de l'été.

CORIANDRE

Coriandrum sativum L. (Famille des *Ombellifères*).

La *coriandre* (fig. 167) est une plante annuelle, originaire de l'Europe méridionale. Ses tiges, hautes de 60 à 70 centimètres, portent des feuilles composées, les inférieures à folioles arrondies, les supérieures très découpées, à divisions linéaires. A ses fleurs, blanches ou faiblement rosées, succèdent des fruits globuleux, composés de deux semences accolées, hémisphériques, brunâtres. Ces graines, très aromatiques, servent à la confection de liqueurs ou de confiseries. En Hollande, en Espagne, en Égypte, dans l'Inde on les fait entrer comme condiment dans de nombreuses préparations culinaires.

On sème la coriandre soit en avril soit en août, dans une terre légère, chaude et bien fumée. On donne deux ou trois binages dans le cours de la végétation. La récolte des graines a lieu de la fin de juillet à la fin d'août. Les ombelles, cueillies successivement à maturité, sont séchées au soleil, puis battues légèrement.

Fig. 167. — Coriandre.

CUMIN

Cuminūm Cyminum L. (Famille des *Ombellifères*).

Espèce annuelle, originaire de l'Afrique septentrionale, très répandue à Malte et en Sicile, assez cultivée en Prusse. C'est une plante haute de 25 centimètres environ, à tiges striées, rameuses, portant des feuilles ressemblant beaucoup à celles du fenouil et des ombelles de fleurs blanches ou purpurines. Ses graines, allongées, concaves sur une face, convexes sur l'autre, sont pubescentes avant maturité; elles doivent à leur saveur chaude, très aromatique, l'emploi qu'on en fait pour la préparation de liqueurs telles que le kümmel, pour assaisonner les aliments dans le midi de l'Europe, les fromages en Hollande, la pâte du pain en Allemagne, les pâtisseries un peu partout.

Le cumin se sème vers le milieu de mai, en terre plutôt un peu forte, profonde et bien fumée, à une exposition chaude. En Allemagne, on le sème souvent sur couche au printemps, pour le repiquer ensuite en pleine terre. On donne quelques binages pendant la végétation de la plante.

La récolte des ombelles mûres commence à la fin de juillet.

CARVI

Carum Carvi L. (Famille des *Ombellifères*).

Plante indigène, bisannuelle, à racine forte, fusiforme. Tiges striées, rameuses, hautes de 50 à 70 centimètres ; feuilles radicales nombreuses, pétiolées, les supérieures sessiles et plus finement découpées. Fleurs petites, blanches, disposées en larges ombelles. Fruits arrondis, formés de deux graines hémisphériques, brunâtres. Ces graines, aromatiques, servent aux mêmes usages condimentaires que celles du cumin.

Le carvi est commun à l'état spontané dans les prairies du midi de la France, et l'on en récolte fréquemment les graines sur les plantes venues à l'état sauvage.

Dans les cultures, on le sème en avril-mai dans le Nord, à l'automne dans le Midi, sur une terre meuble, riche, bien exposée. Un éclaircissage laisse les pieds écartés de 25 à 30 centimètres. Quelques binages suivent.

Les graines sont mûres en juin ou juillet de l'année suivante. On coupe alors les tiges, qu'on laisse sécher, puis qu'on bat à l'aide d'une gaule ou d'un fléau léger.

Chaque are de carvi donne de 8 à 10 kilogrammes de graines.

NIGELLE AROMATIQUE

Nigella sativa L. (Famille des *Renonculacées*).

Originaire de l'Orient. Plante annuelle ou bisannuelle, à tige striée, rameuse, portant des feuilles sessiles, fine-

Fig. 168. — Nigelle aromatique.

ment découpées, et des fleurs bleuâtres ou grisâtres, solitaires, auxquelles succèdent des capsules globuleuses, à cinq dents, renfermant des graines trigones, chagrinées, noirâtres, à saveur agréable.

Ces graines, désignées parfois sous le nom de *cumin noir*, servent à aromatiser diverses préparations culinaires, notamment des mets sucrés. Elles sont d'un usage assez fréquent en Allemagne et en Italie, mais peu connues chez nous. Il existe une variété de nigelle à graines jaunes, moins appréciée.

La nigelle se sème soit en avril, soit en août, en terre légère, chaude et bien fumée. Quand les plantes ont quelques feuilles, on les éclaircit en les laissant espacées de 15 à 20 centimètres. Par des binages, on maintient le sol propre et meuble à la surface.

Les graines mûrissent en juillet-août. Les capsules 'ouvrent facilement ; il ne faut donc pas trop attendre pour effectuer la récolte, qui se fait en coupant les tiges.

CAPRIER

Capparis spinosa L. (Famille des *Capparidées*).

Origine. Caractères de la plante. — Le *câprier*

Fig. 169. — Câprier.

(fig. 169), indigène dans le midi de la France, est un arbuste épineux, de 1 mètre à 1^m,50 de hauteur, dont les rameaux étalés sont garnis de feuilles arrondies, épaisses, luisantes, et de larges fleurs blanches, à étamines purpurines, qui donnent naissance à des baies renfermant des graines assez grosses, réniformes, brunâtres.

Usages. — Les boutons à fleur du câprier, cueillis dès qu'ils atteignent la grosseur d'un pois et confits au vinaigre, constituent les *câpres*, d'un usage fréquent dans l'art culinaire.

Culture. — La culture du câprier n'a d'intérêt que sous le climat de l'olivier. Dans les régions plus froides, elle ne peut se faire qu'en pots ou en caisses, qu'on rentre en orangerie pour l'hiver.

Les sols légers, cailloufeux, secs, conviennent parfaitement au câprier; ce sont ceux qu'on lui consacre généralement dans le Midi, où souvent il occupe des situations arides inutilisables pour d'autres productions. En caisses, on le cultive dans un mélange de terre franche et de sable.

A la multiplication par semis, qui donne des résultats trop lents, on préfère le bouturage ou le marcottage. Ce dernier se fait par cépée.

Les boutures, faites en mars, de rameaux de deux ans, qu'on choisit vigoureux, sont mises en pépinière pour les replanter à demeure l'année suivante, à deux mètres d'écartement, dans une terre défoncée à 0^m,75 par trous d'un mètre de côté. Des engrais à décomposition lente : chiffons de laine, débris de corne ou de cuir, sont enfouis dans le sol lors du défoncement. Par une taille courte, on oblige la souche à se ramifier près du sol.

Les fleurs apparaissent sur les pousses de l'année. Chaque automne, on les taille à 15-20 centimètres de longueur, puis on butte la souche pour la préserver des gelées. Débuttée vers la fin de mars, on en taille les ramifications au ras du tronc; on donne en même temps un labour au sol. Des binages sont exécutés pendant l'été.

La récolte commence en juin et se poursuit jusqu'en septembre. Les câpres sont cueillies tous les deux ou trois jours ; on les classe d'après leur grosseur (les plus petites sont les plus appréciées), puis, après les avoir laissées se flétrir un peu, on les met en barriques dans du vinaigre.

Une plantation de câpriers peut durer très longtemps : quarante ans, assure-t-on.

Il existe une variété de câprier sans épines, que l'on greffe en fente, au printemps, sur le type commun ; elle offre plus de facilité pour la récolte des produits.

CHAMPIGNON DE COUCHE

Psalliota campestris. — *Agaricus campestris L.*
(Ordre des *Basidiomycètes*).

Origine. Caractères de la plante. — Le *champignon*

Fig. 170. — Champignon de couche.

de couche, agaric comestible ou *agaric champêtre* (fig. 170), croît spontanément dans les prairies riches en humus, sur les vieilles couches ou les fumiers depuis longtemps en tas.

Il est possible que les anciens n'aient pas ignoré sa culture, mais elle semble avoir été longtemps délaissée chez nous, car les auteurs antérieurs à 1692 n'en font pas mention.

Au commencement du xixᵉ siècle, les champignonnistes parisiens ont commencé à prendre possession des carrières suburbaines abandonnées pour y établir leur industrie ; celle-ci a prospéré depuis ; aujourd'hui le département de la Seine compte environ 300 champignonnières, situées presque toutes dans l'arrondissement de Sceaux et surtout dans la plaine de Montrouge. Les carrières de la banlieue parisienne produisent annuellement plusieurs millions de kilogrammes de champignons. Des caves ou des carrières à champignons plus ou moins importantes se trouvent également en France dans un grand nombre de régions, notamment au voisinage des grandes villes ; la fabrication des conserves absorbe ceux de leurs produits qui échappent à la consommation locale.

Chez le champignon de couche, comme chez les autres végétaux du même groupe botanique, l'organe végétatif est constitué par un lacis de filaments, le *mycélium*, que les cultivateurs désignent sous le nom de *blanc*. Ce mycélium peut rester longtemps inerte sans périr ; placé dans un milieu qui lui convient et sous l'influence de conditions favorables de température et d'humidité, il se développe et fructifie. La partie comestible du champignon de couche, celle qui apparaît hors du substratum dans lequel il végète, est le *réceptacle fructifère* de la plante ; c'est à lui qu'on réserve le nom de « champignon » dans le langage courant.

Il affecte, au début, la forme d'une petite masse arrondie, blanche ; sa croissance détermine la rupture de l'enveloppe ou *volve* dont il est revêtu ; il se développe alors en une colonne cylindrique, le *pied*, légèrement renflée à la base et surmontée d'une expansion d'abord globuleuse, le *chapeau*. Support et chapeau sont également charnus, de consistance un peu spongieuse. En se déchirant, la pellicule qui entoure le chapeau laisse adhérente au pied une sorte de collerette, *l'anneau*. A ce moment le chapeau s'étale en un disque bombé à la face supérieure et portant à la face inférieure une multitude de lamelles, qui rayonnent régulièrement autour du point d'insertion sur le pied. D'abord blanches, puis rosées ou violacées, ces lamelles brunissent à mesure que le champignon vieillit; elles se garnissent de *spores*, qui sont les organes reproducteurs, les semences du cryptogame. Ces spores se disséminent naturellement. Elles germent sous l'influence d'une température douce, en présence de l'humidité; en se ramifiant, le filament auquel elles donnent alors naissance forme un nouveau mycélium. Contrairement à ce qui se produit pour beaucoup d'autres espèces, le mycélium du champignon de couche persiste après la fructification et conserve longtemps sa vitalité.

D'après la coloration du chapeau, blanche, grise ou blonde, la vigueur et la productivité de la plante, les spécialistes distinguent plusieurs races ou variétés de champignon de couche, mais aucune n'est fixée, toutes se transforment avec une extrême facilité suivant les conditions de culture. Au reste, l'incertitude des moyens de multiplication employés jusqu'à présent ne permettait guère de leur conférer des caractères définitifs; les méthodes de semis en milieu stérilisé dont nous parlons plus loin donneront sans doute la faculté de créer des races de choix par voie de sélection.

Usages. — Cueilli lorsqu'il est encore jeune, le champignon de couche présente une chair ferme, parfumée, qui prend à la cassure une teinte rosée; on connaît les multiples emplois qu'on en fait dans l'art culinaire. Trop avancés, les champignons ont une consistance lâche et une saveur désagréable; ils peuvent causer des indispositions, heureusement peu graves.

Exigences. — Préparation du fumier. — Le champignon de couche ne se nourrit pas des substances minérales du sol ; il tire son alimentation des matières organiques en décomposition sur lesquelles il végète. Toutes ne lui conviennent pas également. Il croît dans les prairies, dans le terreau formé par l'accumulation des débris végétaux, mais, en culture, c'est exclusivement au fumier qu'on s'adresse pour sa production.

Le fumier de cheval est, d'ailleurs, à peu près le seul employé; on peut lui substituer à la rigueur d'autres fumiers chauds : de moutons, de chèvres, de volailles, mais il est rare qu'on obtienne avec ceux-ci des résultats complètement satisfaisants; ceux d'ânes ou de mulets conviennent mieux.

Les fumiers de chevaux bien nourris, ni trop compacts ni trop pailleux et convenablement imprégnés d'urine sont les meilleurs.

La fermentation du fumier a la plus grande importance pour le succès de la culture du champignon de couche et les échecs qu'éprouvent les cultivateurs sont très souvent attribuables à la mauvaise préparation qu'il subit. Il ressort des recherches du Dr Répin : 1° que la fermentation normale du fumier est nécessaire ; le fumier frais, même stérilisé, ne permet pas le développement complet et la fructification du champignon; 2° que le fumier complet et fermenté constitue seul le milieu favorable pour sa production ; même épuisé par l'eau, ce fumier est encore capable de nourrir le mycélium et de lui permettre de fructifier, de telle sorte qu'on est amené à penser que l'agaric champêtre puise une forte partie des substances nécessaires à sa nutrition dans les éléments cellulosiques de la paille du fumier, devenus assimilables à la suite d'une oxydation énergique.

Dans la pratique, voici comment les champignonnistes

opèrent pour la préparation du fumier des meules :

Dès qu'il a été extrait de l'écurie, ou peu de jours après, ils le mettent en tas ou *planchées* de 80 centimètres à 1 mètre de hauteur; le tas, monté par couches successives, doit être bien homogène, exempt de corps étrangers ou de débris grossiers. On en aère toutes les parties, en secouant le fumier à la fourche au fur et à mesure du montage, et l'on arrose celles qui paraissent trop sèches; on le tasse ensuite fortement. Dans ces conditions, la fermentation est très active et la température s'élève considérablement. Au bout de huit à dix jours, les parties les plus échauffées blanchissent; à ce moment, on *abat* le tas et on le remonte à côté, en en secouant de nouveau toutes les parties et en plaçant à l'intérieur le fumier des parois. On foule et l'on arrose modérément. La fermentation reprend; après une dizaine de jours le fumier est propre à la formation des meules; il arrive cependant assez souvent qu'on soit obligé de procéder à un nouvel abatage. Le fumier en bon état d'emploi est élastique, onctueux au toucher, de couleur brune; son odeur, caractéristique, rappelle un peu celle du champignon.

On n'obtient une bonne fermentation qu'en procédant sur une quantité de fumier suffisante, un mètre cube au moins; aussi doit-on, même dans les cultures de faible importance, monter des tas de ce volume, quitte à employer à d'autres usages le fumier en excédent, qui n'a rien perdu de sa valeur fertilisante.

Multiplication. — Production du blanc. — Pour la multiplication du champignon de couche, les cultivateurs emploient du mycélium de diverses origines. On trouve dans le commerce du blanc sec, en boîtes, qui peut être utilisé à toute époque de l'année. Il se présente sous la forme de galettes (fig. 171), qu'il convient de faire *revenir* avant d'en larder les meules; cette opération consiste à soumettre le blanc à l'action d'une température douce et d'une humidité modérée en le déposant dans une cave ou sur la couche même, où il séjournera pendant cinq ou six jours.

Le véritable *blanc vierge* provient du développement spontané de champignons dont les spores ont germé sur un substratum propice, souvent sur de vieilles couches

Fig. 171. — Galette de blanc.

où le recueillent les cultivateurs. Pour le multiplier, ils déposent dans une fosse, de 40 à 45 centimètres de profondeur, du fumier dans lequel ils l'introduisent. La couche ainsi formée est recouverte de toute la terre extraite, pour empêcher la fructification du champignon. Au bout d'une vingtaine de jours, le mycélium a envahi toute la masse du fumier; on la découpe par tranches, que l'on emploie de suite ou qu'on conserve en lieu sec.

On trouve aujourd'hui dans le commerce du blanc vierge obtenu par semis direct. L'Institut Pasteur en prépare dans des conditions qui défient toute fraude. Il livre aussi du *blanc pur* provenant du semis de spores en milieu stérilisé, d'après un procédé dû à MM. Costantin et Matruchot, procédé d'une rigueur scientifique que le cultivateur ne saurait employer lui-même.

Ce blanc présente de sérieux avantages :

1° Il est exempt des germes de maladies que renferment trop souvent les autres blancs et qu'on introduit avec eux dans les meules ;

2° Il permet de sélectionner les variétés de champignons et de les conserver avec leurs caractères ;

Le blanc pur s'est, depuis peu, répandu dans la culture ; il y donne les meilleurs résultats.

Culture. — Les locaux dont la température, comprise entre 10 et 30 degrés, se maintient à peu près constante, sont les plus favorables à la culture du champignon de couche. Elle réussit bien en caves ou dans les serres ; la grande production se poursuit généralement dans les galeries d'anciennes carrières, souvent très étendues. L'accès de quelques-unes de ces carrières, qui se trouvent à flanc de coteau, est possible de plain-pied ; le plus souvent on y pénètre par des puits verticaux munis d'échelles de perroquet ; c'est par ces puits, parfois très profonds, qu'on jette les fumiers et qu'on remonte les produits. L'aération des caves ou des carrières est une condition indispensable pour le succès de cette production.

On peut donner aux meules à champignons des formes et des dimensions très différentes, suivant la disposition des locaux et l'importance de la culture. La meilleure disposition est celle de tas prismatiques, d'une hauteur de 60 centimètres environ avec la même largeur à la base, 15 à 20 centimètres au sommet et une longueur indéterminée. Ces tas peuvent être accotés contre un mur et ne présenter qu'une seule pente (on leur donne alors une largeur un peu moindre) ou formés au milieu des galeries et offrir deux faces latérales également inclinées ; celles-ci, de même que la face supérieure, sont planes ou légèrement bombées. On consolide les parois de la meule en les comprimant à l'aide de la batte.

On constitue parfois de petites meules à champignons en déposant le fumier dans des baquets ou d'autres récipients semblables ou sur une planche un peu forte. Ces meules, aisément déplaçables (fig. 172), peuvent être introduites toutes formées dans des locaux, caves ou pièces à température douce, où la manipulation du fumier présenterait des inconvénients.

Les meules sont montées par lits successifs, bien

homogènes, en divisant le fumier, que l'on foule ensuite fortement. Quand leur température, constatée au thermo-mètre, est descendue au voisinage de 20 à 25 degrés, ce

Fig. 172. — Petite meule portative.

qui se produit plus ou moins rapidement, il convient de procéder à la mise en place du blanc. Cette opération porte dans la culture le nom de *lardage*.

Le blanc, divisé en galettes, *mises* ou *lardons*, de 1 à 2 centimètres d'épaisseur sur 10 à 12 de longueur et 5 à 6 de largeur, est introduit dans les meules avec la main. On enfonce la mise de toute sa longueur, puis on presse le fumier pour refermer l'ouverture. Les lardons sont disposés sur les faces de la meule, en lignes distantes de 30 centimètres; on les espace de 25 à 35 centimètres sur les lignes, en plaçant ceux du rang supérieur au-dessus de l'intervalle qui sépare ceux du rang inférieur.

Une huitaine de jours après le lardage le mycélium doit commencer à s'étendre; on remplace à ce moment les lardons qui n'auraient pas pris. Au bout de trois semaines environ, dans de bonnes conditions, toute la masse est envahie par le blanc. Il faut alors aérer large-ment les caves et les carrières; dans ces dernières, les cultivateurs entretiennent des brasiers en vue d'obtenir ou d'activer l'aération.

Le *gobetage* ou *goptage* des meules où le blanc s'est

développé a pour but de favoriser la fructification et la récolte du champignon. Il consiste à recouvrir la surface de la meule, préalablement unie par le battage, d'une couche uniforme, de 2 centimètres environ d'épaisseur, de terre fine, légère, sableuse. On se sert souvent, à cet effet, de débris de pierres calcaires ou de plâtras broyés passés à la claie. La terre de gobetage est légèrement humectée, appliquée sur la meule et comprimée à la pelle.

On donne ensuite à la meule de légers bassinages s'il est nécessaire ou bien, méthode préférée de beaucoup de champignonnistes, on arrose dans les sentiers pour maintenir l'atmosphère humide.

Trois semaines ou un mois après le gobetage, les champignons apparaissent à la surface de la meule, isolés ou, le plus souvent, groupés en *rochers*. On les récolte au fur et à mesure, quand ils sont suffisamment développés, mais avant que le voile qui soude inférieurement le chapeau au pied se soit rompu. Les cueillettes doivent être quotidiennes; elles se font en détachant le champignon à la main par un mouvement de torsion; on remplit avec la terre de gobetage les petites cavités creusées dans la meule par leur enlèvement. La récolte se poursuit pendant deux mois au moins, souvent beaucoup plus; on assure que des bassinages à l'eau tiède, additionnée d'un millième de nitrate de soude ou de nitrate de potasse ou d'un peu de purin, la prolonge. Chaque mètre courant de meule fournit de 2 à 4 kilogrammes de champignons.

La culture du champignon de couche est très rémunératrice, mais elle ne peut être tentée en grand que par des spécialistes; encore ceux-ci n'arrivent-ils pas toujours à éviter des échecs dont quelques-uns restent difficiles à expliquer dans l'état actuel de nos connaissances. Le plus grand nombre est dû cependant aux maladies dont il va être question, qui obligent trop souvent le champignonniste à changer ses meules de local.

La culture du champignon de couche peut se faire en plein air, mais, soumise aux influences climatériques, aux pluies, aux brusques alternatives de température, elle est très aléatoire et ne donne généralement que de médiocres résultats. Quand on y a recours, il convient de revêtir les meules, après le lardage, d'une *chemise* de protection formée de paille, de foin ou de fumier long. On découvre la meule lors de chaque cueillette.

Maladies. — Le Dr Delacroix a publié sur ce sujet une très intéressante étude (1), à laquelle nous empruntons la plupart des renseignements qui vont suivre.

Les maladies parasitaires du champignon de couche sont de deux sortes : les unes attaquent la partie comestible, le fruit, qu'elles rendent inutilisable, les autres se développent sur le *blanc* ; dans les deux cas la récolte peut être sensiblement amoindrie, sinon définitivement compromise.

La *mole* est la plus dangereuse et la plus répandue des maladies du fruit. Elle est due à une mucédinée, le *Mycogone perniciosa*. Les champignons atteints se bossuent, augmentent de volume et se transforment en une masse irrégulière, d'abord d'un blanc crémeux, puis grisâtre ou roussâtre, absolument inutilisable, sinon vénéneuse ; leur décomposition complète ne tarde pas à se produire. Les moles se couvrent bientôt de germes (conidies) du parasite qui, transportés par l'air, les ouvriers, les insectes, infectent les jeunes champignons ; le *blanc* lui-même est envahi par les filaments nés des conidies et la maladie se propage rapidement.

Les carrières où la mole sévit avec intensité se reconnaissent facilement à l'odeur âcre, irritante qu'on y perçoit. La diminution progressive des rendements met au

(1) Rapport sur les traitements à appliquer aux maladies qui attaquent le champignon de couche dans les environs de Paris (*Bulletin du Ministère de l'agriculture*, décembre 1900).

bout de peu de temps le champignonniste dans l'obligation d'y abandonner la culture.

On évite la propagation de cette maladie en enlevant les moles au fur et à mesure de leur production, pour les transporter au dehors et les détruire.

Si l'attaque est violente, il devient nécessaire d'évacuer entièrement la carrière, d'en extraire les fumiers, les terres servant au gobetage, d'en gratter le sol et de balayer les résidus avec soin, puis de la désinfecter en pulvérisant copieusement sur les murs une solution de lysol à 2 ou 2,5 p. 100, ou mieux, en y faisant brûler, après avoir fermé toutes les issues, du soufre à la dose de 30 grammes par mètre cube de contenance. La culture du champignon ne devra pas être reprise avant un an dans la carrière ainsi traitée.

Trois maladies bien connues des champignonnistes atteignent le *blanc*. M. Costantin, qui en a fait une étude très complète, a reconnu que le *chanci* est dû à la présence dans la meule du mycélium de deux agarics étrangers, le *Clitocybe candicans* et le *Pleurotus mutilus*. Les meules envahies dégagent une odeur désagréable, caractéristique.

Le *plâtre*, qui se manifeste par la formation d'une croûte blanchâtre sur le fumier ou sur la terre de gobetage, est produit par une moisissure, le *Monilia fimicola*.

Le *vert-de-gris* est causé par une autre moisissure, le *Myceliophthora lutea*, qui détermine la formation de petites masses floconneuses, d'abord blanches, puis jaunâtres.

Les parasites occasionnant ces trois maladies sont introduits dans les meules soit avec le fumier, soit avec le blanc lui-même.

L'emploi du blanc pur dont nous avons parlé, obtenu par semis dans un milieu stérilisé, écarte l'une de ces causes d'infection. Celle qui provient du fumier est plus difficile à combattre. Le nettoyage et la désinfection de l'emplacement où on le prépare, la stérilisation par l'eau bouillante ou la solution de lysol des outils ayant servi dans des milieux contaminés, puis, pour les ouvriers travaillant dans les carrières, le changement de vêtements, soumis ensuite à des lavages antiseptiques, et des soins minutieux de propreté sont des précautions à conseiller dans tous les cas où l'on a lieu de redouter l'apparition de maladies parasitaires, mais qu'il est souvent difficile de réaliser complètement dans la pratique.

Ennemis. — Deux acariens s'attaquent au fruit du champignon de couche. Le *Gamasus fungorum* le détériore en le perforant en tous sens; il est très répandu dans les cultures. Le *Tyroglyphus mycophagus*, beaucoup plus rare, ronge le tégument du champignon et l'empêche de se développer.

Deux coléoptères, le *suisse (Aphodius fimetarius)* et l'*Aphodius subterraneus*, causent des dégâts dans les champignonnières en creusant des sillons à la surface des meules.

Mais l'ennemi que les champignonnistes semblent redouter le plus est la larve du *moucheron (Sciara ingenua)*, qui ravage les meules. Pour éviter que l'insecte ailé pénètre dans les carrières à l'époque du montage des couches, les champignonnistes en ferment alors soigneusement les issues, malgré les inconvénients qui résultent du défaut d'aération.

Les ennemis du champignon que nous venons d'énumérer sont souvent introduits dans les meules avec le blanc qui sert au lardage. On évite ce danger par l'emploi de blanc pur. Dans les carrières où ils existent déjà, on les détruit par un nettoyage complet, suivi d'une désinfection à l'acide sulfureux effectuée dans les conditions précédemment indiquées; les vapeurs sulfureuses doivent séjourner dix ou douze jours au moins dans la carrière, parfaitement close, pour que le traitement exerce toute son action.

28.

TABLE ALPHABÉTIQUE

PRINCIPES GÉNÉRAUX

CULTURES SPÉCIALES

A

B

C

D

E

TABLE DES MATIÈRES

PREMIÈRE PARTIE

Considérations générales.

DEUXIÈME PARTIE

Création et entretien du jardin potager, du marais.

TROISIÈME PARTIE

Cultures spéciales.

ÉTUDE DES PLANTES POTAGÈRES

8324-03. — CORBEIL. Imprimerie Éd. CRÉTÉ.

La Vie des Animaux
ILLUSTRÉE

Sous la Direction de ÉDMOND PERRIER
DIRECTEUR DU MUSÉUM D'HISTOIRE NATURELLE, MEMBRE DE L'ACADÉMIE DES SCIENCES

Les Mammifères

Par A. MENEGAUX
ASSISTANT AU MUSÉUM D'HISTOIRE NATURELLE
DOCTEUR ET AGRÉGÉ DES SCIENCES NATURELLES

Les Mammifères *formeront deux volumes gr. in-8, de 500 pages chacun, avec 80 planches en couleurs et 216 photogravures; ils comprendront :*

Fascicules.	Pages.	Planches en couleurs.	Photogravures.	Prix.
1. Singes et Lémuriens (En vente)	156	9	23	5 »
2. Chauves-Souris et Insectivores (En vente)	96	1	11	2 50
3. Lions, Tigres, Chats, Civettes (En vente)	120	9	19	5 »
4. Chiens, Loups, Renards, Hyènes (En vente)	96	5	12	3 50
5. Ours et Ratons (En vente)	32	3	8	1 50
6. Belettes, Zibelines et Loutres (En vente)	48	4	14	2 »
7. Fourmiliers et Pangolins (En vente)	32	1	4	1 »
8. Phoques et Baleines (En vente)	56	3	9	2 »
9. Écureuils et Marmottes	»	3	5	....
10. Castors, Loirs, Rats et Souris	»	2	12	....
11. Lièvres, Lapins, Porcs-Épics	»	3	12	....
12. Chevaux, Anes, Mulets	»	5	5	....
13. Éléphants, Rhinocéros, Tapirs	»	3	3	....
14. Cochons, Hippopotames	»	4	5	....
15. Bœufs, Buffles, Bisons	»	6	8	....
16. Moutons et Chèvres	»	3	10	....
17. Antilopes	»	8	18	....
18. Cerfs, Chevreuils	»	4	20	....
19. Chameaux, Girafes	»	1	8	....
20. Marsupiaux, Kangourous	»	3	13	....

PRIX DE SOUSCRIPTION

L'ouvrage paraît en fascicules, par monographies formant un tout complet; chaque monographie se vend séparément.

Les souscriptions aux 20 fascicules ou aux deux volumes complets des Mammifères sont acceptées à raison de **40 francs**, quel que doive être le nombre de pages, de planches et de livraisons.

On peut s'inscrire également pour recevoir les fascicules séparés au fur et à mesure de leur apparition, à raison de 0 fr. 20 **par feuilles de 8 pages de texte ou par planche coloriée.**